“十二五”职业教育国家规划教材
经全国职业教育教材审定委员会审定
机械工业出版社精品教材
首届全国机械行业职业教育精品教材

公差配合与技术测量

第4版

主　编　徐茂功
副主编　王平嶂　余英良
参　编　孙　悦　张瑞珊
主　审　吴东生　孙兆启

机械工业出版社

本书是“十二五”职业教育国家规划教材，经全国职业教育教材审定委员会审定。

本书第4版是按照《教育部关于以就业为导向 深化高等职业教育改革的若干意见》的精神，以及教学改革的需要和新国家标准内容的更新而修订编写的教材。

本书共分十二章，由公差配合与技术测量两部分组成。内容主要包括极限与配合、几何公差、表面缺陷与表面粗糙度、螺纹公差与滚动螺旋副公差、键与花键的公差配合、圆柱齿轮传动的公差及测量、尺寸链等，全书均采用最新国家标准。

本书不仅可供高等职业院校机电专业师生使用，也可作为高等院校机械类专业的教材，并可供机械制造业工程技术人员、计量检测人员及机加工操作者使用。

图书在版编目（CIP）数据

公差配合与技术测量/徐茂功主编. —4版. —北京：机械工业出版社，2012.12（2025.1重印）
机械工业出版社精品教材
ISBN 978-7-111-40622-8

Ⅰ.①公… Ⅱ.①徐… Ⅲ.①公差-配合-高等职业教材-教材 ②技术测量-高等职业教育-教材 Ⅳ.①TG801

中国版本图书馆CIP数据核字（2012）第284449号

机械工业出版社（北京市百万庄大街22号 邮政编码100037）
策划编辑：王英杰 责任编辑：王英杰 武 晋
版式设计：霍永明 责任校对：陈秀丽
封面设计：鞠 杨 责任印制：刘 媛
涿州市般润文化传播有限公司印刷
2025年1月第4版·第30次印刷
184mm×260mm·17印张·418千字
标准书号：ISBN 978-7-111-40622-8
定价：49.90元

电话服务
客服电话：010-88361066
010-88379833
010-68326294

网络服务
机 工 官 网：www.cmpbook.com
机 工 官 博：weibo.com/cmp1952
金 书 网：www.golden-book.com
机工教育服务网：www.cmpedu.com

第4版前言

本书是按照《教育部关于以就业为导向 深化高等职业教育改革的若干意见》及《国家中长期教育改革和发展规划纲要（2010—2020年）》的精神，结合原劳动和社会保障部推出的职业资格“双证制”，根据不同职业要求的技艺和技能型人才的培养需要而编写的。

本书的特点如下：

一、适应近年来科技的进步与发展，对本书中大量的国家标准进行更新；补充增加相关新知识、新技术、新工艺的内容。为了提高实训操作安全与实训中产品质量意识的培养，把教材内容的“测量实训”与“机床上机实训”两部分内容有机地结合，教材增加了“机床几何精度检测”的内容；介绍了表面粗糙度现行标准的评定参数及检测仪器等内容。

二、本书取材新颖，理论联系实际，编排特点体现在：表多——便于阅读、归纳；图多——便于用工程语言与读者交流互动；例多——举一反三，利于创造性思维。对以上特点，各院校不同专业的读者可根据实际情况调配采用。

三、教材内容均注明采用国家标准的版本及时效，因此具有技术资料的实用性、工具书的参考性及可查阅性的特点。

四、本书配有电子课件、解题方法及参考答案。电子课件介绍了中外先进的科学技术与先进的测量仪器。

本书内容由具有多年教学和实践经验的双师型教师编写。

本书共分十二章，由公差配合与技术测量两部分组成，可按40学时讲授。

讲课的方法及建议：在理解概念（非定义全文）的基础上，用工程语言（尽量多讲书中的图及表中内容）与学员对话交流。教师尽量多带常规量具进课堂示范讲解。实训课老师应对“技术检测的目的是什么”，“产品质量是什么、如何才能量得准”问题进行讲解，并以实例讲评“出了质量问题怎么办”。

本书由徐茂功编写第一～三章、第四章大部分内容、第五章及第十一章，余英良编写第六章和第八章，张瑞珊编写第七章及第四章第九节，王平嶂编写第九章，孙悦编写第十章和第十二章。

本书可供普通高等院校和技师学院机电类等专业师生使用，也可供机械制造专业工程技术人员、计量检测人员及机加工操作者使用。

本书配有电子课件，凡使用本书作教材的教师可登录机械工业出版社教材服务网（http://www.cmpedu.com）下载，或发送电子邮件至 cmpgaozhi@sina.com 索取。咨询电话：010-88379375。

在编写过程中，我们得到济南职业学院领导和有关老师的支持，并得到了使用过本书的各院校师生给出的建议和良好评价，在此表示衷心感谢。

敬请广大读者对本书提出宝贵意见。

编　者

第3版前言

“公差配合与技术测量”是高等工科职业院校、机械专业和机电一体化专业课程体系中一门重要的技术基础课。为落实好“面对21世纪课程教材”编写；落实教育部“十一五”国家级教材规划中《关于以就业为导向深化高等职业教育改革的若干意见》；尤其随着近年来科技的进步发展、大量新国家标准的更替，我们总结了多年来教育改革与实践经验，修订编写了本书。本书具有如下特点：

一、对教学内容注意加强基础知识与新技术成果的结合，新标准的应用。为此，内容既增加了常用量具，也介绍了精密量仪、先进的滚动螺旋副和圆柱齿轮新国家标准的应用方法。

二、本书取材新颖，理论联系实际，编排体现在：表多——便于阅读、归纳。图多——便于用工程语言与读者交流互动。例（图）多——便于推知类似问题，不陌生。

三、教材适应面广，可作为高职生、专科生教材，也可作为从事机械设计、制造及检测人员的参考用书。

本教材可按40~48学时讲授，也可结合不同专业调整部分章节供学生自学。

本书共分十二章。由济南职业学院徐茂功编写第一~五、十一章。河南漯河职业学院余英良编写第六~八章。济南职业学院王平嶂编写第九章。济南职业学院孙悦编写第十、十二章。

本教材配有电子教案，凡使用本书作为教材的教师可发送电子邮件至cmpgaozhi@sina.com索取。咨询电话：010-88379375。

本书由徐茂功任主编，余英良任副主编；由山东轻工学院吴东生教授、山东科技大学孙兆启教授主审。

本书在编写过程中，得到济南职业学院领导和郭鹏老师的大力支持，并得到了使用过本书的各院校师生的建议和良好评价，在此表示衷心感谢。

敬请广大读者对本书提出宝贵意见。

编　者

2008年4月

第2版前言

本书是根据中国机械工程学会职工高等教育学会机电一体化专业教学计划和大纲编写的，可作为高等职业院校机电专业和普通高校相应专业的教材。

本书第2版是按照机电一体化专业教材修订工作会议精神进行修订的。在编写中贯彻少而精原则，兼顾设计、工艺类及应用、技艺型等教学要求。

随着标准化的深入，标准的产生和更新日益加快。本书第1版出版到现在已五年，被更替的相关标准已达十多个，这是促使我们重新编写全书的重要原因之一。

在本书编写中，注重在讲清基本概念和原理的同时突出实用性。所示图、例较多，力求理论与实践相结合；注意宣传新标准和推荐新技术资料；表达力求通俗、新颖，利于讲授和自学；采用最新国家标准。

本书共分十二章。徐茂功编写第一、二、八、十一章。王平嶂编写第九章。桂定一编写第四、五、十二章。陈育荣编写第三、六、七、十章。

本书由徐茂功、桂定一主编，山东轻工业学院吴东生教授主审。

在编写过程中，得到湖北汽车工业学院和济南机械职工大学领导和同事的大力支持，得到使用过本书的各院校师生的良好评价和赐教，在此表示衷心感谢。

敬请广大读者继续对本书提出宝贵意见。

编　者

2000年3月

第1版前言

本书是根据中国机械工程学会职工高等教育学会机电一体化专业教学计划和大纲编写的，可作为职工高校机电专业和高等院校机械类各专业的教材。

本书在编写中贯彻少而精原则，兼顾设计、工艺类及应用、技艺型不同的教学要求。内容上，在注意讲清基本概念和原理的同时，突出实用性。所举实例较多，力求理论与实践相结合。

本书共分十二章，第一章由济南机械职工大学徐茂功编写；第二章由兰州石油化工机器总厂职工大学张春宁编写；第三章、第七章由湖北汽车工业学院陈育荣编写；第四章由湖北汽车工业学院桂定一编写；第五、六、十章由济南汽车制造总厂职工大学杨福斗编写；第八章由南京梅山冶金公司职工大学谈理、济南机械职工大学徐茂功编写；第九章由苏州业余职工大学吴亦佳、济南机械职工大学徐茂功编写；第十二章由湖北汽车工业学院桂定一、济南机械职工大学徐茂功编写。

本书由徐茂功副教授任主编，桂定一、张春宁任副主编，山东工业大学俞惠芬教授、上海机床总公司职工大学薛彦成副教授任主审。

在编写过程中，曾得到济南机械职工大学、山东工业大学、上海机床总公司职工大学领导的大力支持，在此表示衷心感谢。

由于水平有限，经验不多，时间仓促，敬请广大读者对本书提出宝贵意见。

编　者

1995年2月

目　录

第一章 绪　论

本章要点

1. 了解互换性的意义、分类及在机械制造业中的作用。
2. 了解标准化、标准、计量工作的含义。
3. 了解优先数、加工误差、公差的基本概念。

第一节 本课程的作用和任务

本课程是机械类各专业的一门技术基础课，起着连接基础课及其他技术基础课和专业课的桥梁作用，同时也起着联系设计类课程和制造工艺类课程的纽带作用。

本课程的任务是：通过讲课、作业、检测、实训等教学环节，了解互换性与标准化的重要性；熟悉极限与配合的基本概念；掌握某些极限配合标准的主要内容；初步掌握确定公差的原则和方法；正确合理地选用量仪，掌握典型的测量技术；初步建立测量误差的概念和尺寸链的概念及它们的计算方法，为正确地理解和绘制设计图样及正确地表达设计思想打下基础。

机械设计过程，从总体设计到零件设计，是研究机构运动学问题，即完成对机器的功能、结构、形状、尺寸的设计过程。

为了保证实现从零部件的加工到装配成机器，实现要求的功能，使机器正常运转，还必须对零部件和机器进行精度设计。本课程就是研究精度设计及机械加工误差有关问题和一些几何量测量问题的，所以，这也是一门实践性很强的课程。

学习本课程，是为了获得机械工程技术人员必备的公差配合与检测方面的基本知识、基本技能。随着后续课程的学习和实践知识的丰富，将会加深对本课程内容的理解。

实习、实训的目标要求如图 1-1 所示。

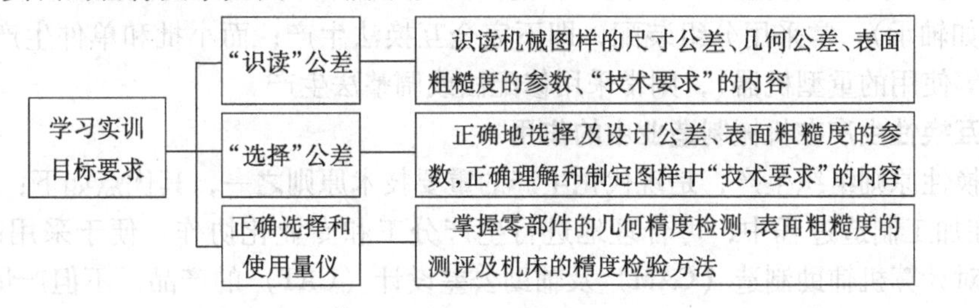

图 1-1　学习、实训的目标要求

从业岗位格言：

- 产品生产加工过程要遵循：不接受、不传播、不制造不良品。
- 机械产品的加工、装配，按质量分级标准要求达到：合格品、一等品、优等品。
- 质量验检人员做到：不“误判”、“误收”、“误检”、“漏验”，保证产品性能达到质量标准的要求。

第二节　互换性的概念及其在机械制造中的作用

一、互换性的意义

互换性是广泛用于机械制造、军品生产、机电一体化产品的设计和制造过程中的重要原则，并且能取得巨大的经济和社会效益。

在机械制造业中，零件的互换性是指在同一规格的一批零部件中，可以不经选择、修配或调整，任取一件都能装配在机器上，并能达到规定的使用性能要求。零部件具有的这种性能称为互换性。能够保证产品具有互换性的生产，称为遵守互换性原则的生产。

汽车、电子、国防军工行业就是运用互换性原理，形成规模经济，取得最佳技术经济效益的。

二、互换性的分类

互换性按其互换程度可分为完全互换与不完全互换。

完全互换是指一批零、部件装配前不经选择，装配时也不需修配和调整，装配后即可满足预定的使用要求。例如螺栓、圆柱销等标准件的装配大都属此类情况。

当装配精度要求很高时，若采用完全互换将使零件的尺寸公差很小，加工困难，成本很高，甚至无法加工。这种情况下，可将其制造公差适当放大，以便于加工；完工后，再用量仪将零件按实际尺寸大小分组，按组进行装配。如此，既保证装配精度与使用要求，又降低成本。此时，仅是组内零件可以互换，组与组之间的零件不可互换，因此，叫不完全互换。

有时通过加工或调整某一特定零件的尺寸，以达到其装配精度要求，这种方法称为调整法，也属不完全互换。

不完全互换只限于部件或机构在制造厂内装配时使用。对厂外协作，则往往要求完全互换。究竟采用哪种方式为宜，要由产品精度、产品复杂程度、生产规模、设备条件及技术水平等一系列因素决定。

一般大量生产和成批生产，如汽车、拖拉机厂大都采用完全互换法生产；精度要求很高的产品（如轴承），常采用分组装配，即不完全互换法生产；而小批和单件生产（如矿山、冶金工业等使用的重型机器），则常采用修配法或调整法生产。

三、互换性生产在机械制造业中的作用

按互换性原则组织生产，是现代化生产的重要技术原则之一，其优点如下：

1）在加工制造过程中，可合理地进行生产分工和专业化协作。便于采用高效专用设备，尤其对计算机辅助制造（CAM）及辅助公差设计（CAT）的产品，不但产量和质量高，且加工灵活性大，生产周期缩短，成本低，便于装配自动化。

例如，武器的零部件具有互换性，在战场上更显示出特殊意义。

2）在产品设计中，按互换性要求设计的产品，最便于采用“三化”（标准化、系列化、通用化）设计和计算机辅助设计（CAD）。

由上可知，互换性原则是用来发展现代化机械工业、提高生产率、保证产品质量、降低成本的重要技术经济原则，是工业发展的必然趋势。

第三节　标准化与计量、检测工作

生产中要实现互换性原则，搞好标准化与计量、检测工作是前提，是基础。

一、标准化的意义与分类（GB/T 20000.1—2002）

（1）标准化的意义　它是组织现代化大生产的重要手段，是实行科学管理的基础，也是对产品设计的基本要求之一。通过对标准化的实施，以获得最佳的社会经济成效。

标准化是以制订标准和贯彻标准为主要内容的全部活动过程，标准化程度的高低是评定产品的指标之一，是我国很重要的一项技术政策。

（2）标准化的定义　它是为了在一定范围内获得最佳秩序，对现实问题或潜在的问题制订共同使用和重复使用的条款的活动。该定义中的活动，包括编制、发布和实施标准的过程。

标准化的主要作用在于：它是现代化大生产的必要条件；是科学及现代化管理的基础；是提高产品质量、调整产品结构、保障安全性的依据。

标准化是一个动态及相对性的概念，要求不断地修订完善，提高优化，即标准没有最终成果。通过本课程的学习将体会到各章节的标准发布与实施是不断提高和变化的。

（3）标准的定义　所谓标准，是指对需要协调统一的重复性事物（如产品，零部件）和概念（如术语、规则、方法、代号、量值）所做的统一规定。标准是以科学技术和实践经验的综合成果为基础，经协商一致，制订并由公认机构批准，以特定形式发布，共同使用的和重复使用的一种规范性文件。

标准体现以科学技术和经验的综合成果为基础，以促进共同效益为目的，体现科技与生产的先进性及相关方面的协调一致性。

标准化与标准的关系是：标准是标准化的产物，没有标准的实施就不可能有标准化。

（4）标准的划分

按照标准的适用领域、有效作用范围和发布权力不同，一般分为：国际标准，如ISO、IEC分别为国际标准化组织和国际电工委员会制订的标准；区域标准（或地区标准），如EN、ANSI、DIN分别为欧共体、美国、德国制订的标准；我国的标准分为国家标准、行业标准、地方标准和企业标准4级，国家标准为GB；行业标准（或协会、学会标准），如JB、YB分别为原机械部和冶金部标准；地方标准和企业（或公司）标准。

按法律属性不同，国家及行业标准又分为强制性标准和推荐性（非强制性）标准。代号为“GB”属强制性国家标准，颁布后严格强制执行；代号为“GB/T”、“GB/Z”各为推荐性和指导性标准，均为非强制性国家标准。已有国家标准或行业标准的，国家鼓励企业制订严于国家或行业标准并在企业内部执行。没有国家标准和行业标准的，企业应制订企业标准，并报有关部门备案。

二、计量工作

我国正在逐步更新计量制度，建立了各种计量器具的传递系统，修订了计量条例和计量法，使机械制造业的基础工作沿着科学、先进的方向发展，促进了企业计量管理和产品质量水平的不断提高。

目前计量测试仪器制造工业已有长足的进步和发展，其产品不仅满足国内工业发展的需要，而且还出口到国际市场。我国已能生产机电一体化测试仪器产品，如激光丝杠动态检查仪、三坐标测量机、齿轮测量中心等一批达到或接近世界先进水平的精密测量仪器。由于纳米级精度的需要，计量工作迎来了新的发展阶段。

三、检测工作

产品质量的检测以标准化和计量工作为基础，是达到互换性生产的重要环节。产品检测不仅用来判别产品的合格性，更应从检测的结果主动地分析、预测工序或成品出现废品、次品的原因，以便找出解决质量问题的途径和办法。因此，检测工作是用户能够得到合格品的重要保证。

第四节　机械产品设计制造与精度要求的关系

机械产品由原材料经加工制造为成品，需经产品设计、加工制造、检测合格、包装运输出厂四个阶段。

机械加工产品的设计包括四个方面，即运动设计、结构设计、强度刚度设计和精度设计，其以产品设计图样及工艺设计图样（卡片）等技术文件的形式体现。其中，精度设计和产品性能检测、几何精度检测均为本课程的主要内容。

“产品质量是企业的生命”，强调好的产品不是“挑、选、检”出来的，而应该是现代企业经过科学的“质量监督与管理”生产出来的。大量的实践证明，缺乏质量监督的“免检产品”是不会不出问题的，其生命力是不会长久的。

产品的机械加工与装配，均以机械图样、工艺卡片、通用技术条件为依据，因此要求机械加工操作人员，技术检验、计量人员必须能够熟悉与理解图样上所表达的产品结构、精度要求及产品的性能要求。

零件加工后能否满足精度要求，需要通过检测加以评估判断。检测是对产品能否达到标准要求所采取的必需的技术措施和手段。因此，特别强调质量检测人员要具备良好的精度分析知识和检测能力。

机械产品设计与精度设计的关系如图 1-2 所示。

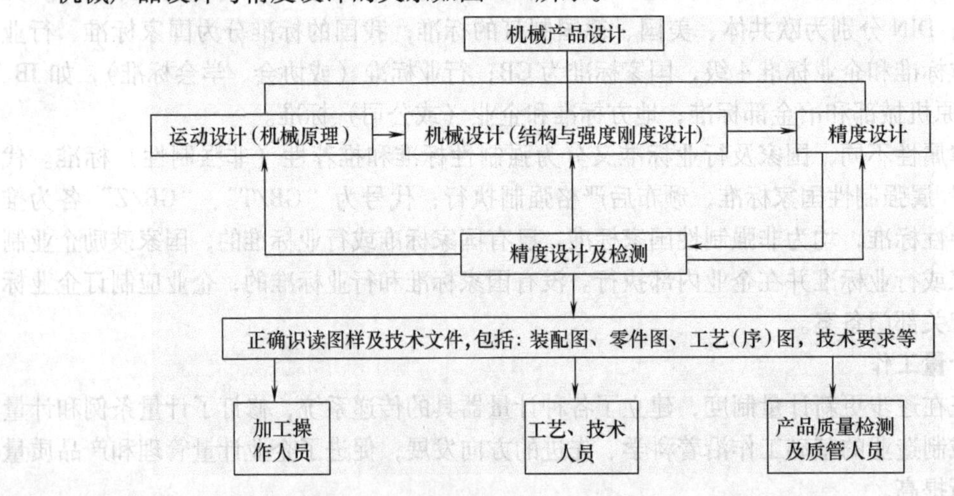

图 1-2　机械产品设计与精度设计的关系

图样内容是传递、表达设计者的创新能力和智慧的载体，是工程技术人员相互交流的语言，是制造者的加工依据，是质量检测者、用户判别产品合格与否的基本标准。因此，对于图样和技术文件，要确保其正确无误这一点十分重要。

第五节　优先数和优先数系

在产品设计或生产中，为了满足不同要求，同一品种的某一参数，从大到小取不同值时（形成不同规格的产品系列），应该采用的一种科学的数值分级制度或称谓，这是人们总结的一种科学的、统一的数值标准，称为优先数和优先数系。

例如，机床主轴转速的分级间距，钻头直径尺寸的分类均符合某一优先数系。

优先数系中的任一个数值均称为优先数。

优先数系是国际上统一的数值分级制度，是一种无量纲的分级数系，适用于各种量值的分级。在确定产品的参数或参数系列时，应最大限度地采用优先数和优先数系。

产品（或零件）的主要参数（或主要尺寸）按优先数形成系列，可使产品（或零件）系列化，便于分析参数间的关系，可减轻设计计算的工作量。

优先数系由一些十进制等比数列构成，其代号为 R*r*（R 是优先数系创始人 Renard 的第一个字母，*r* 代表5、10、20、40 等项数）。等比数列的公比为 $q_r = \sqrt[r]{10}$，其含义是在同一个等比数列中，每隔 *r* 项的后项与前项的比值增大 10 倍。例如 R5：设首项为 *a*，其依次各项为 aq_5、$a\ (q_5)^2$、$a\ (q_5)^3$、$a\ (q_5)^4$、$a\ (q_5)^5$，则 $a\ (q_5)^5/a=10$，故 $q_5 = \sqrt[5]{10} \approx 1.6$。

相应各系列的公比为：$q_{10} = \sqrt[10]{10} \approx 1.25$，$q_{20} = \sqrt[20]{10} \approx 1.12$，$q_{40} = \sqrt[40]{10} \approx 1.06$，及补充系列的公比 $q_{80} = \sqrt[80]{10} \approx 1.03$。优先数系的基本系列列于表 1-1。

表 1-1　优先数基本系列（GB/T 321—2005）

R5	R10	R20	R40	R5	R10	R20	R40	R5	R10	R20	R40
1.00	1.00	1.00	1.00			2.24	2.24		5.00	5.00	5.00
			1.06				2.36				5.30
		1.12	1.12	2.50	2.50	2.50	2.50			5.60	5.60
			1.18				2.65				6.00
	1.25	1.25	1.25			2.80	2.80	6.30	6.30	6.30	6.30
			1.32				3.00				6.70
		1.40	1.40		3.15	3.15	3.15			7.10	7.10
			1.50				3.35				7.50
1.60	1.60	1.60	1.60			3.55	3.55		8.00	8.00	8.00
			1.70				3.75				8.50
		1.80	1.80	4.00	4.00	4.00	4.00			9.00	9.00
			1.90				4.25				9.50
	2.00	2.00	2.00			4.50	4.50	10.0	10.0	10.0	10.0
			2.12				4.75				

优先数的主要优点是：相邻两项的相对差均匀，疏密适中，运算方便，简单易记。在同一系列中，优先数的积、商、乘方仍为优先数。因此，优先数系得到广泛应用。

第六节 零件的加工误差与公差

一、加工误差

加工工件时，任何一种加工方法都不可能把工件加工得绝对准确，一批完工工件的尺寸之间存在着不同程度的差异。由于工艺系统误差和其他因素的影响，甚至说，即使在相同的加工条件下，一批完工工件的尺寸也是各不相同的。通常，称一批工件的实际尺寸相对于公称尺寸的变动为尺寸误差。制造技术水平的提高，可以减小尺寸误差，但永远不可能消除尺寸误差。

从满足产品使用性能的要求来看，也不能要求一批相同规格的零件尺寸完全相同，而是根据使用要求的高低，允许存在一定的误差。

加工误差可分为下列几种，如图 1-3 所示。

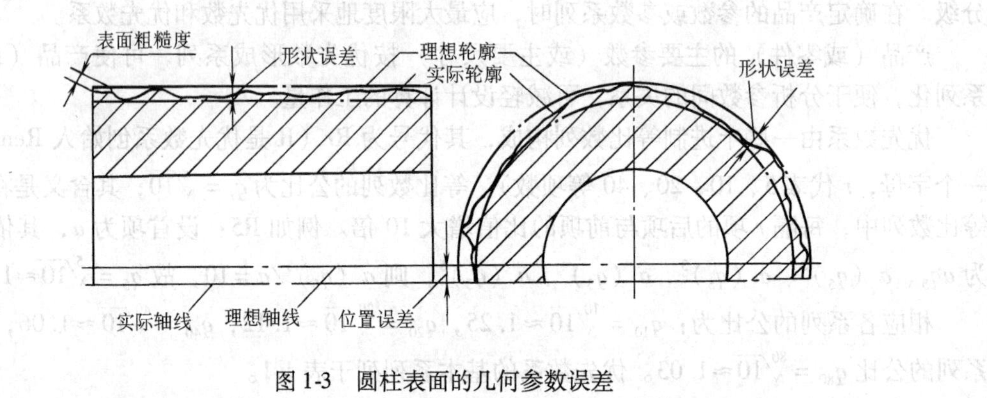

图 1-3 圆柱表面的几何参数误差

（1）尺寸误差 指一批工件的尺寸变动，即加工后零件的实际尺寸和理想尺寸之差，如直径误差、孔距误差等。

（2）形状误差 指加工后零件的实际表面形状对于其理想形状的差异（或偏离程度），如圆度误差、直线度误差等。

（3）位置误差 指加工后零件的表面、轴线或对称平面之间的相互位置对于其理想位置的差异（或偏离程度），如同轴度误差、位置度误差等。

（4）表面粗糙度 指零件加工表面上具有的较小间距和峰谷所形成的微观几何形状误差。

二、公差

公差是指允许的零件尺寸、几何形状和相互位置误差的最大变动范围，用以限制加工误差。它是由设计人员根据产品使用性能要求给定的。规定公差的原则是在保证满足产品使用性能的前提下，给出尽可能大的公差。它反映了对一批工件制造精度的要求、经济性要求，并体现加工难易程度。公差越小，加工越困难，生产成本就越高。公差值不能为零，且应是绝对值。

规定相应公差值 T 的大小顺序，应为

$$T_{尺寸} > T_{位置} > T_{形状} > 表面粗糙度$$

小 结

1. 互换性是机械制造业中，设计和制造过程需遵循的重要原则，可使企业获得巨大的经济效益和社会效益。

2. 互换性分为完全互换和不完全互换，其选择由产品的精度高低、产量多少、生产成本等因素决定。对无特殊要求的产品，均采用完全互换；对尺寸特大、精度特高、数量特少的产品则采用不完全互换性生产。

3. 加工误差是由于工艺系统或其他因素，造成零件加工后实际状态与理想状态的差别（包括尺寸、形状、位置、表面粗糙度等误差）。

4. 公差是加工误差允许的变动范围，用于限制加工误差。相应公差值 T 的大小排序为 $T_{尺寸} > T_{位置} > T_{形状} >$ 表面粗糙度。

5. 根据《中华人民共和国标准化法》的规定，我国现行标准体系分为国家标准、行业标准、地方标准和企业标准4级。国家标准和行业标准分为推荐性标准和强制性标准两种类型。对于强制性标准，要求必须执行；对于推荐性标准，国家鼓励企业自愿采用。已有国家标准或者行业标准的，国家鼓励企业制订严于国家标准或者行业标准的企业标准，并在企业内部执行。

习题与练习一

1-1 互换性对产品零部件在装配过程中的要求是：装配前________，装配中________，装配后________。

1-2 15W、25W、40W、60W、100W的白炽灯泡，请问它属于________优先数系。

1-3 大批大量生产，如汽车、拖拉机厂大都采用________法生产；精度要求高、批量大的产品，如轴承，常采用分组装配，即________法生产；而小批和单件生产，如矿山、冶金工业中使用的重型机器，则常采用________或________生产。

1-4 我国的标准中，GB/T为________标准；GB/Z为________标准。

1-5 完全互换与不完全互换的区别是什么？各应用于何种场合？

1-6 什么是优先数和优先数系？主要优点是什么？R5、R40系列各表示什么意义？

1-7 加工误差、公差、互换性三者的关系是什么？

第二章　极限与配合

本章要点

1. 掌握极限与配合的基本术语、基本概念。
2. 熟练绘制、分析公差带图、配合公差带图及配合类别。
3. 熟练掌握公差与配合的选用。

第一节　概　　述

圆柱体的结合（配合），是孔、轴最基本和最普遍的结合形式。为了经济地满足使用要求，保证互换性，应对尺寸公差与配合进行标准化。

尺寸公差与配合的标准化是一项综合性的技术基础工作，是推行科学管理、推动企业技术进步和提高企业管理水平的重要手段。它不仅可防止产品尺寸设计中的混乱，有利于工艺过程的经济性、产品的使用和维修，还有利于刀具、量具的标准化。机械基础国家标准已成为机械工程中应用最广、涉及面最大的主要基础标准。

随着我国科技的进步，为了满足国际技术交流和贸易的需要，我国的标准已逐步与国际标准（ISO）接轨。国家技术监督局不断发布实施新标准，同时代替旧标准。我国目前已初步建立并形成了与国际标准相适应的基础公差体系，可以基本满足经济发展和对外交流的需要。

第二节　极限与配合基础

为了正确理解和贯彻、实施标准，必须深入地、正确地理解极限与配合中涉及的各术语的含义以及它们之间的区别和联系。了解极限制和配合制，掌握孔，轴公差带和配合的标准化。

一、极限与配合的基本术语和定义（GB/T 1800.1—2009、GB/T 16671—2009）

国家标准中，规定了有关尺寸、偏差、公差、配合的基本术语和定义。

1. 有关尺寸的术语

（1）尺寸　尺寸是以特定单位表示线性尺寸值的数值，如直径、半径、宽度、深度、中心距等。在机械制造中，常用 mm、μm 作为特定单位。

广义地说，尺寸还可以包括线性尺寸和以角度单位表示的角度尺寸的数值。

（2）尺寸要素　是由一定大小的线性尺寸或角度尺寸确定的几何形状。它可以是圆柱形、球形、槽、圆锥、楔形。

（3）孔和轴

孔：通常，指工件的圆柱形内尺寸要素，也包括非圆柱形的内尺寸要素（由二平行平面或切面形成的包容面）。

轴：通常，指工件的圆柱形外尺寸要素，也包括非圆柱形的外尺寸要素（由二平行平面或切面形成的被包容面）。

从装配关系讲，孔为包容面，在它之内无材料，且越加工越大；轴为被包容面，在它之外无材料，且越加工越小。

由此可见，孔、轴具有广泛的含义。不仅表示通常理解的概念，即圆柱形的内、外表面，而且也包括由二平行平面或切面形成的包容面和被包容面。图 2-1 所示的各表面，D_1、D_2、D_3 和 D_4 各尺寸确定的各组平行平面或切面所形成的包容面都称为孔；d_1、d_2、d_3 和 d_4 各尺寸确定的圆柱形外表面和各组平行平面或切平面所形成的被包容面都称为轴。因而孔、轴分别具有包容和被包容的功能。

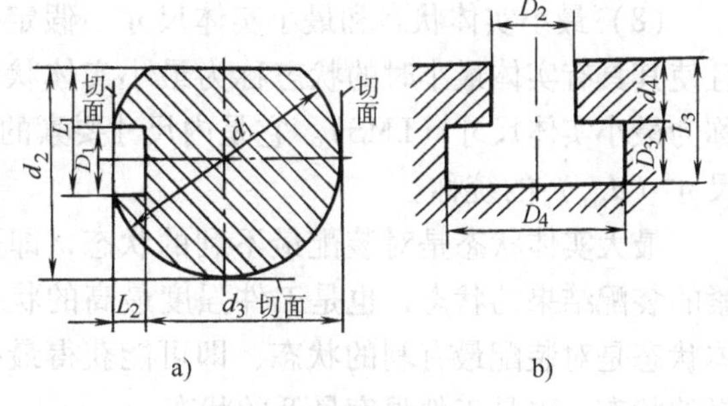

图 2-1 孔和轴

如果二平行平面或切面既不能形成包容面，也不能形成被包容面，则它们既不是孔，也不是轴，属于一般长度尺寸，如图 2-1 中由 L_1、L_2 和 L_3 确定的各组平行平面或切面。

（4）公称尺寸　公称尺寸是由图样规范确定的理想形状要素的尺寸；是用来与上、下极限偏差计算出极限尺寸的尺寸；是设计给定的尺寸。孔的公称尺寸用 D 表示，轴的公称尺寸用 d 表示，公称尺寸可以是一个整数值或小数值，一般按标准尺寸系列选择。

公称尺寸可以在设计中根据强度、刚度、运动、工艺、结构、造型等不同要求来确定。它只表示尺寸的基本大小，并不一定是在实际加工中要求得到的尺寸。有配合关系的孔与轴其公称尺寸相同。

（5）实际（组成）要素　实际（组成）要素由接近实际（组成）要素所限定的工件实际表面的组成要素部分，是通过测量获得的某一孔、轴的尺寸。孔的实际（组成）要素尺寸以 D_a 表示，轴的实际（组成）要素尺寸以 d_a 表示。

由于存在测量器具、方式、人员和环境等因素造成的测量误差，所以实际（组成）要素尺寸并非尺寸的真值。通常把任何两相对点之间测得的尺寸，即一个孔或轴的任意横截面中的任一距离，称为“提取组成要素的局部尺寸”简称为提取要素的局部尺寸。除特别指明，所谓实际（组成）要素尺寸均指提取要素的局部实际尺寸，即用两点法测得的尺寸。

同时，由于工件存在形状误差，使测量器具与被测工件接触状态不同，即使是同一表面，不同部位的实际（组成）要素尺寸也不相同。

（6）极限尺寸　极限尺寸是尺寸要素允许的尺寸的两个极端。孔或轴的尺寸要素允许的最大尺寸称为上极限尺寸；孔或轴的尺寸要素允许的最小尺寸称为下极限尺寸。

孔的上、下极限尺寸分别以 D_{max} 和 D_{min} 表示；轴的上、下极限尺寸分别以 d_{max} 和 d_{min} 表示。提取组成要素的局部尺寸应位于其中，也可达到极限尺寸。

设计时规定极限尺寸是为了限制工件尺寸的变动，以满足使用要求。在一般情况下，完工零件的尺寸合格条件是任一局部实际（组成）要素尺寸均不得超出上、下极限尺寸，表示式为

内尺寸　对于孔：$D_{max} \geqslant D_a \geqslant D_{min}$

外尺寸　对于轴：$d_{max} \geqslant d_a \geqslant d_{min}$

（7）最大实体状态和最大实体尺寸　假定提取组成要素的局部尺寸处处位于极限尺寸

且使其具有实体最大时的状态称为最大实体状态（MMC）。确定要素最大实体状态的尺寸，称为最大实体尺寸（MMS）。它是内尺寸要素的下极限尺寸（D_{min}）和外尺寸要素的上极限尺寸（d_{max}）的统称。

（8）最小实体状态和最小实体尺寸　假定提取组成要素的局部尺寸处处位于极限尺寸且使其具有实体最小时的状态称为最小实体状态（LMC）。确定要素最小实体状态的尺寸，称为最小实体尺寸（LMS）。它是内尺寸要素的上极限尺寸（D_{max}）和外尺寸要素的下极限尺寸（d_{min}）的统称。

最大实体状态是对装配最不利的状态，即可能获得最紧的装配结果的状态，也是工件强度最高的状态；最小实体状态是对装配最有利的状态，即可能获得最松的装配结果的状态，也是工件强度最低的状态。

总之，最大和最小实体状态都是设计规定的合格工件的材料量所具有的两个极限状态，如图 2-2 所示。

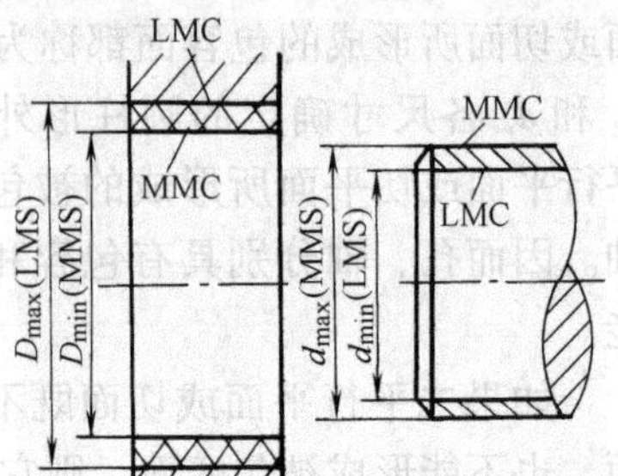

图 2-2　最大实体状态和最小实体状态

2. 有关偏差与公差的术语

（1）偏差　某一尺寸减其公称尺寸所得的代数差称为偏差。偏差可以为正、负或零。

偏差还分为实际偏差和极限偏差。

1）实际偏差，即实际（组成）要素尺寸减其公称尺寸所得的代数差，以公式表示为

$$孔的实际偏差\quad E_a = D_a - D$$

$$轴的实际偏差\quad e_a = d_a - d$$

2）极限偏差，即极限尺寸减其公称尺寸所得的代数差，称为极限偏差。

上极限尺寸减其公称尺寸所得的代数差称为上极限偏差，以公式表示为

$$孔的上极限偏差\quad ES = D_{max} - D$$

$$轴的上极限偏差\quad es = d_{max} - d$$

下极限尺寸减其公称尺寸所得的代数差称为下极限偏差，以公式表示为

$$孔的下极限偏差\quad EI = D_{min} - D$$

$$轴的下极限偏差\quad ei = d_{min} - d$$

完工零件尺寸合格性的条件也常用偏差的关系式来表示

$$对于孔\quad ES \geqslant E_a \geqslant EI$$

$$对于轴\quad es \geqslant e_a \geqslant ei$$

极限偏差与极限尺寸的关系如图 2-3 所示。

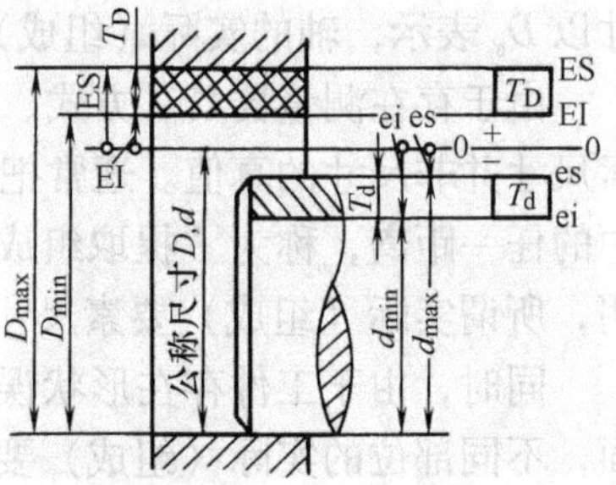

图 2-3　极限尺寸、公差与偏差

（2）尺寸公差（简称公差）　指上极限尺寸减下极限尺寸之差，或上极限偏差减下极限偏差之差。公差是允许尺寸的变动量，是一个没有符号的绝对值，以公式表示为

$$孔的公差\quad T_D = |D_{max} - D_{min}| = |ES - EI|$$

$$轴的公差\quad T_d = |d_{max} - d_{min}| = |es - ei|$$

尺寸公差是允许的尺寸误差。公差值越大其要求的加工精度越低。

尺寸误差是一批零件的实际尺寸相对于理想尺寸的偏离范围。当加工条件一定时，尺寸误差表征了加工方法的精度。尺寸公差则是设计规定的误差允许值，体现了设计者对加工方

法精度的要求。通过对一批零件的测量，可以估算出其尺寸误差；而公差是设计给定的，不能通过测量得到。

总之，公差与极限偏差既有区别，又有联系，它们都是由设计规定的。公差表示对一批工件尺寸均匀程度的要求，即其尺寸允许的变动范围。它是工件尺寸精度指标，但不能根据公差来逐一判断工件的合格性。极限偏差表示工件尺寸允许变动的极限值，它原则上与工件尺寸无关，但上、下极限偏差（公差）又与精度有关。极限偏差是判断工件尺寸是否合格的依据。

（3）零线与公差带　由于公差与极限偏差的数值与尺寸数值相比，差别很大，不便用同一比例尺表示，故采用公差与配合图（简称公差带图）来表示，如图2-4所示。

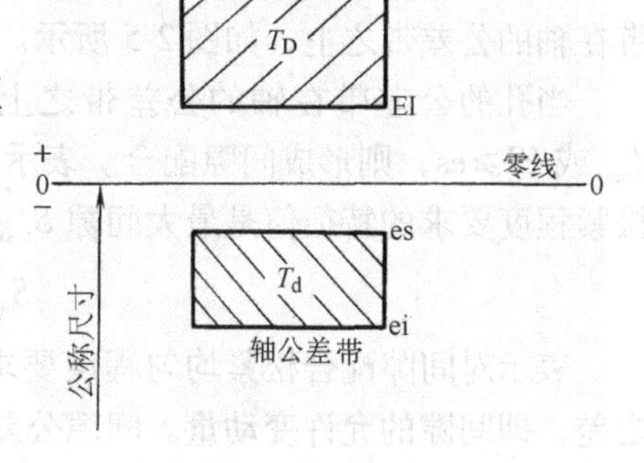

图2-4　公差带图

以公称尺寸为零线（零偏差线），用适当的比例画出两极限偏差，以表示尺寸允许变动的界限及范围，称为公差带图。

1）零线。在极限与配合图解中，表示公称尺寸的一条直线，以其为基准确定偏差和公差（图2-4）。通常，零线沿水平方向绘制，正偏差位于其上，负偏差位于其下。

偏差数值多以微米（μm）为单位进行标注。

2）公差带。在公差带图解中，由代表上极限偏差和下极限偏差或上极限尺寸和下极限尺寸的两条直线所限定的区域，称为公差带。

在国家标准中，公差带包括了“公差带大小”与“公差带位置”两个参数。公差带的大小取决于公差数值的大小，公差带相对于零线的位置取决于极限偏差的大小。对于同一尺寸而言，大小相同而位置不同的公差带，它们对工件的精度要求相同，而对尺寸大小的要求不同。因此，必须既给定公差数值以确定公差带大小，又给定一个极限偏差（上极限偏差或下极限偏差）以确定公差带位置，才能完整地描述公差带，表达对工件尺寸的设计要求。

公差带图解是学习本课程的一个极为重要的概念和工具，必须熟练掌握。

3. 有关配合的术语

（1）间隙与过盈

1）间隙。孔的尺寸减去相配合的轴的尺寸之差为正时，此差值为间隙，以 S 表示。

2）过盈。孔的尺寸减去相配合的轴的尺寸之差为负时，此差值为过盈，以 δ 表示。

因此，过盈就是负间隙，间隙也就是负过盈。

孔的实际（组成）要素尺寸 D_a 减去相配合的轴的实际要素尺寸 d_a，称为实际间隙 S_a 或实际过盈 δ_a，即

$$S_a\ (\delta_a)\ = D_a - d_a$$

当设计给定了相互配合的孔、轴的极限尺寸（或极限偏差）以后，即可相应地确定间隙或过盈允许变动的界限，称为极限间隙或极限过盈。

极限间隙有最大间隙 S_{max} 和最小间隙 S_{min}；极限过盈有最大过盈 δ_{max} 和最小过盈 δ_{min}。其与相配合孔、轴的极限尺寸或极限偏差的关系为

$$S_{\max}(\delta_{\min}) = D_{\max} - d_{\min} = \mathrm{ES} - \mathrm{ei}$$

$$S_{\min}(\delta_{\max}) = D_{\min} - d_{\max} = \mathrm{EI} - \mathrm{es}$$

（2）配合　公称尺寸相同的并且相互结合的孔和轴公差带之间的关系称为配合。根据相互结合的孔、轴公差带不同的相对位置关系，可以把配合分为三大类：

1）间隙配合。具有间隙（包括最小间隙等于零）的配合，称为间隙配合。此时，孔的公差带在轴的公差带之上，如图2-5所示。

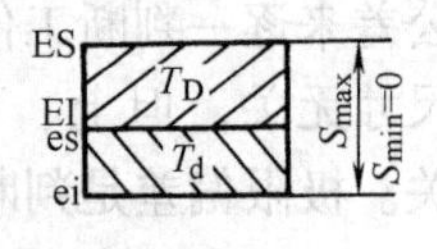

图2-5　间隙配合

当孔的公差带在轴的公差带之上时，$D_{\min} \geqslant d_{\max}$或$\mathrm{EI} \geqslant \mathrm{es}$，则形成间隙配合。表示对间隙配合松紧程度要求的特征值是最大间隙$S_{\max}$和最小间隙$S_{\min}$，有时也用平均间隙S_{av}表示

$$S_{av} = (S_{\max} + S_{\min})/2$$

表示对间隙配合松紧均匀程度要求的特征值是间隙公差T_f。它是最大间隙与最小间隙之差，即间隙的允许变动量。间隙公差还等于孔、轴尺寸公差之和，即

$$T_f = S_{\max} - S_{\min} = T_D + T_d$$

2）过盈配合。具有过盈（包括最小过盈等于零）的配合，称为过盈配合。此时，孔的公差带在轴的公差带之下，如图2-6所示。

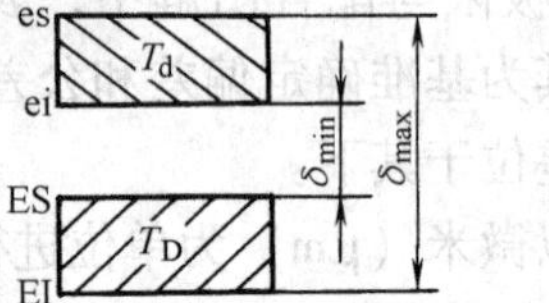

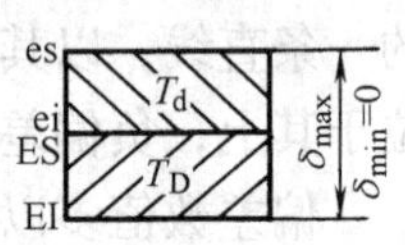

图2-6　过盈配合

当孔的公差带在轴的公差带之下时，$D_{\max} \leqslant d_{\min}$或$\mathrm{ES} \leqslant \mathrm{ei}$，则形成过盈配合。表示对过盈配合松紧程度要求的特征值是最大过盈$\delta_{\max}$和最小过盈$\delta_{\min}$，有时也用平均过盈δ_{av}表示

$$\delta_{av} = (\delta_{\max} + \delta_{\min})/2$$

表示对过盈配合松紧均匀程度要求的特征值是过盈公差T_f。它是最小过盈与最大过盈之差，即过盈的允许变动量。过盈公差还等于孔、轴尺寸公差之和，即

$$T_f = |\delta_{\min} - \delta_{\max}| = T_D + T_d$$

3）过渡配合。可能具有间隙也可能具有过盈的配合，称为过渡配合。此时，孔的公差带与轴的公差带相互交叠，如图2-7所示。

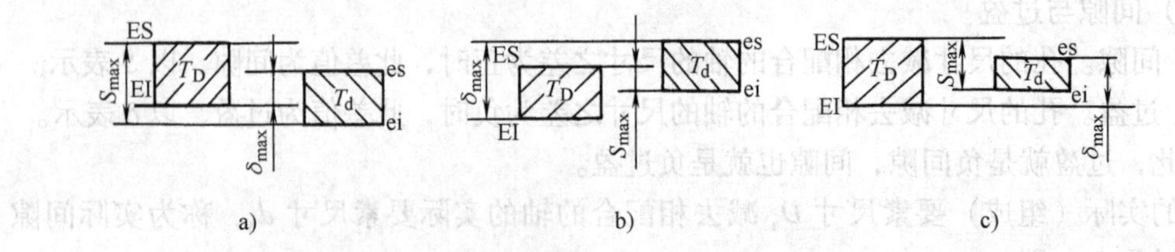

图2-7　过渡配合

当孔的公差带与轴的公差带相互交叠时，$D_{\max} > d_{\min}$，且$D_{\min} < d_{\max}$，即$\mathrm{ES} > \mathrm{ei}$，且$\mathrm{EI} < \mathrm{es}$，则形成过渡配合。表示对过渡配合松紧均匀程度要求的特征值是配合公差T_f，它等于最大间隙与最大过盈之差，也等于相配合的孔、轴尺寸公差之和

$$T_f = |S_{max} - \delta_{max}| = T_D + T_d$$

综上所述，配合公差 T_f 都等于相配孔的公差和轴的公差之和。它是允许间隙或过盈的变动量，是一个没有符号的绝对值。

这一结论说明了配合件的装配精度与零件的加工精度有关。若要提高装配精度，使配合后间隙或过盈的变化范围减小，则应减小零件的公差，即需要提高零件的加工精度。

配合公差的大小是设计者按使用要求确定的，配合公差反映配合精度。配合种类反映配合性质。为了直观地表示相互结合的孔和轴的配合精度和配合性质，现研究配合公差带及其图形。

（3）配合公差带　与尺寸公差带相似，在配合公差带图中，由代表极限间隙或极限过盈的两条直线所限定的区域，称为配合公差带。

配合公差带图是以零间隙（零过盈）为零线，用适当比例画出极限间隙或极限过盈，以表示间隙或过盈允许变动范围的图形，如图2-8所示。通常，零线水平放置，零线以上表示间隙，零线以下表示过盈。因此，配合公差带完全在零线之上为间隙配合；完全在零线以下为过盈配合；跨在零线上、下两侧则为过渡配合。

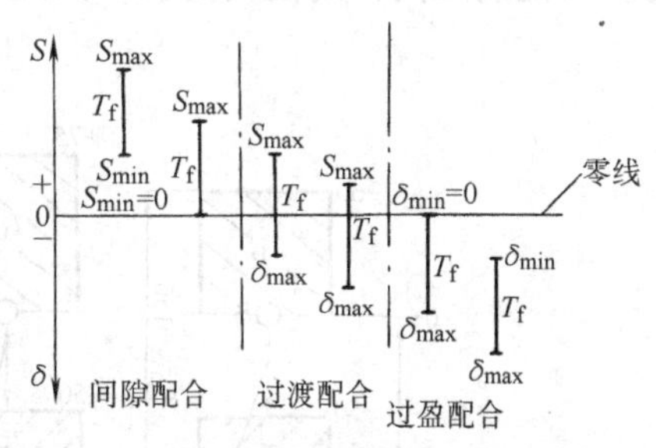

图2-8　配合公差带图

配合公差带的大小取决于配合公差的大小，配合公差带相对于零线的位置取决于极限间隙或极限过盈的大小。前者表示配合精度，后者表示配合的松紧。

一对具体孔、轴所形成的结合是否满足使用要求，即是否合用，就看其装配以后的实际间隙（S_a）或实际过盈（δ_a）是否在配合公差带之内。一对孔轴结合的合用条件表示为

对间隙配合　$S_{max} \geqslant S_a \geqslant S_{min}$

对过盈配合　$\delta_{min} \geqslant \delta_a \geqslant \delta_{max}$

对过渡配合　$S_a \leqslant S_{max}$ 或 $\delta_a \geqslant \delta_{max}$

由合格的孔、轴组成的结合一定合用，且具有互换性；而不合格的孔、轴也可能组成合用的结合，满足使用要求，但不具有互换性。由以上三类配合可知：

最小间隙即在间隙配合中，孔的下极限尺寸减轴的上极限尺寸之差。

最大间隙即在间隙配合或过渡配合中，孔的上极限尺寸减轴的下极限尺寸之差。

最小过盈即在过盈配合中，孔的上极限尺寸减轴的下极限尺寸之差。

最大过盈即在过盈配合或过渡配合中，孔的下极限尺寸减轴的上极限尺寸之差。

例2-1　若已知某配合的公称尺寸为 ϕ80mm，配合公差 $T_f = 49\mu m$，最大间隙 $S_{max} = 19\mu m$，孔的公差 $T_D = 30\mu m$，轴的下极限偏差 ei = +11μm，试画出该配合的尺寸公差带图和配合公差带图，说明配合类别。

解　因为 $T_f = T_D + T_d$，所以

$$T_d = T_f - T_D = (49 - 30)\mu m = 19\mu m$$

因为 $S_{max} = ES - ei$，所以

$$ES = S_{max} + ei = (19 + (+11))\mu m = +30\mu m$$

$$EI = ES - T_D = (+30) - 30 = 0$$

因为 ES > ei 且 EI < es，所以此配合为过渡配合。

因为 $T_f = |S_{max} - \delta_{max}|$

所以 $\delta_{max} = S_{max} - T_f = (19 - 49)\mu m = -30\mu m$

该配合的尺寸公差带图和配合公差带图分别如图 2-9a、b 所示。

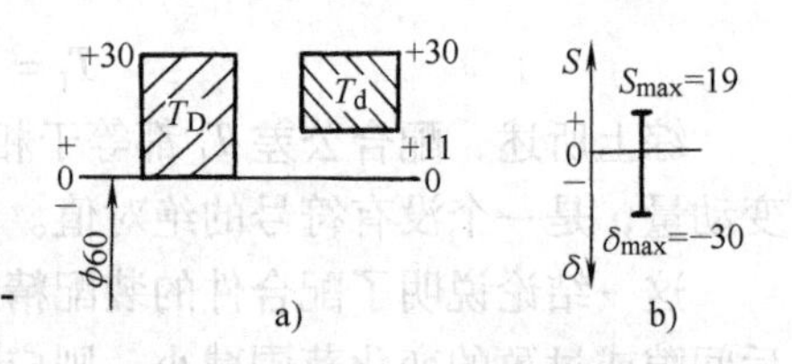

图 2-9 例 2-1 尺寸公差带和配合公差带图

a）尺寸公差带图 b）配合公差带图

二、极限制与配合制

如前所述，孔、轴的配合是否满足使用要求，主要看是否可以保证极限间隙或极限过盈的要求。显然，满足同一使用要求的孔、轴公差带的大小和位置是无限多的。图 2-10a、b、c 所示的三个配合，均能满足同样的使用要求，其配合公差带图均为图 2-10d 所示。

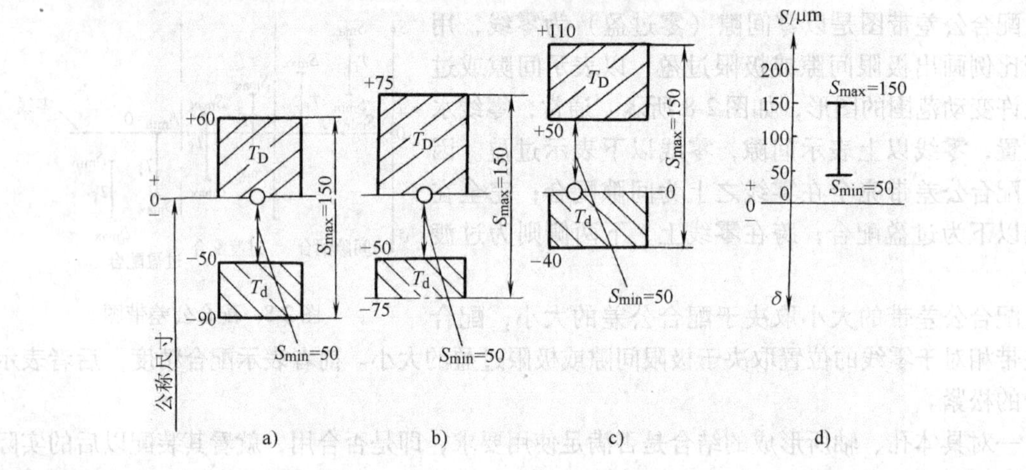

图 2-10 满足同一使用要求的三个配合

如果不对满足同一使用要求的孔、轴公差带的大小和位置作出统一规定，将会给生产过程带来混乱，不利于工艺过程的经济性，也不便于产品的使用和维修。因此，应该对孔、轴尺寸公差带的大小和公差带的位置进行标准化。

极限制是指经标准化的公差与偏差制度。它是一系列标准的孔、轴公差数值和极限偏差数值。标准规定的数值为标准温度 20℃时的数值，温度偏离时应修正。

配合制是指同一极限制的孔和轴组成配合的一种制度。

1. 标准公差系列

（1）标准公差及其分级 标准公差是指 GB/T 1800.1—2009 极限与配合制中所规定的任一公差。

GB/T 1800.1—2009 规定的标准公差数值见表 2-1。由表可知，标准公差数值由标准公差等级和公称尺寸决定。

在公称尺寸至 500mm 内规定了 IT01、IT0、IT1 ~ IT18 共 20 个标准公差等级；在大于 500 ~ 3150mm 内规定了 IT1 ~ IT18 共 18 个标准公差等级，精度依次降低。

IT 表示国际公差，数字表示公差等级代号。

同一公差等级、同一尺寸分段内各公称尺寸的标准公差数值是相同的。同一公差等级对所有公称尺寸的一组公差也被认为具有同等精度。

表 2-1 公称尺寸至 500mm 的标准公差数值表（GB/T 1800.1—2009）

公称尺寸/mm	标准公差等级																	
	/μm											/mm						
	IT1	IT2	IT3	IT4	IT5	IT6	IT7	IT8	IT9	IT10	IT11	IT12	IT13	IT14	IT15	IT16	IT17	IT18
≤3	0.8	1.2	2	3	4	6	10	14	25	40	60	0.1	0.14	0.25	0.4	0.6	1	1.4
>3~6	1	1.5	2.5	4	5	8	12	18	30	48	75	0.12	0.18	0.30	0.48	0.75	1.2	1.8
>6~10	1	1.5	2.5	4	6	9	15	22	36	58	90	0.15	0.22	0.36	0.58	0.9	1.5	2.2
>10~18	1.2	2	3	5	8	11	18	27	43	70	110	0.18	0.27	0.43	0.7	1.1	1.8	2.7
>18~30	1.5	2.5	4	6	9	13	21	33	52	84	130	0.21	0.33	0.52	0.84	1.3	2.1	3.3
>30~50	1.5	2.5	4	7	11	16	25	39	62	100	160	0.25	0.39	0.62	1	1.6	2.5	3.9
>50~80	2	3	5	8	13	19	30	46	74	120	190	0.3	0.46	0.74	1.2	1.9	3	4.6
>80~120	2.5	4	6	10	15	22	35	54	87	140	220	0.35	0.54	0.87	1.4	2.2	3.5	5.4
>120~180	3.5	5	8	12	18	25	40	63	100	160	250	0.4	0.63	1	1.6	2.5	4	6.3
>180~250	4.5	7	10	14	20	29	46	72	115	185	290	0.46	0.72	1.15	1.85	2.9	4.6	7.2
>250~315	6	8	12	16	23	32	52	81	130	210	320	0.52	0.81	1.3	2.1	3.2	5.2	8.1
>315~400	7	9	13	18	25	36	57	89	140	230	360	0.57	0.89	1.4	2.3	3.6	5.7	8.9
>400~500	8	10	15	20	27	40	63	97	155	250	400	0.63	0.97	1.55	2.5	4	6.3	9.7

注：公称尺寸小于或等于 1mm，无 IT14~IT18。公称尺寸大于 500mm 的 IT1~IT5 的标准公差值为试行。

（2）标准公差因子 i 和 I　标准公差因子 i 和 I 是用以确定标准公差的基本单位，它是公称尺寸 D 的函数，是制定标准公差数值系列的基础，即 $i=f(D)$ 或 $I=\Phi(D)$。

尺寸≤500mm 时，$i=0.45\sqrt[3]{D}+0.001D$。

公式前项主要反映加工误差的影响，i 与 D 之间呈立方抛物线关系；后项为补偿偏离标准温度和量具变形而引起的测量误差，i 与 D 之间呈线性关系。

当尺寸 >500~3150mm 时，$I=0.004D+2.1$

公式前项为测量误差，后项常数 2.1 为尺寸衔接关系常数。

上述两个公式式中 D 称计算直径（公称尺寸段的几何平均值），以 mm 计，i 和 I 以 μm 计。

（3）公差等级系数 a　在公称尺寸一定的情况下，a 的大小反映了加工方法的难易程度，也是决定标准公差大小 IT $=ai$ 的唯一参数，成为从 IT5~IT18 各级标准公差包含的公差因子数。

为了使公差值标准化，公差等级系数 a 选取优先数系 R5 系列，即 $q^5=\sqrt[5]{10}\approx1.6$，如从 IT6~IT18，每隔 5 项增大 10 倍。

对于≤500mm 的更高等级，主要考虑测量误差，其公差计算用线性关系式，而 IT2~IT4 的公差值大致为 IT1~IT5 的公差值，按几何级数分布。

公称尺寸≤500mm 标准公差的计算式见表 2-2。

表 2-2 尺寸≤500mm 的标准公差计算式（GB/T 1800.1—2009）

公差等级	IT01	IT0	IT1	IT2	IT3	IT4
公差值	$0.3+0.008D$	$0.5+0.012D$	$0.8+0.020D$	$IT1\left(\frac{IT5}{IT1}\right)^{\frac{1}{4}}$	$IT1\left(\frac{IT5}{IT1}\right)^{\frac{1}{2}}$	$IT1\left(\frac{IT5}{IT1}\right)^{\frac{3}{4}}$

公差等级	IT5	IT6	IT7	IT8	IT9	IT10	IT11	IT12	IT13	IT14	IT15	IT16	IT17	IT18
公差值	$7i$	$10i$	$16i$	$25i$	$40i$	$64i$	$100i$	$160i$	$250i$	$400i$	$640i$	$1000i$	$1600i$	$2500i$

公称尺寸≤500mm，常用公差等级 IT5 ~ IT18 的公差值按 $T=ai$ 计算。当公称尺寸＞500mm 时，其公差值的计算方法与≤500mm 相同，不再赘述。

（4）公称尺寸分段　由于标准公差因子 i 是公称尺寸的函数，按标准公差计算式计算标准公差值时，如果每一个公称尺寸都要有一个公差值，将会使编制的公差表格非常庞大。为简化公差表格，标准规定对公称尺寸进行分段，公称尺寸 D 均按每一尺寸分段首尾两尺寸 D_1、D_2 的几何平均值代入，即 $D=\sqrt{D_1D_2}$。这样，就使得同一公差等级、同一尺寸分段内各公称尺寸的标准公差值是相同的。

例 2-2　计算确定公称尺寸分段为＞18 ~ 30mm、7 级公差的标准公差值。

解　因为　$D=\sqrt{18\times30}\text{mm}=23.24\text{mm}$

所以　$i=0.45\sqrt[3]{D}+0.001D$

$=(0.45\times\sqrt[3]{23.24}+0.001\times23.24)\mu\text{m}$

$=1.31\mu\text{m}$

查表 2-2 可得　$IT7=16i=16\times1.31\mu\text{m}=20.96\mu\text{m}\approx21\mu\text{m}$

根据以上办法分别算出各尺寸段的各级标准公差值，构成公称尺寸至 500mm 的标准公差数值，见表 2-1，以供设计加工、检验时查用。

2. 基本偏差系列

在对公差带的大小进行标准化后，还需对公差带相对于零线的位置进行标准化。

（1）基本偏差代号及其特点　基本偏差是本标准极限与配合制中，用以确定公差带相对于零线位置的极限偏差（上极限偏差或下极限偏差），一般指靠近零线的那个极限偏差。

当公差带在零线以上时，下极限偏差为基本偏差；公差带在零线以下时，上极限偏差为基本偏差，如图 2-11 所示。

显然，孔、轴的另一极限偏差可由公差带的大小确定。

国家标准（简称国标）中已将基本偏差标准化，规定了孔、轴各 28 种公差带位置，分别用拉丁字母表示，在 26 个拉丁字母中去掉易与其他含义混淆的 5 个字母：I、L、O、Q、W（i，l，o，q，w），同时增加 CD，EF，FG、JS、ZA、ZB、ZC、（cd、ef、fg、js、za、zb、zc）7 个双字母，共 28 种，基本偏差系列如图 2-12 所示。

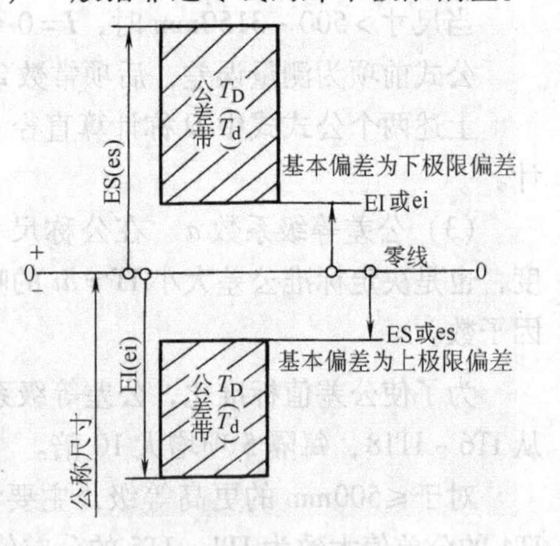

图 2-11　基本偏差示意图

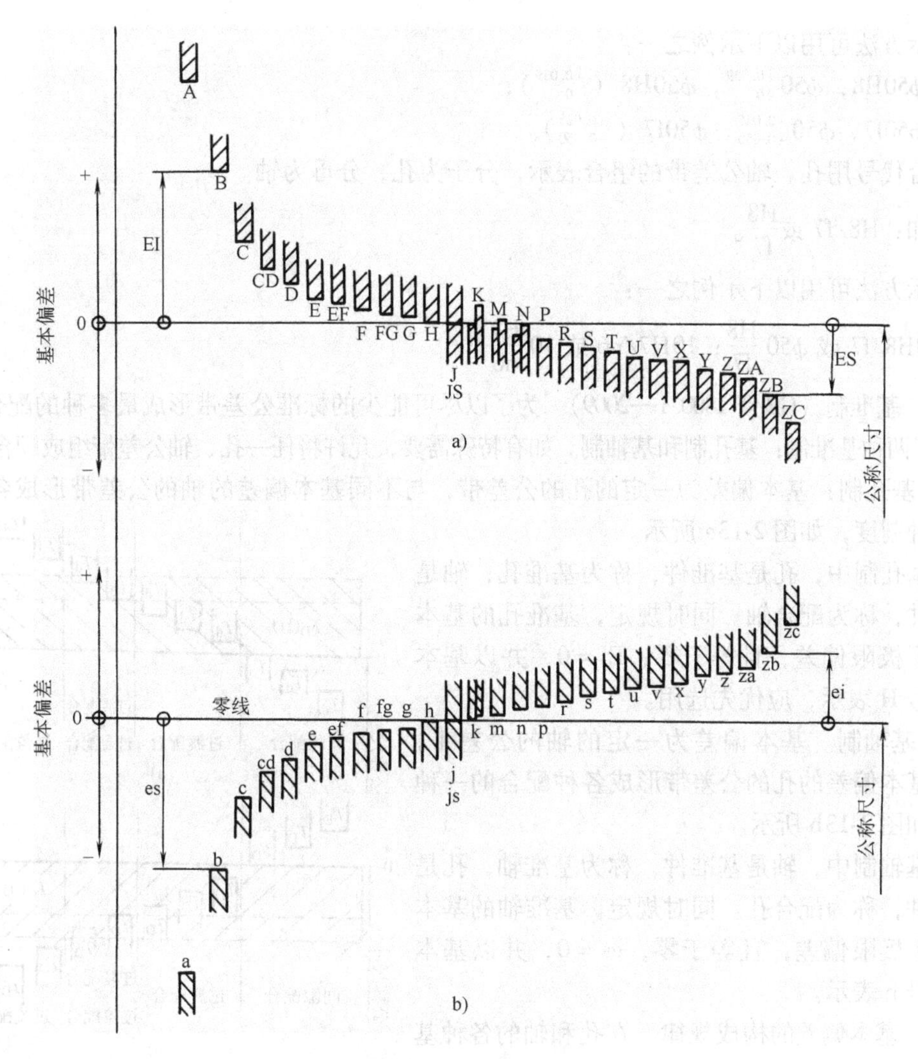

图 2-12　基本偏差系列

a）孔的基本偏差系列　b）轴的基本偏差系列

基本偏差系列中的 H（h）其基本偏差为零，JS（js）与零线对称，上极限偏差 ES（es）= +IT/2，下极限偏差 EI（ei）= −IT/2，上、下极限偏差均可作为基本偏差。

A ~ H（a ~ h）其基本偏差的绝对值逐渐减小，J ~ ZC（j ~ zc）一般为逐渐增大。

从图 2-12 所示可知：孔的基本偏差系列中，A ~ H 的基本偏差为下极限偏差，J ~ ZC 的基本偏差为上极限偏差；轴的基本偏差中 a ~ h 的基本偏差为上极限偏差，j ~ zc 的基本偏差为下极限偏差。

公差带的另一极限偏差“开口”，表示其公差等级未定。

孔、轴的绝大多数基本偏差数值不随公差等级变化，只有极少数基本偏差（js、k、j）的数值随公差等级变化。

（2）公差带及配合的表示方法　孔、轴公差代号用基本偏差代号与公差等级代号组成。例如：H7、F8 等为孔的公差带代号；

h6、f7 等为轴的公差带代号。

表示方法可用以下示例之一：

孔 $\phi50$H8，$\phi50^{+0.039}_{0}$，$\phi50$H8（$^{+0.039}_{0}$）；

轴 $\phi50$f7，$\phi50^{-0.025}_{-0.050}$，$\phi50$f7（$^{-0.025}_{-0.050}$）。

配合代号用孔、轴公差带的组合表示，分子为孔，分母为轴。

例如：H8/f7 或$\frac{H8}{f7}$。

表示方法可用以下示例之一：

$\phi50$H8/f7 或 $\phi50\,\frac{H8}{f7}$；10H7/n6 或 $10\,\frac{H7}{n6}$。

（3）基准制（GB/T 1800.1—2009） 为了以尽可能少的标准公差带形成最多种的配合，标准规定了两种基准制：基孔制和基轴制。如有特殊需要，允许将任一孔、轴公差带组成配合。

1）基孔制：基本偏差为一定的孔的公差带，与不同基本偏差的轴的公差带形成各种配合的一种制度，如图 2-13a 所示。

在基孔制中，孔是基准件，称为基准孔；轴是非基准件，称为配合轴。同时规定，基准孔的基本偏差是下极限偏差，且等于零，EI = 0，并以基本偏差代号 H 表示，应优先选用。

2）基轴制。基本偏差为一定的轴的公差带，与不同基本偏差的孔的公差带形成各种配合的一种制度，如图 2-13b 所示。

在基轴制中，轴是基准件，称为基准轴；孔是非基准件，称为配合孔。同时规定，基准轴的基本偏差是上极限偏差，且等于零，es = 0，并以基本偏差代号 h 表示。

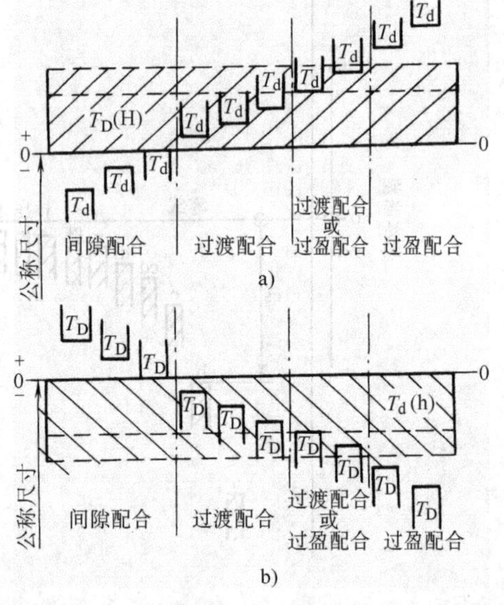

图 2-13 配合制
a）基孔制配合 b）基轴制配合

（4）基本偏差的构成规律 在孔和轴的各种基本偏差中，A ~ H 和 a ~ h 与基准件相配时，可以得到间隙配合；J ~ N 和 j ~ n 与基准件相配时，基本上得到过渡配合；P ~ ZC 和 p ~ zc 与基准件相配时，基本上得到过盈配合。由于基准件的基本偏差为零，它的另一个极限偏差就取决于其标准公差等级的高低（公差带的大小），因此某些基本偏差的非基准件（基孔制配合轴或基轴制配合的孔）的公差带在与公差较大的基准件（基孔制或基轴制）相配时可以形成过渡配合，而与公差带较小的基准件相配时，则可能形成过盈配合，如 N、n、P、p 等，如图 2-13 所示。

公称尺寸≤500mm 时，轴的 28 种基本偏差值是按表 2-3 中所列的公式计算确定的。由表 2-3 可知，轴的基本偏差的数值基本上与轴的标准公差等级无关；只有基本偏差 k，根据不同的公差等级规定了两种不同的数值；基本偏差 j 只用于 IT5 ~ IT8 级；基本偏差 js 是对称零线分布的公差带，其极限偏差为 ± IT/2。

按表 2-3 计算后，轴的基本偏差值见表 2-4。

轴的基本偏差一般是靠近零线的那个极限偏差，即 a ~ h 为轴的上极限偏差（es），k ~ zc 为轴的下极限偏差（ei）。

表 2-3　轴的基本偏差计算公式（$D \leqslant 500$mm）

偏差代号	适用范围	基本偏差为上极限偏差(es)	偏差代号	适用范围	基本偏差为下极限偏差(ei)
a	$D \leqslant 120$mm	$-(265+1.3D)$	j	IT5 到 IT8	经验数据
	$D>120$mm	$-3.5D$	k		$+0.6\sqrt[3]{D}$
b	$D \leqslant 160$mm	$-(140+0.85D)$	m		$+(IT7-IT6)$
	$D>160$mm	$-1.8D$	n		$+5D^{0.34}$
c	$D \leqslant 40$mm	$-52D^{0.2}$	p		$+IT7+(0 \sim 5)$
	$D>40$mm	$-(95+0.8D)$	r		$+\sqrt{ps}$
cd		$-\sqrt{cd}$	s	$D \leqslant 50$mm	$+IT8+(1 \sim 4)$
d		$-16D^{0.44}$		$D>50$mm	$+IT7+0.4D$
e		$-11D^{0.41}$	t		$+IT7+0.63D$
ef		$-\sqrt{ef}$	u		$+IT7+D$
f		$-5.5D^{0.41}$	v		$+IT7+1.25D$
fg		$-\sqrt{fg}$	x		$+IT7+1.6D$
g		$-2.5D^{0.34}$	y		$+IT7+2D$
h		0	z		$+IT7+2.5D$
			za		$+IT8+3.15D$
			zb		$+IT9+4D$
			zc		$+IT10+5D$
$js = \pm \frac{IT}{2}$					

注：式中 D 的单位为 mm，计算结果的单位为 μm。

公称尺寸≤500mm 时，孔的 28 种基本偏差，除了 JS 与 js 相同，也表示对零线对称分布的公差带，其极限偏差为 ±IT/2 以外，其余 27 种基本偏差的数值都是由相应代号的轴的基本偏差的数值按照一定的规则（即呈反射关系）换算得到的。

一般对同一字母的孔的基本偏差与轴的基本偏差相对于零线是完全对称的。即孔与轴的基本偏差对应（例如 A 对应 a）时，两者的基本偏差的绝对值相等，而符号相反，表示为

$$EI = -es \quad 或 \quad ES = -ei$$

该规则适用于所有的基本偏差，称为通用规则，但以下情况例外：

1）公称尺寸大于 3～500mm，标准公差等级大于 IT8 的孔的基本偏差 N，其数值（ES）等于零。

2）在公称尺寸大于 3～500mm 的基孔制或基轴制中，给定某一公差等级的孔要与更精一级的轴相配（例如 H7/p6 和 P7/h6），并要求具有同等的间隙或过盈（图 2-14）。此时，计算的孔的基本偏差应附加一个 Δ 值，称为特殊规则，即

$$ES = -ei(计算值) + \Delta$$

其中，Δ 是公称尺寸段内给定的某一标准公差等级 IT_n 与更精一级的标准公差等级 IT_{n-1} 的差值。例如，公称尺寸段为 18～30mm 的 P7 孔

$$\Delta = IT_n - IT_{n-1} = IT7 - IT6$$

$$= (21-13)\mu m = 8\mu m$$

必须注意的是，特殊规则仅适用于公称尺寸大于 3mm、标准公差等级小于或等于 IT8 的孔的基本偏差 K、M、N 和标准公差等级小于或等于 IT7 的基本偏差 P～ZC。

孔的基本偏差，一般是最靠近零线的那个极限偏差，即 A～H 为孔的下极限偏差（EI），K～ZC 为孔的上极限偏差（ES），见表 2-5。

表 2-4　轴的基本偏差

公称尺寸 /mm	上极限偏差 es												下极				
	a	b	c	cd	d	e	ef	f	fg	g	h	js	j			k	
	所有标准公差等级												IT5 ~ IT6	IT7	IT8	IT4 ~ IT7	≤IT3 >IT7
≤3	-270	-140	-60	-34	-20	-14	-10	-6	-4	-2	0	偏差等于 $\pm\frac{IT_n}{2}$，IT_n 是 IT 值数	-2	-4	-6	0	0
>3 ~ 6	-270	-140	-70	-46	-30	-20	-14	-10	-6	-4	0		-2	-4	—	+1	0
>6 ~ 10	-280	-150	-80	-56	-40	-25	-18	-13	-8	-5	0		-2	-5	—	+1	0
>10 ~ 14 >14 ~ 18	-290	-150	-95	—	-50	-32	—	-16	—	-6	0		-3	-6	—	+1	0
>18 ~ 24 >24 ~ 30	-300	-160	-110	—	-65	-40	—	-20	—	-7	0		-4	-8	—	+2	0
>30 ~ 40 >40 ~ 50	-310 -320	-170 -180	-120 -130	—	-80	-50	—	-25	—	-9	0		-5	-10	—	+2	0
>50 ~ 65 >65 ~ 80	-340 -360	-190 -200	-140 -150	—	-100	-60	—	-30	—	-10	0		-7	-12	—	+2	0
>80 ~ 100 >100 ~ 120	-380 -410	-220 -240	-170 -180	—	-120	-72	—	-36	—	-12	0		-9	-15	—	+3	0
>120 ~ 140 >140 ~ 160 >160 ~ 180	-460 -520 -580	-260 -280 -310	-200 -210 -230	—	-145	-85	—	-43	—	-14	0		-11	-18	—	+3	0
>180 ~ 200 >200 ~ 225 >225 ~ 250	-660 -740 -820	-340 -380 -420	-240 -260 -280	—	-170	-100	—	-50	—	-15	0		-13	-21	—	+4	0
>250 ~ 280 >280 ~ 315	-920 -1050	-480 -540	-300 -330	—	-190	-110	—	-56	—	-17	0		-16	-26	—	+4	0
>315 ~ 355 >355 ~ 400	-1200 -1350	-600 -680	-360 -400	—	-210	-125	—	-62	—	-18	0		-18	-28	—	+4	0
>400 ~ 450 >450 ~ 500	-1500 -1650	-760 -840	-440 -480	—	-230	-135	—	-68	—	-20	0		-20	-32	—	+5	0

注：1. 公称尺寸小于或等于 1mm 时，基本偏差 a 和 b 均不采用。

2. 公差带 js7 ~ js11，若 IT_n 的数值为奇数，则取偏差 = $\pm\frac{IT_n - 1}{2}$。

数值（d≤500mm）（GB/T 1800. 1—2009）　　（单位：μm）

限偏差 ei

m	n	p	r	s	t	u	v	x	y	z	za	zb	zc
所有标准公差等级													
+2	+4	+6	+10	+14	—	+18	—	+20	—	+26	+32	+40	+60
+4	+8	+12	+15	+19	—	+23	—	+28	—	+35	+42	+50	+80
+6	+10	+15	+19	+23	—	+28	—	+34	—	+42	+52	+67	+97
+7	+12	+18	+23	+28	—	+33	— +39	+40 +45	— —	+50 +60	+64 +77	+90 +108	+130 +150
+8	+15	+22	+28	+35	— +41	+41 +48	+47 +55	+54 +64	+63 +75	+73 +88	+98 +118	+136 +160	+188 +218
+9	+17	+26	+34	+43	+48 +54	+60 +70	+68 +81	+80 +97	+94 +114	+112 +136	+148 +180	+200 +242	+274 +325
+11	+20	+32	+41 +43	+53 +59	+66 +75	+87 +102	+102 +120	+122 +146	+144 +174	+172 +210	+226 +274	+300 +360	+405 +480
+13	+23	+37	+51 +54	+71 +79	+91 +104	+124 +144	+146 +172	+178 +210	+214 +254	+258 +310	+335 +400	+445 +525	+585 +690
+15	+27	+43	+63 +65 +68	+92 +100 +108	+122 +134 +146	+170 +190 +210	+202 +228 +252	+248 +280 +310	+300 +340 +380	+365 +415 +465	+470 +535 +600	+620 +700 +780	+800 +900 +1000
+17	+31	+50	+77 +80 +84	+122 +130 +140	+166 +180 +196	+236 +258 +284	+284 +310 +340	+350 +385 +425	+425 +470 +520	+520 +575 +640	+670 +740 +820	+880 +960 +1050	+1150 +1250 +1350
+20	+34	+56	+94 +98	+158 +170	+218 +240	+315 +350	+385 +425	+475 +525	+580 +650	+710 +790	+920 +1000	+1200 +1300	+1550 +1700
+21	+37	+62	+108 +114	+190 +208	+268 +294	+390 +435	+475 +530	+590 +660	+730 +820	+900 +1000	+1150 +1300	+1500 +1650	+1900 +2100
+23	+40	+68	+126 +132	+232 +252	+330 +360	+490 +540	+595 +660	+740 +820	+920 +1000	+1100 +1250	+1450 +1600	+1850 +2100	+2400 +2600

表 2-5　孔的基本偏差

公称尺寸/mm	下极限偏差 EI											上极限偏							
	A	B	C	CD	D	E	EF	F	FG	G	H	JS	J			K		M	
	所有标准公差等级												IT6	IT7	IT8	≤IT8	>IT8	≤IT8	>IT8
≤3	+270	+140	+60	+34	+20	+14	+10	+6	+4	+2	0		+2	+4	+6	0	0	−2	−2
>3~6	+270	+140	+70	+46	+30	+20	+14	+10	+6	+4	0		+5	+6	+10	−1+Δ	—	−4+Δ	−4
>6~10	+280	+150	+80	+56	+40	+25	+18	+13	+8	+5	0		+5	+8	+12	−1+Δ	—	−6+Δ	−6
>10~14 >14~18	+290	+150	+95	—	+50	+32	—	+16	—	+6	0		+6	+10	+15	−1+Δ	—	−7+Δ	−7
>18~24 >24~30	+300	+160	+110	—	+65	+40	—	+20	—	+7	0		+8	+12	+20	−2+Δ	—	−8+Δ	−8
>30~40 >40~50	+310 +320	+170 +180	+120 +130	—	+80	+50	—	+25	—	+9	0		+10	+14	+24	−2+Δ	—	−9+Δ	−9
>50~65 >65~80	+340 +360	+190 +200	+140 +150	—	+100	+60	—	+30	—	+10	0	偏差等于 $\pm\frac{IT_n}{2}$，式中 IT_n 是IT值数	+13	+18	+28	−2+Δ	—	−11+Δ	−11
>80~100 >100~120	+380 +410	+220 +240	+170 +180	—	+120	+72	—	+36	—	+12	0		+16	+22	+34	−3+Δ	—	−13+Δ	−13
>120~140 >140~160 >160~180	+460 +520 +580	+260 +280 +310	+200 +210 +230	—	+145	+85	—	+43	—	+14	0		+18	+26	+41	−3+Δ	—	−15+Δ	−15
>180~200 >200~225 >225~250	+660 +740 +820	+340 +380 +420	+240 +260 +280	—	+170	+100	—	+50	—	+15	0		+22	+30	+47	−4+Δ	—	−17+Δ	−17
>250~280 >280~315	+920 +1050	+480 +540	+300 +330	—	+190	+110	—	+56	—	+17	0		+25	+36	+55	−4+Δ	—	−20+Δ	−20
>315~355 >355~400	+1200 +1350	+600 +680	+360 +400	—	+210	+125	—	+62	—	+18	0		+29	+39	+60	−4+Δ	—	−21+Δ	−21
>400~450 >450~500	+1500 +1650	+760 +840	+440 +480	—	+230	+135	—	+68	—	+20	0		+33	+43	+66	−5+Δ	—	−23+Δ	−23

注：1. 公称尺寸小于或等于 1mm 时，基本偏差 A 和 B 及大于 IT8 的 N 均不采用。

2. 公差带 JS7 ~ JS11，若 IT_n 的数值为奇数，则取偏差 = $\pm\frac{IT_n-1}{2}$。

3. 特殊情况：当公称尺寸大于 250 ~ 315mm 时，M6 的 ES 等于 −9（不等于 −11）。

4. 对小于或等于 IT8 的 K、M、N 和小于或等于 IT7 的 P ~ ZC，所需 Δ 值从表内右侧选取。例如大于 6 ~ 10mm 的 P6，Δ = 3，所以 ES = (−15 + 3) μm = −12μm。

数值（D≤500mm）（GB/T 1800.1—2009）　　　　（单位：μm）

差 ES			上极限偏差 ES												Δ/μm					
N		P～ZC	P	R	S	T	U	V	X	Y	Z	ZA	ZB	ZC						
≤IT8	>IT8	≤IT7	>IT7												IT3	IT4	IT5	IT6	IT7	IT8
-4	-4	在大于IT7级的相应数值上增加一个Δ值	-6	-10	-14	—	-18	—	-20	—	-26	-32	-40	-60	0					
-8+Δ	0		-12	-15	-19	—	-23	—	-28	—	-35	-42	-50	-80	1	1.5	1	3	4	6
-10+Δ	0		-15	-19	-23	—	-28	—	-34	—	-42	-52	-67	-97	1	1.5	2	3	6	7
-12+Δ	0		-18	-23	-28	—	-33	— -39	-40 -45	— —	-50 -60	-64 -77	-90 -108	-130 -150	1	2	3	3	7	9
-15+Δ	0		-22	-28	-35	— -41	-41 -48	-47 -55	-54 -64	-63 -75	-73 -88	-98 -118	-136 -160	-188 -218	1.5	2	3	4	8	12
-17+Δ	0		-26	-34	-43	-48 -54	-60 -70	-68 -81	-80 -97	-94 -114	-112 -136	-148 -180	-200 -242	-274 -325	1.5	3	4	5	9	14
-20+Δ	0		-32	-41 -43	-53 -59	-66 -75	-87 -102	-102 -120	-122 -146	-144 -174	-172 -210	-226 -274	-300 -360	-405 -480	2	3	5	6	11	16
-23+Δ	0		-37	-51 -54	-71 -79	-91 -104	-124 -144	-146 -172	-178 -210	-214 -254	-258 -310	-335 -400	-445 -525	-585 -690	2	4	5	7	13	19
-27+Δ	0		-43	-63 -65 -68	-92 -100 -108	-122 -134 -146	-170 -190 -210	-202 -228 -252	-248 -280 -310	-300 -340 -380	-365 -415 -465	-470 -535 -600	-620 -700 -780	-800 -900 -1000	3	4	6	7	15	23
-31+Δ	0		-50	-77 -80 -84	-122 -130 -140	-166 -180 -196	-236 -258 -284	-284 -310 -340	-350 -385 -425	-425 -470 -520	-520 -575 -640	-670 -740 -820	-880 -960 -1050	-1150 -1250 -1350	3	4	6	9	17	26
-34+Δ	0		-56	-94 -98	-158 -170	-218 -240	-315 -350	-385 -425	-475 -525	-580 -650	-710 -790	-920 -1000	-1200 -1300	-1550 -1700	4	4	7	9	20	29
-37+Δ	0		-62	-108 -114	-190 -208	-268 -294	-390 -435	-475 -530	-590 -660	-730 -820	-900 -1000	-1150 -1300	-1500 -1650	-1900 -2100	4	5	7	11	21	32
-40+Δ	0		-68	-126 -132	-232 -252	-330 -360	-490 -540	-595 -660	-740 -820	-920 -1000	-1100 -1250	-1450 -1600	-1850 -2100	-2400 -2600	5	5	7	13	23	34

除孔 J 和 JS 外，基本偏差的数值与选用的标准公差等级无关。

现举例说明表 2-1、表 2-4 和表 2-5 的应用。

例 2-3 若某配合孔的尺寸为 $\phi30^{+0.033}_{0}$（H8），轴的尺寸为 $\phi30^{-0.020}_{-0.041}$（f7），试分别计算其极限尺寸、极限偏差、公差、极限间隙、配合公差，并画出其尺寸公差带图和配合公差带图，说明配合类别。

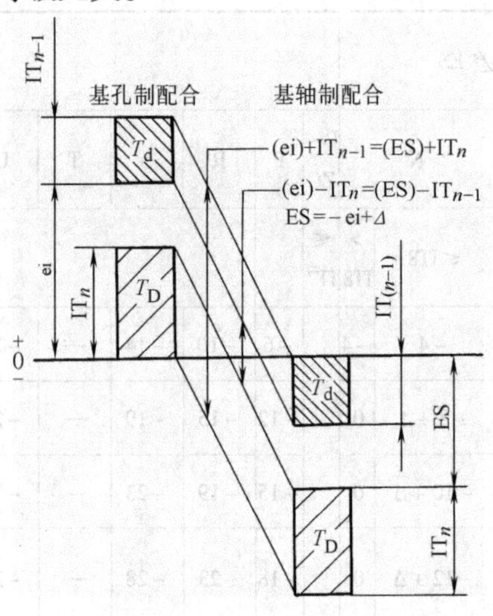

图 2-14 配合基准制转换

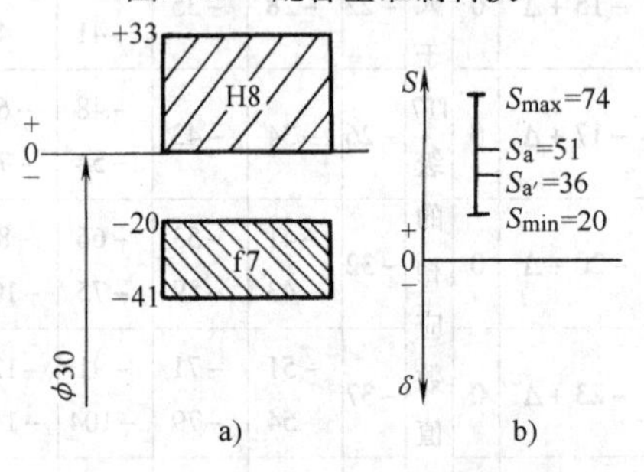

图 2-15 例 2-3 尺寸公差带和配合公差带图

a）公差带图 b）配合公差带图

解 相配孔、轴的公称尺寸 $D = d = \phi30\text{mm}$

孔的上、下极限偏差 $ES = +0.033\text{mm} = +33\mu\text{m}$；

$EI = 0$

轴的上、下极限偏差 $es = -0.020\text{mm} = -20\mu\text{m}$；

$ei = -0.041\text{mm} = -41\mu\text{m}$

孔的上、下极限尺寸 $D_{max} = D + ES = 30.033\text{mm}$；

$D_{min} = D + EI = 30\text{mm}$

孔的尺寸公差 $T_D = D_{max} - D_{min} = ES - EI$

$= 0.033\text{mm} = 33\mu\text{m}$

轴的上、下极限尺寸 $d_{max} = d + es = 29.980\text{mm}$；

$d_{min} = d + ei = 29.959\text{mm}$

轴的尺寸公差 $T_d = d_{max} - d_{min} = es - ei$

$= 0.021\text{mm} = 21\mu\text{m}$

极限间隙 $S_{max} = D_{max} - d_{min} = +0.074\text{mm}$

$= +74\mu\text{m}$

$S_{min} = D_{min} - d_{max} = +0.020\text{mm}$

$= +20\mu\text{m}$

平均间隙 $S_{av} = (S_{max} + S_{min})/2 = +47\mu\text{m}$

配合公差 $T_f = S_{max} - S_{min} = T_D + T_d$

$= 54\mu\text{m}$

尺寸公差带图和配合公差带图如图 2-15a、b 所示，此配合为间隙配合。

若一对孔、轴的实际（组成）要素尺寸分别为：$D_a = 30.021\text{mm}$，$d_a = 29.970\text{mm}$

则 $D_{max}(=30.033\text{mm}) > D_a(=30.021\text{mm}) > D_{min}(=30\text{mm})$。

$d_{max}(=29.980\text{mm}) > d_a(=29.970\text{mm}) > d_{min}(=29.959\text{mm})$。

所以，孔、轴的尺寸都是合格的。

又 $S_a = D_a - d_a$

$= \phi30.021\text{mm} - \phi29.970\text{mm}$

$= +0.051\text{mm}$

$= +51\mu\text{m}$

则 $S_{max}(=+74\mu\text{m}) > S_a(=+51\mu\text{m}) > S_{min}(=+20\mu\text{m})$ 所以，结合是合用的。

若另一对孔、轴的实际组成要素尺寸为：$D'_a = 30.021\text{mm}$，$d'_a = 29.985\text{mm}$

则 因为 $d_{max}(=29.980\text{mm}) < d'_a(=29.985\text{mm})$

所以 孔的尺寸合格，轴的尺寸不合格。

但　　$S_{max}(=+74\mu m)>S'_a(=D'_a-d'_a=+36\mu m)>S_{min}(=+20\mu m)$。

故　配合是合格的，但轴无互换性。

例 2-4　查表确定 ϕ20H7/k6 和 ϕ20K7/h6 两配合的孔、轴极限偏差，画出尺寸公差带图，并比较。

解　由表 2-1 可得，公称尺寸 >18～30mm 时，IT6 =13μm，IT7 =21μm。

对于 H7，EI =0，则 ES = EI + IT7 = (0 +21)μm = +21μm；

对于 k6，由表 2-4 可得，ei = +2μm，则 es = ei + IT6 = [(+2) +13]μm =15μm。

$$S_{max}=ES-ei=[(+21)-(+2)]\mu m=19\mu m$$

所以

$$\delta_{max}=EI-es=(0-15)\mu m=-15\mu m$$

ϕ20H7/k6 的尺寸公差带图如图 2-16a 所示。

对于 K7，由表 2-5 得，ES = −2 + Δ，且 Δ =8(= IT7 − IT6 =21 −13)，则 ES = (−2 +8) μm = +6μm，EI = ES − IT7 = [(+6) −21]μm = −15μm；

对于 h6，es =0，则 ei = es − IT6 =0 −13 = −13μm。

$$S'_{max}=ES-ei=[(+6)-(-13)]\mu m=19\mu m$$

所以

$$\delta'_{max}=EI-es=(-15-0)\mu m=-15\mu m$$

ϕ20K7/h6 的尺寸公差带图如图 2-16b 所示。

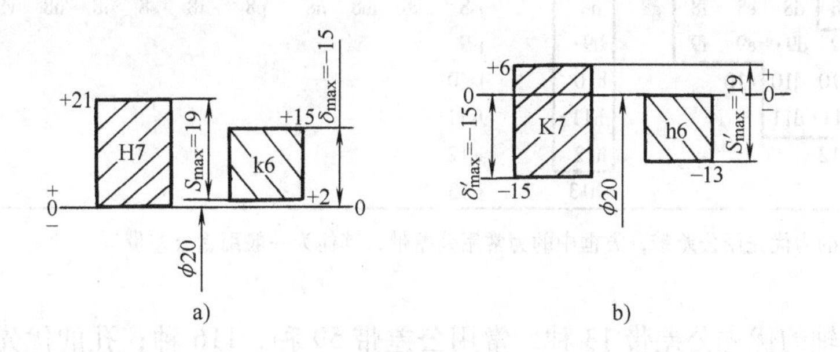

图 2-16　例 2-4 的尺寸公差带图

a) ϕ20H7/k6 的尺寸公差带图　b) ϕ20K7/h6 的尺寸公差带图

由于 $S_{max}=S'_{max}$，$\delta_{max}=\delta'_{max}$，所以 ϕ20H7/k6 和 ϕ20K7/h6 为相同配合。

这是由于标准规定的基本偏差是按照它与高一级的轴（IT6）相配时，基轴制配合与相应的基孔制配合的性质相同的要求，由相应代号的轴的基本偏差（k7）换算得来的（ES = − ei + Δ），而本例中 ϕ20H7/k6 与 ϕ20K7/h6 两配合的孔、轴的公差等级关系正好符合这种条件（轴比孔高一级）。

三、孔、轴公差带与配合的标准化

1. 优先、常用和一般用途公差带

原则上 GB/T 1800.2—2009 允许任一孔、轴组成配合，但为了简化标准和使用方便，根据实际需要规定了优先、常用和一般用途的孔、轴公差带，从而有利于生产和减少刀具、量具的规格、数量，便于技术工作。

表 2-6 为公称尺寸至 500mm 的孔、轴优先、常用和一般用途公差带，应按顺序选用。

表 2-6　公称尺寸≤500mm 孔、轴优先，常用和一般用途公差带（摘自 GB/T 1801—2009）

	A	B	C	D	E	F	G	H	J	JS	K	M	N	P	R	S	T	U	V	X	Y	Z
孔公差带								H1		JS1												
								H2		JS2												
								H3		JS3												
								H4		JS4	K4	M4										
							G5	H5		JS5	K5	M5	N5	P5	R5	S5						
						F6	G6	H6	J6	JS6	K6	M6	N6	P6	R6	S6	T6	U6	V6	X6	Y6	Z6
				D7	E7	F7	G7·	H7·	J7	JS7	K7·	M7	N7·	P7·	R7	S7·	T7	U7·	V7	X7	Y7	Z7
			C8	D8	E8	F8·	G8	H8·	J8	JS8	K8	M8	N8	P8	R8	S8	T8	U8	V8	X8	Y8	Z8
	A9	B9	C9	D9·	E9	F9		H9·		JS9			N9	P9								
	A10	B10	C10	D10	E10			H10		JS10												
	A11	B11	C11·	D11				H11·		JS11												
	A12	B12	C12					H12		JS12												
								H13		JS13												
轴公差带								h1		js1												
								h2		js2												
								h3		js3												
							g4	h4		js4	k4	m4	n4	p4	r4	s4						
						f5	g5	h5	j5	js5	k5	m5	n5	p5	r5	s5	t5	u5	v5	x5		
					e6	f6	g6·	h6·	j6	js6	k6·	m6	n6·	p6·	r6	s6·	t6	u6·	v6	x6	y6	z6
				d7	e7	f7·	g7	h7·	j7	js7	k7	m7	n7	p7	r7	s7	t7	u7	v7	x7	y7	z7
			c8	d8	e8	f8	g8	h8		js8	k8	m8	n8	p8	r8	s8	t8	u8	v8	x8	y8	z8
	a9	b9	c9	d9·	e9	f9		h9·		js9												
	a10	b10	c10	d10	e10			h10		js10												
	a11	b11	c11·	d11				h11·		Js11												
	a12	b12	c12					h12		js12												
	a13	b13						h13		js13												

注：表中后带 · 的为优先用公差带，方框中的为常用公差带，其他为一般用途公差带。

表 2-6 中，轴的优先公差带 13 种，常用公差带 59 种，116 种；孔的优先公差带 13 种，常用公差带 44 种，共 105 种。

2. 优先和常用配合

GB/T 1801—2009 推荐了公称尺寸≤500mm 范围内，基孔制的 13 种优先配合和 59 种常用配合，见表 2-7；对基轴制，规定了 13 种优先配合和 47 种常用配合，见表 2-8，以供选择使用。

表 2-7　基孔制优先、常用配合（GB/T 1801—2009）

基准孔	轴																				
	a	b	c	d	e	f	g	h	js	k	m	n	p	r	s	t	u	v	x	y	z
	间隙配合								过渡配合			过盈配合									
H6						$\frac{H6}{f5}$	$\frac{H6}{g5}$	$\frac{H6}{h5}$	$\frac{H6}{js5}$	$\frac{H6}{k5}$	$\frac{H6}{m5}$	$\frac{H6}{n5}$	$\frac{H6}{p5}$	$\frac{H6}{r5}$	$\frac{H6}{s5}$	$\frac{H6}{t5}$					
H7						$\frac{H7}{f6}$	$\frac{H7}{g6}$	$\frac{H7}{h6}$	$\frac{H7}{js6}$	$\frac{H7}{k6}$	$\frac{H7}{m6}$	$\frac{H7}{n6}$	$\frac{H7}{p6}$	$\frac{H7}{r6}$	$\frac{H7}{s6}$	$\frac{H7}{t6}$	$\frac{H7}{u6}$	$\frac{H7}{v6}$	$\frac{H7}{x6}$	$\frac{H7}{y6}$	$\frac{H7}{z6}$
H8					$\frac{H8}{e7}$	$\frac{H8}{f7}$	$\frac{H8}{g7}$	$\frac{H8}{h7}$	$\frac{H8}{js7}$	$\frac{H8}{k7}$	$\frac{H8}{m7}$	$\frac{H8}{n7}$	$\frac{H8}{p7}$	$\frac{H8}{r7}$	$\frac{H8}{s7}$	$\frac{H8}{t7}$	$\frac{H8}{u7}$				
				$\frac{H8}{d8}$	$\frac{H8}{e8}$	$\frac{H8}{f8}$		$\frac{H8}{h8}$													

（续）

基准孔	轴																				
	a	b	c	d	e	f	g	h	js	k	m	n	p	r	s	t	u	v	x	y	z
	间隙配合								过渡配合			过盈配合									
H9			$\frac{H9}{c9}$	◤$\frac{H9}{d9}$	$\frac{H9}{e9}$	$\frac{H9}{f9}$		◤$\frac{H9}{h9}$													
H10			$\frac{H10}{c10}$	$\frac{H10}{d10}$				$\frac{H10}{h10}$													
H11	$\frac{H11}{a11}$	$\frac{H11}{b11}$	◤$\frac{H11}{c11}$	$\frac{H11}{d11}$				◤$\frac{H11}{h11}$													
H12		$\frac{H12}{b12}$						$\frac{H12}{h12}$													

注：1. $\frac{H6}{n5}$、$\frac{H7}{p6}$在公称尺寸≤3mm 和$\frac{H8}{r7}$在≤100mm 时，为过渡配合。

2. 标注◤的配合为优先配合。

表 2-8　基轴制优先、常用配合（GB/T 1801—2009）

基准轴	孔																				
	A	B	C	D	E	F	G	H	JS	K	M	N	P	R	S	T	U	V	X	Y	Z
	间隙配合								过渡配合			过盈配合									
h5						$\frac{F6}{h5}$	$\frac{G6}{h5}$	$\frac{H6}{h5}$	$\frac{JS6}{h5}$	$\frac{K6}{h5}$	$\frac{M6}{h5}$	$\frac{N6}{h5}$	$\frac{P6}{h5}$	$\frac{R6}{h5}$	$\frac{S6}{h5}$	$\frac{T6}{h5}$					
h6						$\frac{F7}{h6}$	◤$\frac{G7}{h6}$	◤$\frac{H7}{h6}$	$\frac{JS7}{h6}$	◤$\frac{K7}{h6}$	$\frac{M7}{h6}$	◤$\frac{N7}{h6}$	◤$\frac{P7}{h6}$	$\frac{R7}{h6}$	◤$\frac{S7}{h6}$	$\frac{T7}{h6}$	◤$\frac{U7}{h6}$				
h7					$\frac{E8}{h7}$	◤$\frac{F8}{h7}$		◤$\frac{H8}{h7}$	$\frac{JS8}{h7}$	$\frac{K8}{h7}$	$\frac{M8}{h7}$	$\frac{N8}{h7}$									
h8				$\frac{D8}{h8}$	$\frac{E8}{h8}$	$\frac{F8}{h8}$		$\frac{H8}{h8}$													
h9				◤$\frac{D9}{h9}$	$\frac{E9}{h9}$	$\frac{F9}{h9}$		◤$\frac{H9}{h9}$													
h10				$\frac{D10}{h10}$				$\frac{H10}{h10}$													
h11	$\frac{A11}{h11}$	$\frac{B11}{h11}$	◤$\frac{C11}{h11}$	$\frac{D11}{h11}$				◤$\frac{H11}{h11}$													
h12		$\frac{B12}{h12}$						$\frac{H12}{h12}$													

注：标注◤的配合为优先配合。

第三节　极限与配合的应用原则

极限与配合国家标准的应用，就是如何根据使用要求正确合理地选择符合标准规定的孔、轴的公差带大小和公差带位置，即在公称尺寸确定之后，选择公差等级、配合制和配合种类（基本偏差）的问题。

极限与配合的选择是机械设计与机械制造的重要环节。其基本原则是：经济地满足使用性能要求，并获得最佳技术经济效益。其中，满足使用性能是第一位的，这是产品质量的保证。在满足使用性能要求的条件下，充分考虑生产、使用、维护过程的经济性。

正确合理地选择孔、轴的公差等级，配合制和配合种类，不仅要对极限与配合国家标准的构成原理和方法有较深的了解，而且应对产品的工作状况、使用条件、技术性能和精度要求、可靠性、预计寿命及生产条件进行全面的分析和估计，特别应该在生产实践和科学实验中不断积累设计经验，提高综合实际工作能力，才能真正达到正确合理选择的目的。

极限与配合的选择一般有三种方法：类比法、计算法和试验法。类比法就是通过对类似的机器和零部件进行调查研究，分析对比，吸取经验教训，结合各自的实际情况选取极限与配合。这是应用最多、最主要的方法。计算法是按照一定的理论和公式来确定所需要的间隙或过盈。由于影响因素较复杂，理论均是近似的，计算结果不尽符合实际，应进行修正。试验法是通过试验或统计分析来确定间隙或过盈，此法较为合理可靠，但成本较高，只用于重要的配合。

一、公差等级的选择

在满足使用要求的前提下应尽量将公差级别选低，以取得较好的经济效益，但要准确地选定公差等级是十分困难的。公差等级过低，将不能满足使用性能要求和保证产品质量；若公差等级过高，生产成本将成倍增加，显然不符合经济性要求。因此，应综合考虑，才能正确、合理地确定公差等级。

由于精度设计尚基于以经验设计为主的阶段，一般公差等级的选择主要采用类比法。所谓类比法，就是参考经实践证明合理的类似产品上的类似尺寸，确定要求设计的孔、轴公差等级。

对某些特别重要的配合，有条件的情况下根据相应的因素确定要求的公差等级时，才用计算法进行精确设计，确定孔、轴的公差等级，并应综合考虑以下诸方面：

1）如考虑孔、轴的工艺等价性，即加工难易程度相同，对各类配合，$IT_D \leqslant IT8$ 时，T_D 比 T_d 低一级；$IT_D > IT8$ 时，T_D 与 T_d 取同级。

2）考虑相关件和相配件的精度，如齿轮孔与相配合的轴的公差等级取决于齿轮的精度等级，滚动轴承与轴和外壳孔的公差等级决定于轴承的精度等级。

3）考虑加工件的经济性，如轴承盖和隔套孔与轴颈的配合，则允许选用较大间隙和较低公差等级，因此可分别比外壳孔和轴径的公差等级低 2 ~ 3 级。

若已知配合公差 T_f，可按下式之一确定孔、轴配合尺寸公差的大小

$$T_f = T_D + T_d \quad \text{（按极值法计算）}$$

$$T_f = \sqrt{T_D^{\ 2} + T_d^{\ 2}} \quad \text{（按概率法计算）}$$

上两式中孔、轴公差按下述情况分配：

当配合尺寸≤500mm 时，$T_f \leqslant 2IT8$ 的，推荐孔比轴低一级。$T_f > 2IT8$ 的，推荐孔、轴同级；当配合尺寸 >500mm 时，除采用孔、轴同级外，根据制造特点可采用配制配合（见 GB/T 1801—2009）。

如果是某特殊重要配合，已能根据使用要求确定其间隙或过盈的允许界限时，即可以用计算法进行精确设计，以确定其公差等级。例如公称尺寸为 60mm 的间隙配合，根据工作条件要求，允许的最大间隙 $[S_{max}] = 80\mu m$，允许的最小间隙 $[S_{min}] = 25\mu m$，则允许的间隙公差 $[T_f] = [S_{max}] - [S_{min}] = (80-25)\mu m = 55\mu m$。若选定孔为 7 级，轴为 6 级，它们的公差分别为 $T_D = IT7 = 30\mu m$，$T_d = IT6 = 19\mu m$，其配合公差 $T_f = T_D + T_d = (30+19)\mu m = 49\mu m < [T_f]$，可满足要求。

但是，以上计算多用于动压轴承的间隙配合和在弹性变形范围内的过盈配合时，才有比较可靠的计算方法。其中，《过盈配合的计算和选用》已列入国家标准。

表 2-9 列出了 20 个标准公差等级的基本应用范围，可用于用类比法选择公差等级时参考。此外，对于较低精度的非配合尺寸，还可以按照 GB/T 1804—2000 选用一般公差。

表 2-9 公差等级的应用

应用场合			01	0	1	2	3	4	5	6	7	8	9	10	11	12	13	14	15	16	17	18
量块			—	—	—																	
量规	高精度量规				—	—	—	—														
量规	低精度量规								—	—	—											
配合尺寸	个别特别重要的精密配合			—	—																	
配合尺寸	特别重要的精密配合	孔					—	—	—													
配合尺寸	特别重要的精密配合	轴				—	—	—														
配合尺寸	精密配合	孔								—	—	—										
配合尺寸	精密配合	轴							—	—	—											
配合尺寸	中等精度配合	孔											—	—								
配合尺寸	中等精度配合	轴										—	—	—								
配合尺寸	低精度配合														—	—	—					
非配合尺寸，一般公差尺寸																—	—	—	—	—	—	—
原材料公差												—	—	—	—	—	—					

注：“——”表示应用的标准公差等级。

表 2-10 列出了各种加工方法可能达到的合理加工精度，以提供选择公差等级时关于生产条件的参考。实际生产中，各种加工方法的合理加工精度等级不仅受工艺方法、设备状况和操作者技能等因素的影响而变动，而且随着工艺水平的发展和提高，某种加工方法所达到的加工精度也会有所变化。

表 2-10 各种加工方法可能达到的合理加工精度

加工方法	01	0	1	2	3	4	5	6	7	8	9	10	11	12	13	14	15	16	17	18
研磨	—	—	—	—	—	—	—													
珩						—	—	—	—											
圆磨							—	—	—	—										
平磨							—	—	—	—										
金刚石车							—	—	—											
金刚石镗							—	—	—	—										
拉削							—	—	—	—										
铰孔								—	—	—	—	—								
车									—	—	—	—	—							
镗									—	—	—	—	—							
铣										—	—	—	—							
刨、插												—	—							
钻孔												—	—	—	—					
滚压、挤压												—	—							
冲压												—	—	—	—	—				
压铸													—	—	—	—				
粉末冶金成形								—	—	—										
粉末冶金烧结									—	—	—	—								
砂型铸造、气割																		—	—	—
锻造																	—	—		

注：“——”表示可达到公差等级。

二、配合制的选择

国家标准规定了两种配合制，基孔制配合和基轴制配合。一般来说，孔、轴基本偏差数值，可保证在一定条件下，基孔制和基轴制的配合性质相同，即极限间隙或极限过盈相同，如 H7/f6 与 F7/h6 有相同的最大、最小间隙。所以，在一般情况下，无论选用基孔制还是基轴制配合，均可满足同样的使用要求。因此，配合制的选择基本上与使用要求无关，主要应从生产、工艺的经济性和结构的合理性等方面综合考虑。

1. 基孔制配合

一般情况下，应优先选用基孔制配合。由于一定的公称尺寸和公差等级，基准孔的极限尺寸是一定的，不同的配合是由不同极限尺寸的配合轴形成的。如果在机械产品的设计中采用基孔制配合，可以最大限度地减少孔的尺寸种类，随之减少了定尺寸刀具、量具（钻头、铰刀、拉刀、塞规等）的规格，从而获得显著的经济效益，也利于刀具、量具的标准化、系列化，也便于经济、合理地使用它们。

2. 基轴制配合

在下列情况采用基轴制配合则经济、合理：

1）在农业和纺织机械中，经常使用公差等级为 IT8 的冷拔光轴，不必切削加工，这时应采用基轴制。

2）与标准件配合时，必须按标准件来选择基准制，如滚动轴承的外圈与壳体孔的配合必须采用基轴制。

3）一根轴和多个孔相配时，考虑结构需要，宜采用基轴制。如图 2-17 所示，活塞销 1

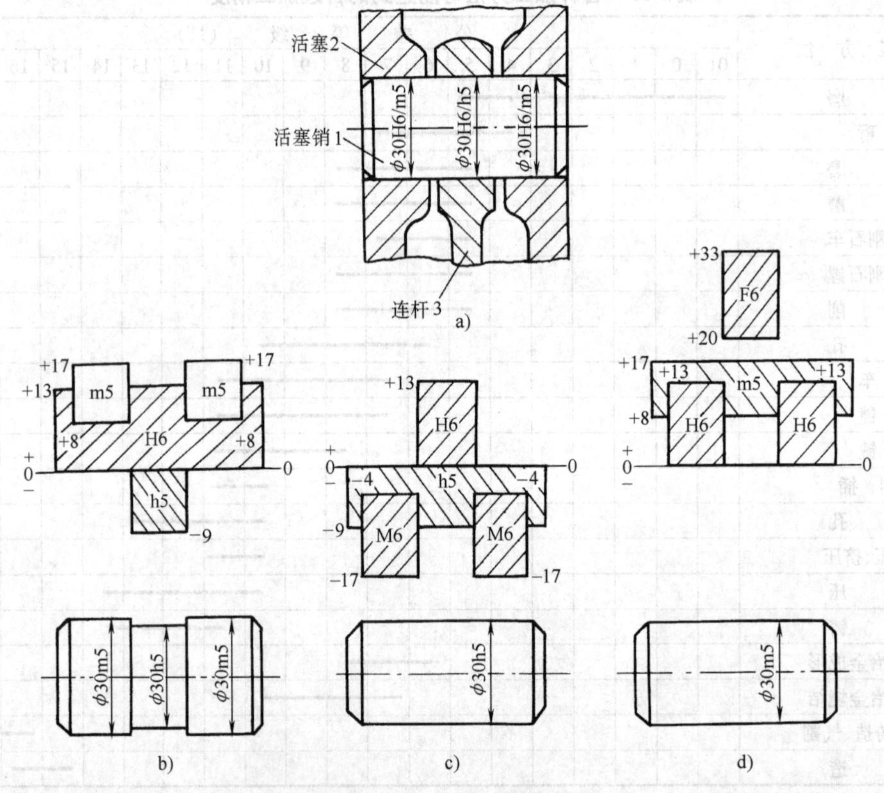

图 2-17　配合制的选择

同时与活塞2和连杆3上的孔配合，连杆要转动，故采用间隙配合，活塞销与活塞孔配合应紧一些，故采用过渡配合。如采用基孔制，则如图2-17b所示，活塞销需做成中间小，两头大的形状，这既不便于加工，也不便于装配。如果采用基轴制，如图2-17c、d所示，活塞销制成光轴，则便于加工和装配，降低成本。

当然，还可采用活塞销1与活塞2仍为基孔制配合（ϕ30H6/m5），为不使活塞销形成台阶，又与连杆形成间隙配合，将连杆3选用基轴制配合的孔（ϕ30F6），则它与基孔制配合的轴（ϕ30m5）形成所需的间隙配合，如图2-17d所示。其中，ϕ30F6/m5就形成不同基准制的配合，或称为非基准制的配合。

3. 非基准制配合

在某些特殊场合，基孔制与基轴制的配合均不适宜，如轴承盖与孔的配合为J7/f9、挡环与轴的配合为F8/k6等。又如为保证电镀后ϕ50H9/f8的配合，且保证其镀层厚度为（10±2）μm，则电镀前孔、轴必须分别按ϕ50F9和ϕ50e8加工。以上均是不同基准制的非基准制配合在生产中的应用实例。

三、配合种类的选择

配合共分间隙、过盈和过渡配合三大类。

选择配合种类的主要根据是使用要求，应该按照工作条件要求的松紧程度，在保证机器正常工作的情况下来选择适当的配合。但是，除动压轴承的间隙配合和在弹性变形范围内由过盈传递力矩或轴向力的过盈配合外，工作条件要求的松紧程度很难用量化指标衡量。在实际工作中，除少数可用计算法进行配合选择的设计计算外，多数采用类比法和试验法选择配合种类。

用类比法选择配合种类时，要先由工作条件确定配合类别，配合类别确定之后，再进一步选择配合的松紧程度。配合性质主要取决于基本偏差，同时还与公差等级及公称尺寸有关。

1. 配合类别的选择

过盈配合具有一定的过盈量，主要用于结合件间无相对运动且不需要拆卸的静联接。当过盈量较小时，只作精确定心用，如需传递力矩需加键、销等紧固件；过盈量较大时，可直接用于传递力矩。

过渡配合可能具有间隙，也可能具有过盈，因其量小，主要用于精确定心、结合件间无相对运动、可拆卸的静联接。要传递力矩时则要加紧固件。

间隙配合具有一定的间隙，间隙小时主要用于精确定心又便于拆卸的静联接，或结合件间只有缓慢移动或转动的动联接。间隙较大时主要用于结合件间有转动、移动或复合运动的动联接。

具体选择配合类别时可参考表2-11。

表2-11　配合类别选择表

<table>
<tr><td rowspan="4">无相对运动</td><td rowspan="3">需传递力矩</td><td rowspan="2">精确定心</td><td>不可拆卸</td><td>过　盈　配　合</td></tr>
<tr><td>可拆卸</td><td>过渡配合或基本偏差为H(h)的间隙配合加键、销紧固件</td></tr>
<tr><td colspan="2">不需精确定心</td><td>间隙配合加键、销紧固件</td></tr>
<tr><td colspan="3">不需传递力矩</td><td>过渡配合或过盈量较小的过盈配合</td></tr>
<tr><td rowspan="2">有相对运动</td><td colspan="3">缓慢转动或移动</td><td>基本偏差为H (h)、G (g) 等间隙配合</td></tr>
<tr><td colspan="3">转动、移动或复合运动</td><td>基本偏差为D~F (d~f) 等间隙配合</td></tr>
</table>

2. 孔、轴基本偏差的选择

配合类别确定后，非基准件基本偏差的选择有三种方法：

(1) 计算法　根据液体润滑和弹塑性理论计算出所需间隙或过盈的最佳值，而后选择接近的配合种类。

(2) 试验法　对产品性能影响重大的某些配合，往往需用试验法来确定最佳间隙或最佳过盈，因其成本高，故不常用。

(3) 经验法　由平时实践积累的经验和通过类比法确定出配合种类，这是最常用的方法。

表2-12列出了轴（孔）的各种基本偏差选用说明，表2-13为优先配合的选用说明。

各种工作条件对松紧程度的要求见表2-14。当相配孔、轴的材料强度较低时，过盈量不能太大；滑动轴承的相对运动速度越高、润滑油粘度越大，间隙应越大。当生产批量较大时，还要考虑尺寸分布规律的影响。

图2-18所示为一些配合应用实例。

表2-12　轴（孔）的基本偏差选用说明

配合	基本偏差	特　性　及　应　用
间隙配合	a，b（A，B）	可得到特别大的间隙，应用很少
	c（C）	可得到很大的间隙，一般适用于缓慢、松弛的动配合。用于工作条件较差（如农业机械）、受力变形，或为了便于装配而必须保证有较大的间隙时，推荐配合为H11/c11，如光学仪器中光学镜片与机械零件的联接；其较高等级的H8/c7配合，适用于轴在高温工作的紧密动配合，如内燃机排气阀和导管
	d（D）	一般用于IT7～IT11级，适用于松的转动配合，如密封盖、滑轮、空转带轮等与轴的配合。也适用于大直径滑动轴承配合，如透平机、球磨机、轧滚成形和重型弯曲机，以及其他重型机械中的一些滑动轴承
	e（E）	多用于IT7～IT9级，通常用于要求有明显间隙，易于转动的轴承配合，如大跨距轴承、多支点轴承等配合。高等级的e轴适用于大的、高速、重载支承，如涡轮发电机、大型电动机及内燃机主要轴承、凸轮轴轴承等配合
	f（F）	多用于IT6～IT8级的一般转动配合。当温度影响不大时，被广泛用于普通润滑油（或润滑脂）润滑的支承，如齿轮箱、小电动机、泵等的转轴与滑动轴承的配合，手表中秒轮轴与中心管的配合（H8/f7）
	g（G）	配合间隙很小，制造成本高，除很轻负荷的精密装置外，不推荐用于转动配合。多用于IT5～IT7级，最适合不回转的精密滑动配合，也用于插销等定位配合，如精密连杆轴承、活塞及滑阀、连杆销，光学分度头主轴与轴承等
	h（H）	多用于IT4～IT11级。广泛用于无相对转动的零件，作为一般的定位配合。若没有温度、变形影响，也用于精密滑动配合

（续）

配合	基本偏差	特　性　及　应　用
过渡配合	js （JS）	偏差完全对称（±IT/2），平均间隙较小的配合，多用于IT4～IT7级，要求间隙比h轴小，并允许略有过盈的定位配合。如联轴器、齿圈与钢制轮毂，可用木锤装配
	k （K）	平均间隙接近于零的配合，适用于IT4～IT7级，推荐用于稍有过盈的定位配合，如为了消除振动用的定位配合。一般用木锤装配
	m （M）	平均过盈较小的配合，适用于IT4～IT7级，一般可用木锤装配，但在最大过盈时，要求相当的压入力
	n （N）	平均过盈比m轴稍大，很少得到间隙，适用于IT4～IT7级，用锤或压力机装配，通常推荐用于紧密的组件配合，H6/n5配合时为过盈配合
过盈配合	p （P）	与H6或H7配合时是过盈配合，与H8孔配合时则为过渡配合。对非铁类零件装配，为较轻的压入配合，当需要时易于拆卸。对钢、铸铁或铜、钢组件装配，是标准压入配合
	r （R）	对铁类零件，为中等打入配合。对非铁类零件，为轻打入的配合，当需要时可以拆卸。与H8孔配合，直径在100mm以上时为过盈配合，直径小时为过渡配合
	s （S）	用于钢和铁制零件的永久性和半永久性装配，可产生相当大的结合力。当用弹性材料，如轻合金时，配合性质与铁类零件的基本偏差为p的轴相当，如套环压装在轴上、阀座等的配合。尺寸较大时，为了避免损伤配合表面，需用热胀或冷缩法装配
	t （T）	过盈较大的配合。对钢和铸铁类零件适于作永久性结合，不用键可传递力矩，需用热胀或冷缩法装配，如联轴器与轴的配合
	u （U）	这种配合过盈大，一般应验算在最大过盈时工件材料是否损坏，要用热胀或冷缩法装配，如火车轮毂和轴的配合
	v、x （V、X） y、z （Y、Z）	这些基本偏差所组成配合的过盈量更大，目前使用的经验和资料还很少，须经试验后才应用，一般不推荐

表2-13　优先配合选用说明

配合	优先配合		选　用　说　明
	基孔制	基轴制	
间隙配合	$\frac{H11}{c11}$	$\frac{C11}{h11}$	间隙极大。用于转速很高，轴、孔温度差很大的滑动轴承；要求大公差、大间隙的外露部分；要求装配极方便的配合
	$\frac{H9}{d9}$	$\frac{D9}{h9}$	具有明显间隙。用于转速较高、轴颈压力较大、精度要求不高的滑动轴承
	$\frac{H8}{f7}$	$\frac{F8}{h7}$	间隙适中。用于中等转速、中等轴颈压力、有一定精度要求的一般滑动轴承；要求装配方便的中等定位精度的配合
	$\frac{H7}{g6}$	$\frac{G7}{h6}$	间隙很小。用于低速转动或轴向移动的精密定位的配合；需要精确定位又经常装拆的不动配合

（续）

配合	优先配合		选用说明
	基孔制	基轴制	
间隙配合	$\frac{H7}{h6}$ $\frac{H8}{h7}$ $\frac{H9}{h9}$ $\frac{H11}{h11}$	$\frac{H7}{h6}$ $\frac{H8}{h7}$ $\frac{H9}{h9}$ $\frac{H11}{h11}$	装配后多少有点间隙，但在最大实体状态下间隙为零。用于间隙定位配合，工作时一般无相对运动；也用于高精度低速轴向移动的配合。公差等级由定位精度决定
过渡配合	$\frac{H7}{k6}$	$\frac{K7}{h6}$	平均间隙接近于零。用于要求装拆的精密定位配合（约有30%的过盈）
	$\frac{H7}{n6}$	$\frac{N7}{h6}$	较紧的过渡配合。用于一般不拆卸的更精密定位的配合（约有40%～60%的过盈）
过盈配合	$\frac{H7}{p6}$	$\frac{P7}{h6}$	过盈很小。用于要求定位精度很高、配合刚性好的配合；不能只靠过盈传递载荷
	$\frac{H7}{s6}$	$\frac{S7}{h6}$	过盈适中。用于靠过盈传递中等载荷的配合
	$\frac{H7}{u6}$	$\frac{U7}{h6}$	过盈较大。用于靠过盈传递较大载荷的配合。装配时需加热孔或冷却轴

表 2-14　工作条件对配合松紧的要求

工作条件	配合应
经常装拆	松
工作时孔的温度比轴低	松
形状和位置误差较大	松
有冲击和振动	紧
表面较粗糙	紧
对中性要求高	紧

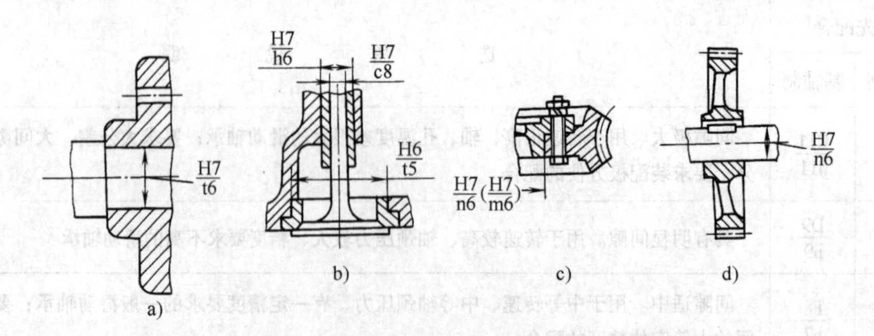

图 2-18　配合应用实例

a）联轴器和轴配合　b）内燃机排气阀杆和座配合

c）蜗轮轮缘和轮辐的配合　d）冲床齿轮与轴的配合

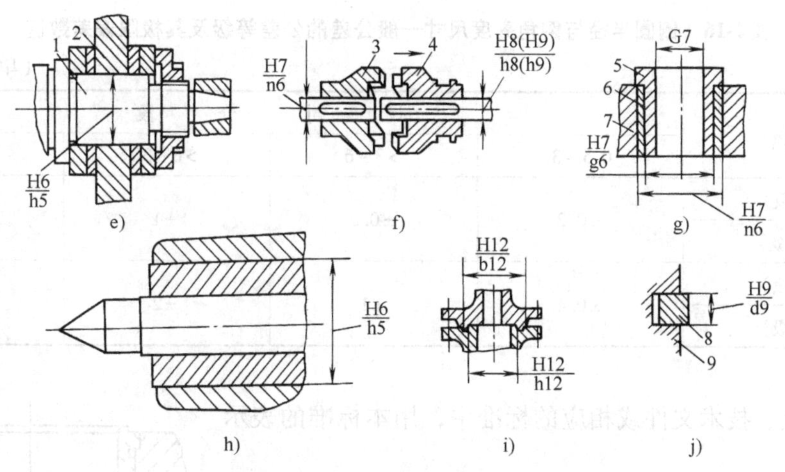

图 2-18 配合应用实例（续）

e）剃齿刀与刀杆的配合 f）牙嵌离合器的配合 g）钻套及衬套的配合
h）车床尾座配合 i）管道法兰配合 j）活塞环配合
1—刀杆主轴 2—剃齿刀 3—固定爪 4—移动爪
5—钻套 6—衬套 7—钻模板 8—活塞环 9—活塞

第四节 一般公差 线性尺寸的未注公差（GB/T 1804—2000）

一般公差是指在车间通常加工条件下可保证的公差，是机床设备在正常维护和操作情况下，能达到的经济加工精度。采用一般公差时，在该尺寸后不标注极限偏差或其他代号，所以也称未注公差。

一般公差主要用于较低精度的非配合尺寸。当功能上允许的公差等于或大于一般公差时，均应采用一般公差；当要素的功能允许比一般公差大的公差，且注出更为经济时，如装配不通孔的深度，则相应的极限偏差值要在尺寸后注出。在正常情况下，一般可不必检验。

一般公差适用于金属切削加工的尺寸，一般冲压加工的尺寸。对非金属材料和其他工艺方法加工的尺寸亦可参照采用。

在 GB/T 1804—2000 中，规定了四个公差等级，其线性尺寸一般公差的公差等级及其极限偏差数值见表 2-15；倒圆半径与倒角高度尺寸一般公差的公差等级及其极限偏差数值见表 2-16。未注公差角度尺寸的极限偏差见表 7-8。

表 2-15 线性尺寸一般公差的公差等级及其极限偏差数值（单位：mm）

公差等级	尺寸分段							
	0.5～3	>3～6	>6～30	>30～120	>120～400	>400～1 000	>1 000～2 000	>2 000～4 000
f（精密级）	±0.05	±0.05	±0.1	±0.15	±0.2	±0.3	±0.5	—
m（中等级）	±0.1	±0.1	±0.2	±0.3	±0.5	±0.8	±1.2	±2
c（粗糙级）	±0.2	±0.3	±0.5	±0.8	±1.2	±2	±3	±4
v（最粗级）	—	±0.5	±1	±1.5	±2.5	±4	±6	±8

表 2-16　倒圆半径与倒角高度尺寸一般公差的公差等级及其极限偏差数值

（单位：mm）

公差等级	尺寸分段			
	0.5 ~ 3	> 3 ~ 6	> 6 ~ 30	> 30
f（精密级） m（中等级）	±0.2	±0.5	±1	±2
c（粗糙级） v（最粗级）	±0.4	±1	±2	±4

在图样上、技术文件或相应的标准中，用本标准的表示方法为：

GB/T 1804—m　　其中 m 表示用中等级。

例 2-5　图 2-19 所示的铝合金活塞在钢制气缸内工作时为高速往复运动，要求间隙为 0.1 ~ 0.2mm，配合缸径为 ϕ135mm，气缸工作温度 $t_D = 110℃$，活塞工作温度 $t_d = 180℃$，气缸和活塞材料的线膨胀系数分别为 $\alpha_D = 12 \times 10^{-6}/K$，$\alpha_d = 24 \times 10^{-6}/K$。试确定活塞与气缸孔的尺寸偏差。

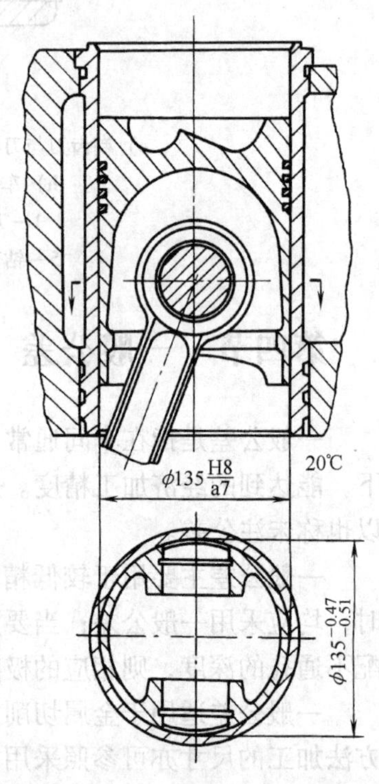

图 2-19　例 2-5 活塞与气缸的配合

解

1）确定基准制。通常应首选基孔制。

2）确定孔、轴公差等级。由于缸径 < 500mm，$T_f \leq$ 2IT8，推荐孔比轴低一级，所以 $T_f = S_{max} - S_{min} = (0.2 - 0.1)$ mm = 100μm。查表 2-1，选孔 IT8 级，$T'_D = 63\mu m$；轴 IT7 级，$T'_d = 40\mu m$，最大限度地满足题意 $T_f = T_D + T_d = 100\mu m$ 的要求，$T'_f = T'_D + T'_d = 103\mu m$，稍大于 100μm 是允许的。因此，基准孔的 ES = +63μm，EI = 0。

3）计算由热变形引起的间隙变化量

$$\Delta S = 135 \times [12 \times 10^{-6} \times (110 - 20) - 24 \times 10^{-6} \times (180 - 20)] \text{mm}$$
$$= -0.37\text{mm} = -370\mu m$$

负值说明：由于 $t_d > t_D$ 及 $\alpha_d > \alpha_D$，使工作时的间隙减小 0.37mm，为保证工作间隙为 0.1 ~ 0.2mm，应对轴的偏差考虑热补偿。

4）确定轴的基本偏差。

因 $S_{min} = EI - es = 100\mu m$，则 $es = 0 - 100 = -100\mu m$，$ei = es - T'_d = (-100 - 40)\mu m = -140\mu m$。

对轴的上、下偏差加入热补偿 ΔS，则

$$es' = es + \Delta S = (-100 - 370)\mu m = -470\mu m$$
$$ei' = ei + \Delta S = (-140 - 370)\mu m = -510\mu m$$

故气缸尺寸为 $\phi135^{+0.063}_{0}$ mm；活塞尺寸为 $\phi135^{-0.47}_{-0.51}$ mm。

例 2-6　试分析确定图 2-20 所示 C6132 型车床尾座有关部位的配合选择。

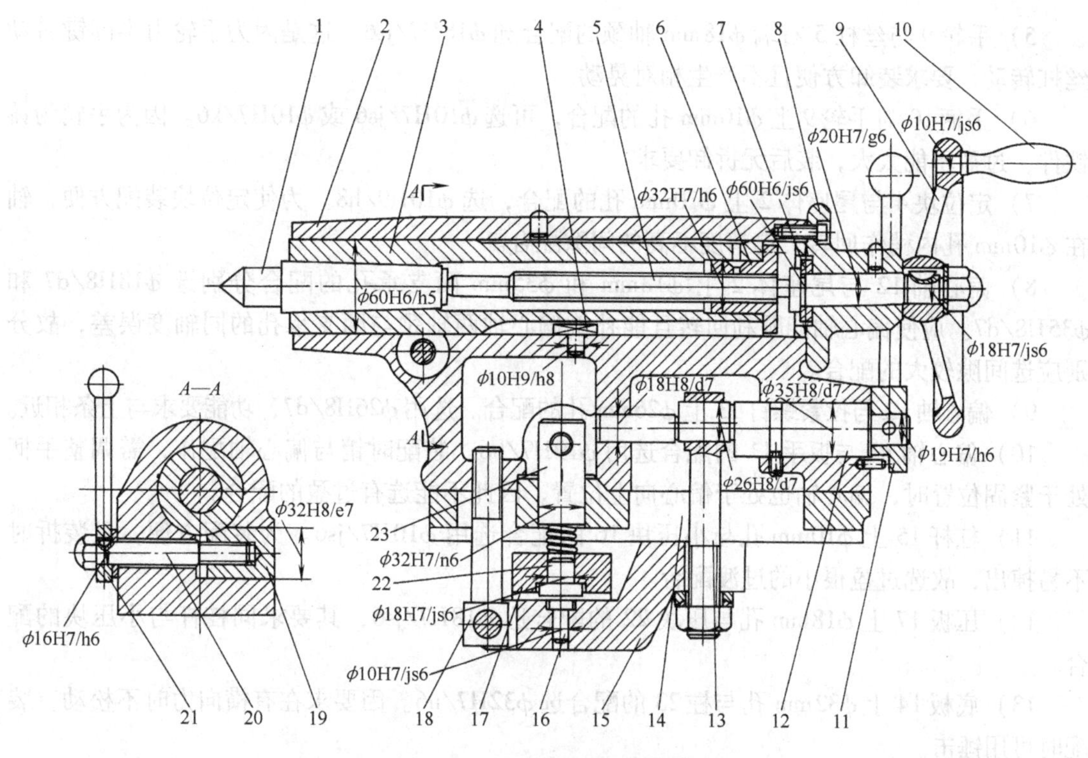

图 2-20　车床尾座装配图

1—顶尖　2—尾座体　3—顶尖套筒　4—定位块　5—丝杠　6—螺母　7—挡圈　8—后盖　9—手轮　10—手柄　11—扳手　12—偏心轴　13—拉紧螺钉　14—底板　15—杠杆　16—小压块　17—压板　18—螺钉　19—夹紧套　20—螺杆　21—小扳手　22—压块　23—柱

解　该车床属中等精度、多属小批量生产的机械。尾座的作用主要是以顶尖顶持工件或安装钻头、铰刀等，并承受切削力。尾座与主轴有严格的同轴度要求。

尾座应能沿床身导轨移动，移动到位可扳动扳手 11，通过偏心轴 12 使拉紧螺钉 13 上提，使压板 17 紧压床身，从而固定尾座位置。转动手轮 9，通过丝杠 5，推动螺母 6、顶尖套筒 3 和顶尖 1 沿轴向移动，顶紧工件。最后扳动小扳手 21，由螺杆 20 拉紧夹紧套 19，使顶尖的位置固定。

极限与配合选用如下：

1）顶尖套筒 3 的外圆柱面与尾座体 2 上孔的配合选用 φ60H6/h5。这是因为套筒要求能在孔中沿轴向移动，且不能晃动，故应选高精度的小间隙配合。

2）螺母 6 与顶尖套筒 3 上 φ32mm 内孔的配合选用 φ32H7/h6。因为 φ32mm 尺寸起径向定位作用，为装配方便，宜选用间隙不大的间隙配合，保证螺母同心和丝杠转动的灵活性。

3）后盖 8 凸肩与尾座体 2 上 φ60mm 孔的配合选用 φ60H6/js6。因为后盖 8 要求能沿径向移动，补偿其与丝杠轴装配后可能产生的偏心误差，从而保证丝杠的灵活性，需用小间隙配合。

4）后盖 8 与丝杠 5 上 φ20mm 轴颈的配合选用 φ20H7/g6，要求能在低速转动，间隙比轴向移动时稍大即可。

5）手轮 9 与丝杠 5 右端 ϕ18mm 轴颈的配合选 ϕ18H7/js6。这是因为手轮由半圆键带动丝杠转动，要求装卸方便且不产生相对晃动。

6）手柄 10 与手轮 9 上 ϕ10mm 孔的配合，可选 ϕ10H7/js6 或 ϕ10H7/k6。因为手轮为铸铁件，过盈不能太大，装后无拆卸要求。

7）定位块 4 与尾座体 2 上 ϕ10mm 孔的配合，选 ϕ10H9/h8。为使定位块装配方便，轴在 ϕ10mm 孔内稍作回转，选精度不高的间隙配合。

8）偏心轴 12 与尾座体 2 上 ϕ18mm 和 ϕ35mm 两支承孔的配合分别选 ϕ18H8/d7 和 ϕ35H8/d7。应使偏心轴能顺利回转且能补偿偏心轴两轴颈与两支承孔的同轴度误差，故分别应选间隙较大的配合。

9）偏心轴 12 与拉紧螺钉 13 上 ϕ26mm 孔的配合。选用 ϕ26H8/d7，功能要求与上条相近。

10）偏心轴 12 与扳手 11 的配合选用 ϕ19H7/h6。装配时销与偏心轴配作，需调整手柄处于紧固位置时，偏心轴也处于偏心向上位置，因此不能选有过盈的配合。

11）杠杆 15 上 ϕ10mm 孔与小压块 16 的配合选用 ϕ10H7/js6。为装配方便，且装拆时不易掉出，故选过盈很小的过渡配合。

12）压板 17 上 ϕ18mm 孔与压块 22 的配合选 ϕ18H7/js6，其要求同杠杆与小压块的配合。

13）底板 14 上 ϕ32mm 孔与柱 23 的配合选 ϕ32H7/n6。因要求在有横向力时不松动，装配时可用锤击。

14）夹紧套 19 与尾座体 2 上 ϕ32mm 孔的配合选 ϕ32H8/e7。要求当小扳手 21 松开后，夹紧套能很容易地退出，故选间隙较大的配合。

15）小扳手 21 上 ϕ16mm 孔与螺杆 20 的配合选 ϕ16H7/h6。因二者用半圆键联接，功能与手轮和丝杠的相近，但间隙可稍大于手轮和丝杠的配合。

小　结

1. 公称尺寸是指设计给定的尺寸。实际（组成）要素尺寸是通过测量获得的尺寸。极限尺寸是允许尺寸变动的最大或最小尺寸的两个极限值。

2. 公差是尺寸允许的变动范围，其值是无正负的线性尺寸或角度量值，且不能为零。

3. 偏差是实际（组成）要素尺寸减其公称尺寸的代数差，其值可为正、负或零。

4. 配合是指公称尺寸相同的相互结合的孔与轴公差带之间的关系。配合的种类有三种：有间隙的配合称间隙配合；有过盈的配合称过盈配合；可能具有间隙或过盈的配合称为过渡配合。

配合公差是允许间隙或过盈的变动量，是配合部位松紧程度的允许值。

5. 有关尺寸、公差、偏差的术语、代号、公式见表 2-17。

表 2-17　关于尺寸、公差、偏差的术语、代号

名　称			代　号		公式及要求	特点要求
			孔	轴		
尺寸	公称尺寸		D	d	指设计给定的尺寸	可为整数、小数。符合标准尺寸系列求
	极限尺寸	上极限尺寸	D_{max}	d_{max}	是允许的尺寸的最大或最小两个极端值	极限值
		下极限尺寸	D_{min}	d_{min}		

（续）

名　称			代号		公式及要求	特点要求
			孔	轴		
尺寸	实际（组成）要素（原称实际尺寸）通过测量获得的尺寸		D_a	d_a	合格条件 $D_{max} \geqslant D_a \geqslant D_{min}$ $d_{max} \geqslant d_a \geqslant d_{min}$	实际值
尺寸偏差	极限偏差	上极限偏差	ES	es	$ES = D_{max} - D$ $es = d_{max} - d$	可为正值、负值或零，数值前冠以符号
		下极限偏差	EI	ei	$EI = D_{min} - D$ $ei = d_{min} - d$	
	实际偏差		E_a	e_a	$E_a = D_a - D$ $e_a = d_a - d$	
尺寸公差			T_D	T_d	$T_D = D_{max} - D_{min} = ES - EI$ $T_d = d_{max} - d_{min} = es - ei$	公差是没有符号的绝对值

6. 有关配合的术语、公式及合格条件见表 2-18。

表 2-18　配合的术语、公式、合格条件

配合种类	孔、轴公差带位置	计算公式及配合松紧状态	间隙或过盈合用条件
间隙配合	孔公差带在轴公差带上方	$S_{max} = D_{max} - d_{min} = ES - ei$（最松） $S_{min} = D_{min} - d_{max} = EI - es$（最紧）	$S_{max} \geqslant S_a \geqslant S_{min}$
过渡配合	孔公差带与轴公差带相互交叠	$S_{max} = D_{max} - d_{min} = ES - ei$（最松） $\delta_{max} = D_{min} - d_{max} = EI - es$（最紧）	$S_{max} \geqslant S_a$ $\delta_a \geqslant \delta_{max}$
过盈配合	孔公差带在轴公差带下方	$\delta_{max} = D_{min} - d_{max} = EI - es$（最紧） $\delta_{min} = D_{max} - d_{min} = ES - ei$（最松）	$\delta_{min} \geqslant \delta_a \geqslant \delta_{max}$

习题与练习二

2-1　基孔制是________为一定的孔的公差带，与________轴的公差带形成各种配合性质的制度。

2-2　孔、轴公差带的大小是由________决定的，公差带相对于零线的位置是由________决定的。

2-3　公差带的大小相同而位置不同，表示它们对工件的________要求相同，而对________________大小的要求不同。

2-4　$\phi 50^{+0.039}_{0}$mm 的孔与 $\phi 50^{0}_{-0.025}$mm 的轴配合，属于________制，________配合。

2-5　已知公称尺寸为 ϕ50mm 的轴，上极限尺寸为 ϕ49.975mm，尺寸公差为 0.025mm，则它的上极限偏差是________，下极限偏差是________，下极限尺寸是________。

2-6　分析 ϕ50f6、ϕ50f7、ϕ50f8 这 3 种尺寸公差带的极限偏差特征（　　）

A. 上、下极限偏差相同　　B. 上极限偏差相同但下极限偏差不同

C. 上、下极限偏差均不相同　　D. 上极限偏差不同但下极限偏差相同

2-7　配合的松紧程度取决于（　　）

A. 孔、轴公称尺寸差值的多少　　B. 配合公差带的大小

C. 配合公差带相对于零线的位置　　D. 孔、轴的精度等级

2-8　孔或轴的实际要素尺寸是指该零件上（　　）测得值的尺寸。

A. 整个表面的　　B. 整个表面的平均尺寸

C. 部分表面的　　D. 局部实际表面用两点法

2-9　利用标准公差和基本偏差数值表，查出公差带的上、下极限偏差。

（1）ϕ28K7　（2）ϕ40M8　（3）ϕ25Z6　（4）ϕ30js6　（5）ϕ60J6。

2-10　查出下列配合中孔和轴的上、下极限偏差，说明配合性质，画出公差带图和配合公差带图。标明其公差，最大、最小极限尺寸，最大、最小间隙（或过盈）。

（1）ϕ40H8/f7　（2）ϕ40H8/js7　（3）ϕ40H8/t7

2-11　某配合其公称尺寸为 ϕ60mm，$S_{max}=40\mu m$，$T_D=30\mu m$，$T_d=20\mu m$，es = 0，试计算 ES、EI、ei、T_f 及 S_{min}（δ_{max}），画出尺寸公差带图和配合公差带图，说明配合性质。

2-12　图 2-21 所示为机床传动装配图的一部分，齿轮与轴由键联接，轴承内外圈与轴和机座孔的配合采用 ϕ50k6 和 ϕ110J7。试确定齿轮与轴、端盖与机座孔的配合，挡环孔与轴的配合。并画出配合公差带图。

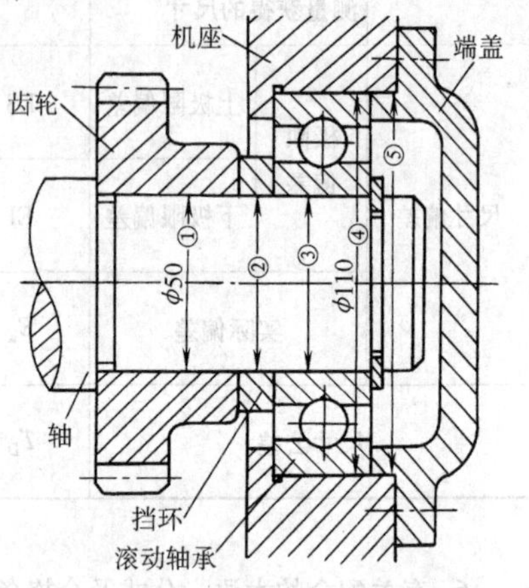

图 2-21　习题 2-12 机床传动装配图

2-13　设三个配合的基本尺寸和允许的极限间隙或极限过盈如下：

（1）D（d）= ϕ40mm，S_{max} = +70μm，S_{min} = +20μm；

（2）D（d）= ϕ95mm，δ_{max} = −130μm，δ_{min} = −20μm；

（3）D（d）= ϕ10mm，S_{max} = +10μm，δ_{max} = −20μm；

若均选用基孔制，试确定各孔、轴的公差等级及配合种类，并画出公差带图、配合公差带图。

第三章　检测技术基础

本章要点

1. 掌握检测技术的基本知识，量块的按“等”、按“级”使用，三坐标测量机的功能。
2. 掌握常用量具的使用、读数原理、测量误差的处理方法。
3. 掌握光滑工件尺寸验收极限的确定和量具的选择。
4. 检测技术是实际操作的技艺，要经过：练（习）、摸（索）、悟（透）、创（新），才能达到实际工作对检测技术的要求。

第一节　检测的基本概念

一、检测的基本概念

零件几何量需要通过测量或检验，才能判断其合格与否，只有合格的零件才具有互换性。

（1）测量　就是把被测量与具有计量单位的标准量进行比较，从而确定被测量量值的过程。此过程可用公式表示为

$$L = qE \tag{3-1}$$

式中　L——被测量；

q——比值；

E——计量单位。

式（3-1）表明，任何几何量的量值都由两部分组成：表征几何量的数值和该几何量的计量单位。例如，几何量 $L=40\text{mm}$，其中 mm 为长度计量单位，数值 40 则是以 mm 为计量单位时该几何量量值的数值。

显然，对任一被测对象进行测量，首先要建立计量单位，其次要有与被测对象相适应的测量方法，并且要达到所要求的测量精度。因此，一个完整的几何量测量过程包括被测对象、计量单位、测量方法和测量精度等四个要素。

被测对象——在几何量测量中，被测对象是指长度、角度、表面粗糙度、几何误差等。

计量单位——用以度量同类量值的标准量。

测量方法——指测量原理、测量器具和测量条件的总和。

测量精度——指测量结果与真值一致的程度。

（2）检验　是指判断被测量是否在规定的极限范围之内（是否合格）的过程。

（3）检测　是测量与检验的总称；是保证产品精度和实现互换性生产的重要前提；是贯彻质量标准的重要技术手段；是生产过程中的重要环节。

检测是机械制造的“眼睛”，不仅用于评定产品质量，分析不良产品的原因，及时调整加工工艺，预防废次品，降低成本，还为 CAD/CAM 逆向工程提供数据服务。

二、长度单位、基准和尺寸传递

1. 长度单位和基准

在我国法定计量单位中，长度单位是米（m）。机械制造中常用的长度单位是毫米（mm）；测量技术中常用的长度单位是微米（μm）；角度单位常用弧度（rad）、度（°）、分（′）、秒（″）。其中，长度单位之间存在以下关系

$$1\text{m}=1000\text{mm};\ 1\text{mm}=1000\mu\text{m};\ 1\text{nm}=10^{-3}\mu\text{m}$$

1983 年，第十七届国际计量大会通过米的新定义为“光在真空中在 1/299 792 458s 时间间隔内行程的长度”。

米定义的复现主要采用稳频激光。我国使用碘吸收稳定的 0.633μm 氦氖激光辐射作为波长标准。

2. 量值的传递系统

在生产实践中，不便于直接利用光波波长进行长度尺寸的测量，通常要经过中间基准将长度基准逐级传递到生产中使用的各种计量器具上，这就是量值的传递系统。我国量值传递系统如图 3-1 所示，从最高基准谱线开始，通过线纹尺和量块两个平行的系统向下传递。

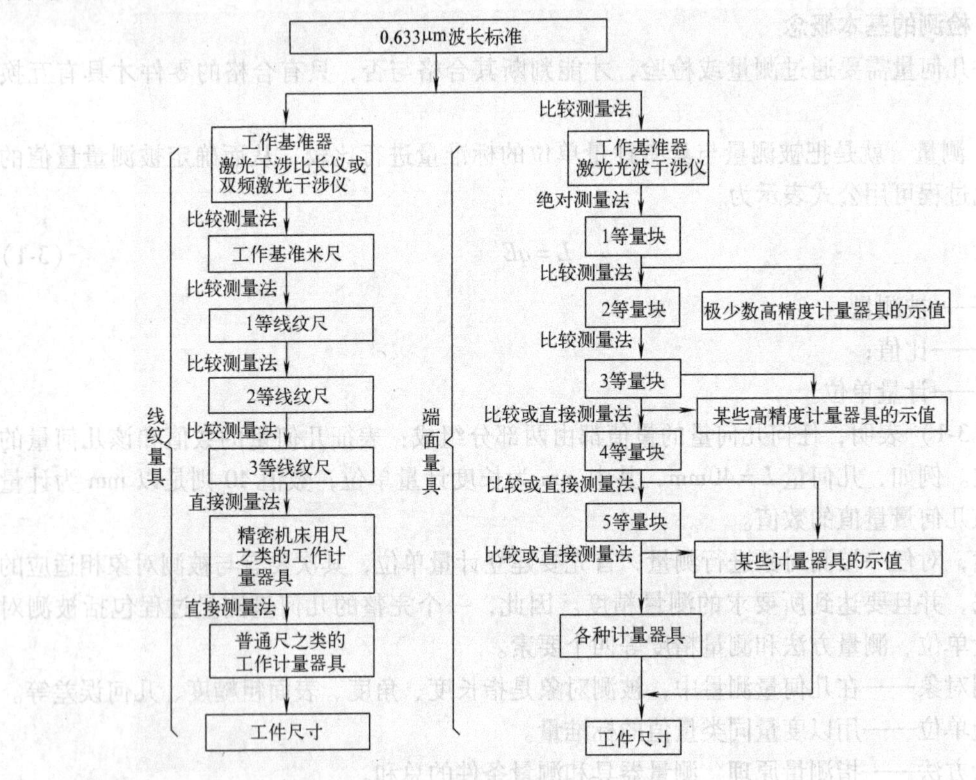

图 3-1　长度量值的传递系统

三、量块的基本知识

量块旧称块规。它是无刻度的平面平行端面量具。量块除作为标准器具进行长度量值传递之外，还可以作为标准器来调整仪器、机床或直接检测零件。

1. 量块的材料、形状和尺寸

量块通常用线膨胀系数小、性能稳定、耐磨、不易变形的材料制成，如铬锰钢等。它的

形状有长方体和圆柱体，但绝大多数是长方体，如图3-2所示。其上有两个相互平行、非常光洁的工作面，亦称测量面。量块的工作尺寸是指中心长度 OO'，即从一个测量面上的中点至与该量块另一测量面相研合的辅助体表面（平晶）之间的距离。

2. 量块的精度等级

GB/T 6093—2001 规定，量块按制造精度（即量块长度的极限偏差和长度变动量允许值）分为5级：K级（校准级）和0，1，2，3级（准确度级）。精度从0级由高依次降低。

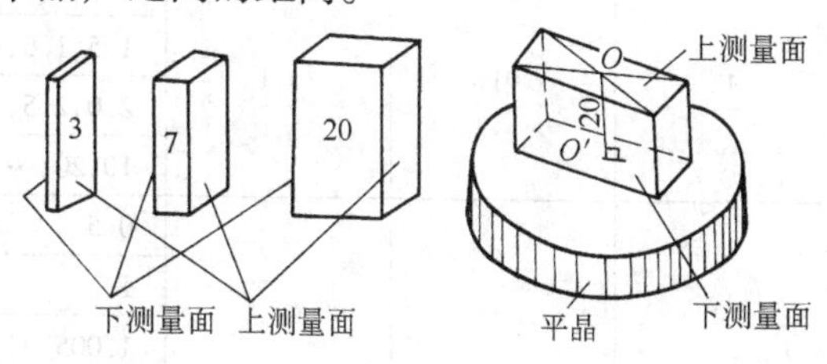

图3-2　量块

量块长度的极限偏差是指量块中心长度与标称长度之间允许的最大偏差。

在计量部门，量块按 JJG 146—2003 检定精度（即中心长度测量极限误差和平面平行性允许偏差）分为5等，即1等、2等、3等、4等、5等。其中，1等精度最高，精度依次降低，5等精度最低。

值得注意的是，由于量块平面平行性和研合性的要求，一定的级只能检定出一定的等。

量块按"级"使用时，应以量块的标称长度作为工作尺寸，该尺寸包含了量块的制造误差。量块按"等"使用时，应以检定后所给出的量块中心长度的实际尺寸作为工作尺寸，该尺寸排除了量块制造误差的影响，仅包含较小的测量误差。因此，量块按"等"使用比按"级"使用时的测量精度高。例如，标称长度为30mm的0级量块，其长度的极限偏差为±0.00020mm，若按"级"使用，不管该量块的实际尺寸如何，均按30mm计，则引起的测量误差就为±0.00020mm。但是，若该量块经过检定后，确定为3等，其实际尺寸为30.00012mm，测量极限误差为±0.00015mm。显然，按"等"使用，即按尺寸为30.00012mm使用的测量极限误差为±0.00015mm，比按"级"使用测量精度高。

3. 量块的特性和应用

量块的基本特性除上述的稳定性、耐磨性和准确性之外，还有一个重要特性——研合性。所谓研合性，是指两个量块的测量面相互接触，并在不大的压力下作一些切向相对滑动就能贴附在一起的性质。利用这一特性，把量块研合在一起，便可以组成所需要的各种尺寸。我国生产的成套量块有91块、83块、46块、38块等几种规格。在使用组合量块时，为了减小量块组合的累积误差，应尽量减少使用的块数，一般不超过4块。选用量块，应根据所需尺寸的最后一位数字选择量块，每选一块至少减少所需尺寸的一位小数。例如从83块一套的量块中选取尺寸为28.785mm量块组，则可分别选用1.005mm，1.28mm，6.5mm，20mm 4块量块。91块一套的量块使用最方便。

4. 成套量块的组合尺寸

量块是成套供应的，按一定尺寸组成一盒。成套量块的组合尺寸见表3-1。

表3-1　成套量块的尺寸（摘自 GB/T 6093—2001）

套　别	总块数	级　别	尺寸系列/mm	间隔/mm	块　数
1	91	0.1	0.5	—	1
			1	—	1
			1.001,1.002,…,1.009	0.001	9

（续）

套　别	总块数	级　别	尺寸系列/mm	间隔/mm	块　数
1	91	0,1	1.01,1.02,…,1.49	0.01	49
			1.5,1.6,…,1.9	0.1	5
			2.0,2.5,…,9.5	0.5	16
			10,20,…,100	10	10
2	83	0,1,2	0.5	—	1
			1	—	1
			1.005	—	1
			1.01,1.02,…,1.49	0.01	49
			1.5,1.6,…,1.9	0.1	5
			2.0,2.5,…,9.5	0.5	16
			10,20,…,100	10	10
3	46	0,1,2	1	—	1
			1.001,1.002,…,1.009	0.001	9
			1.01,1.02,…,1.09	0.001	9
			1.1,1.2,…,1.9	0.1	9
			2,3,…,9	1	8
			10,20,…,100	10	10
4	38	0,1,2	1	—	1
			1.005	—	1
			1.01,1.02,…,1.09	0.01	9
			1.1,1.2,…,1.9	0.1	9
			2,3,…,9	1	8
			10,20,…,100	10	10
5	10^{-}	0,1	0.991,0.992,…,1	0.001	10
6	10^{+}	0,1	1,1.001,…,1.009	0.001	10
7	10^{-}	0.1	1.991,1.992,…,2	0.001	10
8	10^{+}	0.1	2,2.001,2.002,…,2.009	0.001	10

第二节　计量器具和测量方法的分类

一、计量器具的分类

计量器具（或称为测量器具）是指测量仪器和测量工具的总称，按结构特点可分为量具、量规、量仪（测量仪器）和计量装置等四类。

1. 量具

量具通常是指结构比较简单的测量工具，包括单值量具、多值量具和标准量具等。

单值量具是用来复现单一量值的量具。例如量块、角度块等，它们通常都是成套使用，如图 3-2 所示。

多值量具是一种能复现一定范围的一系列不同量值的量具，如线纹尺等。

标准量具是用作计量标准，供量值传递用的量具，如量块、基准米尺等。

2. 量规

量规是一种没有刻度的，用以检验零件尺寸或形状、相互位置的专用检验工具。它只能判断零件是否合格，而不能得出具体尺寸，如光滑极限量规、螺纹量规、花键量规等。

3. 量仪

量仪即计量仪器，是指能将被测的量值转换成可直接观察的指示值或等效信息的计量器具。按工作原理和结构特征，量仪可分为机械式、电动式、光学式、气动式，以及它们的组合形式——光机电一体的现代量仪。

4. 计量装置

计量装置是一种专用检验工具，可以迅速地检验更多或更复杂的参数，从而有助于实现自动测量和自动控制，如自动分选机、检验夹具、主动测量装置等。

二、计量器具的基本技术指标

（1）标尺间距　计量器具刻度标尺或刻度盘上两相邻刻线中心线间的距离。为了便于读数，标尺间距不宜太小，一般为1～2.5mm。

（2）分度值　计量器具标尺上每刻线间距所代表的被测量的量值。一般长度计量器具的分度值有0.1mm、0.01mm、0.001mm、0.0005mm等。如图3-3所示，表盘上的分度值为1μm。

（3）测量范围　计量器具所能测量的最大与最小值范围。如图3-3所示测量范围为0～180mm。

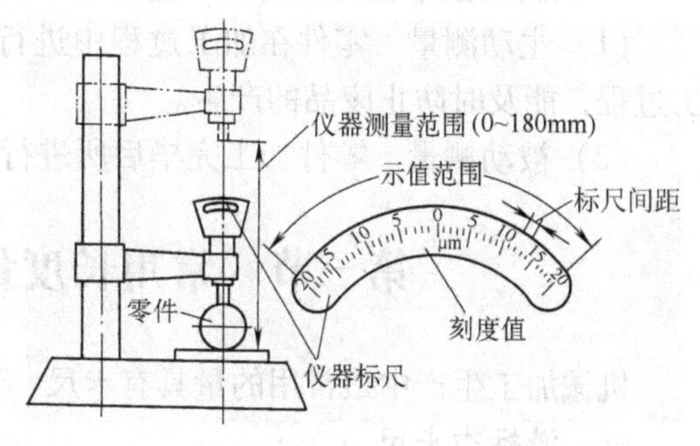

图3-3　测量器具参数示意图

（4）示值范围　计量器具标尺或刻度盘内全部刻度所代表的最大与最小值的范围。图3-3所示的示值范围为±20μm。

（5）灵敏度　对于给定的被测量值，被观测变量的增量ΔL与相应的被测量的增量Δx之比，即

$$S=\Delta L/\Delta x \tag{3-2}$$

在分子、分母是同一类量的情况下，灵敏度亦称放大比或放大倍数。

（6）示值误差　测量器具示值减去被测量的真值所得的差值。

（7）测量的重复性误差　在相同的测量条件下，对同一被测量进行连续多次测量时，所有测得值的分散程度即为重复性误差。它是计量器具本身各种误差的综合反映。

（8）不确定度　表示由于测量误差的存在而对被测几何量不能肯定的程度。

三、测量方法的分类

测量方法可以从不同的角度进行分类。

1. 按是否直接量出所需的量值，分为直接测量和间接测量

（1）直接测量　从计量器具的读数装置上直接读出被测参数的量值或相对于标准量的偏差。

直接测量又可分为绝对测量和相对测量。若测量读数可直接表示出被测量的全值，则这种测量方法就称为绝对测量法。例如，用游标卡尺测量零件尺寸。若测量读数仅表示被测量相对于已知标准量的偏差值，则这种方法为相对测量法。例如，使用量块和千分表测量零件

尺寸，先用量块调整计量器具零位，后用零件替换量块，则该零件尺寸就等于计量器具标尺上读数值和量块值的代数和。

（2）间接测量　测量有关量，并通过一定的函数关系，求得被测之量的量值。例如，用正弦规测量工件角度。

2. 按零件被测参数的多少，可分为综合测量和单项测量

（1）单项测量　分别测量零件的各个参数。例如分别测量齿轮的齿厚、齿距偏差。

（2）综合测量　同时测量零件几个相关参数的综合效应或综合参数。例如，齿轮（或花键）的综合测量。

3. 按被测零件的表面与测量头是否有机械接触，分为接触测量和非接触测量

（1）接触测量　被测零件表面与测量头有机械接触，并有机械作用的测量力存在。

（2）非接触测量　被测零件表面与测量头没有机械接触，如光学投影测量、激光测量、气动测量等。

4. 按测量技术在机械制造工艺过程中所起的作用，可分为主动测量和被动测量

（1）主动测量　零件在加工过程中进行的测量。这种测量方法可以直接控制零件的加工过程，能及时防止废品的产生。

（2）被动测量　零件加工完毕后所进行的测量。这种测量方法仅能发现和剔除废品。

第三节　常用长度量具的基本结构与原理

机械加工生产中最常用的量具有卡尺、千分尺、百分表和千分表。

一、游标类卡尺

1. 游标卡尺

游标卡尺是利用游标读数的量具，其原理是将尺身刻度（$n-1$）格间距，作为游标刻度 n 格的间距宽度，两者刻度间距相差的数值，即为分度值。

游标卡尺分度值最常用的为0.02mm（即1mm/50），如图3-4所示。尺身1上的49mm被游标7分为50份（49mm/50＝0.98mm），则分度值为1mm－0.98mm＝0.02mm。

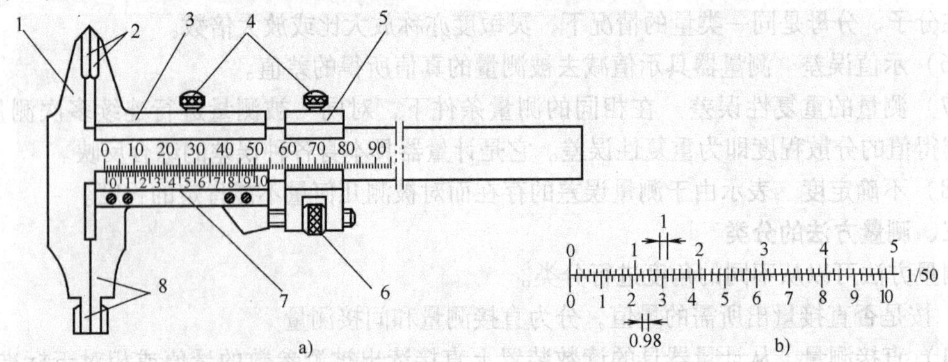

图3-4　游标卡尺

a）示意图　b）游标读数原理

1—尺身　2—刀口外测量爪　3—尺框　4—锁紧螺钉　5—微动装置

6—微动螺母　7—游标　8—内外测量爪

游标卡尺的量爪可测量工件的内、外尺寸，测量范围为0～125mm的游标卡尺还带有深度尺，可测量槽深及凸台高度。带有底座及辅件的高度划线游标卡尺，可用于在平板上精确划线与测量，称为游标高度卡尺。

新型的游标卡尺为读数方便，装有测微表头或配有电子数显，如图3-5a、b所示。

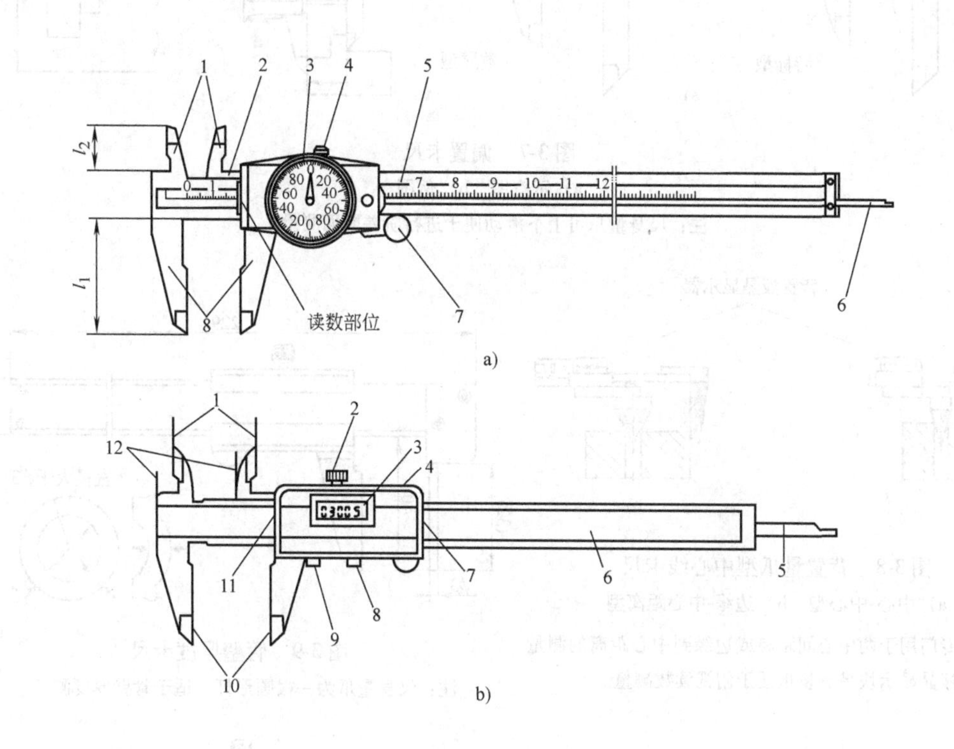

图3-5　新型游标卡尺

a）带表卡尺

1—刀口形内测量爪　2—尺框　3—指示表　4—紧固螺钉　5—尺身　6—深度尺　7—微动装置　8—外测量爪

b）电子数显卡尺

1—内测量面　2—固紧螺钉　3—液晶显示器　4—数据输出端口　5—深度尺　6—主尺

7、11—去尘板　8—置零按钮　9—米/英制换算按钮　10—外测量面　12—台阶测量面

注意：图3-4a所示的游标卡尺，在用内测量爪8测内尺寸时，量爪宽度的10.00mm要计入示值，否则示值与工件实际值不一致。

为了便于对复杂工件或特殊要求工件的测量，可供选择的卡尺还有其他：长量爪卡尺，如图3-6所示；偏置卡尺，如图3-7所示；背置量爪型中心线卡尺，如图3-8所示；管壁厚度卡尺，如图3-9所示；旋转型游标卡尺，如图3-10所示；内（外）凹槽卡尺，如图3-11所示。

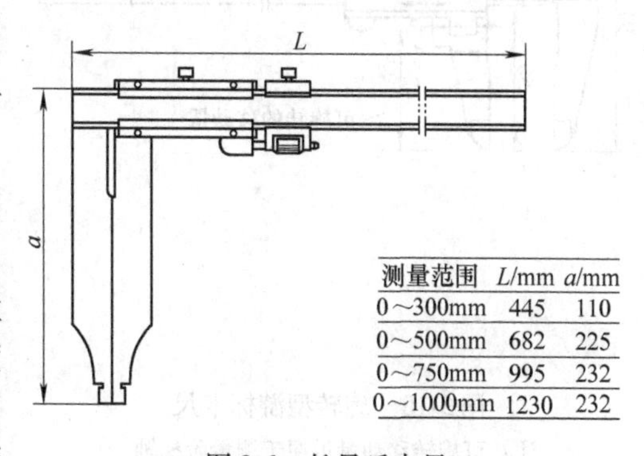

测量范围	L/mm	a/mm
0～300mm	445	110
0～500mm	682	225
0～750mm	995	232
0～1000mm	1230	232

图3-6　长量爪卡尺

注：长量爪适于通常情况下难以测量到的位置。

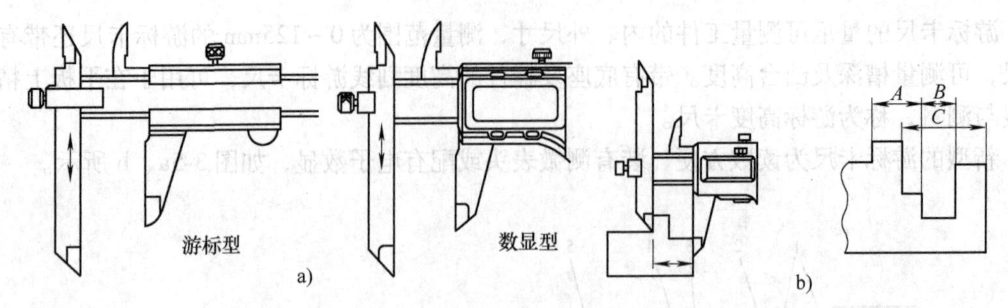

图 3-7 偏置卡尺

a）示意图 b）例图

注：尺身量爪可上下滑动便于进行阶差断面测量。

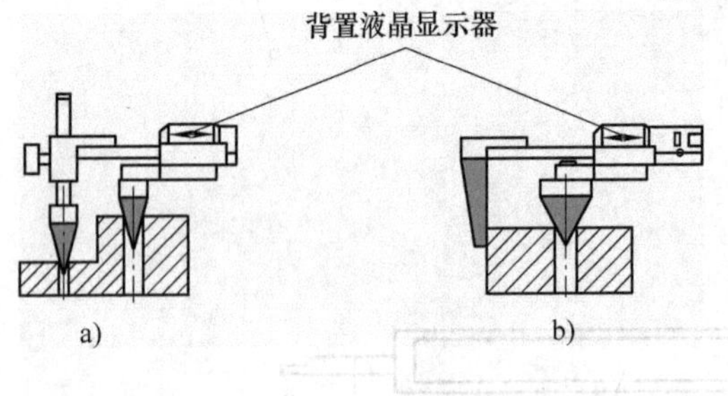

图 3-8 背置量爪型中心线卡尺

a）中心-中心型 b）边缘-中心距离型

注：专门用于两中心间距离或边缘到中心距离的测量液晶显示块带有量爪便于俯视读数测量。

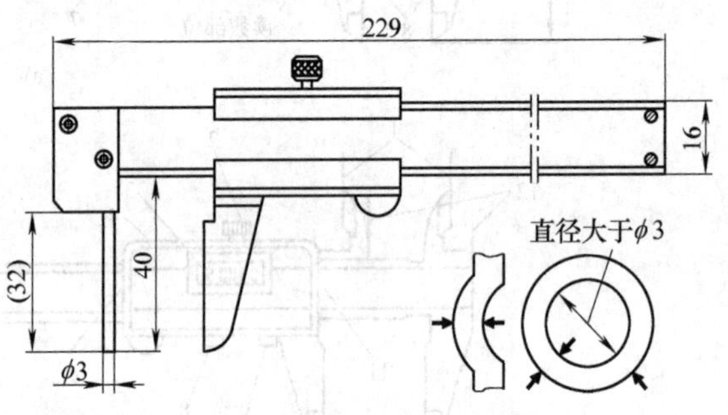

图 3-9 管壁厚度卡尺

注：尺身量爪为一根圆形杆，适于管壁厚度测量。

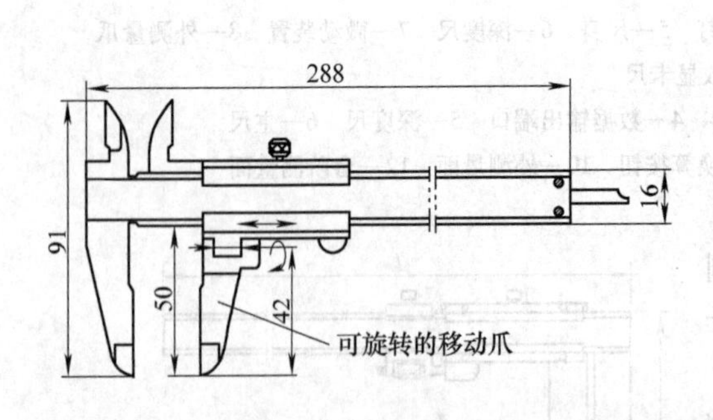

图 3-10 旋转型游标卡尺

注：可旋转移动量爪便于测量阶梯轴。

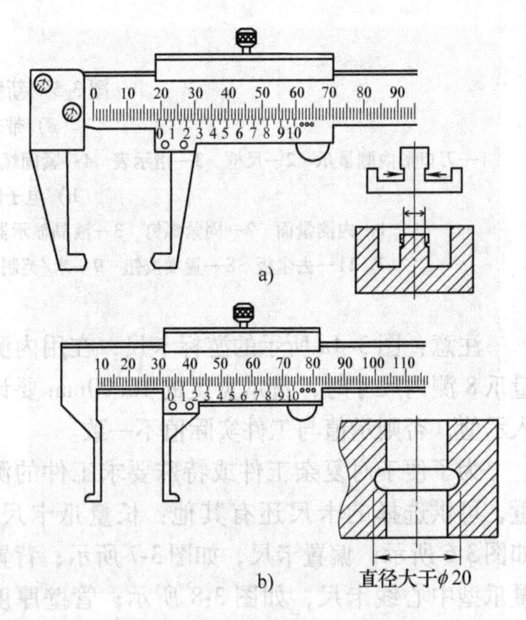

图 3-11 内（外）槽卡尺

a）外凹槽卡尺 b）内凹槽卡尺

注：专门用于难以测量的位置。

2. 高度游标尺

配有双向电子测头，确保了测量的高效性和稳定性，分辨力为0.001mm；配有硬质合金划线器；具有测量及划线功能，带有数据保持与输出功能，如图3-12所示。

3. 深度游标尺

尺身顶端有普通型顶端及钩型顶端，如图3-13所示。钩型尺身不仅可进行标准的深度测量，还可对凸台阶或凹台阶、阶差深度和厚度测量。

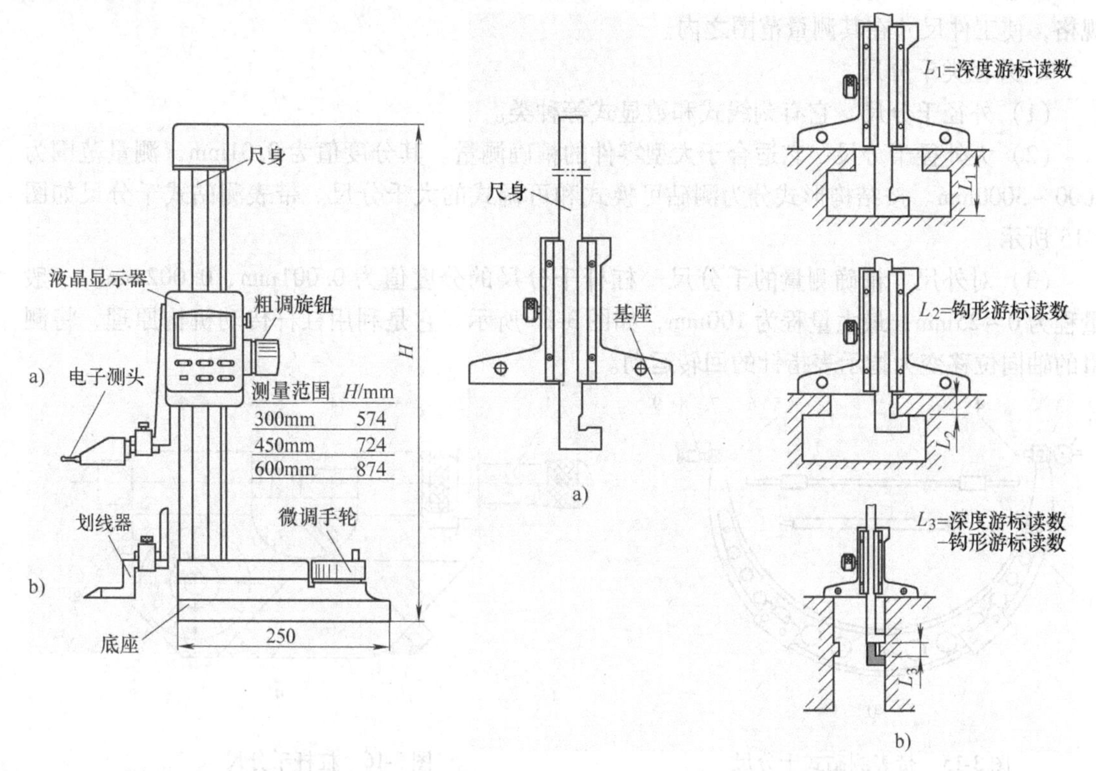

图3-12 高度游标尺

a）电子测头 b）划线器

图3-13 深度游标尺

a）示意尺 b）测量示例

二、千分尺

千分尺是应用螺旋副读数原理进行测量的量具，如图3-14所示。千分尺按结构、用不同分为外径类千分尺、内径类千分尺及深度千分尺等。

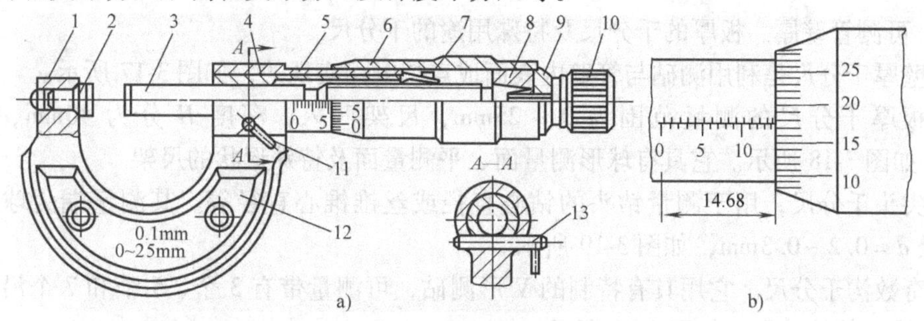

图3-14 外径千分尺

a）示意图 b）外径千分尺读数示例

1—尺架 2—测砧 3—测微螺杆 4—螺纹轴套 5—固定套筒 6—微分筒 7—调节螺母 8—接头 9—垫片 10—测力装置 11—锁紧机构 12—绝热板 13—锁紧轴

其工作原理是测微螺旋副上带有 0～25mm 长刻线的固定套筒 5，被与测微螺杆 3（螺距 $P=0.5$mm）同轴的微分筒 6 上的 50 条等分刻度均分后而读取数值。

测量时，微分筒 6 每转动一格，测微螺杆 3 的轴向位移为 0.5mm/50＝0.01mm。

千分尺的测量范围分为：0～25mm、25～50mm，…，475～500mm，大型千分尺可达几米。

注意：0.01mm 分度值的千分尺每 25mm 为一规格档，应根据工件尺寸大小选择千分尺规格，使工件尺寸在其测量范围之内。

1. 外径类千分尺

（1）外径千分尺　它有刻线式和数显式等种类。

（2）大外径千分尺　它适合于大型零件的精确测量。其分度值为 0.01mm，测量范围为 1000～3000mm。按结构形式分为测砧可换式和可调式的大千分尺。带表测砧式千分尺如图 3-15 所示。

（3）对外尺寸精确测量的千分尺　杠杆千分尺的分度值为 0.001mm、0.002mm。一般量程为 0～25mm；最大量程为 100mm，如图 3-16 所示。它是利用杠杆传动机构原理，将测量的轴向位移变为指示表指针的回转运动。

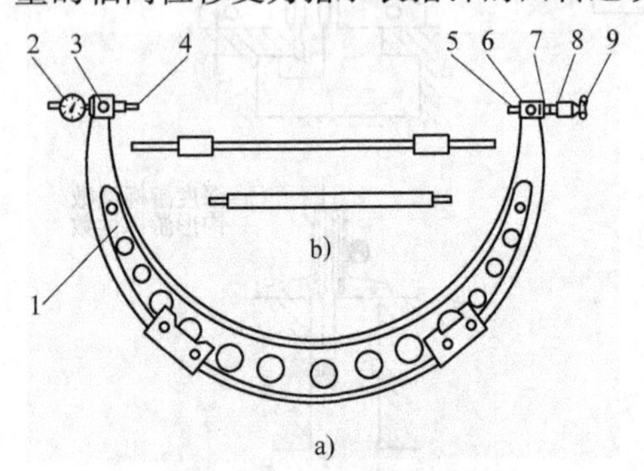

图 3-15　带表测砧式千分尺

a）示意图　b）校对量杆

1—尺架　2—百分表　3—测砧紧固螺钉　4—测砧　5—测微螺杆　6—制动器　7—套管　8—微分筒　9—测力装置

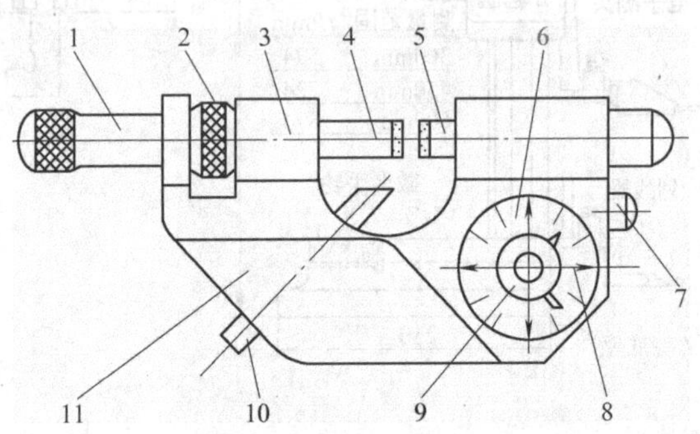

图 3-16　杠杆千分尺

1—制动把　2—调整螺母　3—尺架　4—可调测杆　5—活动测头　6—指示表　7—按钮　8—公差指示器　9—调零装置　10—定位柱　11—护板

（4）可测管壁厚、板厚的千分尺及特殊用途的千分尺

1）壁厚千分尺是利用测砧与管壁内表面成点接触而实现的，如图 3-17 所示。

2）板厚千分尺的测量范围为 0～25mm，尺架凹入，深度 H 分为 40mm、80mm、150mm，如图 3-18 所示。它具有球形测量面、平测量面及特殊形状的尺架。

3）尖头千分尺，用于测量钻头的钻心直径或丝锥锥心直径等。其测量端为球面或平面，直径 $d=0.2\sim0.3$mm，如图 3-19 所示。

4）奇数沟千分尺。它用具有特制的 V 形测砧，可测量带有 3 个、5 个和 7 个沿圆周均匀分布沟槽工件的外径，如图 3-20 所示。

2. 内径类千分尺

其特点是：运用螺旋副原理；具有圆弧测头（爪）；测量前用校对环规校对尺寸。

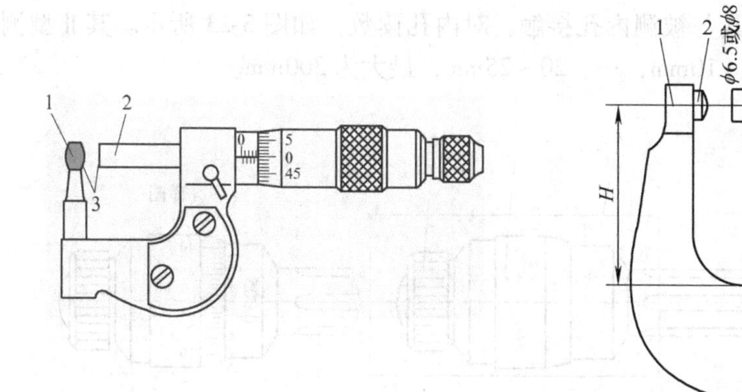

图3-17　壁厚千分尺

1—测砧　2—测微螺杆　3—测量面

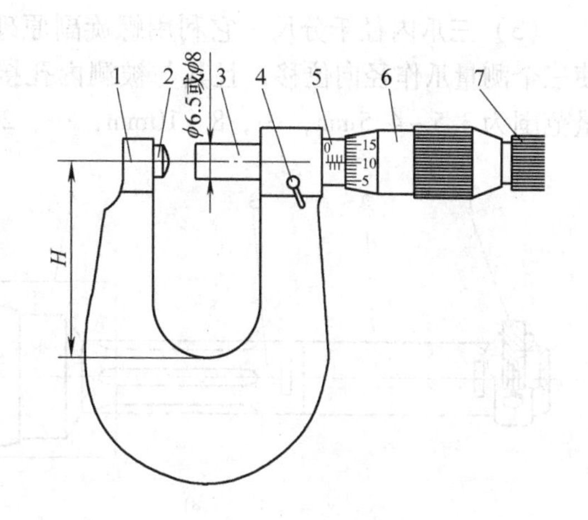

图3-18　板厚千分尺

1—尺架　2—测砧　3—测微螺杆　4—锁紧装置

5—固定套管　6—微分筒　7—测力装置

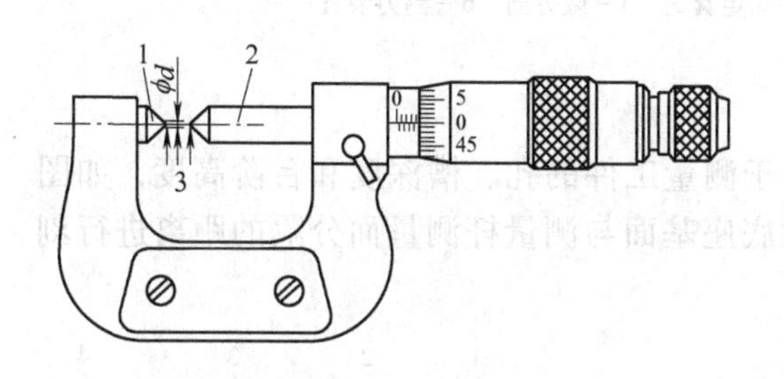

图3-19　尖头千分尺

1—测砧　2—测微螺杆　3—测量面

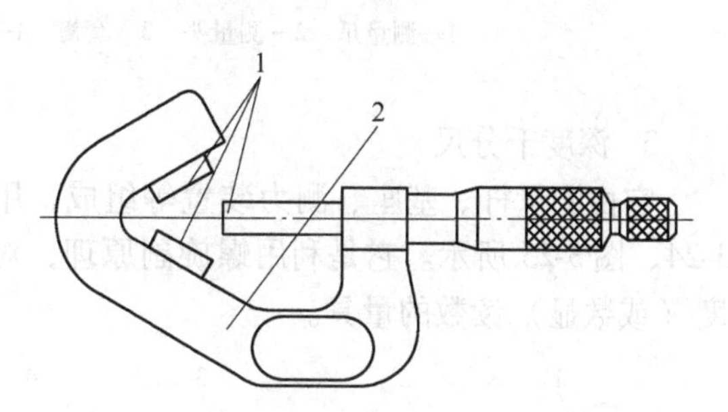

图3-20　奇数沟千分尺

1—测量面　2—尺架

（1）内径千分尺　它主要用于测量工件内径，也可用于测量槽宽和两个平行表面之间的距离。内径千分尺一般有单杆型、管接式和换管型等。单杆型是不可接拆的，测量范围为50～300mm，如图3-21所示。

（2）内测千分尺　其测量爪有两个圆弧测量面，是适于测量内尺寸的千分尺，测量范围为5～30mm、25～50mm，…，125～150mm，如图3-22所示。

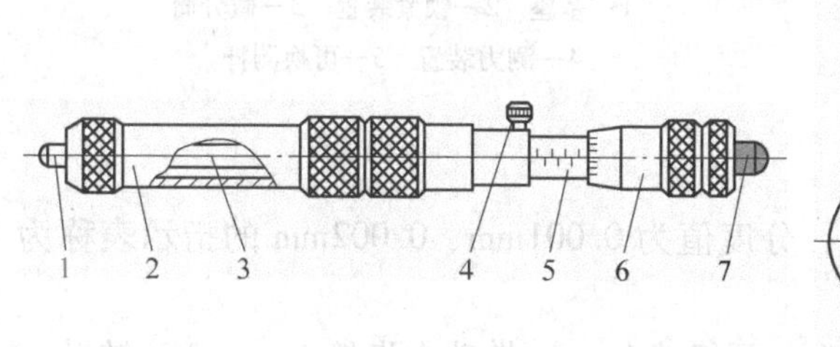

图3-21　内径千分尺

1—测量头　2—接长杆　3—心杆　4—锁紧装置

5—固定套管　6—微分筒　7—测微头

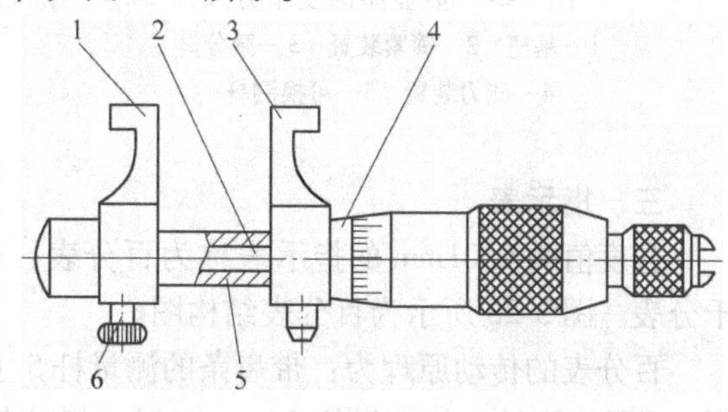

图3-22　内测千分尺（25～50mm）

1—固定测量爪　2—测微螺杆　3—活动测量爪

4—固定套管　5—导向套　6—锁紧装置

(3) 三爪内径千分尺　它利用螺旋副原理，通过旋转塔形阿基米德螺旋体或推动锥体使三个测量爪作径向位移，且其与被测内孔接触，对内孔读数，如图3-23所示。其Ⅱ型测量范围为3.5～4.5mm，…，8～10mm，…，20～25mm，最大为300mm。

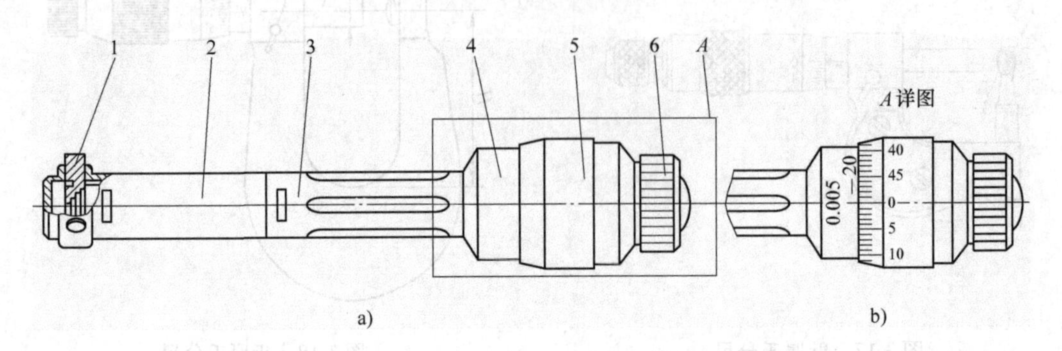

图3-23　三爪内径千分尺

a) 示意图　b) A部详图

1—测量爪　2—测量头　3—套筒　4—固定套筒　5—微分筒　6—测力装置

3. 深度千分尺

它由测量杆、基座、测力装置等组成，用于测量工件的孔、槽深度和台阶高度，如图3-24、图3-25所示。它是利用螺旋副原理，对底座基面与测量杆测量面分隔的距离进行刻度（或数显）读数的量具。

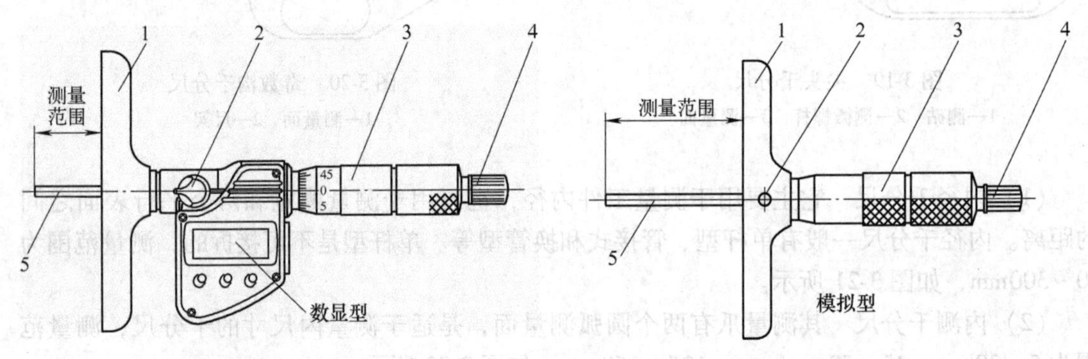

图3-24　数显型深度千分尺

1—基座　2—锁紧装置　3—微分筒

4—测力装置　5—可换测杆

图3-25　深度千分尺

1—基座　2—锁紧装置　3—微分筒

4—测力装置　5—可换测杆

三、指示表

分度值为0.01mm的指示表称为百分表；分度值为0.001mm、0.002mm的指示表称为千分表。图3-26所示为百分表结构图。

百分表的传动原理为：带齿条的测量杆5上下移动1mm，带动小齿轮1($z_1=16$)转动一圈，固联于同轴上的大齿轮2($z_2=100$)也随之转动，从而带动中间齿轮3($z_3=10$)及同轴上的指针6转动一圈。由于百分表盘刻有100等份刻度，因此指针转1圈，表盘上每一格的分度值为0.01mm。

为了消除传动齿轮的侧隙造成的测量误差，用游丝 8 消隙。弹簧 4 用于控制表的测量力。

使用指示表时，需用表座（或磁力表座）将其支承固定。指示表被夹于套筒 9 处后，再进行与工件相对位置的粗调与微调。

四、内径指示表

内径指示表是用相对法测量孔径、深孔、沟槽等内表面尺寸的量具。测量前应使用与工件同尺寸的环规（或千分尺）标定表的分度值（或零位），然后再进行比较测量。

（1）普通内径指示表　其结构由表盘和表架两部分组成，如图 3-27 所示。测量时，活动测量头 1 移动使杠杆 8 回转。传动杆 5 推动指示表的测量杆，使表指针转动而读取数值。

表架的弹簧 6 用于控制测量力；定位装置 9 可确保正确的测量位置，该处是显示读数最大的内径的位置。

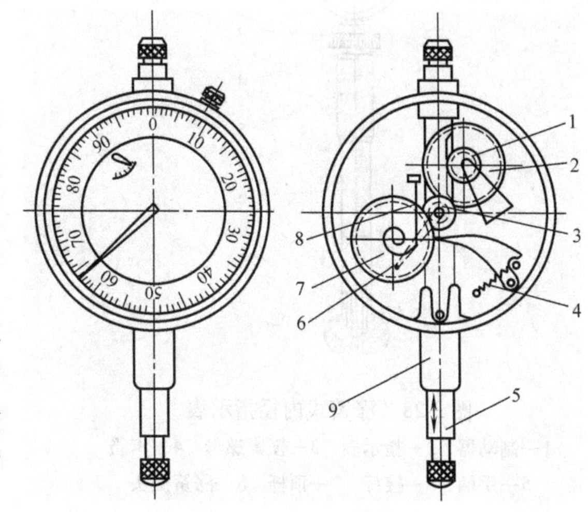

图 3-26　百分表

1—小齿轮　2、7—大齿轮　3—中间齿轮　4—弹簧
5—带齿条的测量杆　6—指针　8—游丝　9—套筒

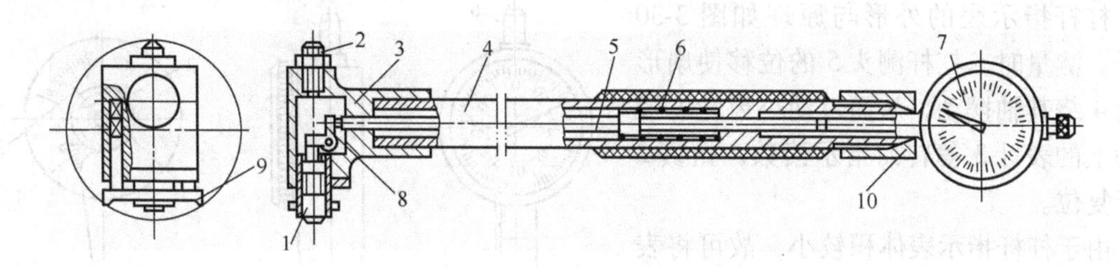

图 3-27　内径指示表（定位护桥式）

1—测量头　2—可换测头　3—主体　4—表架　5—传动杆
6—弹簧　7—量表　8—杠杆　9—定位装置　10—旋合螺母

带定位护桥内径指示表的测量范围为 6 ~ 10mm，10 ~ 18mm，…，50 ~ 100mm，…，250 ~ 400mm。

使用时，将量表 7 插入表架 4 的孔内，使指示表的测量杆与表架传动杆 5 接触，当表盘指示出一定预压值后，用旋合螺母 10 的锥面锁紧表头。用环规或千分尺校出“0”位后即可进行比较测量。

（2）涨簧式内径指示表　其测量范围由涨簧测头标称直径与测头的工作行程决定。测头直径为 2 ~ 3.75mm，工作行程为 0.3mm；测头直径为 4 ~ 9.5mm，工作行程为 0.6mm；测头直径为 10 ~ 20mm，工作行程为 1.2mm，如图 3-28 所示。涨簧式内径指示表用于小孔测量，测量范围为 3 ~ 4mm，4 ~ 10mm，10 ~ 20mm。

（3）球式内径指示表　其测量范围为 3 ~ 4mm，4 ~ 10mm，4 ~ 10mm；其测孔深度 H 分别为 10mm、16mm、25mm，如图 3-29 所示。钢球式内径指示表用于小孔测量。

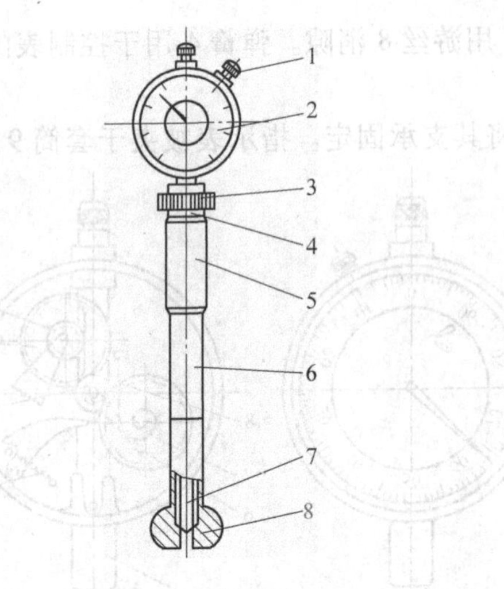

图 3-28　涨簧式内径指示表

1—制动器　2—指示表　3—锁紧螺母　4—卡簧
5—手柄　6—接杆　7—顶杆　8—涨簧测头

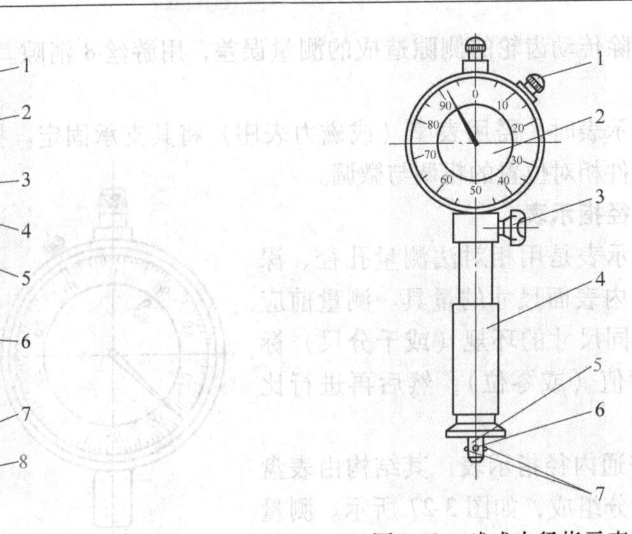

图 3-29　球式内径指示表

1—制动器　2—指示表　3—锁紧装置　4—手柄
5—钢球测头　6—定位钢球　7—测量钢球

五、杠杆指示表

杠杆指示表是将杠杆测头的位移，通过机械传动系统，转化为表针的转动。其中，分度值为 0.01mm 的称为杠杆百分表，分度值为 0.002mm 或 0.01mm 的称为杠杆千分表。

杠杆指示表的外形与原理如图 3-30 所示。测量时，杠杆测头 5 的位移使扇形齿轮 4 绕其轴摆动，从而带动小齿轮 1 及同轴上的表针 3 偏转而指示读数，扭簧 2 用于复位。

由于杠杆指示表体积较小，故可将表身伸入工件孔内测量，测头可变换测量方向，使用极为方便。尤其在测量或加工中对小孔工件的找正，更突显其精度高且灵活的特点。

使用杠杆指示表时，也需将其装夹于表座上，夹持部位为表夹头 6。

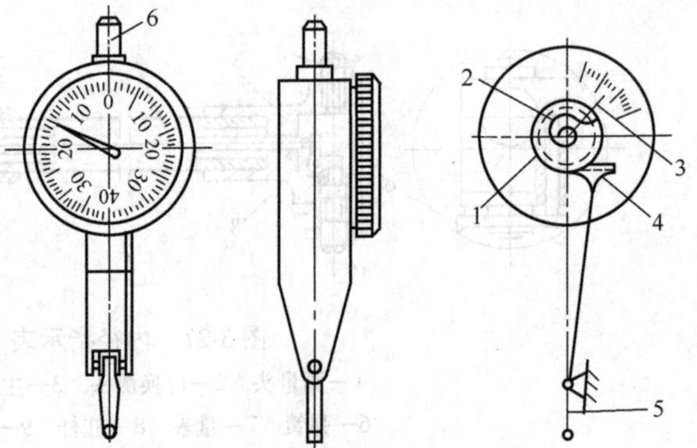

图 3-30　杠杆指示表

1—齿轮　2—扭簧　3—表针　4—扇形齿轮
5—杠杆测头　6—表夹头

六、比较仪

（1）杠杆齿轮式比较仪　它是借助杠杆和齿轮传动，将测杆的直线位移转换为角位移的量仪。杠杆齿轮式比较仪主要用于以比较测量法测量精密制件的尺寸和几何误差。该比较仪也可用作其他测量装置的指示表。杠杆齿轮式比较仪的外形如图 3-31 所示，分度值为 0.5μm、1μm、2μm、5μm。

（2）扭簧式比较仪　结构简单，传动比大，在传动机构保没有摩擦和间隙，所以测力小，灵敏度高，广泛应用于机械、轴承、仪表等行业，用于以比较法测量精密制件的尺寸和几何误差。该比较仪还可用作其他测量装置的指示表。机械扭簧式比较仪外形如图 3-32 所示。

扭簧式比较仪的传动原理是：利用扭簧元件作为尺寸的转换和放大机构。其分度值为0.1μm、0.2μm、0.5μm、1μm、2μm、5μm、10μm。

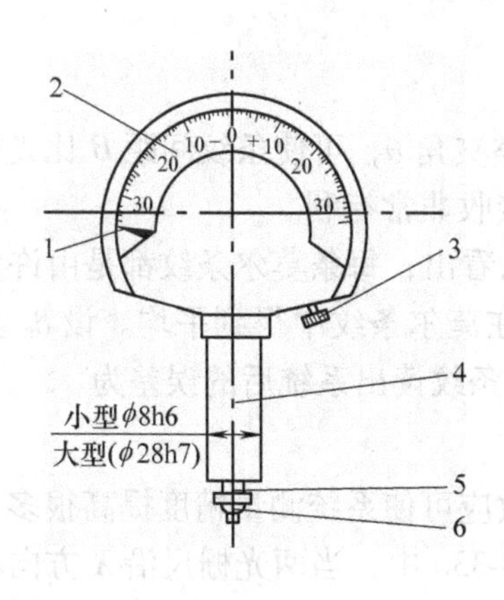

图 3-31　杠杆齿轮式比较仪

1—指针　2—分度盘　3—调零装置
4—装夹套筒　5—测杆　6—测帽

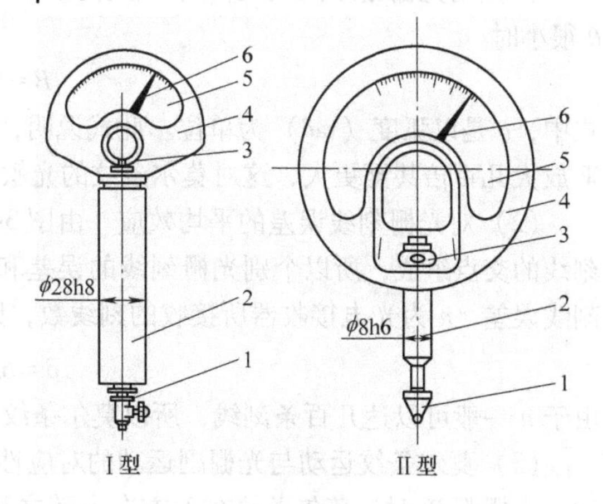

图 3-32　机械扭簧式比较仪

1—测帽　2—套筒　3—微动螺钉
4—表壳　5—刻度盘　6—指针

第四节　新技术在长度测量中的应用

科学技术的迅速发展带来一系列最新的技术成就，如光栅、激光、感应同步器、磁栅以及射线技术。特别是计算机技术的发展和应用，使计量仪器跨跃到一个新的领域。此外，三坐标测量机和计算机的完美结合，出现了一批高效率、新颖的几何量精密测量设备。

这里主要简单介绍光栅技术、激光技术和三坐标测量机。

一、光栅技术

1. 计量光栅

在长度计量测试中应用的光栅称为计量光栅。它一般是由很多间距相等的不透光刻线和刻线间透光缝隙构成。光栅尺的材料有玻璃和金属两种。

计量光栅一般可分为长光栅和圆光栅。长光栅的刻线密度有每毫米 25、50、100 和 250 条等。圆光栅的每周刻线数有 10800 条和 21600 条两种。

2. 光栅的莫尔条纹的产生

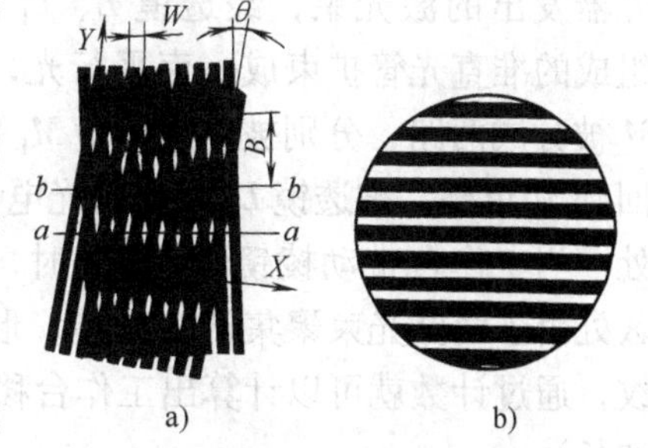

图 3-33　莫尔条纹

如图 3-33a 所示，将两块具有相同栅距（W）的光栅刻线面平行地叠合在一起，中间保持0.01～0.1mm 间隙，并使两光栅刻线之间保持一很小夹角 θ。于是，在 a-a 线上，两块光栅的刻线相互重叠，缝隙透光（或刻线间的反射面反光），形成一条亮条纹；而在 b-b 线上，两块光栅的刻线彼此错开，缝隙被遮住，形成一条暗条纹。由此产生的一系列明暗相间的条纹称为莫尔条纹，如图 3-33b 所示。莫尔条纹近似地垂直于光栅刻线，故称为横向莫尔条纹。两亮条纹或暗条纹之间的宽度 B 称为条纹间距。

3. 莫尔条纹的特性

（1）对光栅栅距的放大作用　根据图 3-33 所示的几何关系可知，当两光栅刻线的交角 θ 很小时

$$B \approx W/\theta \tag{3-3}$$

式中，θ 是以弧度（rad）为单位。此式说明，适当调整夹角 θ，可使条纹间距 B 比光栅栅距 W 放大几百倍甚至更大，这对莫尔条纹的光敏接收器接收非常有利。

（2）对光栅刻线误差的平均效应　由图 3-33a 可以看出，每条莫尔条纹都是由许多光栅刻线的交点组成，所以个别光栅刻线的误差和疵病，在莫尔条纹中得到平均。设 δ_0 为光栅刻线误差，n 为光电接收器所接收的刻线数，则经莫尔条纹读出系统后的误差为

$$\delta = \delta_0/\sqrt{n} \tag{3-4}$$

由于 n 一般可以达几百条刻线，所以莫尔条纹的平均效应可使系统测量精度提高很多。

（3）莫尔条纹运动与光栅副运动的对应性　在图 3-33a 中，当两光栅尺沿 X 方向相对移动一个栅距 W 时，莫尔条纹在 Y 方向也随之移动一个莫尔条纹间距 B，即保持着运动周期的对应性；当光栅尺的移动方向相反时，莫尔条纹的移动方向也随之相反，即保持了运动方向的对应性。利用这个特性，可实现数字式的光电读数和光栅副相对运动方向的判别。

利用莫尔条纹这些特性，制成线位移传感器或角位移测量光栅盘的仪器，如三坐标测量机和数字式光学分度头等测量系统。

二、激光技术

激光是一种新型的光源，它具有其他光源无法比拟的优点，即很好的单色性、方向性、相干性和能量高度集中性。现在，激光技术已成为建立长度计量基准和精密测试的重要手段。它不但可以用干涉法测量线位移，还可以用双频激光干涉法测量小角度，用环形激光测量圆周分度，以及用激光准直技术测量直线度误差等。这里主要介绍应用广泛的激光干涉测长仪的基本原理。

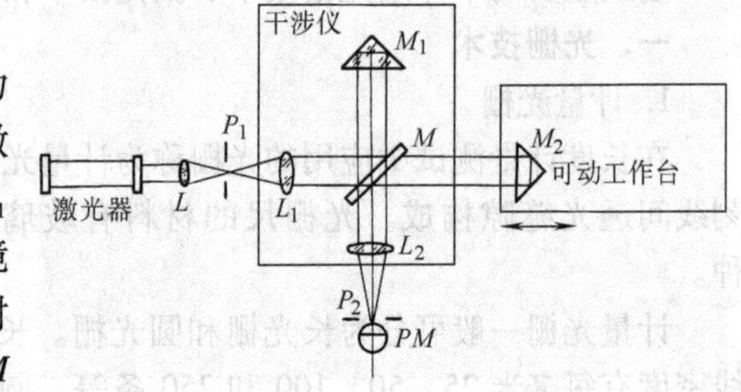

图 3-34　激光干涉测长仪原理

常用的激光测长仪实质上就是以激光作为光源的迈克尔逊干涉仪，如图 3-34 所示，从激光器发出的激光束，经透镜 L、L_1 和光阑 P_1 组成的准直光管扩束成一束平行光，经分光镜 M 被分成两路，分别被角隅棱镜 M_1 和 M_2 反射回到 M 重叠，被透镜 L_2 聚集到光电计数器 PM 处。当工作台带动棱镜 M_2 移动时，在光电计数处由于两路光束聚集产生干涉，形成明暗条纹，通过计数就可以计算出工作台移动的距离 $S = N\lambda/2$（式中，N 为干涉条纹数，λ 为激光波长）。

三、三坐标测量机

1. 三坐标测量机的应用

三坐标测量机是集精密机械、电子技术、传感器技术、电子计算机等现代技术之大成。对任何复杂的几何表面与几何形状，只要坐标测量机测头能感受（或瞄准）到，就可以测出它们的几何尺寸和相互位置关系，并借助于计算机完成数据处理。如果在三坐标测量机上设置分度头、回转台（或数控转台），除采用直角坐标系外，还可采用极坐标、圆柱坐标系

测量，使测量范围更加扩大。有 x、y、z、φ（回转台）四轴坐标的测量机，常称为四坐标测量机。增加回转轴的数目，还有五坐标或六坐标测量机。

1）三坐标测量机与加工中心相配合，具有“测量中心”之功能。在现代化生产中，三坐标测量机已成为CAD/CAM系统中的一个测量单元，它将测量信息反馈到系统主控计算机，进一步控制加工过程，提高产品质量。

2）三坐标测量机及其配置的实物编程软件系统通过对实物与模型的测量，得到加工面几何形状的各种参数而生成加工程序，完成实物编程；借助于绘图软件和绘图设备，可得到整个实物的外观设计图样，实现设计、制造一体化的生产系统，并且该图样可3D立体旋转，是逆向工程的最佳工具。

3）多台测量机联机使用，组成柔性测量中心，可实现生产过程的自动检测，提高生产效率。

正因如此，三坐标测量机越来越广泛地应用于机械制造、电子、汽车和航空航天等工业领域。

2. 三坐标测量机的主要技术特性

1）三坐标测量机按检测精度分为精密万能测量机和生产型测量机。前者一般放置于计量室，用于精密测量，分辨力为0.1μm、0.2μm、0.5μm、1μm。后者一般放置于生产车间，用于加工过程中的检测，分辨力为5μm或10μm；小型测量机分辨力可达1μm或2μm。

2）按操作方式不同，可分为手动、机动和自动测量机三种；按结构形式可分为悬臂式、桥式、龙门式和水平臂式；按检测零件的尺寸范围可分为大、中、小三类（大型机的 x 轴测量范围大于2000mm；中型机的 x 轴测量范围在600～2000mm；小型三坐标测量机的 x 轴测量范围一般小于600mm）。

3）三坐标测量机通常配置有测量软件系统、输出打印机、绘图仪等外围设备，增强了数据处理和自动控制等功能，主体结构如图3-35所示。

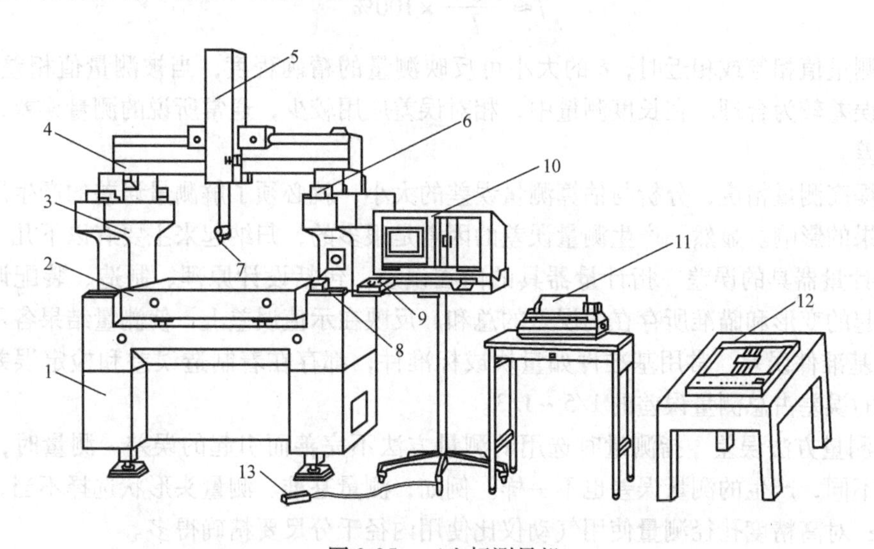

图3-35　三坐标测量机

1—底座　2—工作台　3—立柱　4、5、6—导轨　7—测头　8—驱动开关
9—键盘　10—计算机　11—打印机　12—绘图仪　13—脚踏开关

3. 测量原理

因所选用的坐标轴在空间方向可自由移动，测量头在测量空间可达任意处测点，且运动轨迹由测球中心点表示，所以计算机屏幕上会显示出 x、y、z 方向的精确坐标值。测量时，零件放于工作台上，使测头与零件表面接触，三坐标测量机的检测系统即时计算出测球中心点的精确位置，当测球沿工件的几何型面移动时，各点的坐标值被送入计算机，经专用测量软件处理后，就可以精确地计算出零件的几何尺寸和几何误差，实现多种几何量测量、实物编程、设计制造一体化、柔性测量中心等功能。

第五节　测量误差和数据处理

一、测量误差及其产生的原因

测量误差是指测量结果与被测量的真值之差，即

$$\delta = l - \mu \tag{3-5}$$

式中　δ——绝对误差；

l——测得值；

μ——被测量的真值。

被测量的真值是难以得知的，在实际工作中，常以较高精度的测得值作为相对真值。例如用千分尺或比较仪的测得值作为相对真值，以确定游标卡尺测得值的测量误差。由式（3-5）可知，绝对误差 δ 的绝对值越小，测得值越接近于真值 μ，测量的精确程度就越高；反之，精确程度就越低。δ 是代数值，可能为正值、负值或零。

测量误差有两种表示方法：绝对误差和相对误差。式（3-5）中的 δ 即为绝对误差，而相对误差 f 为测量的绝对误差与被测值之比，即

$$f \approx \frac{|\delta|}{l} \times 100\% \tag{3-6}$$

当被测量值相等或相近时，δ 的大小可反映测量的精确程度；当被测量值相差较大时，则用相对误差较为合理。在长度测量中，相对误差应用较少，通常所说的测量误差，一般是指绝对误差。

为了提高测量精度，分析与估算测量误差的大小，就必须了解测量误差的产生原因及其对测量结果的影响。显然，产生测量误差的因素是很多的，归纳起来主要有以下几个方面：

（1）计量器具的误差　指计量器具的内在误差，包括设计原理、制造、装配调整、测量力所引起的变形和瞄准所存在的误差的总和，反映在示值误差上，使测量结果各不相同。

（2）基准件误差　常用基准件如量块或标准件，都存在着制造误差和检定误差，一般取基准件的误差占总测量误差的1/5～1/3。

（3）测量方法误差　指测量时选用的测量方法不完善而引起的误差。测量时，采用的测量方法不同，产生的测量误差也不一样。例如，测量基准、测量头形状选择不当，将产生测量误差；对高精度孔径测量使用气动仪比使用内径千分尺要精确得多。

（4）安装定位误差　测量时，应正确地选择测量基准，并相应地确定被测件的安装方法。为了减小安装定位误差，在选择测量基准时，应尽量遵守“基准统一原则”，即工序检查应以工艺基准作为测量基准，终检时应以设计基准作为测量基准。

（5）环境条件所引起的测量误差　测量的环境条件包括温度、湿度、振动、气压、尘土、介质折射率等许多因素。一般情况下，可只考虑温度影响。其余诸因素，只有精密测量时才考虑。测量时，由于室温偏离标准温度20℃而引起的测量误差可由下式计算

$$\Delta l = l[\alpha_1(t_1 - 20℃) - \alpha_2(t_2 - 20℃)] \tag{3-7}$$

式中　l——被测件在20℃时的长度；

t_1、t_2——分别为被测件与标准件的实际温度；

α_1、α_2——分别为被测件与标准件的线膨胀系数。

（6）其他因素　影响测量误差大小的因素还有很多，如测量人员的技术水平、测量力的控制、心理状态、疲劳程度等。

二、测量误差的分类

测量误差按其性质可分为三类，即系统误差、随机误差和粗大误差。

（一）系统误差

在相同条件下多次重复测量同一量值时，误差的数值和符号保持不变；或在条件改变时，按某一确定规律变化的误差称为系统误差。

系统误差按取值特征分为定值系统误差和变值系统误差两种。例如在立式光较仪上用相对法测量工件直径，调整仪器零点所用量块的误差，对每次测量结果的影响都相同，属于定值系统误差；在测量过程中，若温度产生均匀变化，则引起的误差为线性系统变化，属于变值系统误差。系统误差对测量结果影响较大，应尽量减小或消除。

从理论上讲，当测量条件一定时，系统误差的大小和符号是确定的，因而，也是可以被消除的。但在实际工作中，系统误差不一定能够完全消除，只能减少到一定的限度。根据系统误差被掌握的情况，可分为已定系统误差和未定系统误差两种。

已定系统误差是符号和绝对值均已确定的系统误差。对于已定系统误差应予以消除或修正，即将测得值减去已定系统误差作为测量结果。例如，0～25mm规格的千分尺两测量面合拢时读数不对准零位，而是+0.005mm，用此千分尺测量零件时，每个测得值都将增加0.005mm。此时，可用修正值-0.005mm对每个测量值进行修正。

未定系统误差是指符号和绝对值未经确定的系统误差。对未定系统误差应在分析原因、发现规律或采用其他手段的基础上，估计误差可能出现的范围，并尽量减少或消除。

（二）随机误差（偶然误差）

在相同条件下，多次测量同一量值时，误差的绝对值和符号以不可预定的方式变化着，但误差出现的整体是服从统计规律的，这种类型的误差叫随机误差。

1. 随机误差的性质及其分布规律

大量的测量实践证明，多数随机误差，特别是在各不占优势的独立随机因素综合作用下的随机误差是服从正态分布规律的，其概率密度函数为

$$y = \frac{1}{\sigma\sqrt{2\pi}} e^{-\frac{\delta^2}{2\sigma^2}}$$

式中　y——概率密度；

e——自然对数的底数，e=2.71828；

δ——随机误差，$\delta = l - \mu$；

σ——均方根误差，又称标准偏差，可按下式计算

$$\sigma = \sqrt{\frac{\delta_1^2 + \delta_2^2 + \cdots + \delta_n^2}{n}} = \sqrt{\frac{\sum_{i=1}^{n} \delta_i^2}{n}}$$

式中　n——测量次数。

正态分布曲线如图 3-36a 所示。

不同的标准偏差对应不同的正态分布曲线，如图 3-36b 所示，若三条正态分布曲线 $\sigma_1 < \sigma_2 < \sigma_3$，则 $y_{1\max} > y_{2\max} > y_{3\max}$，表明 σ 越小，曲线就越陡，随机误差分布也越集中，测量的可靠性也越高。

由图 3-36a 知，随机误差有如下特性：

（1）对称性　绝对值相等的正、负误差出现的概率相等。

（2）单峰性　绝对值小的随机误差比绝对值大的随机误差出现的机会多。

（3）有界性　在一定测量条件下，随机误差的绝对值不会大于某一界限值。

（4）抵偿性　当测量次数 n 无限增多时，随机误差的算术平均值趋向于零。

令 $\delta_i = l_i - \mu$

即　$$\lim_{n\to\infty}\left[\sum_{i=1}^{n}(l_i - \mu)/n\right] = 0$$

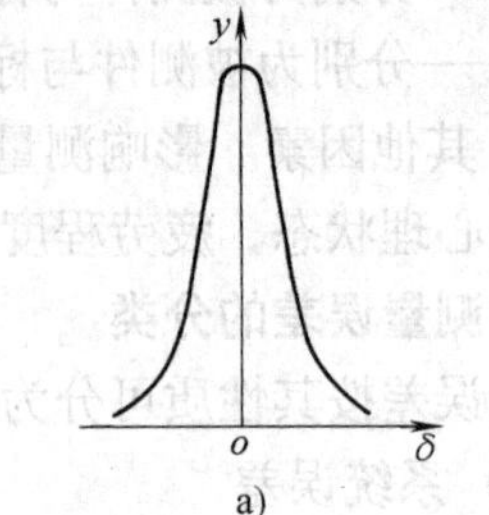

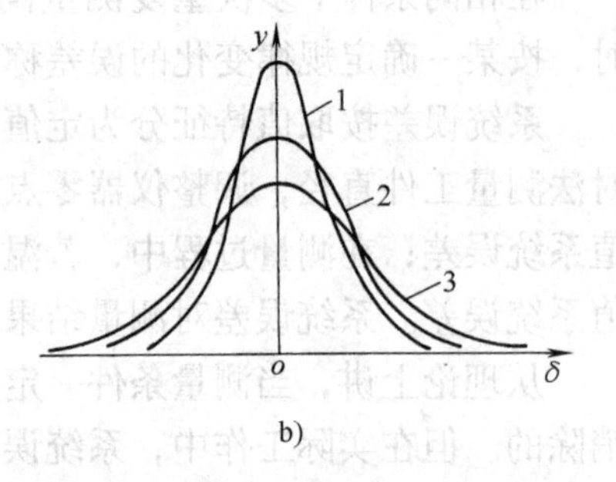

图 3-36　正态分布曲线和标准偏差对随机误差分布特性的影响

a）正态分布曲线

b）标准偏差对随机误差分布特性的影响

2. 随机误差与标准偏差之间的关系

根据概率论可知，正态分布曲线下所包含的全部面积等于随机误差 δ_i 出现的概率 P 的总和，即

$$P = \int_{-\infty}^{+\infty} y \mathrm{d}\delta = \frac{1}{\sigma\sqrt{2\pi}}\int_{-\infty}^{+\infty} \mathrm{e}^{-\frac{\delta^2}{2\sigma^2}}\mathrm{d}\delta = 1$$

说明全部随机误差出现的概率为 100%，大于零的正误差与小于零的负误差各为 50%。

设　$$z = \delta/\sigma,\ \mathrm{d}z = \mathrm{d}\delta/\sigma$$

则　$$P = \frac{1}{\sqrt{2\pi}}\int_{-\infty}^{+\infty} \mathrm{e}^{-\frac{z^2}{2}}\mathrm{d}z = 1$$

如图 3-37 所示，阴影部分的面积表示随机误差 δ 落在 $0 \sim \delta_i$ 范围内的概率，可表示为

$$P(\delta_i) = \frac{1}{\sigma\sqrt{2\pi}}\int_0^{\delta_i} \mathrm{e}^{-\frac{\delta^2}{2\sigma^2}}\mathrm{d}\delta$$

或写为　$$\phi(z) = \frac{1}{\sqrt{2\pi}}\int_0^{zi} \mathrm{e}^{-\frac{z^2}{2}}\mathrm{d}z$$

$\phi(z)$ 叫做概率函数积分。z 值所对应的积分值 $\phi(z)$，可由正态分布的概率积分表查出。表 3-2 列出了特殊 z 值和 $\phi(z)$ 的值，z 称为误差估值的置信系数。

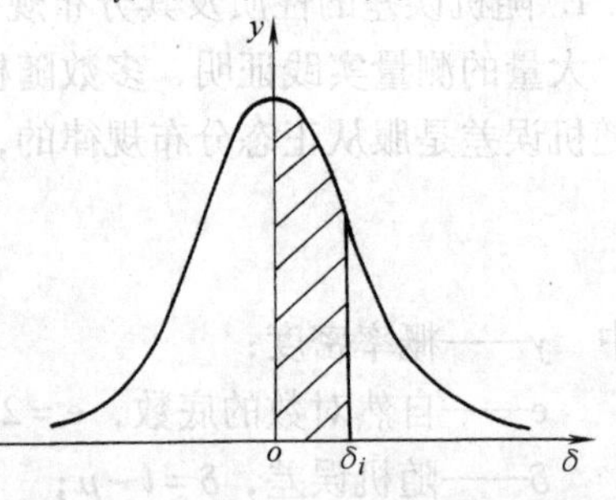

图 3-37　$0 \sim \delta_i$ 范围内的概率

表 3-2　z 和 $2\phi(z)$ 的一些对应值

$z=\frac{\delta}{\sigma}$	δ	不超出 δ 的概率 $2\phi(z)$	超出 δ 的概率 $1-2\phi(z)$	测量次数 n	超出 δ 的次数
0.67	0.67σ	0.4972	0.5028	2	1
1	1σ	0.6826	0.3174	3	1
2	2σ	0.9544	0.0456	22	1
3	3σ	0.9973	0.0027	370	1
4	4σ	0.9999	0.0001	15625	1

表中 $\pm1\sigma$ 范围内的概率为 68.26%，即约有 1/3 的测量次数的误差要超过 $\pm1\sigma$ 的范围；$\pm3\sigma$ 范围内的概率为 99.73%，则只有 0.27% 测量次数的误差要超过 $\pm3\sigma$ 范围，可认为不会发生超过现象。因此，通常评定随机误差时就以 $\pm3\sigma$ 作为单次测量的极限误差，即

$$\delta_{\lim}=\pm3\sigma$$

可认为 $\pm3\sigma$ 是随机误差的实际分布范围，即有界性的界限为 $\pm3\sigma$。

（三）粗大误差

粗大误差的数值较大，它是由测量过程中各种错误造成的，对测量结果有明显的歪曲，如已存在，应予剔除。常用的方法为，当 $|\delta_i|>3\sigma$ 时，测得值 l_i 就含有粗大误差，应予以剔除。3σ 即作为判别粗大误差的界限，此方法称 3σ 准则。

三、测量精度

测量精度是指测得值与真值的接近程度。精度是误差的相对概念。由于误差分系统误差和随机误差，因此笼统的精度概念不能反映上述误差的差异，从而引出如下的概念。

（1）精密度　表示测量结果中随机误差大小的程度。精密度可简称“精度”。

（2）正确度　表示测量结果中系统误差大小的程度，是所有系统误差的综合。

（3）精确度　指测量结果受系统误差与随机误差综合影响的程度，也就是说，它表示测量结果与真值的一致程度。精确度亦称为准确度。

在具体测量中，精密度高，正确度不一定高；正确度高，精密度不一定也高。精密度和正确度都高，则精确度就高。

以射击为例，如图 3-38a 所示，表示武器系统误差小而气象、弹药等随机误差大，即正确度高而精密度低。图 3-38b 表示武器系统误差大而气象、弹药等随机误差小，正确度低而精密度高。图 3-38c 表示系统误差和随机误差均小，即精确度高，说明各种条件皆好。

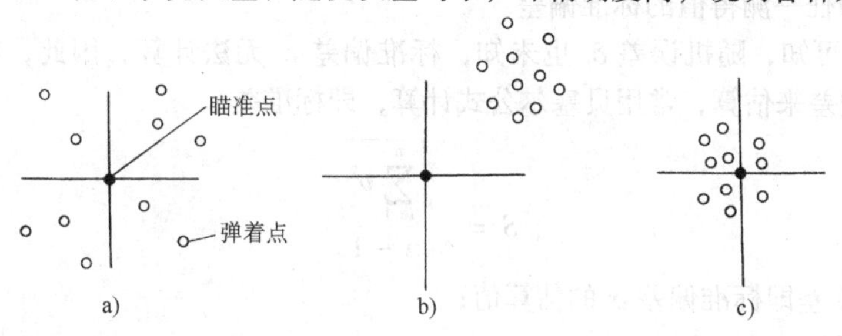

图 3-38　射弹散布精度

四、直接测量列的数据处理

1. 算术平均值 $\bar{l}$

现对同一量进行多次等精度测量，其值分别为 l_1，l_2，…，l_n。

则
$$\bar{l}=\frac{l_1+l_2+\cdots+l_n}{n}=\frac{\sum_{i=1}^{n}l_i}{n}$$

随机误差
$$\delta_1=l_1-\mu,\ \delta_2=l_2-\mu,\ \cdots,\ \delta_n=l_n-\mu$$

相加则为
$$\delta_1+\delta_2+\cdots+\delta_n=(l_1+l_2+\cdots+l_n)-n\mu$$

即
$$\sum_{i=1}^{n}\delta_i=\sum_{i=1}^{n}l_i-n\mu$$

其真值
$$\mu=\frac{\sum_{i=1}^{n}l_i}{n}-\frac{\sum_{i=1}^{n}\delta_i}{n}=\bar{l}-\frac{\sum_{i=1}^{n}\delta_i}{n}$$

由随机误差抵偿性知，当 $n\to\infty$ 时
$$\frac{\sum_{i=1}^{n}\delta_i}{n}=0$$
$$\bar{l}=\mu$$

在消除系统误差的情况下，当测量次数很多时，算术平均值就趋近于真值。即用算术平均值来代替真值不仅是合理的，而且也是可靠的。

当用算术平均值 $\bar{l}$ 代替真值 μ 所计算的误差，称为残差 ν
$$\nu_i=l_i-\bar{l}$$

残差具有下述两个特性：

1）残差的代数和等于零，即
$$\sum_{i=1}^{n}\nu_i=0$$

2）残差的平方和为最小，即
$$\sum_{i=1}^{n}\nu_i^2=\min$$

当误差平方和为最小时，按最小二乘法原理知，测量结果是最佳值。这也说明了 $\bar{l}$ 是 μ 的最佳估值。

2. 测量列中任一测得值的标准偏差

由于真值不可知，随机误差 δ_i 也未知，标准偏差 σ 无法计算，因此，在实际测量中，标准偏差 σ 用残差来估算，常用贝塞尔公式计算，即标准差
$$S=\sqrt{\frac{\sum_{i=1}^{n}\nu_i^2}{n-1}}$$

式中　S——标准差即标准偏差 σ 的估算值；

ν_i——残差；

n——测量次数。

任一测得值 l，其落在 $\pm3\sigma$ 范围内的概率（称为置信概率，代号 P）为 99.73%，常表示为
$$l=\bar{l}\pm3S\qquad(P=99.73\%)$$

3. 测量列算术平均值的标准偏差

多次重复测量是以算术平均值作为测量结果的，因此要研究算术平均值的可靠性程度。根据误差理论，在等精度测量时

$$\sigma_{\bar{l}} = \sqrt{\frac{\sigma^2}{n}} = \sigma/\sqrt{n} \approx \sqrt{\frac{\sum_{i=1}^{n} \nu_i^2}{n(n-1)}} = \frac{S}{\sqrt{n}} \tag{3-8}$$

式中　n——重复测量次数；

ν_i——残差。

式（3-8）表明，在一定的测量条件下（即 σ 一定），重复测量 n 次的算术平均值的标准偏差为单次测量的标准偏差的$\sqrt{n}$分之一，即它的测量精度要高。

但是，算术平均值的测量精度 $\sigma_{\bar{l}}$ 与测量次数 n 的平方根成反比，要显著提高测量精度，势必大大增加测量次数。但是当测量次数过大时，恒定的测量条件难以保证，可能会引起新的误差。因此一般情况下，取 $n \leqslant 10$ 为宜。

由于多次测量的算术平均值的极限误差为

$$\lambda_{\lim} = \pm 3\sigma_{\bar{l}}$$

则测量结果表示为

$$L = \bar{l} \pm \lambda_{\lim} = \bar{l} \pm 3\sigma_{\bar{l}} \qquad (P = 99.73\%)$$

例 3-1　用立式光学计对轴进行 10 次等精度测量，所得数据列见表 3-3（设不含系统误差和粗大误差），求测量结果。

表 3-3　例 3-1 测量数据表

l_i/mm	$\nu_i = (l_i - \bar{l})$ /μm	ν_i^2/μm
30.454	−3	9
30.459	+2	4
30.459	+2	4
30.454	−3	9
30.458	+1	1
30.459	+2	4
30.456	−1	1
30.458	+1	1
30.458	+1	1
30.455	−2	4
$\bar{l} = 30.457$	$\sum \nu_i = 0$	$\sum \nu_i^2 = 38$

解　（1）求算术平均值

$$\bar{l} = \frac{\sum l_i}{n} = 30.457\text{mm}$$

（2）求残余误差平方和

$$\sum \nu_i = 0,\ \sum \nu_i^2 = 38\mu\text{m}$$

（3）求测量列任一测得值的标准差 S

$$S = \sqrt{\frac{\sum \nu_i^2}{n-1}} = 2.05\mu\text{m}$$

（4）求任一测得值的极限误差

$$\delta_{\lim} = \pm 3S = \pm 6.15\mu\text{m}$$

（5）求测量列算术平均值的标准偏差 $\sigma_{\bar{l}}$

$$\sigma_{\bar{l}} = S/\sqrt{n} = 0.65\mu\text{m}$$

（6）求算术平均值的测量极限误差

$$\lambda_{\lim} = \pm 3\sigma_{\bar{l}} = \pm 1.95\mu\text{m} \approx \pm 2\mu\text{m}$$

轴的直径测量结果

$$d = \bar{l} \pm 3\sigma_{\bar{l}} = 30.457\text{mm} \pm 0.002\text{mm} \quad (P = 99.73\%)$$

第六节　光滑工件尺寸的检验（GB/T 3177—2009）

国标 GB/T 3177—2009 规定“应只接收位于规定尺寸极限的工件”原则，从而建立了在规定尺寸极限基础上的验收极限，有效地解决了“误收”和“误废”现象。

一、检验范围

使用普通计量器具，即用游标卡尺、千分尺及车间使用的比较仪、投影仪等量具量仪，对标准公差等级为 IT6 ~ IT18，基本尺寸至 500mm 的光滑工件尺寸进行检验。本标准也适用于对一般公差尺寸工件的检验。

二、验收原则及方法

所用验收方法应只接收位于规定尺寸极限之内的工件。由于计量器具和计量系统都存在误差，故不能测得真值。多数计量器具通常只用于测量尺寸，而不测量工件存在的形状误差。因此，对遵循包容要求的尺寸要素，应把对尺寸及形状测量的结果综合起来，以判定工件是否超出最大实体边界。

为了保证验收质量，标准规定了验收极限、计量器具的测量不确定度允许值和计量器具的选用原则，但对温度、压陷效应等不进行修正。

三、验收极限

验收极限是检验工件尺寸时判断合格与否的尺寸界限。

1. 验收极限方式的确定

验收极限可按下列方式之一确定：

（1）内缩方式　验收极限是从规定的最大实体尺寸（MMS）和最小实体尺寸（LMS）分别向工件公差带内移动一个安全裕度（A）来确定，如图 3-39 所示。

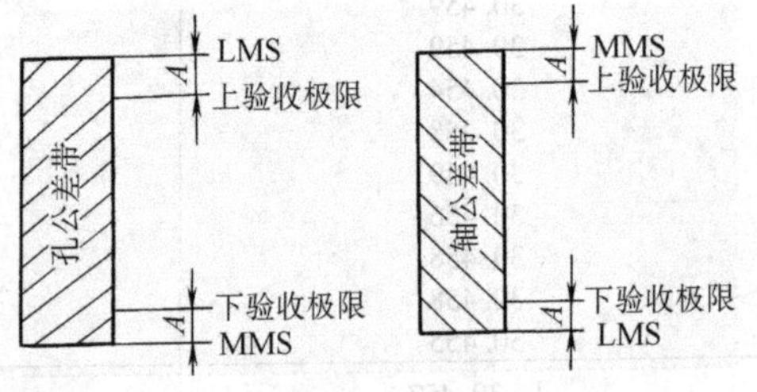

图 3-39　验收极限与工件公差带关系图

孔尺寸的验收极限：

上验收极限 = 最小实体尺寸（LMS）－安全裕度（A）

下验收极限 = 最大实体尺寸（MMS）＋安全裕度（A）

轴尺寸的验收极限：

上验收极限 = 最大实体尺寸（MMS）－安全裕度（A）

下验收极限 = 最小实体尺寸（LMS）＋安全裕度（A）

A 值按工件公差的 1/10 确定，其数值见表 3-4。安全裕度 A 相当于测量中总的不确定度，它表征了各种误差的综合影响。

表 3-4　安全裕度（A）与计量器具的测量不确定度允许值（u_1）（GB/T 3177—2009）　　（单位：μm）

公差等级		IT6					IT7					IT8					IT9					IT10					IT11				
基本尺寸/mm		T	A	u_1			T	A	u_1			T	A	u_1			T	A	u_1			T	A	u_1			T	A	u_1		
大于	至			Ⅰ	Ⅱ	Ⅲ			Ⅰ	Ⅱ	Ⅲ			Ⅰ	Ⅱ	Ⅲ			Ⅰ	Ⅱ	Ⅲ			Ⅰ	Ⅱ	Ⅲ			Ⅰ	Ⅱ	Ⅲ
—	3	6	0.6	0.54	0.9	1.4	10	1.0	0.9	1.5	2.3	14	1.4	1.3	2.1	3.2	25	2.5	2.3	3.8	5.6	40	4.0	3.6	6.0	9.0	60	6.0	5.4	9.0	14
3	6	8	0.8	0.72	1.2	1.8	12	1.2	1.1	1.8	2.7	18	1.8	1.6	2.7	4.1	30	3.0	2.7	4.5	6.8	48	4.8	4.3	7.2	11	75	7.5	6.8	11	17
6	10	9	0.9	0.81	1.4	2.0	15	1.5	1.4	2.3	3.4	22	2.2	2.0	3.3	5.0	36	3.6	3.3	5.4	8.1	58	5.8	5.2	8.7	13	90	9.0	8.1	14	20
10	18	11	1.1	1.0	1.7	2.5	18	1.8	1.7	2.7	4.1	27	2.7	2.4	4.1	6.1	43	4.3	3.9	6.5	9.7	70	7.0	6.3	11	16	110	11	10	17	25
18	30	13	1.3	1.2	2.0	2.9	21	2.1	1.9	3.2	4.7	33	3.3	3.0	5.0	7.4	52	5.2	4.7	7.8	12	84	8.4	7.6	13	19	130	13	12	20	29
30	50	16	1.6	1.4	2.4	3.6	25	2.5	2.3	3.8	5.6	39	3.9	3.5	5.9	8.8	62	6.2	5.6	9.3	14	100	10	9.0	15	23	160	16	14	24	36
50	80	19	1.9	1.7	2.9	4.3	30	3.0	2.7	4.5	6.8	46	4.6	4.1	6.9	10	74	7.4	6.7	11	17	120	12	11	18	27	190	19	17	29	43
80	120	22	2.2	2.0	3.3	5.0	35	3.5	3.2	5.3	7.9	54	5.4	4.9	8.1	12	87	8.7	7.8	13	20	140	14	13	21	32	220	22	20	33	50
120	180	25	2.5	2.3	3.8	5.6	40	4.0	3.6	6.0	9.0	63	6.3	5.7	9.5	14	100	10	9.0	15	23	160	16	15	24	36	250	25	23	38	56
180	250	29	2.9	2.6	4.4	6.5	46	4.6	4.1	6.9	10	72	7.2	6.5	11	16	110	12	10	17	26	185	19	17	28	42	290	29	26	44	65
250	315	32	3.2	2.9	4.8	7.2	52	5.2	4.7	7.8	12	81	8.1	7.3	12	18	130	13	12	19	29	210	21	19	32	47	320	32	29	48	72
315	400	36	3.6	3.2	5.4	8.1	57	5.7	5.1	8.4	18	89	8.9	8.0	13	20	140	14	13	21	32	230	23	21	35	52	360	36	32	54	81
400	500	40	4.0	3.6	6.0	9.0	63	6.3	5.7	9.5	14	97	9.7	8.7	15	22	155	16	14	23	35	250	25	23	38	56	400	40	36	60	90

公差等级		IT12				IT13				IT14				IT15				IT16				IT17				IT18			
基本尺寸/mm		T	A	u_1		T	A	u_1		T	A	u_1		T	A	u_1		T	A	u_1		T	A	u_1		T	A	u_1	
大于	至			Ⅰ	Ⅱ			Ⅰ	Ⅱ			Ⅰ	Ⅱ			Ⅰ	Ⅱ			Ⅰ	Ⅱ			Ⅰ	Ⅱ			Ⅰ	Ⅱ
—	3	100	10	9.0	15	140	14	13	21	250	25	23	38	400	40	36	60	600	60	54	90	1 000	100	90	150	1 400	140	135	210
3	6	120	12	11	18	180	18	16	27	300	30	27	45	480	48	43	72	750	75	68	110	1 200	120	110	180	1 800	180	160	270
6	10	150	15	14	23	220	22	20	33	360	36	32	54	580	58	52	87	900	90	81	140	1 500	150	140	230	2 200	220	200	330
10	18	180	18	16	27	270	27	24	41	430	43	39	65	700	70	63	110	1 100	110	100	170	1 800	180	160	270	2 700	270	240	400
18	30	210	21	19	32	330	33	30	50	520	52	47	78	840	84	76	130	1 300	130	120	200	2 100	210	190	320	3 300	330	300	490
30	50	250	25	23	38	390	39	35	59	620	62	56	93	1 000	100	90	150	1 600	160	140	240	2 500	250	220	380	3 900	390	350	580
50	80	300	30	27	45	460	46	41	69	740	74	67	110	1 200	120	110	180	1 900	190	170	290	3 000	300	270	450	4 600	460	410	690
80	120	350	35	32	53	540	54	49	81	870	87	78	130	1 400	140	130	210	2 200	220	200	330	3 500	350	320	530	5 400	540	480	810
120	180	400	40	36	60	630	63	57	95	1 000	100	90	150	1 600	160	150	240	2 500	250	230	380	4 000	400	360	600	6 300	630	570	940
180	250	460	46	41	69	720	72	65	110	1 150	115	100	170	1 800	180	170	280	2 900	290	260	440	4 600	460	410	690	7 200	720	650	1 080
250	315	520	52	47	78	810	81	73	120	1 300	130	120	190	2 100	210	190	320	3 200	320	290	480	5 200	520	470	780	8 100	810	730	1 210
315	400	570	57	51	86	890	89	80	130	1 400	140	130	210	2 300	230	210	350	3 600	360	320	540	5 700	570	510	850	8 900	890	800	1 330
400	500	630	63	57	95	970	97	87	150	1 500	150	140	230	2 500	250	230	380	4 000	400	360	600	6 300	630	570	950	9 700	970	870	1 450

（2）不内缩方式　规定验收极限等于工件的最大实体尺寸（MMS）和最小实体尺寸（LMS），即 A 值等于零。

2. 验收极限方式的选择

验收极限方式的选择要结合尺寸功能要求及其重要程度、尺寸公差等级、测量不确定度和过程能力等因素综合考虑。

1）对遵循包容要求的尺寸、公差等级高的尺寸，其验收极限方式要选内缩方式。

2）对非配合和一般公差的尺寸，其验收极限方式则选不内缩方式。

3）当过程能力指数 $C_p \geqslant 1$ 时，其验收极限可以按不内缩方式；但对遵循包容要求的尺寸，其最大实体尺寸一边的验收极限仍应按内缩方式。

四、计量器具的选择

按照计量器具所导致的测量不确定度允许值（u_1）选择计量器具。选择时，应使所选用的计量器具的测量不确定度数值等于或小于选定的 u_1 值。

计量器具的测量不确定度允许值（u_1）按测量不确定度（u）与工件公差的比值分挡。对 IT6 ~ IT11 级分为Ⅰ、Ⅱ、Ⅲ三挡，分别为工件公差的 1/10、1/6、1/4，见表 3-4。对 IT12 ~ IT18 级分为Ⅰ、Ⅱ两挡。

计量器具的测量不确定度允许值（u_1）约为测量不确定度（u）的 0.9 倍，即

$$u_1 = 0.9u$$

一般情况下应优先选用Ⅰ挡，其次选用Ⅱ、Ⅲ挡。

选择计量器具时，应保证其不确定度不大于其允许值 u_1。有关量仪 u_1 值见表 3-5 ~ 表 3-8。

表 3-5　安全裕度 A 及计量器具不确定度的允许值 u_1　（单位：mm）

零件公差值 T		安全裕度 A	计量器具的不确定度的允许值 u_1
大于	至		
0.009	0.018	0.001	0.0009
0.018	0.032	0.002	0.0018
0.032	0.058	0.003	0.0027
0.058	0.100	0.006	0.0054
0.100	0.180	0.010	0.0090
0.180	0.320	0.018	0.0160
0.320	0.580	0.032	0.0290
0.580	1.000	0.060	0.0540
1.000	1.800	0.100	0.0900
1.800	3.200	0.180	0.1600

表 3-6　千分尺和游标卡尺的不确定度　（单位：mm）

尺寸范围	计量器具类型			
	分度值为 0.01mm 的千分尺	分度值为 0.01mm 的内径千分尺	分度值为 0.02mm 的游标卡尺	分度值为 0.05mm 的游标卡尺
	不确定度			
0 ~ 50	0.004	0.008	0.020	0.050
50 ~ 100	0.005			
100 ~ 150	0.006			

（续）

<table>
<tr><td rowspan="3">尺寸范围</td><td colspan="4">计　量　器　具　类　型</td></tr>
<tr><td>分度值为
0.01mm 的千分尺</td><td>分度值为
0.01mm 的内径千分尺</td><td>分度值为
0.02mm 的游标卡尺</td><td>分度值为
0.05mm 的游标卡尺</td></tr>
<tr><td colspan="4">不　确　定　度</td></tr>
<tr><td>150～200</td><td>0.007</td><td rowspan="3">0.013</td><td rowspan="3">0.020</td><td>0.050</td></tr>
<tr><td>200～250</td><td>0.008</td><td rowspan="8">0.100</td></tr>
<tr><td>250～300</td><td>0.009</td></tr>
<tr><td>300～350</td><td>0.010</td><td rowspan="3">0.020</td><td rowspan="7"></td></tr>
<tr><td>350～400</td><td>0.011</td></tr>
<tr><td>400～450</td><td>0.012</td></tr>
<tr><td>450～500</td><td>0.013</td><td>0.025</td></tr>
<tr><td>500～600</td><td rowspan="3"></td><td rowspan="3">0.030</td></tr>
<tr><td>600～700</td></tr>
<tr><td>700～1000</td><td>0.150</td></tr>
</table>

注：本表仅供参考。

表 3-7　比较仪的不确定度　（单位：mm）

<table>
<tr><td colspan="2" rowspan="2">尺 寸 范 围</td><td colspan="4">所 使 用 的 计 量 器 具</td></tr>
<tr><td>分度值为 0.0005mm（相当于放大倍数 2000 倍）的比较仪</td><td>分度值为 0.001mm（相当于放大倍数 1000 倍）的比较仪</td><td>分度值为 0.002mm（相当于放大倍数 400 倍）的比较仪</td><td>分度值为 0.005mm（相当于放大倍数 250 倍）的比较仪</td></tr>
<tr><td>大于</td><td>至</td><td colspan="4">不　确　定　度</td></tr>
<tr><td></td><td>25</td><td>0.0006</td><td rowspan="2">0.0010</td><td>0.0017</td><td rowspan="6">0.0030</td></tr>
<tr><td>25</td><td>40</td><td>0.0007</td><td rowspan="3">0.0018</td></tr>
<tr><td>40</td><td>65</td><td>0.0008</td><td rowspan="2">0.0011</td></tr>
<tr><td>65</td><td>90</td><td>0.0008</td></tr>
<tr><td>90</td><td>115</td><td>0.0009</td><td>0.0012</td><td rowspan="2">0.0019</td></tr>
<tr><td>115</td><td>165</td><td>0.0010</td><td>0.0013</td></tr>
<tr><td>165</td><td>215</td><td>0.0012</td><td>0.0014</td><td>0.0020</td><td rowspan="3">0.0035</td></tr>
<tr><td>215</td><td>265</td><td>0.0014</td><td>0.0016</td><td>0.0021</td></tr>
<tr><td>265</td><td>315</td><td>0.0016</td><td>0.0017</td><td>0.0022</td></tr>
</table>

注：测量时，使用的标准器由 4 块 1 级（或 4 等）量块组成。本表仅供参考。

表 3-8　指示表的不确定度　（单位：mm）

<table>
<tr><td colspan="2" rowspan="2">尺 寸 范 围</td><td colspan="4">所 使 用 的 计 量 器 具</td></tr>
<tr><td>分度值为 0.001mm 的千分表(0 级在全程范围内，1 级在 0.2mm 内)分度值为 0.002mm 的千分表(在一转范围内)</td><td>分度值为 0.001mm、0.002mm、0.005mm 的千分表(1 级在全程范围内)分度值为 0.01mm 的百分表(0 级在任意 1mm 内)</td><td>分度值为 0.01mm 的百分表(0 级在全程范围内，1 级在任意 1mm 内)</td><td>分度值为 0.01mm 的百分表(1 级在全程范围内)</td></tr>
<tr><td>大于</td><td>至</td><td colspan="4">不　确　定　度</td></tr>
<tr><td></td><td>25</td><td rowspan="5">0.005</td><td rowspan="9">0.010</td><td rowspan="9">0.018</td><td rowspan="9">0.030</td></tr>
<tr><td>25</td><td>40</td></tr>
<tr><td>40</td><td>65</td></tr>
<tr><td>65</td><td>90</td></tr>
<tr><td>90</td><td>115</td></tr>
<tr><td>115</td><td>165</td><td rowspan="4">0.006</td></tr>
<tr><td>165</td><td>215</td></tr>
<tr><td>215</td><td>265</td></tr>
<tr><td>265</td><td>315</td></tr>
</table>

注：测量时，使用的标准器由 4 块 1 级（或 4 等）量块组成。本表仅供参考。

例 3-2　试确定 $\phi140H9(^{+0.1}_{0})$ Ⓔ的验收极限，并选择相应的计量器具（图 3-40）。

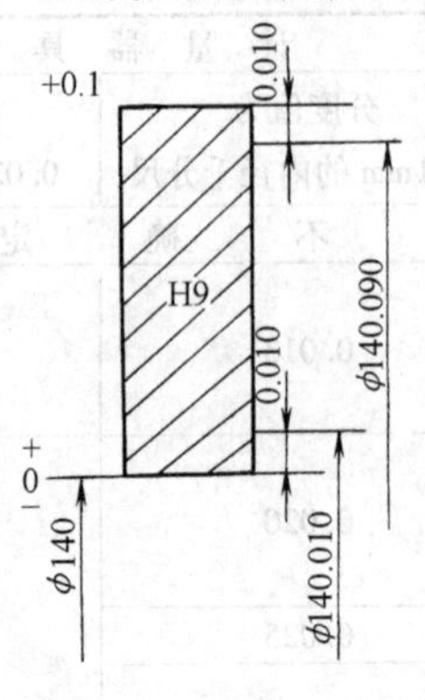

图 3-40　例 3-2 图

解　由表 3-4 可知，公称尺寸 >120 ~ 180mm、IT9 时 $A=10\mu m$，$u_1=9\mu m$（Ⅰ挡）。

由于工件尺寸采用包容要求，应按内缩方式确定验收极限。

上验收极限 = LMS − A = (140 + 0.1 − 0.010) mm = 140.090mm

下验收极限 = MMS + A = (140 + 0.010) mm = 140.010mm

由表 3-6 可知，工件尺寸 ≤150mm 时，分度值为 0.01mm 的内径千分尺的不确定度为 0.008mm，小于 $u_1=0.009mm$，可满足要求。

小　　结

1. 本章学习了关于检测的基本概念、术语、长度量值传递系统；按"级"、按"等"使用量块等知识。

2. 对于常用长度量具（卡尺、千分尺、指示表等），不但应掌握其结构和读数原理，更应具备正确熟练地测量产品尺寸大小的技能。对三坐标测量机，应知道其功能和在现代化生产中的重要作用。

3. 通过实测工件或习题，能正确地选择测量器具，确定验收极限，能写出测量结果及报告。

4. 检验是指确定所加工零件的几何参数是否在规定的极限范围内，并做出合格与否的判断，而不必得出被测量值的具体数值，如使用光滑量规、花键量规、螺纹量规检验产品。

测量是将被测几何量与作为计量单位的标准量进行比较，以确定其具体数值的过程。用各种量仪对工件尺寸大小数值的测量，不但用于判断合格性，分析和调整机床加工工艺参数，预防废次品，更为重要的是，如用三坐标测量机，可为 CAD/CAM 逆向（反求）工程提供高效、高质量的技术服务。

习题与练习三

3-1　验收极限的确定方式有两种，即________方式和________方式。其中，________方式下安全裕度 A 不为零。

3-2　一个完整的测量过程包含 4 个要素，它是________、________、________、________。

3-3　测量误差按其性质可分为 3 类误差：________误差、________误差、________误差。

3-4　量块按"等"使用，比较"级"使用时的测量精度高，因其工作尺寸是（　　）。

A. 中心长度　　B. 量块标称长度　　C. 量块检定后中心长度的实际尺寸

3-5　在具体测量中，能表示系统误差和随机误差综合影响的指标是（　　）。

A. 精密度　　B. 精确度（准确度）　　C. 正确度　　D. 上述 3 项

3-6　量块的“等”和“级”有何区别？举例说明如何按“等”、按“级”使用量块。

3-7　对同一尺寸，进行10次等精度测量，顺序如下（单位：mm）：

10.013、10.016、10.012、10.011、10.014、
10.010、10.012、10.013、10.016、10.011

1）判断有无粗大误差，有无系统误差。

2）求出测量列任一测得值的标准偏差。

3）求出测量列总体算术平均值的标准偏差。

4）求出算术平均值的测量极限误差，并确定测量结果。

3-8　已知某轴尺寸为ϕ20f10Ⓔ，试选择测量器具并确定验收极限。

第四章　几何公差　形状、方向、位置和跳动公差（GB/T 1182—2008）

本章要点

1. 各项几何公差符号及其公差带的含义；如何正确选用和标注几何公差。
2. 公差原则的含义、应用要素、功能要求、控制边界及检测方法。
3. 几何误差的检测原则及其应用。对直线度、平面度误差的测量及数据处理是本章难点。

第一节　概　　述

零件在加工中，不仅产生尺寸误差，同时也产生形状误差和几何要素之间的位置误差。完工后的零件，由于各种误差的共同作用将对其配合性质、功能要求、互换性造成影响。因此，必须制定相应的几何公差加以限制。

一、零件的要素

构成零件几何特征的点、线、面均称要素（图4-1）。要素可从不同角度来分类。

1. 按结构特征分

构成零件内、外表面外形的具体要素称为组成要素。组成要素的对称中心所表示的（点、线、面）要素称为导出要素，属抽象要素，如中心线、中心面。

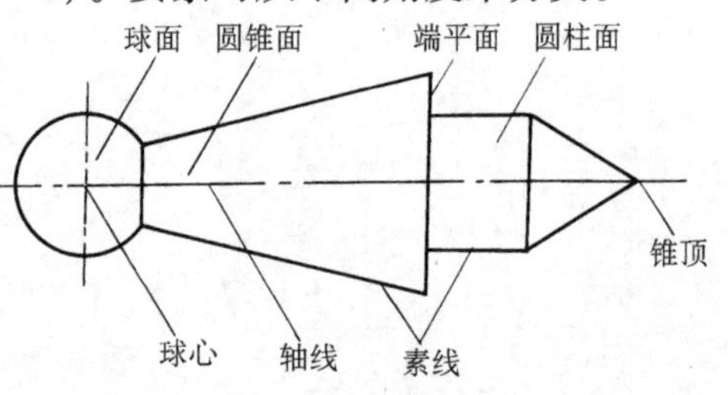

图4-1　要素

2. 按存在状态分

零件上实际存在的要素称为实际要素，测量时由提取要素代替。由于存在测量误差，提取要素并非该实际要素的真实状况。具有几何学意义、无误差的要素称为理想要素，设计图样所表示的要素如轮廓或中心要素均为导出要素。

3. 按所处地位分

图样上给出了几何公差要求的要素称为被测要素。用来确定被测要素方向或（和）位置的要素称为基准要素，理想基准要素简称基准，如图4-2所示。

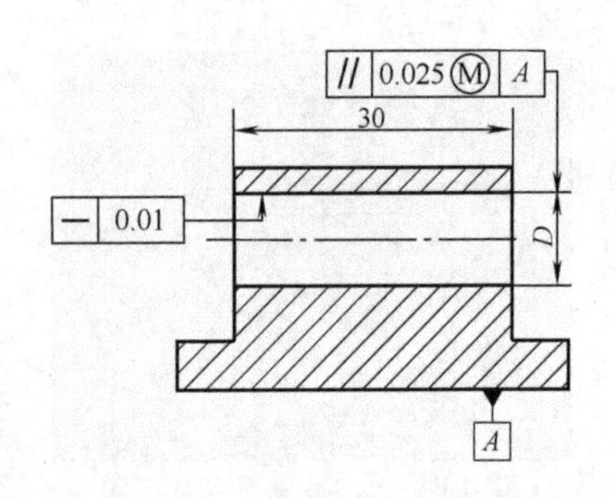

图4-2　基准要素和被测要素

4. 按功能要求分

仅对其本身给出形状公差要求，或仅涉及其形状公差要求时的要素称为单一要素。相对其他要素有功能要求而给出方向、位置和跳动公差的要素称为关联要素。

二、几何公差项目及符号

国家标准规定了19项几何公差，其名称、符号及分类见表4-1。

表 4-1　几何公差的分类与特征符号（GB/T 1182—2008）

公差类别	几何特征名称	被测要素	符号	有无基准
形状公差	直线度	单一要素	—	无
	平面度		⏥	
	圆度		○	
	圆柱度		⌭	
	线轮廓度		⌒	
	面轮廓度		⌓	
方向公差	平行度	关联要素	//	有
	垂直度		⊥	
	倾斜度		∠	
	线轮廓度		⌒	
	面轮廓度		⌓	
位置公差	位置度	关联要素	⌖	有或无
	同心度(用于中心点)		◎	有
	同轴度(用于轴线)		◎	
	对称度		⌯	
	线轮廓度		⌒	
	面轮廓度		⌓	
跳动公差	圆跳动	关联要素	↗	有
	全跳动		⌰	

三、几何公差的意义和要素

不论注有公差的提取要素的局部尺寸如何，提取要素均应位于给定的几何公差带之内，并且其几何误差允许达到最大值（即几何公差可以超过尺寸公差的数值）。

对产品的功能要求，除尺寸公差外，还要对产品的几何公差提出要求。几何公差是图样中对要素的形状和位置规定的最大允许的变动量。控制要素的形状或位置，均是对整个要素的控制。因此，设计给出的几何公差要求，实质上是对几何公差带的要求。实际要素只要在公差带内，可以具有任何形状，也可占有任何位置。

在评定被测要素时，首先确定公差带，以此判断被测要素是否符合给定的几何公差要求。确定公差带应考虑其形状、大小、方向及位置四个要素。

几何公差带是由一个或几个理想的几何线或面所限制的、由线性公差值表示其大小的区域。

1）公差带的形状常用的有 9 种，见表 4-2。

2）公差带的大小指公差带的宽度 t 或直径 ϕt，见表 4-2，t 即公差值；取值大小取决于被测要素的形状和功能要求。

3）公差带的方向即评定被测要素误差的方向，公差带的宽度方向为被测要素的法向。公差带放置方向直接影响到误差评定的准确性。对于位置公差带，其方向由设计给出，被测要素应与基准保持设计给定的几何关系。对于形状公差带，设计不作出规定，其方向应遵守评定形状误差的基本原则——最小条件原则。

表 4-2　常用的几何公差带

特　征	公　差　带
圆内的区域	
两同心圆间的区域	
两同轴圆柱面间的区域	
两平行直线之间的区域	

特　征	公　差　带
两等距曲线之间的区域	
两平行平面之间的区域	
两等距曲面之间的区域	
一个圆柱面内的区域	
一个球内的区域	

4）对于公差带的位置，形状公差带没有位置要求，只用来限制被测要素的形状误差。但形状公差带要受到相应的尺寸公差带的制约，在尺寸公差内浮动，或由理论正确尺寸固定。对于位置公差带，其位置是由相对于基准的尺寸公差或理论正确尺寸确定。

四、几何公差的标注

在技术图样上，几何公差应采用代号标注。只有在无法采用代号标注，或者采用代号标注过于复杂时，才允许用文字说明几何公差要求。几何公差代号包括：几何公差有关项目的符号、几何公差框格和指引线、几何公差数值和其他有关符号、基准符号。

几何公差框格有两格或多格，它可以水平放置，也可以垂直放置，自左至右依次填写几何特征符号、公差值（单位为 mm）、基准字母。第 2 格及其后各格中还可能填写其他有关符号，如图 4-3 所示。

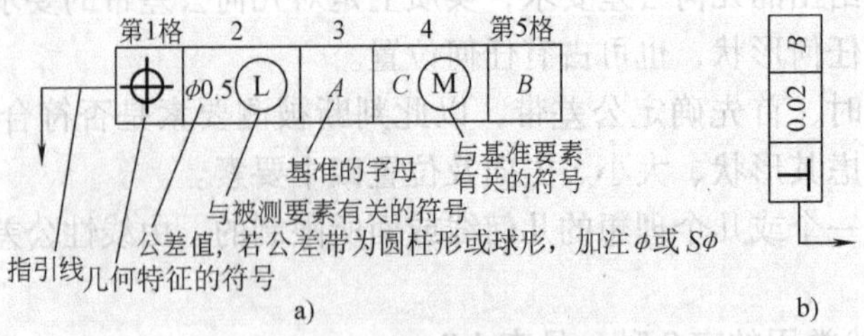

图 4-3　几何公差代号

a）水平放置　b）垂直放置

指引线可从框格的任一端引出，引出段必须垂直于框格；引向被测要素时允许弯折，但不得多于两次。

1. 被测要素的标注（表4-3）

表4-3　被测要素的标注

序号	解　　释	图　　例
1	当被测要素是组成要素时，箭头应指向轮廓线，也可指向轮廓线的延长线，但必须与尺寸线明显地分开	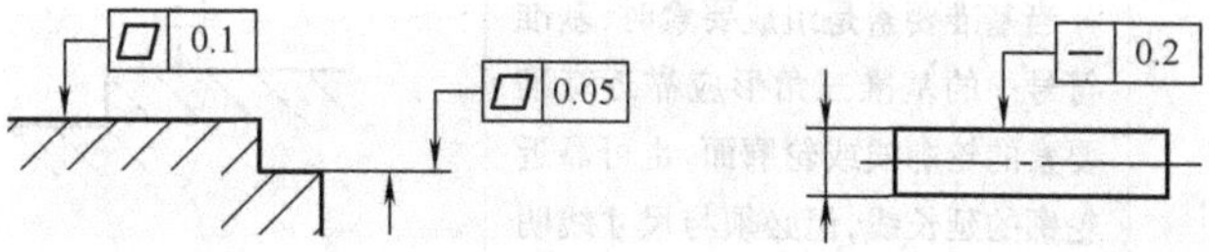 ▱ 0.1；▱ 0.05；— 0.2
2	当被测要素是导出要素时，箭头应位于相应尺寸线的延长线重合 被测要素指引线的箭头可代替一个尺寸箭头	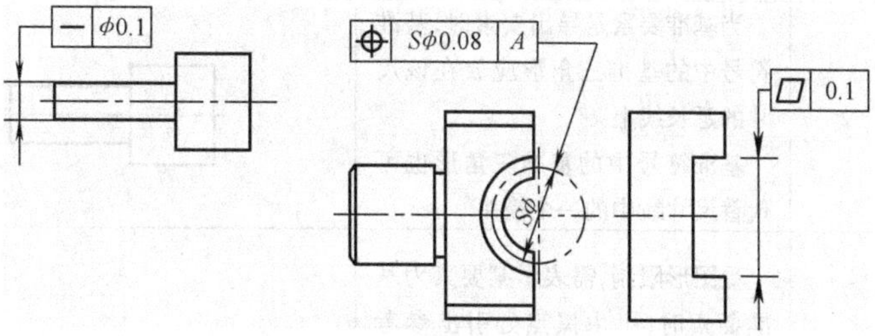 — φ0.1；⌖ Sφ0.08 A；▱ 0.1
3	受图形限制，需表示图样中某要素的几何公差要求时，可由黑点处引出参考线。箭头指向参考线	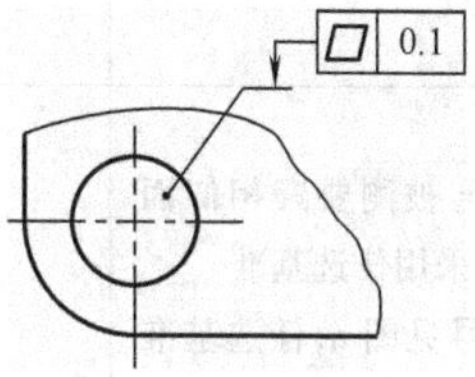 ▱ 0.1
4	当被测要素是圆锥体的轴线时，指引线应对准圆锥体的大端或小端的尺寸线 如图样中仅有任意处的空白尺寸线，则可与该尺寸线相连	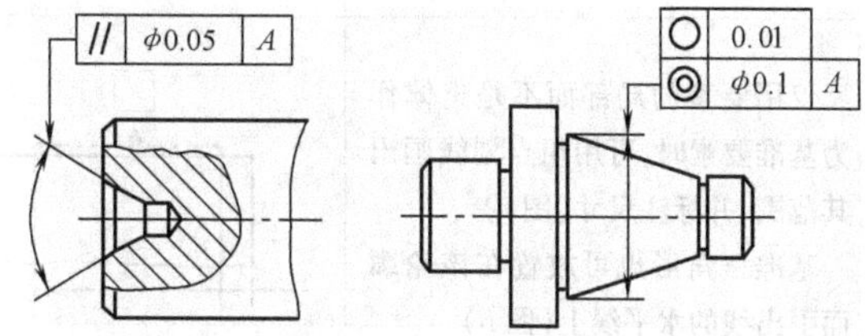 // φ0.05 A；○ 0.01；◎ φ0.1 A
5	仅对被测要素的局部提出几何公差要求，可用粗点画线画出其范围，并标注尺寸	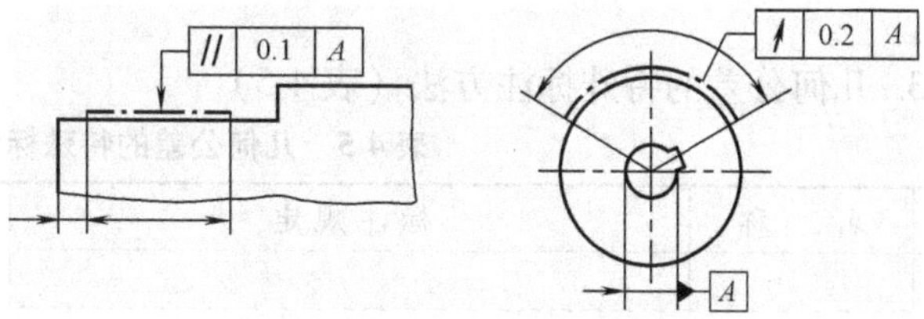 // 0.1 A；↗ 0.2 A；A
6	当被测要素是线而不是面时，应在公差框格附近注明，如线素符号(LE)时	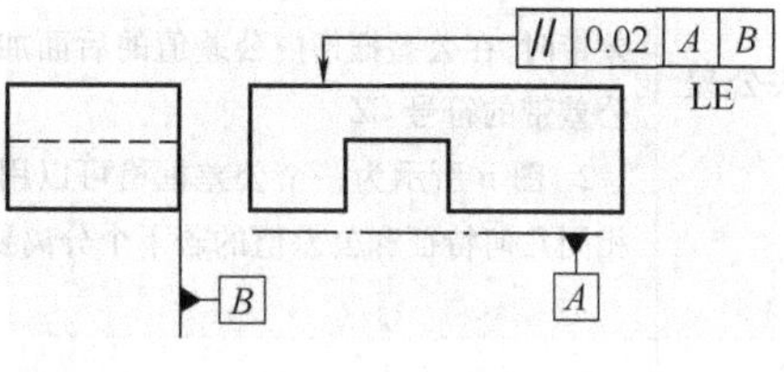 // 0.02 A B；LE；B；A

2. 基准要素的常用标注方法（表 4-4）

表 4-4 基准要素的常用标注方法

序号	解释	图例
1	当基准要素是组成要素时，基准符号中的基准三角形应靠近基准要素的轮廓线或轮廓面，也可靠近轮廓的延长线，但必须与尺寸线明显地分开	
2	当基准要素是导出要素时，基准符号中的基准三角形应放在该尺寸的延长线上 基准符号中的基准三角形也可代替尺寸线中的一个箭头	
3	受图形限制，需表示某要素为基准要素时，可由黑点处引出参考线，基准三角形可置于引出线的水平线上	
4	当基准要素与被测要素相似而不易分辨时，应采用任选基准 任选基准符号见图 a，任选基准的标注方法如图 b 所示	a) b)
5	仅用要素的局部而不是整体作为基准要素时，可用粗点划线画出其范围，并标注尺寸（图 a） 基准三角形也可放置在该轮廓面引出线的水平线上（图 b）	a) b)

3. 几何公差的特殊标注方法（表 4-5）

表 4-5 几何公差的特殊标注方法

序号	名称	标注规定	示例
1	公共公差带	1. 图 a 所示为若干个分离要素给出单一公差带时，在公差框格内公差值的后面加注公共公差带的符号 CZ 2. 图 b 所示为一个公差框格可以用于具有相同几何特征和公差值的若干个分离要素	0.1 CZ a) 0.1 b)

（续）

序号	名　称	标注规定	示　例
2	全周符号	轮廓度特征适用于横截面的整周轮廓或由该轮廓所示的整周表面时，应采用“全周”符号表示 1. 图 a 所示为外轮廓线的全周统一要求 2. 图 b 所示为外轮廓面的全周统一要求	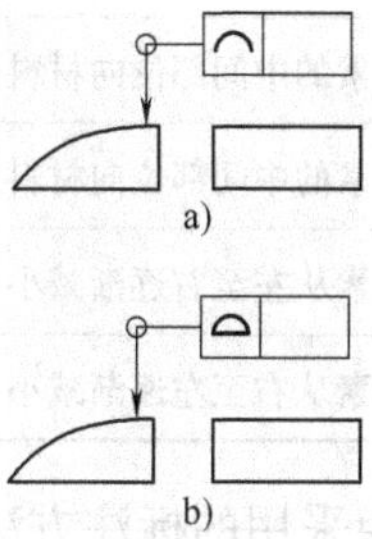 a) b)
3	对误差值的进一步限制	对同一被测要素，如在全长上给出公差值的同时，又要求在任一长度上进行进一步的限制，可同时给出全长上和任意长度上两项要求，任一长度的公差值要求用分数表示，如图 a 所示 同时给出全长和任一长度上的公差值时，全长上的公差值框格置于任一长度的公差值框格上面，如图 b 所示 如需限制被测要素在公差带内的形状，应在公差框格下方注明，如图 c 所示的“不凸起”符号 NC	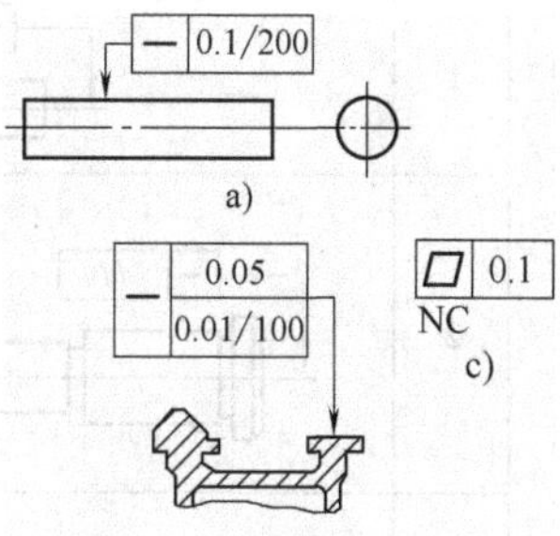 0.1/200 a) 0.05 0.01/100 b) 0.1 NC c)
4	说明性内容	表示被测要素的数量，应注在框格的上方，其他说明性内容应注在框格的下方。但也允许例外的情况，如上方或下方没有位置标注时，可注在框格的周围或指引线上	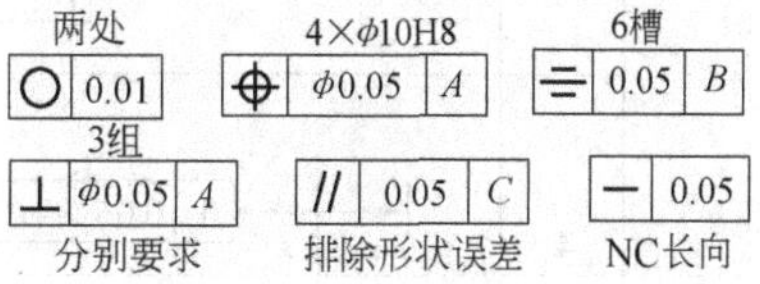 两处　0.01 4×φ10H8　φ0.05 A 6槽　0.05 B 3组　φ0.05 A　分别要求 0.05 C　排除形状误差 0.05　NC长向
5	螺纹	一般情况下，以螺纹的中径轴线作为被测要素或基准要素时，不需另加说明 如需以螺纹大径或小径作为被测要素或基准要素时，应在框格下方或基准符号的下方加注“MD”或“LD”，如图示	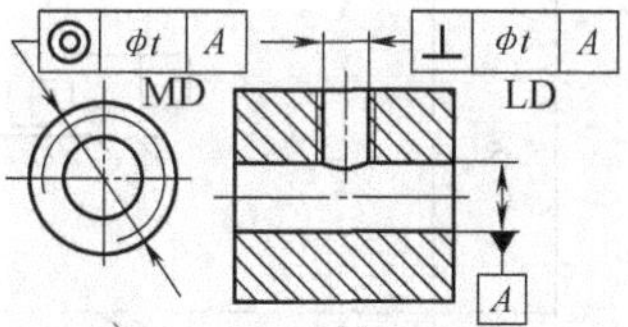 φt A　MD φt A　LD A a)　b)
6	齿轮、花键	由齿轮和花键作为被测要素或基准要素时，其分度圆轴线用“PD”表示。大径（对外齿轮是齿顶圆直径，内齿轮是齿根圆直径）轴线用“MD”表示，小径（对外齿轮是齿根圆直径，内齿轮是齿顶圆直径）轴线用“LD”表示，如图 a、b 所示	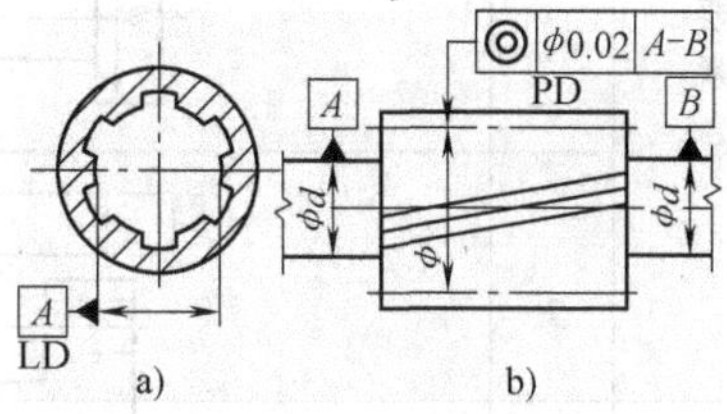 A　LD a) φ0.02 A−B　PD A　B　φd　φd　φ b)

4. 几何误差的限定符号（表 4-6）

表 4-6　几何误差值的限定符号

对误差限定	符　号	标注示例
只许实际要素的中间部位向材料内凹下	(-)	— t(-)
只许实际要素的中间部位向材料外凸起	(+)	▱ t(+)
只许实际要素从左至右逐渐减小	(▷)	⌭ t(▷)
只许实际要素从右至左逐渐减小	(◁)	⌭ t(◁)

5. 避免采用的标注方法（表 4-7）

表 4-7　避免采用的标注方法

要素特征	序号	避免采用的图例	说　明
被测要素	1	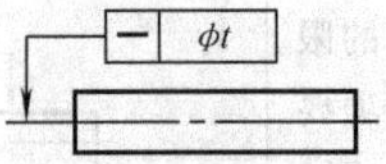 — ϕt	被测要素为单一要素的轴线，指示箭头不应直接指向轴线，必须与尺寸线相连
	2	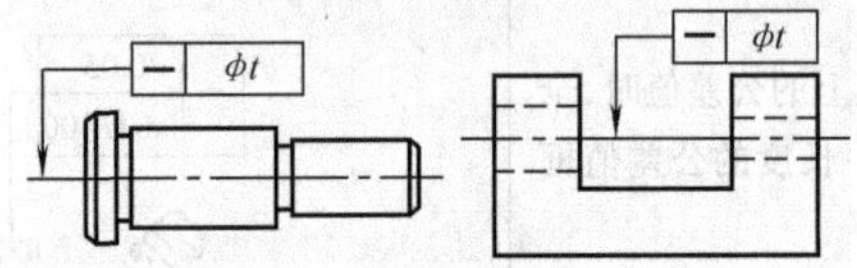 — ϕt　— ϕt	被测要素为多要素的公共轴线时，指示箭头不应直接指向轴线，而应各自分别注出
	3	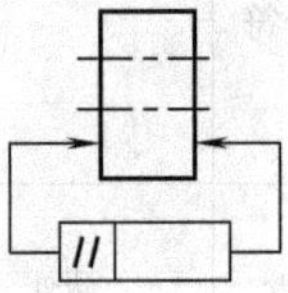 //	任选基准必须注出基准符号，并在框格中注出基准字母
	4	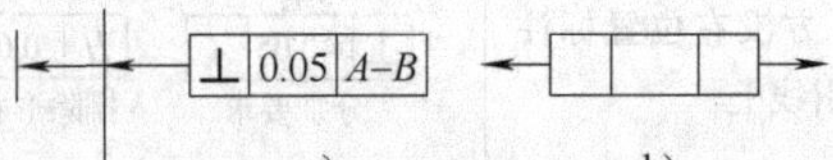 ⊥ 0.05 A–B a)　b)	如图 a 所示，不能在一根引线上画多个同向的箭头 如图 b 所示，指引线箭头不准由框格两侧同时引出
基准要素	5	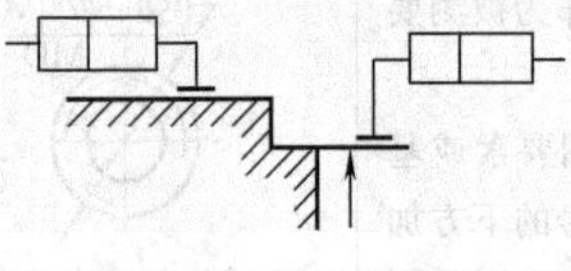	短横线不应直接与轮廓线或其延长线相连。必须标出完整的基准符号并在框格中标出字母代号
	6	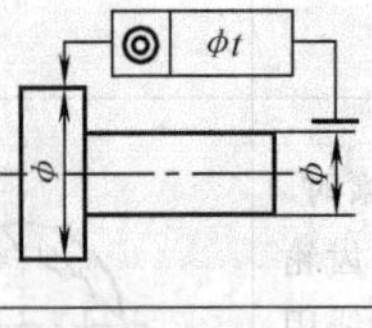 ◎ ϕt	短横线不应直接与尺寸线相连，必须标出基准符号并在框格中标出字母代号
	7	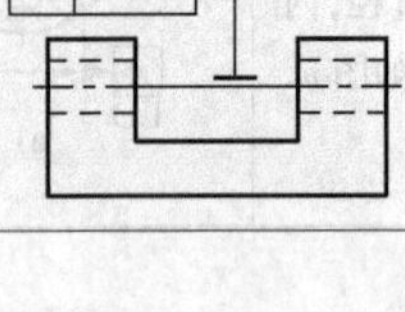	当基准要素为多个要素的公共轴线、公共中心平面时，短横线不应直接与公共轴线相连，必须分别标注，并在框格内注出字母代号

（续）

要素特征	序号	避免采用的图例	说明
基准要素	8	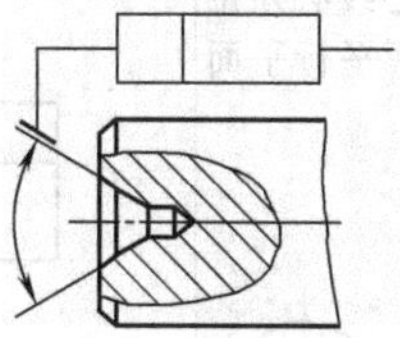	当中心孔为基准时，短横线不应直接与中心孔的角度尺寸线相连，必须标出基准符号并在框格中标出字母代号

第二节 形状公差

一、形状公差带定义

形状公差有直线度、平面度、圆度、圆柱度、线轮廓度、面轮廓度六个项目。形状公差是单一被测要素的形状对其理想形状要素允许的变动全量。形状公差带是限制单一实际被测要素变动的区域。形状公差没有基准要求，所以公差带是浮动的。形状公差的功能：

1）直线度公差是限制实际直线对理想直线变动量的项目，用于控制平面内或空间内直线的形状误差。

2）平面度公差是限制实际表面对理想表面变动量的项目，是单一提取平面所允许的变动全量。

3）圆度公差是限制实际圆对理想圆变动量的项目，是单一提取实际圆在垂直于轴线截面内的、半径差为公差值的两同心圆之间的区域的变动全量。

4）圆柱度是限制实际圆柱面对理想圆柱面变动量的项目，是单一提取圆柱面必须位于半径差为公差值的、两同轴圆柱面之间允许的变动全量。它可以控制轴向截面及轴截面内的圆度、素线直线度、轴线直线度等误差，是控制圆柱体内、外表面多项综合性形状误差的指标。

形状公差带的定义及标注示例见表4-8。

表4-8 形状公差带定义及标注示例

项目	序号	公差带定义	标注和解释	示例
直线度 —	1	在给定平面内，公差带是距离为公差值 t 的两平行直线之间的区域 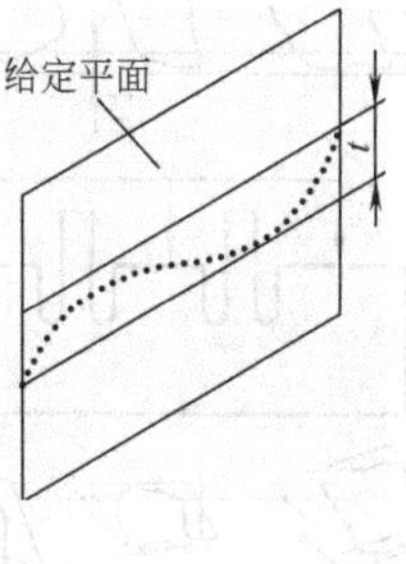 给定平面 t	表面的提取（实际）素线，必须位于平行于图样所示投影面且距离为公差值 t 的两平行直线内 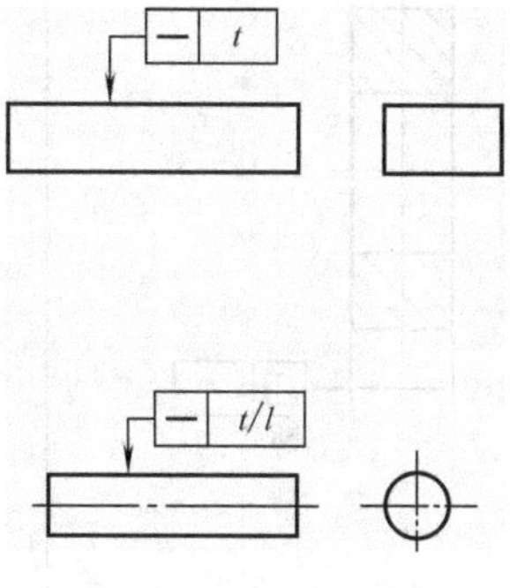 — t — t/l	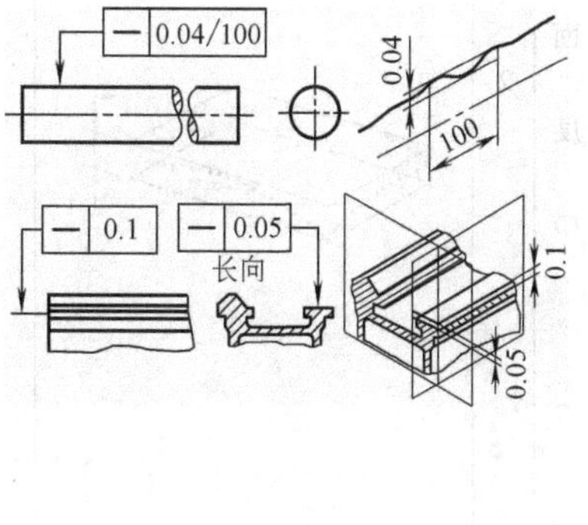 — 0.04/100 0.04 100 — 0.1 — 0.05 长向 0.1 0.05

（续）

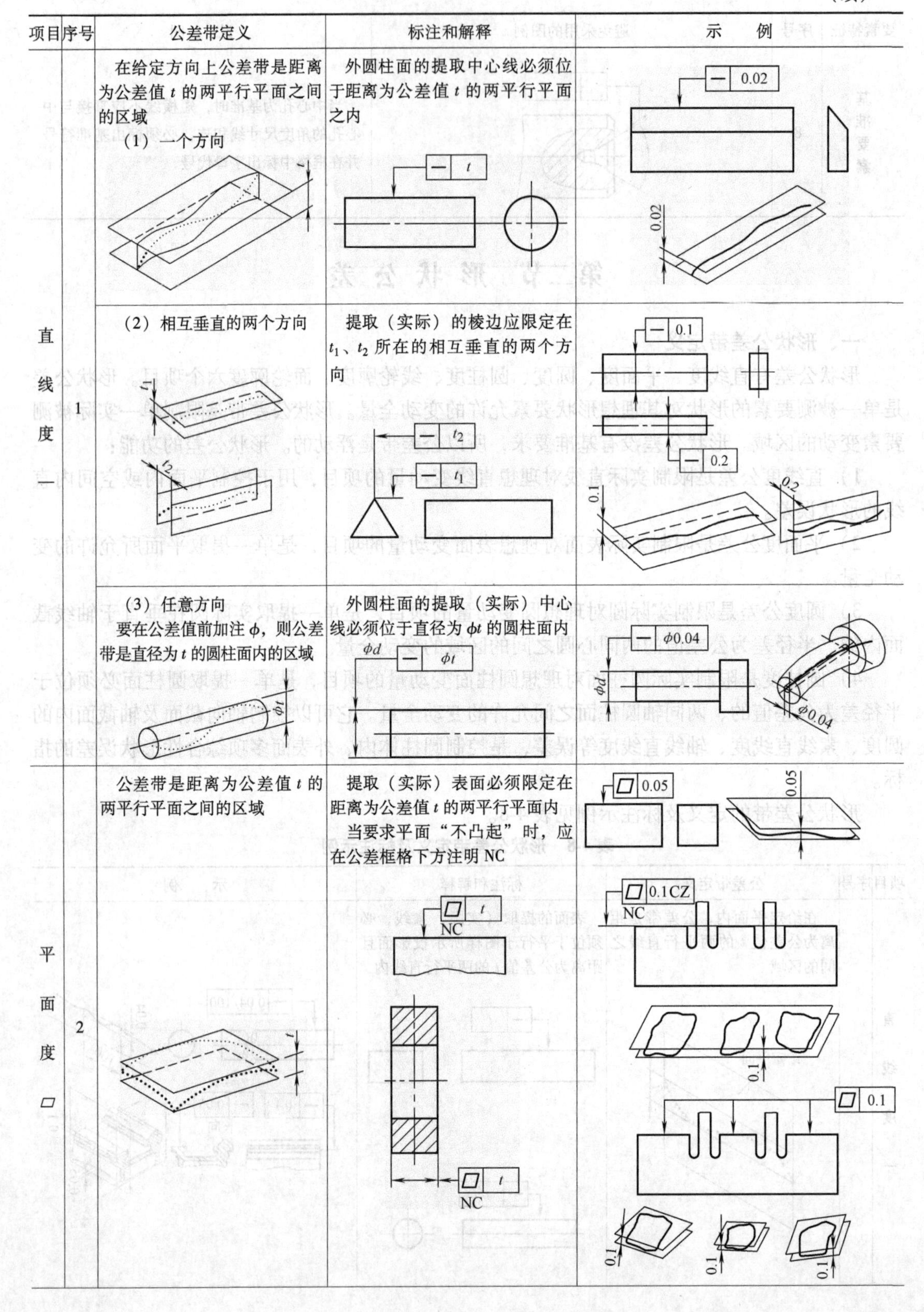

项目	序号	公差带定义	标注和解释	示例
直线度—	1	在给定方向上公差带是距离为公差值 t 的两平行平面之间的区域 （1）一个方向	外圆柱面的提取中心线必须位于距离为公差值 t 的两平行平面之内	
		（2）相互垂直的两个方向	提取（实际）的棱边应限定在 t_1、t_2 所在的相互垂直的两个方向	
		（3）任意方向 要在公差值前加注 ϕ，则公差带是直径为 t 的圆柱面内的区域	外圆柱面的提取（实际）中心线必须位于直径为 ϕt 的圆柱面内	
平面度▱	2	公差带是距离为公差值 t 的两平行平面之间的区域	提取（实际）表面必须限定在距离为公差值 t 的两平行平面内 当要求平面“不凸起”时，应在公差框格下方注明 NC	

（续）

项目	序号	公差带定义	标注和解释	示　例
圆度○	3	公差带是在同一正截面上，半径差为公差值 t 的两同心圆之间的区域 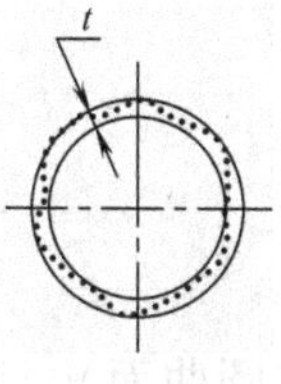	被测圆柱面任一正截面的提取实际圆周必须限定在位于半径差为公差值 t 的两同心圆之间 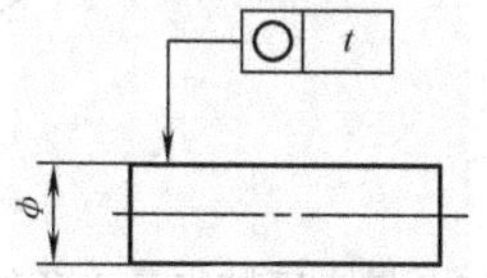 被测圆锥面任一正截面上的提取实际圆周必须限定在位于半径差为公差值 t 的两同心圆之间 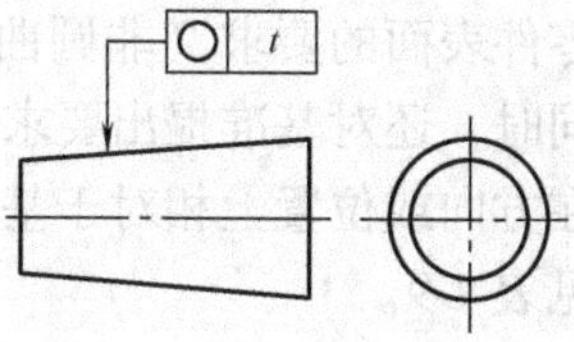	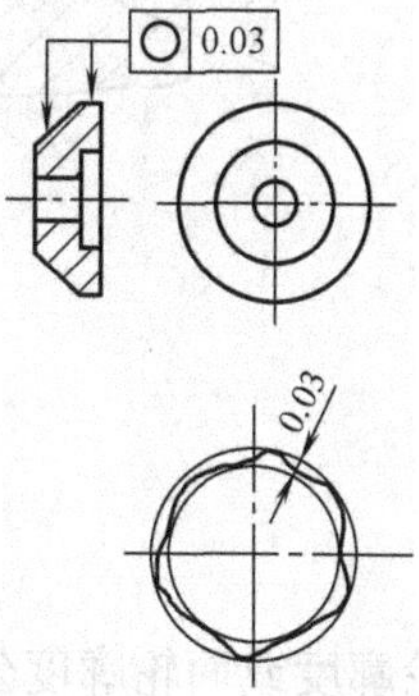 圆度公差的宽度应在垂直于公称轴线的平面内确定
圆柱度⌭	4	公差带是半径差为公差值 t 的两同轴圆柱面之间的区域 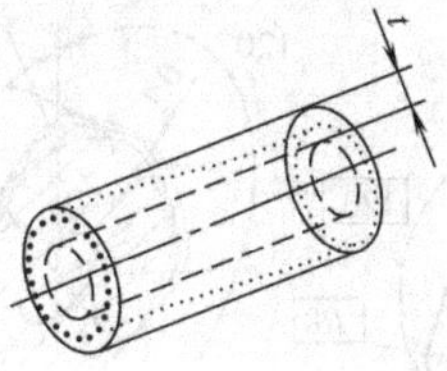	提取（实际）圆柱面必须限定在半径差为公差值 t 的两同轴圆柱面之间 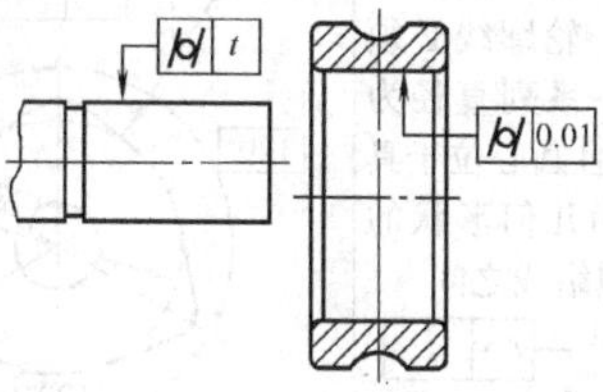	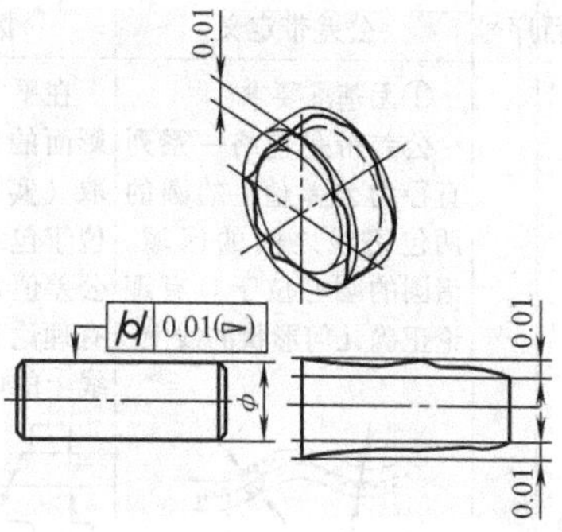

二、形状误差的评定（GB/T 1958—2004）

形状误差值用最小包容区域（简称最小区域）的宽度或直径表示。最小包容区域是指包容被测要素时，具有最小宽度 f 或直径 ϕf 的包容区域。按最小区域法所得到的形状误差值是最小且唯一的，如图 4-4 所示。显然，各项公差带和相应误差的最小区域，除宽度或直径（即大小）分别由设计给定和由被测提取要素本身决定外，其他三特征应对应相同；只有这样，误差值和公差值才具有可比性。因此，最小区域的形状应与公差带的形状一致；公差带的方向和位置则应与最小区域一致。最小区域所体现的原则称为最小条件原则，所谓最小条件是指被测提取要素对其拟合要素的最大变动量为最小，这是评定形状误差的基本原则。遵守它，可以最大限度地通过合格件；但在许多情况下，又可能使检测和数据处理复杂化。因此，允许在满足零件功能要求的前提下，用近似最小区域的方法来评定形状误差值。近似方法得到的误差值，只要小于公差值，零件在使用中会更趋可靠；但若大于公差值，则在仲裁时应按最小条件原则。

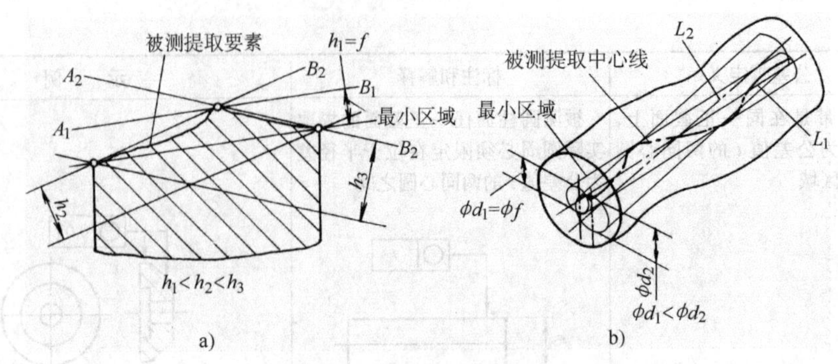

图 4-4　最小区域与最小条件

第三节　轮廓度公差

线轮廓度或面轮廓度公差是对零件表面的要求（非圆曲线和非圆曲面），可以仅限定其形状误差，也可在限制形状误差的同时，还对基准提出要求。前者属于形状公差，后者属于方向或位置公差。它们是关联要素在方向或位置上相对于基准所允许的变动全量。

轮廓度公差带定义及标注示例见表 4-9。

表 4-9　形状或位置公差带定义及标注示例

项目	序号	公差带定义	标注和解释	示　例
线轮廓度 ⌒	1	①无基准要求 公差带是包络一系列直径为公差值 t 的圆的两包络线之间的区域。诸圆的圆心位于具有理论正确几何形状的线上 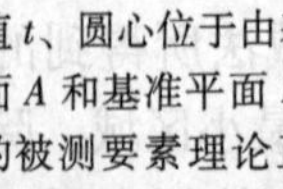	在平行于图样所示投影面的任一截面上，提取（实际）轮廓线必须位于包络一系列直径为公差值 t，且圆心位于具有理论正确几何形状的线上的两包络线之间 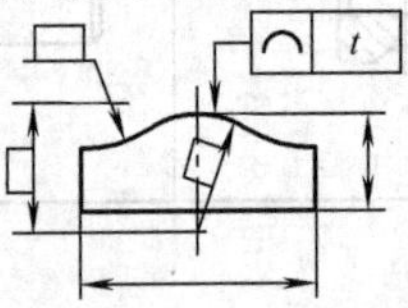	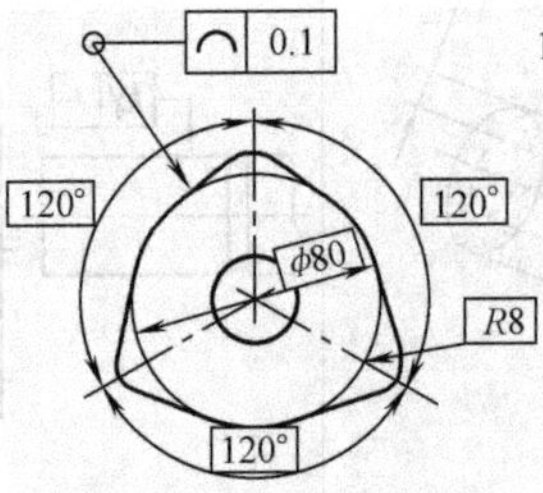 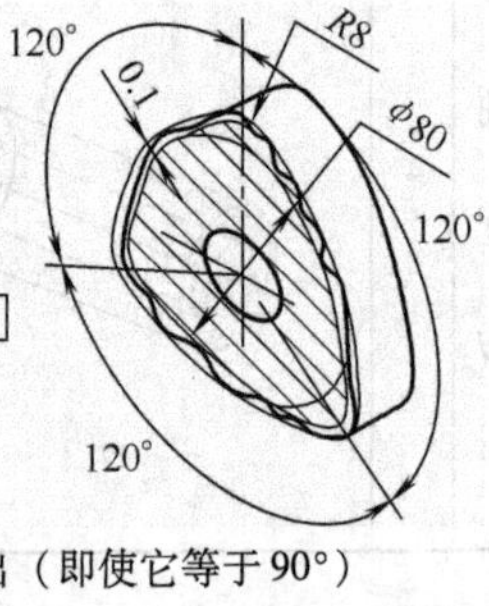 注：角 $\alpha=120°$应注出（即使它等于 90°）
		②有基准要求 公差带为直径等于公差值 t、圆心位于由基准平面 A 和基准平面 B 确定的被测要素理论正确几何形状上的一系列圆的两包络线所限定的区域，C 为平行于基准平面 A 的平面 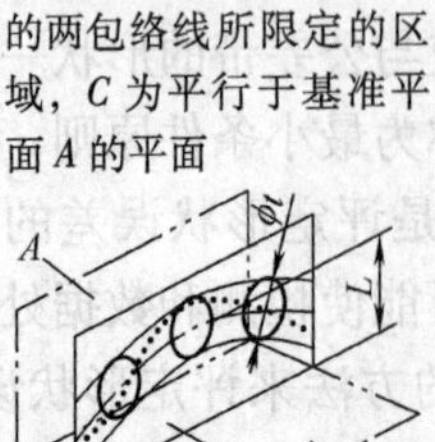	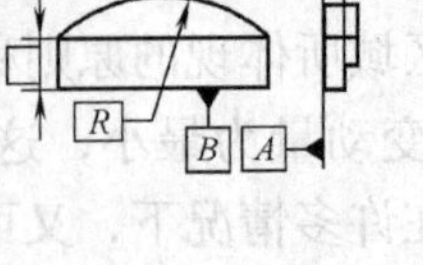	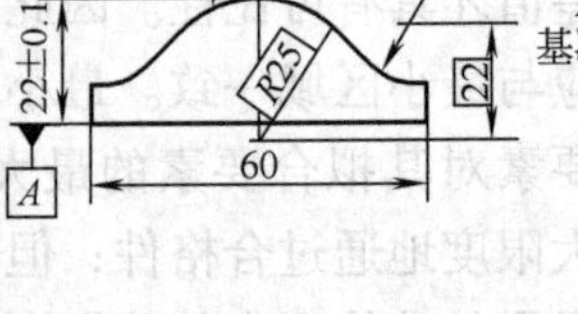 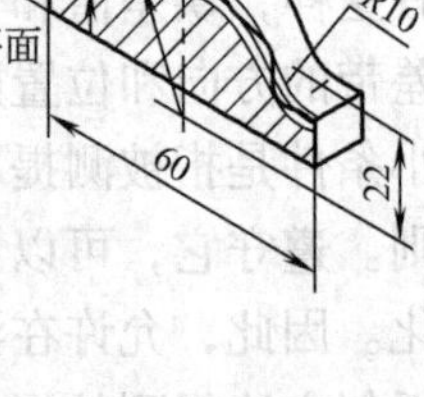

（续）

项目	序号	公差带定义	标注和解释	示　例
面轮廓度 ⌓	2	①无基准要求 公差带是包络一系列直径为公差值 t 的球的两包络面之间的区域，诸球的球心应位于具有理论正确几何形状的面上 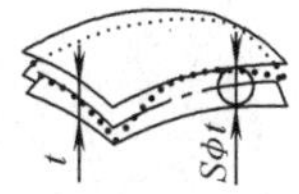	提取（实际）轮廓面必须位于包络一系列球的两包络面之间，诸球的直径为公差值 t，且球心位于具有理论正确几何形状的面上的两包络面之间 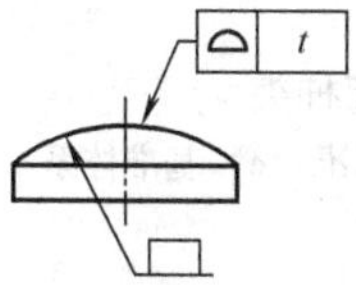	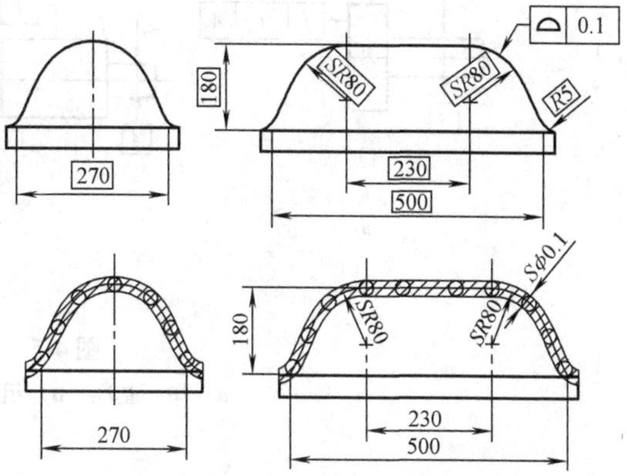
		②有基准要求 公差带为直径等于公差值 t、球心位于由基准平面 A 确定的被测要素理论正确几何形状上的一系列圆球的两包络面所限定的区域		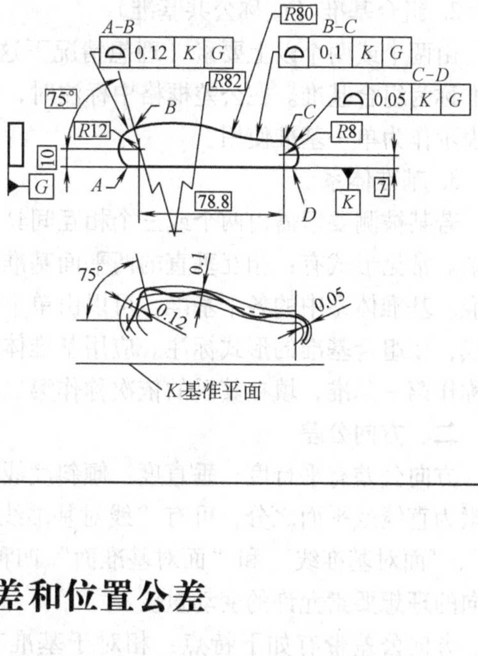

第四节　方向公差和位置公差

方向公差和位置公差是指关联实际要素的方向和位置对基准所允许的变动全量。

一、基准

基准是确定要素间几何关系方向或（和）位置的依据。根据关联被测要素所需基准的个数及构成某基准的零件上要素的个数，图样上标出的基准可归纳为以下三种，如图 4-5 所示。

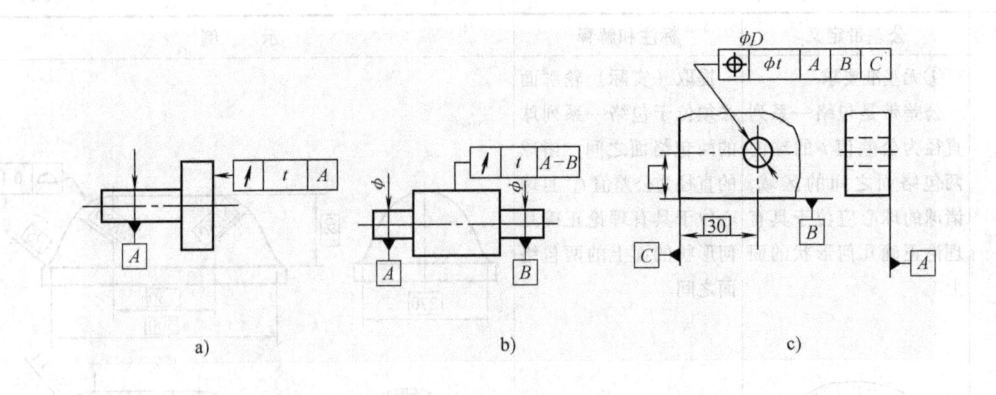

图 4-5　基准种类
a) 单一基准　b) 组合基准　c) 基准体系

与被测要素相关的基准用一个大写字母表示，字母在基准方格内，与一个涂黑或空白三角形相连表示基准。

1. 单一基准

由一个要素建立的基准称为单一基准，如一个平面、中心线或轴线等。

2. 组合基准（或称公共基准）

由两个或两个以上要素（理想情况下这些要素共线或共面）构成、起单一基准作用的基准称为组合基准。在公差框格中标注时，将各个基准字母用短横线相连并写在同一格内，以表示作为单一基准使用。

3. 基准体系

若某被测要素需由两个或三个相互间具有确定关系的基准共同确定，这种基准称作基准体系。常见形式有：相互垂直的两平面基准或三平面基准，相互垂直的一直线基准和一平面基准。基准体系中的各个基准，可以由单个要素构成，也可由多个要素构成；若由多个要素构成，按组合基准的形式标注。应用基准体系时，要特别注意基准的顺序。填在框格第三格的称作第一基准，填在其后的依次称作第二、第三（如果有）基准。

二、方向公差

方向公差有平行度、垂直度、倾斜度线轮廓度和面轮廓度五个项目。随被测要素和基准要素为直线或平面之分，可有“线对基准线”（被测要素和基准要素均为直线）、“线对基准面”、“面对基准线”和“面对基准面”四种形式。方向公差是关联被测要素对其具有确定方向的理想要素允许的变动量。

方向公差带有如下特点：相对于基准有方向要求（平行、垂直或倾斜、理论正确角度）；在满足方向要求的前提下，公差带的位置可以浮动；能综合控制被测要素的形状误差。因此，当对某一被测要素给出方向公差后，通常不再对该要素给出形状公差。如果在功能上需要对形状精度有进一步要求，则可同时给出形状公差。当然，形状公差值一定小于方向公差值。

表 4-10 列出了方向公差带的定义及标注示例。

表 4-10　方向公差带定义及标注示例

项目	序号	公差带定义	标注和解释	示　例
平行度 //	1	1）线对基准线 ①给定一个方向 公差带是距离为公差值 t，且平行于基准线位于给定方向上的两平行平面之间限定的区域 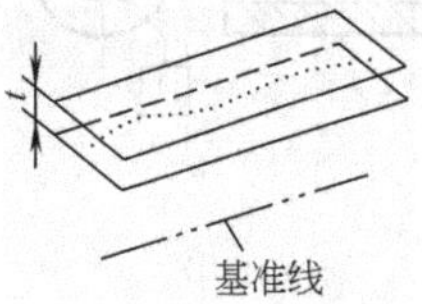 基准线	提取（实际）中心线必须位于距离为公差值 t，且在给定方向上平行于基准轴线的两平行平面之间 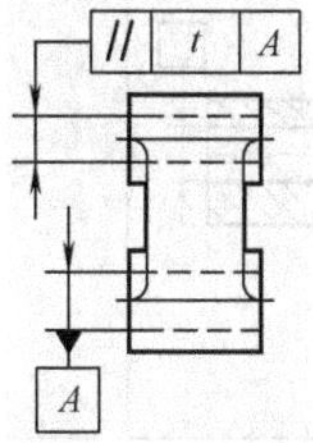 // t A A	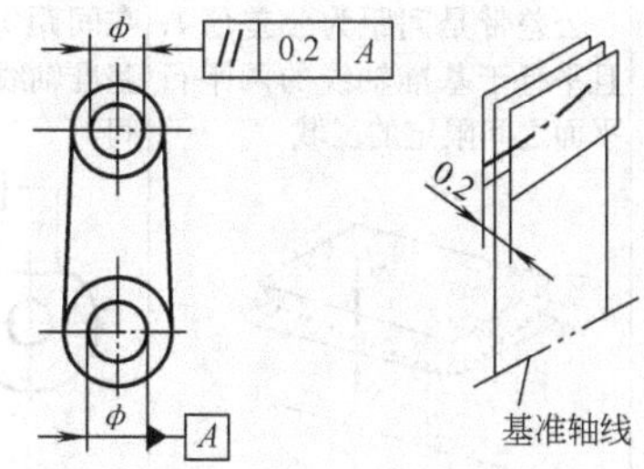 // 0.2 A 基准轴线
		②给定相互垂直的两个方向 公差带是两对互相垂直的距离为 t_1 和 t_2，且平行于基准线的两平行平面之间限定的区域 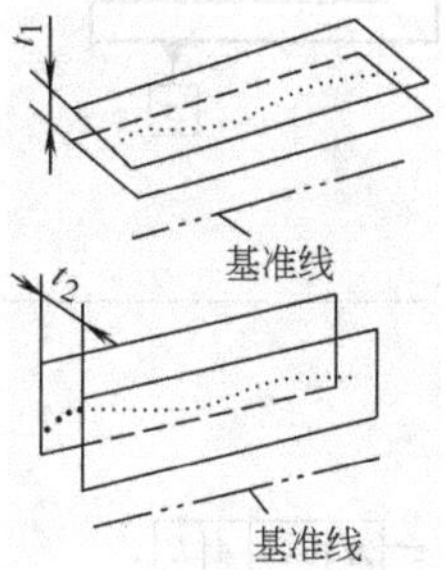 基准线 基准线	提取（实际）中心线必须位于距离分别为公差值 t_1 和 t_2 的在给定的互相垂直方向上且平行于基准轴线的两组平行平面之间 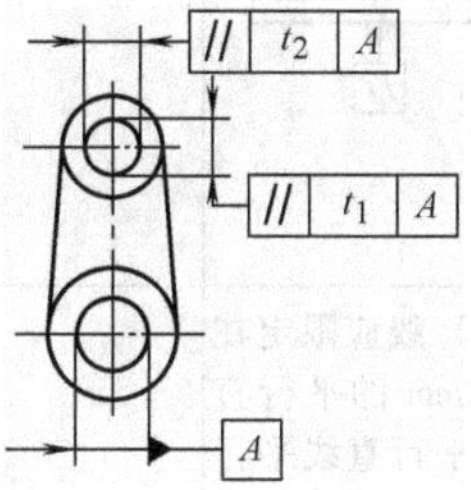 // t_2 A // t_1 A A	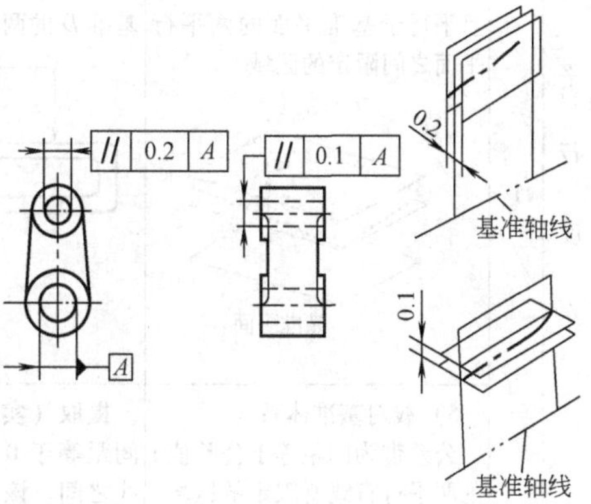 // 0.2 A // 0.1 A A 基准轴线 基准轴线
		③任意方向 如在公差值前加注 ϕ，公差带是直径为公差值 t，且平行于基准轴线的圆柱面内限定的区域 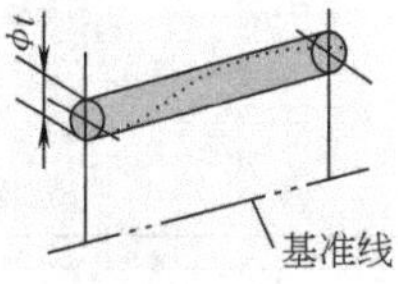 基准线	提取（实际）中心线必须位于直径为公差值 t，且平行于基准轴线的圆柱面内 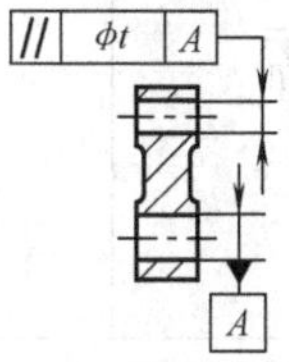 // ϕt A A	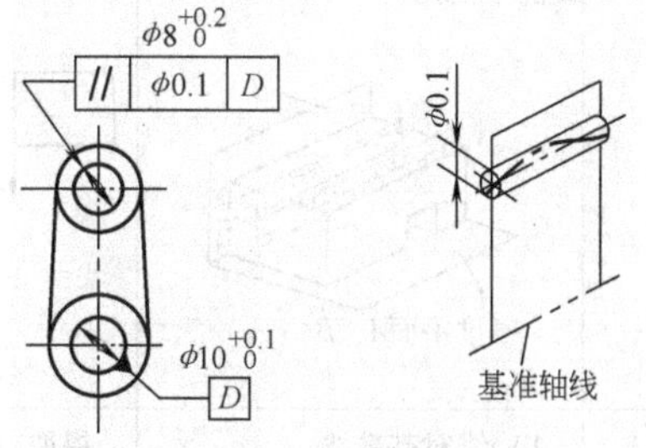 $\phi 8^{+0.2}_{0}$ // ϕ0.1 D $\phi 10^{+0.1}_{0}$ D 基准轴线
		2）线对基准面 公差带是间距为公差值 t，且平行于基准平面的两平行平面之间限定的区域 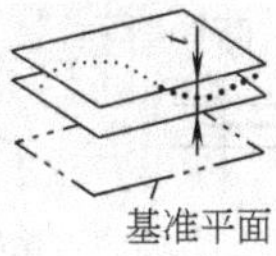 基准平面	提取（实际）中心线应限定在平行于基准平面 B、间距等于 0.01mm 的平行平面之间 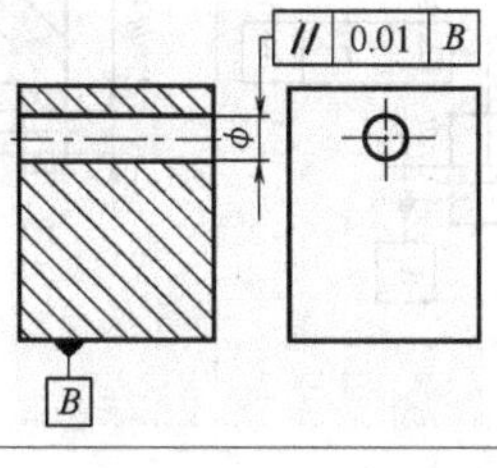 // 0.01 B B	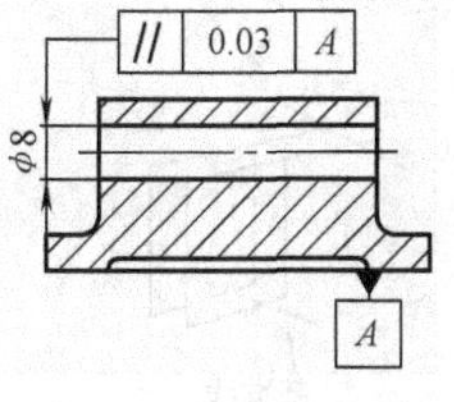 // 0.03 A ϕ8 A

（续）

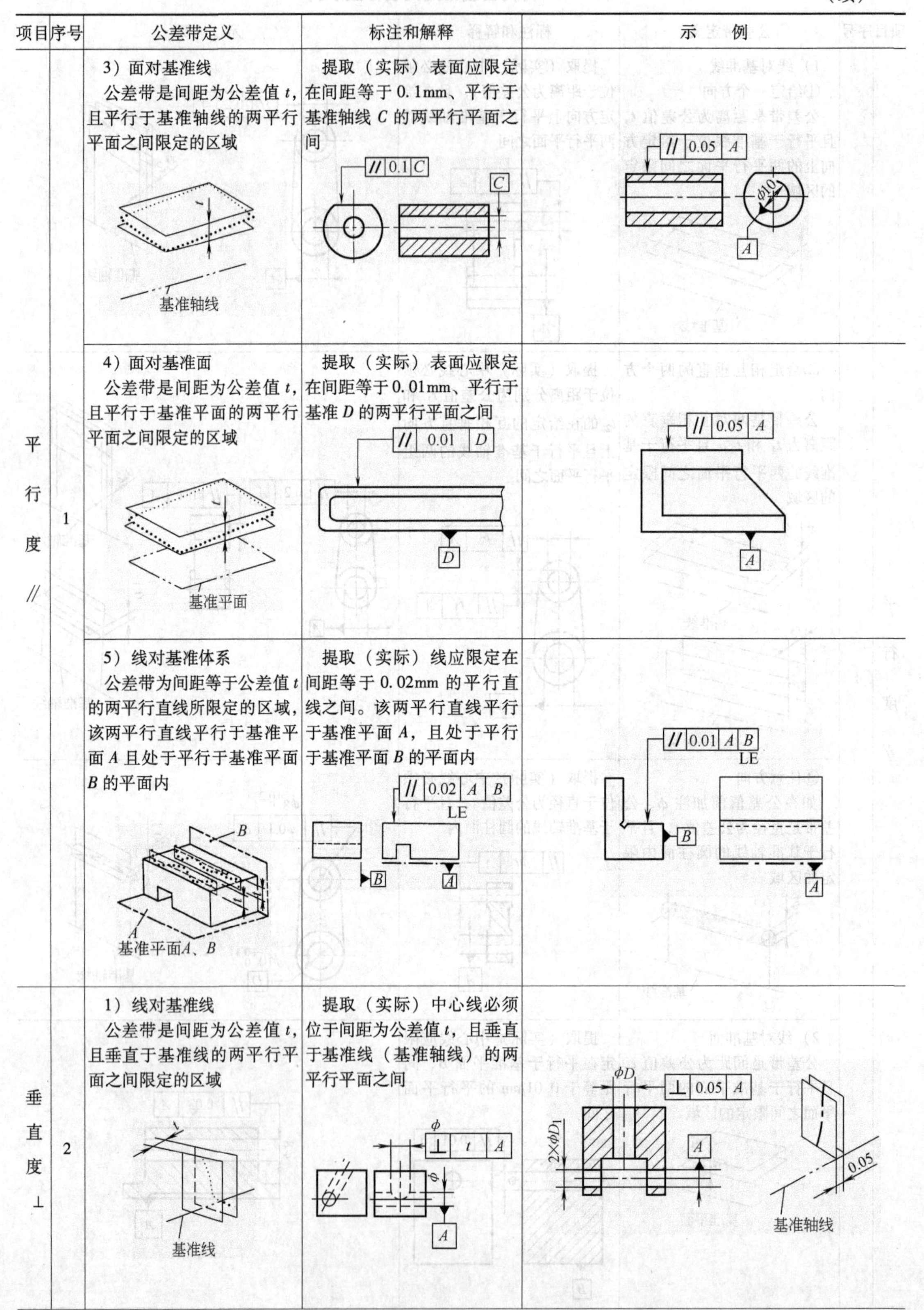

项目	序号	公差带定义	标注和解释	示例
平行度 //	1	3）面对基准线 公差带是间距为公差值 t，且平行于基准轴线的两平行平面之间限定的区域 基准轴线	提取（实际）表面应限定在间距等于 0.1mm、平行于基准轴线 C 的两平行平面之间 // 0.1 C	// 0.05 A φ10 A
		4）面对基准面 公差带是间距为公差值 t，且平行于基准平面的两平行平面之间限定的区域 基准平面	提取（实际）表面应限定在间距等于 0.01mm、平行于基准 D 的两平行平面之间 // 0.01 D D	// 0.05 A A
		5）线对基准体系 公差带为间距等于公差值 t 的两平行直线所限定的区域，该两平行直线平行于基准平面 A 且处于平行于基准平面 B 的平面内 B A 基准平面 A、B	提取（实际）线应限定在间距等于 0.02mm 的平行直线之间。该两平行直线平行于基准平面 A，且处于平行于基准平面 B 的平面内 // 0.02 A B LE B A	// 0.01 A B LE B A
垂直度 ⊥	2	1）线对基准线 公差带是间距为公差值 t，且垂直于基准线的两平行平面之间限定的区域 基准线	提取（实际）中心线必须位于间距为公差值 t，且垂直于基准线（基准轴线）的两平行平面之间 φ ⊥ t A φ A	φD ⊥ 0.05 A 2×φD₁ A 0.05 基准轴线

（续）

项目	序号	公差带定义	标注和解释	示　例
垂直度 ⊥	2	2）线对基准面 ①给定一个方向 在给定方向上，公差带是间距为公差值 t，且垂直于基准面的两平行平面之间的区域 基准平面	在给定方向上，提取（实际）中心线必须位于间距为公差值 t，且垂直于基准表面 A 的两平行平面之间 ϕ　⊥ t A　A	8条刻线　⊥ 0.05 A　A 0.05　基准直线
		②给定相互垂直的两个方向 公差带分别是互相垂直的间距为 t_1 和 t_2，且垂直于基准面的两对平行平面之间的区域 基准平面　基准平面	提取（实际）中心线必须位于间距分别为公差值 t_2 和 t_1 的互相垂直且垂直于基准平面的两对平行平面之间 ϕ　⊥ t_1 A　C　A C　ϕ　⊥ t_2 A	⊥ 0.1 A　⊥ 0.2 A　ϕd　A 基准平面　0.1　0.2　基准平面
		③任意方向 如公差值前加注 ϕ，则公差带是直径为公差值 t，且垂直于基准面的圆柱面内限定的区域 ϕt　基准平面	圆柱面的提取实际中心线必须位于直径为公差值 t，且垂直于基准线（基准平面）的圆柱面内 ϕ　⊥ ϕt A　A	ϕ20　⊥ ϕ0.05 A　A ϕ0.05　基准平面

（续）

项目	序号	公差带定义	标注和解释	示例
垂直度⊥	2	3）线对基准体系的垂直度 公差带为间距等于公差值 t 的两平行平面所限定的区域。该两平行平面垂直于基准平面 A，且平行于基准平面 B	圆柱面的提取（实际）中心线应限定在间距等于（0.1mm）的两平行平之间。该两平行平面垂直于基准平面 A，且平行于基准平面：B	
		4）面对基准线 公差带是距离为公差值 t，且垂直于基准轴线的两平行平面之间限定的区域	提取（实际）表面必须位于距离为公差值 t，且垂直于基准线（基准轴线）的两平行平面之间	
		5）面对基准面 公差带是距离为公差值 t，且垂直于基准面的两平行平面之间限定的区域	提取（实际）表面必须位于距离为公差值 t，且垂直于基准平面的两平行平面之间	
倾斜度∠	3	1）线对基准线 ①提取（实际）线和基准线在同一平面内 公差带是距离为公差值 t，且与基准线成一给定角度的两平行平面之间的区域	提取（实际）中心线必须位于距离为公差值 t，且与 A—B 公共基准线成一理论正确角度 α 的两平行平面之间	

（续）

项目	序号	公差带定义	标注和解释	示例
倾斜度∠	3	②提取（实际）线与基准线不在同一平面内 公带差是距离为公差值 t，且与基准成一给定角度的两平行平面之间的区域。如提取（实际）线与基准不在同一平面内，则提取（实际）线应投影到包含基准轴线并平行于提取（实际）轴线的平面上，公差带是相对于投影到该平面的线而言 基准轴线	提取（实际）中心线投影到包含基准轴线的平面上，它必须位于距离为公差值 t，并与 A—B 公共基准线成理论正确角度 α 的两平行平面之间	基准轴线 投影面 基准轴线 被测轴线 被测轴线的投影线
		2）线对基准面 ①给定方向 公差带是距离为公差值 t，且与基准平面成一给定角度的两平行平面之间限定的区域 基准平面	提取（实际）中心线必须位于距离为公差值 t，且与基准面（基准平面）成理论正确角度 60° 的两平行平面之间	
		②任意方向 如在公差值前加注 ϕ，则公差带是直径为公差值 t 的圆柱面内限定的区域，该圆柱面的轴线应平行于基准平面 B，并与基准平面 A 呈一给定的角度 基准平面 B 基准平面 A	提取（实际）中心线必须位于直径为 t 的圆柱公差带内，该公差带应平行于垂直于基准的平面并与基表面（基准平面）呈理论正确角度 α	基准中心面 C 基准平面 A 基准轴线 B

（续）

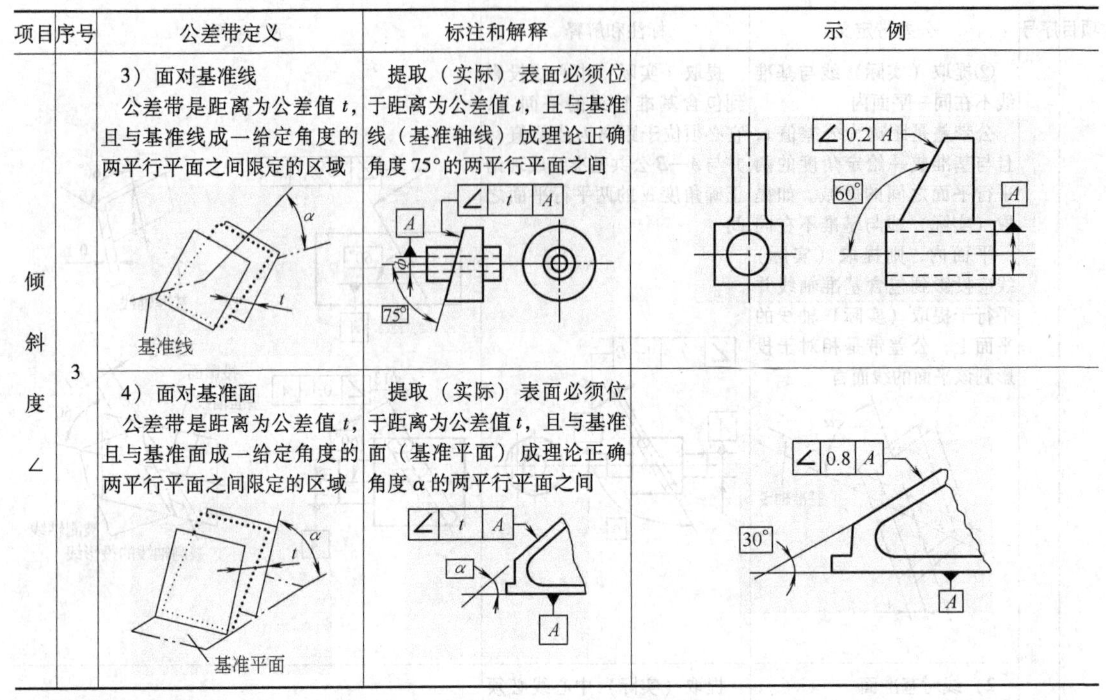

项目	序号	公差带定义	标注和解释	示例
倾斜度∠	3	3）面对基准线 公差带是距离为公差值 t，且与基准线成一给定角度的两平行平面之间限定的区域 基准线	提取（实际）表面必须位于距离为公差值 t，且与基准线（基准轴线）成理论正确角度 75°的两平行平面之间	
		4）面对基准面 公差带是距离为公差值 t，且与基准面成一给定角度的两平行平面之间限定的区域 基准平面	提取（实际）表面必须位于距离为公差值 t，且与基准面（基准平面）成理论正确角度 α 的两平行平面之间	

三、位置公差

位置公差有同轴度（同心度）、对称度和位置度及线轮廓度、面轮廓度。位置公差是限制关联被测要素对其有确定位置的理想要素允许的变动量。位置公差带有如下特点：相对于基准有位置要求，方向要求包含在位置要求之中；能综合控制被测要素的方向、位置和形状误差，当对某一被测要素给出定位公差后，通常不再对该要素给出方向和形状公差，如果在功能上对方向和形状有进一步要求，则可同时给出方向或形状公差。

表 4-11 列出了位置公差带的定义及标注示例。

表 4-11　位置公差带定义及标注示例

项目	序号	公差带定义	标注和解释	示例
位置度⌖	1	1）点的位置度 公差值前加注 $S\phi$，公差带为直径等于公差值 $S\phi t$ 的圆球面所限定的区域。该圆球面中心的理论正确位置由基准 A、B、C 和理论正确尺寸确定 基准平面A、B、C	提取（实际）球心应限定在直径等于 $S\phi0.3$mm 的圆球面内，该圆球面的中心由基准平面 A、基准平面 B、基准中心平面 C 和理论正确尺寸 30、25 确定 注：提取（实际）球心的定义尚未标准化	基准A　基准B

（续）

<table>
<tr><th>项目</th><th>序号</th><th>公差带定义</th><th>标注和解释</th><th>示　例</th></tr>
<tr><td rowspan="2">位置度
⌖</td><td rowspan="2">1</td><td>2）线的位置度
①给定一个方向的公差
公差带是距离为公差值 t，且以线的理想位置为中心线对称配置的两平行直线之间的区域。中心线的位置，由相对于基准 A 的理论正确尺寸确定的，此位置度公差仅在一个方向给定
基准平面</td><td>每根刻线的中心线必须位于距离为公差值 t，且相对于基准 A 所确定的理想位置对称的两平行直线之间
3条刻线</td><td>5条刻线
4×15°
0.05 A
φ110
φ30
0.05
15°
基准轴线A</td></tr>
<tr><td colspan="2">②给定相互垂直的两个方向的公差
公差带是两对互相垂直的距离为 t_1 和 t_2，且以轴线的理想位置为中心对称配置的两平行平面之间的区域。轴线的理想位置是由相对于三基面体系的理论正确尺寸确定的，此位置度公差相对于基准给定互相垂直的两个方向
基准平面
基准平面</td><td>各个孔的提取（实际）中心线必须分别位于两对互相垂直的距离为 t_1 和 t_2，且相对于 C、A、B 基准表面（基准平面）所确定的理想位置对称配置的两平行平面之间
8×φD
8×φD</td></tr>
</table>

（续）

项目	序号	公差带定义	标注和解释	示例
位置度 ⌖	1	③线的（复合）位置度公差 公差值前加注符号 ϕ，公差带为直径等于公差值 ϕt 限定的区域。该圆柱面轴线的位置由基准平面 A、B、C 和理论正确尺寸确定 孔组定位位置度公差带	提取（实际）中心线必须位于公差值为 ϕt_1、以相对于 A、B、C 三基准表面所限定的理想位置为轴的圆柱面内，同时也必须位于公差值为 ϕt_2、轴线垂直于基准面 A 的圆柱面内	各提取（实际）中心线应各自限定在直径等于 $\phi 1$ 的圆柱面内。该圆柱面的轴线应处于由基准平面 C、A、B 和理论正确尺寸 20、15、30 所确定的各孔轴线的理论正确位置上
		3）面的位置度 公差带是距离为公差值 t，且以面的理想位置为中心对称配置的两平行平面之间的区域，面的理想位置是由相对于三基面体系的理论正确尺寸确定的	提取（实际）表面必须位于距离为公差值 t，且以相对于基准线 B（基准轴线）和基准表面 A（基准平面）所确定的理想位置对称配置的两平行平面之间	

（续）

项目	序号	公差带定义	标注和解释	示　例
同轴度（同心度）◎	2	1）点的同心度 公差带是公差值为 ϕt，且与基准圆心同心的圆内限定的区域。圆心与基准点重合 基准点	外圆的圆心必须位于公差值为 ϕt，且与基准圆心同心的圆内	ACS 表示任意截面 $\phi40_{-0.1}^{0}$ ACS ◎ ϕ0.2 A $\phi20_{0}^{+0.05}$
		2）轴线的同轴度 公差带是公差值 ϕt 的圆柱面的区域，该圆柱面的轴线与基准轴线同轴 基准轴线	圆的轴线必须位于公差值为 ϕt，且与基准轴线同轴的圆柱面内	◎ ϕ0.1Ⓜ AⓂ $\phi38_{0}^{+0.15}$ $\phi20_{0}^{+0.1}$ 公共轴线A 3×ϕ ◎ ϕ0.2 A–B–C 公共轴线A–B–C
对称度 ⌯	3	公差带是距离为公差值 t，且相对基准中心平面对称配置的两平行平面之间的区域 基准平面	被测（提取）中心平面必须位于距离为公差值 t，且相对于基准中心平面 A 对称配置的两平行平面之间	⌯ 0.1 A 基准中心平面A ⌯ 0.1 A–B 公共基准中心平面A–B

第五节　跳动公差

一、跳动公差

跳动分为圆跳动和全跳动。

(1) 圆跳动公差是指提取（实际）要素在某种测量截面内相对于基准轴线的最大允许变动量。根据测量截面的不同，圆跳动分为径向圆跳动（测量截面为垂直于轴线的正截面)、轴向圆跳动（测量截面为与基准同轴的圆柱面）和斜向圆跳动（测量截面为素线与被测锥面的素线垂直或成一指定角度、轴线与基准轴线重合的圆锥面)。

(2) 全跳动公差是指整个提取（实际）表面相对于基准轴线的最大允许变动量。被测表面为圆柱面的全跳动称为径向全跳动，被测表面为平面的全跳动称为轴向全跳动。

跳动公差是针对特定的测量方法定义的几何公差项目，因而可以从测量方法上理解其意义。表 4-12 列出了跳动公差带的定义及标注示例。

表 4-12　跳动公差带定义及标注示例

项目	序号	公差带定义	标注和解释	示　例
圆跳动 ↗	1	(1) 径向圆跳动 公差带是在垂直于基准轴线的任一测量平面内半径差为公差值 t，且圆心在基准轴线上的两个同心圆之间的区域 基准轴线 测量平面 跳动通常是围绕轴线旋转一整周，也可对部分圆周进行控制	在任一垂直于公共基准轴线 A-B 的横截面内，提取（实际）圆应限定在半径差等于 0.1mm、圆心在基准轴线 A—B 上的两同心圆之间 ↗ 0.1 A–B 在任一垂直于轴线 A 的横截面内，提取（实际）圆弧应限定在半径差等于 0.2mm、圆心在基准轴线 A 上的两同心圆弧之间 120°　↗ 0.2 A ↗ 0.2 A	↗ 0.05 A　ϕ24　ϕ15 ↗ 0.05 A–B　ϕ22　ϕ32　ϕ22 基准轴线A（公共基准轴A—B） 0.05 测量平面

（续）

项目	序号	公差带定义	标注和解释	示　　例
圆跳动 ↗	1	（2）轴向圆跳动 公差带是在与基准同轴的任一半径位置的测量圆柱面上距离为 t 的两圆之间的区域	提取（实际）面围绕基准线（基准轴线 A）旋转一周时，在任一测量平面内的轴向跳动量均不得大于 t	
		（3）斜向圆跳动 公差带是在与基准同轴的某一测量圆锥面上，距离为 t 的两圆之间的区域 除另有规定，其测量方向应与被测面垂直	提取（实际）面绕基准线（基准轴线 A）旋转一周时，在任一测量圆锥面上的跳动量均不得大于 t	
		公差带是在与基准同轴的任一给定角度的测量圆锥面上，距离为 t 的两圆之间的区域	提取（实际）面的素线不是直线时，绕基准线（基准轴线 A）旋转一周时，在给定角度 α 的任一测量圆锥面上的跳动量均不得大于 t	

（续）

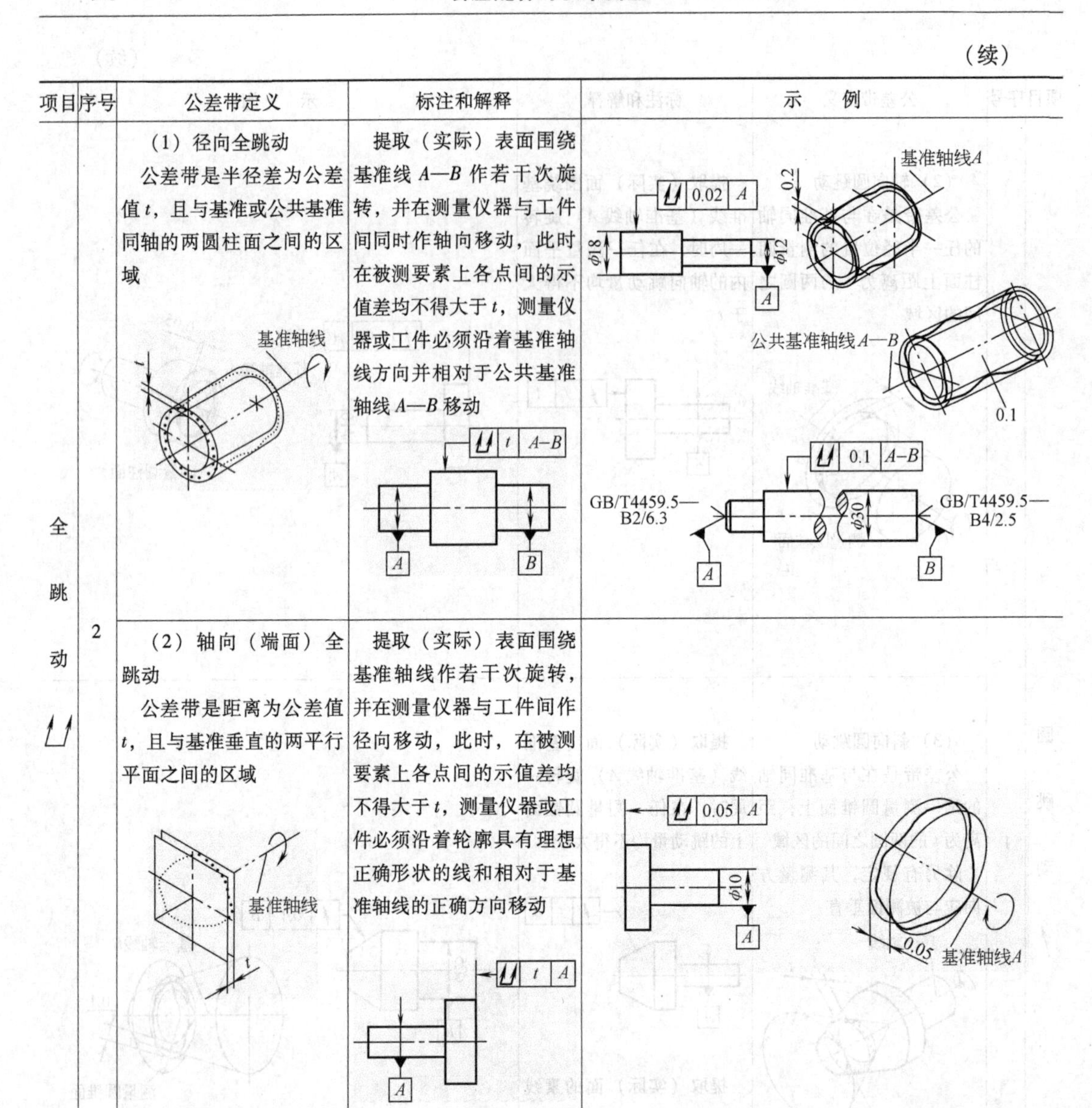

项目	序号	公差带定义	标注和解释	示例
全跳动	2	（1）径向全跳动 公差带是半径差为公差值 t，且与基准或公共基准同轴的两圆柱面之间的区域	提取（实际）表面围绕基准线 $A—B$ 作若干次旋转，并在测量仪器与工件间同时作轴向移动，此时在被测要素上各点间的示值差均不得大于 t，测量仪器或工件必须沿着基准轴线方向并相对于公共基准轴线 $A—B$ 移动	
		（2）轴向（端面）全跳动 公差带是距离为公差值 t，且与基准垂直的两平行平面之间的区域	提取（实际）表面围绕基准轴线作若干次旋转，并在测量仪器与工件间作径向移动，此时，在被测要素上各点间的示值差均不得大于 t，测量仪器或工件必须沿着轮廓具有理想正确形状的线和相对于基准轴线的正确方向移动	

除轴向全跳动外，跳动公差带有如下特点：跳动公差带相对于基准有确定的位置；跳动公差带可以综合控制被测要素的位置、方向和形状（轴向全跳动相对于基准仅有确定的方向）。

二、跳动误差通常简称为跳动，直接从测量角度定义如下：

（1）圆跳动　提取（实际）要素绕基准轴线无轴向移动地回转一周时，由位置固定的指示器在给定方向上测得的最大与最小读数之差称为该测量面上的圆跳动，取各测量面上圆跳动的最大值作为被测表面的圆跳动。

（2）全跳动　提取（实际）要素绕基准轴线作无轴向移动的回转，同时指示器沿理想素线连续移动（或提取（实际）要素每回转一周，指示器沿理想素线作间断移动），由指示器在给定方向上测得的最大与最小读数之差。

（3）跳动误差检测要点：

1）圆跳动检测准确方便，可用于控制同轴度误差及圆度误差的影响，但不可用圆跳动代替端面与轴线的垂直度测量，以防降低精度要求。

2）径向全跳动可控制工件的圆度、圆柱度及同轴度误差。

3）轴向全跳动可综合控制工件的垂直度误差及端面的平面度误差。

第六节　公差原则（GB/T 4249—2009）

任何实际要素，都同时存在有几何误差和尺寸误差。有些几何误差和尺寸误差密切相关，如具有偶数棱圆的圆柱面的圆度误差与尺寸误差；有些几何误差和尺寸误差又相互无关，如导出要素的形状误差与相应组成要素的尺寸误差。而影响零件使用性能的，有时主要是几何误差，有时主要是尺寸误差，有时则主要是它们的综合结果而不必区分出它们各自的大小。因而在设计上，为简明扼要地表达设计意图并为工艺提供便利，应根据需要赋予要素的几何公差和尺寸公差以不同的关系。处理几何公差和尺寸（线性尺寸和角度尺寸）公差关系的原则称为公差原则。

公差原则包括独立原则和相关要求。其中，相关要求又包括包容要求和最大实体要求、最小实体要求及可逆要求。根据公差原则，可以正确、合理地表达精度设计意图和检测要求，判断被测要素的合格性。

一、术语及其意义

（1）边界　即设计给出的具有理想形状的极限包容面。边界的尺寸为极限包容面的直径或距离。

（2）理论正确尺寸　即确定提取要素的理想形状、方向、位置的尺寸。该尺寸不带公差，如100、45°。

（3）几何图框　用以确定一组要素之间和它们与基准之间正确关系的图形。

（4）动态公差图　用来表示提取要素或（和）基准要素尺寸变化而使几何公差值变化关系的图形。

（5）作用尺寸

1）体外作用尺寸：在提取要素的给定长度上，与实际内表面体外相接的最大理想面或与实际外表面体外相接的最小理想面的直径或宽度，如图4-6a所示的ϕd_{fe}。对于关联要素，该理想面的轴线或中心平面必须与基准保持图样给定的几何关系，如图4-6a所示的ϕd_{fer}。假设图样给出了ϕd圆柱面的轴线对轴肩A的垂直度公差（图4-6b）。用D_{fe}、d_{fe}表示内、外表面的体外作用尺寸（图4-7）。

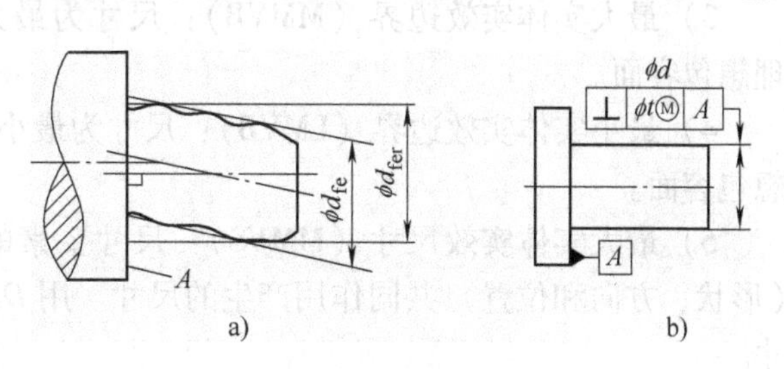

图4-6　工件及作用尺寸

a）外表面体外作用尺寸d_{fe}、d_{fer}　b）工件

2）体内作用尺寸：在提取要素的给定长度上，与实际内表面体内相接的最小理想面或与实际外表面体内相接的最大理想面的直径或宽度。用D_{fi}表示内表面体内作用尺寸，用d_{fi}表示外表面体内作用尺寸，如图4-7a、b所示。

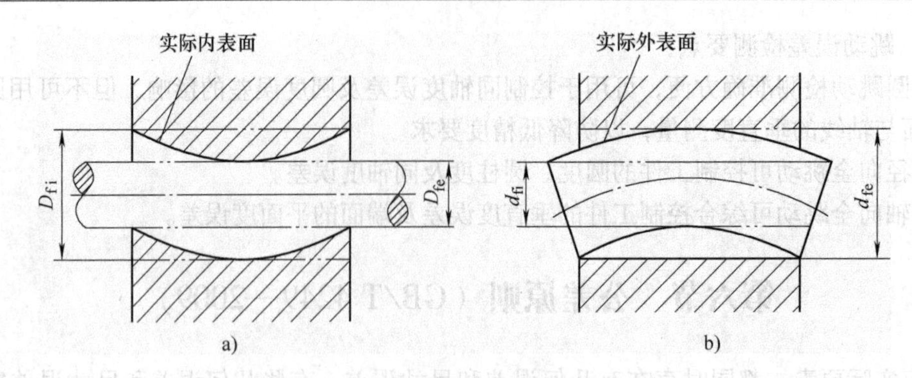

图 4-7　体外作用尺寸和体内作用尺寸
a) 孔的体内、外作用尺寸　b) 轴的体内、外作用尺寸

(6) 实体状态、实体尺寸和实体边界

1) 最大实体状态（MMC)：假定提取组成要素的局部尺寸处处位于极限尺寸且使其具有实体最大时的状态。

2) 最小实体状态（LMC)：假定提取组成要素的局部尺寸处处位于极限尺寸且使其具有实体最小时的状态。

3) 最大实体尺寸（MMS)：确定要素最大实体状态的尺寸，即外尺寸要素的上极限尺寸，内尺寸要素的下极限尺寸。

4) 最小实体尺寸（LMS)：确定要素最小实体状态的尺寸，即外尺寸要素的下极限尺寸，内尺寸要素的上极限尺寸。

5) 最大实体边界（MMB)：最大实体状态理想形状的极限包容面。

6) 最小实体边界（LMB)：最小实体状态理想形状的极限包容面。

对内表面，最大实体尺寸即其下极限尺寸；对外表面，最大实体尺寸即其上极限尺寸。尺寸为最大实体尺寸且具有理想形状的内（对轴）、外（对孔）包容面成为最大实体边界。用 D_M、d_M 表示内、外表面的最大实体尺寸。

(7) 实体实效状态、实体实效边界和实体实效尺寸

1) 最大实体实效状态（MMVC)：在给定长度上，实际要素处于最大实体状态且其导出要素的几何误差等于给出公差值的假设综合极限状态，即为最大实体实效状态。

2) 最小实体实效状态（LMVC)：在给定长度上，实际要素处于最小实体状态且其导出要素的几何误差等于给出公差的假设综合极限状态，即为最小实体实效状态。

3) 最大实体实效边界（MMVB)：尺寸为最大实体实效尺寸，且具有正确几何形状的理想包容面。

4) 最小实体实效边界（LMVB)：尺寸为最小实体实效尺寸，且具有正确几何形状的理想包容面。

5) 最大实体实效尺寸（MMVS)：尺寸要素的最大实体尺寸与其导出要素的几何公差（形状、方向和位置）共同作用产生的尺寸。用 D_{MV}、d_{MV} 表示最大实体实效状态下的作用尺寸。

6) 最小实体实效尺寸（LMVS)：尺寸要素的最小实体尺寸与其导出要素的几何公差（形状、方向和位置）共同作用产生的尺寸。用 D_{LV}、d_{LV} 表示最小实体实效状态下的作用尺

寸。

（8）内、外表面的最大实体实效尺寸计算

1）单一要素的最大实体实效尺寸计算式如下：

对内尺寸，最大实体实效尺寸 = 最小极限尺寸 − 导出要素的形状公差

即 $$D_{MV}=D_M-t_M=D_{min}-t$$

对外尺寸，最大实体实效尺寸 = 最大极限尺寸 + 导出要素的形状公差

即 $$d_{MV}=d_M+t_M=d_{max}+t$$

2）关联要素的最大实体实效尺寸计算式如下：

对内尺寸，最大实体实效尺寸 = 最小极限尺寸 − 导出要素的位置公差

即 $$D_{MVr}=D_{Mr}-t_M=D_{min}-t$$

对外尺寸，最大实体实效尺寸 = 最大极限尺寸 + 导出要素的位置公差

即 $$d_{MVr}=d_{Mr}+t_M=d_{max}+t$$

（9）内、外表面的最小实体实效尺寸计算

1）单一要素的最小实体实效尺寸计算式如下：

对内尺寸，最小实体实效尺寸 = 最大极限尺寸 + 导出要素的形状公差，即

$$D_{LV}=D_{max}+t$$

对外尺寸，最小实体实效尺寸 = 最小极限尺寸 − 导出要素的形状公差，即

$$d_{LV}=d_{min}-t$$

2）关联要素的最小实体实效尺寸计算式如下：

对内尺寸，最小实体实效尺寸 = 最小极限尺寸 − 导出要素的位置公差，即

$$D_{LVR}=D_{min}-t$$

对外尺寸，最小实体实效尺寸 = 最大极限尺寸 + 导出要素的位置公差，即

$$d_{LVR}=d_{max}+t$$

二、独立原则

1. 独立原则的含义

独立原则是指图样上给定的每个尺寸和几何（形状、方向或位置）要求均是相互独立，彼此无关，分别满足要求的公差原则。如果对尺寸和几何（形状、方向或位置）要求之间的相互关系有特定要求，应在图样上规定。即，极限尺寸只控制实际要素尺寸，不控制要素本身的几何误差；不论要素的实际尺寸大小如何，被测要素均应在给定的几何公差带内，并且其几何误差允许达到最大值。遵守独立原则时，实际要素尺寸一般用两点法测量，几何误差使用通用量仪测量。

2. 独立原则的识别

凡是对给出的尺寸公差和几何公差未用特定符号或文字说明它们有联系者，就表示其遵守独立原则。应在图样或技术文件中注明：“公差原则按 GB/T 4249—2009”。

3. 独立原则的应用

尺寸公差和几何公差按独立原则给出，总是可以满足零件的功能要求，故独立原则的应用十分广泛，是确定尺寸公差和几何公差关系的基本原则。这里仅着重指出以下诸点。

1）影响要素使用性能的，视其影响主要是几何误差还是尺寸误差，这时采用独立原则能经济合理地满足要求。例如印刷机滚筒（图 4-8）的圆柱度误差与其直径的尺寸误差、测

量平板的平面度误差与其厚度的尺寸误差，都是前者（圆柱度或平面度误差）对功能要求起决定性影响；而油道或气道孔轴线的直线度误差与其直径的尺寸误差相比，一般前者功能影响较小。

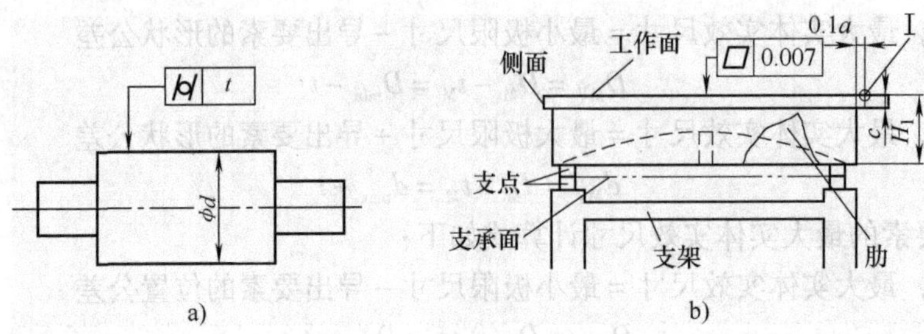

图 4-8　独立原则的应用
a）滚筒　b）平板

2）要素的尺寸公差和其某方面的几何公差直接满足的功能不同，需要分别满足要求。例如齿轮箱上孔的尺寸公差（满足与轴承的配合要求）和相对其他孔的位置公差（满足齿轮的啮合要求，如合适的侧隙、齿面接触精度等）就应遵守独立原则。

3）在制造过程中需要对要素的尺寸作精确度量以进行选配或分组装配时，要素的尺寸公差和几何公差之间应遵守独立原则。

三、相关要求

相关要求是指图样上给定的几何公差和尺寸公差相互有关的公差要求，包含包容要求、最大实体要求、最小实体要求及可逆要求。

（一）包容要求

1. 包容要求的含义

包容要求是要求提取组成要素处处不得超越最大实体边界（MMVB），其局部尺寸不得超出最小实体尺寸（LMS）的一种公差要求，即实际组成要素应遵守最大实体边界，体外作用尺寸不超出（对孔不小于，对轴不大于）最大实体尺寸。按照此要求，如果实际要素达到最大实体状态，就不得有任何几何误差；只有在实际要素偏离最大实体状态时，才允许存在与偏离量相关的几何误差。很自然，遵守包容要求时，提取组成要素的局部实际尺寸不能超出（对孔不大于，对轴不小于）最小实体尺寸，如图 4-9 所示。包容要求适用于单一要素，如圆柱表面或平行对应面单一尺寸要素。

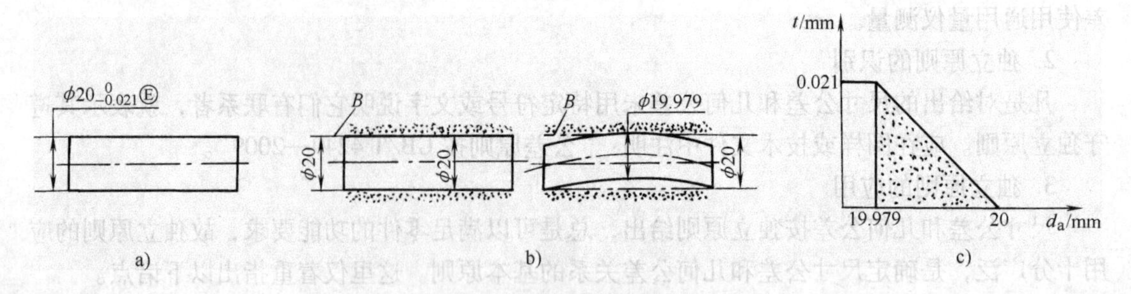

图 4-9　要素遵守包容要求
a）零件图　b）最大实体边界 B　c）补偿关系及合格区域（动态公差带图）

要素遵守包容要求时，应该用光滑极限量规检验。

2. 包容要求的标注

采用包容要求时，图样或文件中应注明：“公差要求按 GB/T 4249—2009”。

按包容要求给出公差时，需在尺寸的上、下极限偏差后面或尺寸公差带代号后面加注符号Ⓔ，如图 4-9a 所示；遵守包容要求且对形状公差需要进一步要求时，需另用框格注出形状公差。当然，形状公差值一定小于尺寸公差值，如图 4-10 所示，表明尺寸公差与形状公差彼此相关。

3. 包容要求的应用

包容要求常用于有较高配合要求的场合。例如，$\phi 20H7$（$^{+0.021}_{0}$）Ⓔ孔与 $\phi 20h6$（$^{0}_{-0.013}$）Ⓔ轴的间隙配合中，所需要的间隙是通过孔和轴各自遵守最大实体边界来保证的，这样才不会因孔和轴的形状误差在装配时产生过盈。

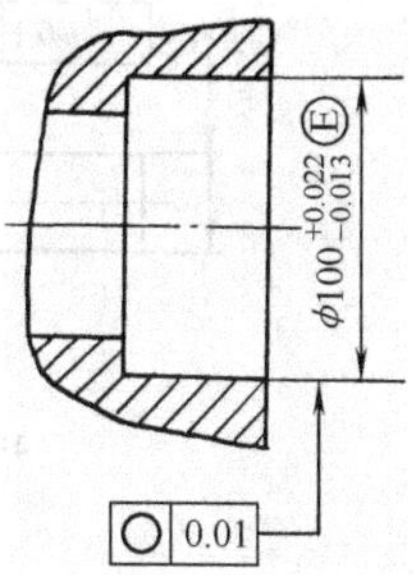

$\phi 100^{+0.022}_{-0.013}$Ⓔ

○ 0.01

图 4-10 遵守包容要求且对形状公差有进一步要求

（二）最大实体要求

1. 最大实体要求的含义

它是当被测要素或基准要素偏离其最大实体状态时，几何公差可获得补偿值，即所允许的几何误差值增大的一种尺寸要求；而且，被测要素的实际轮廓遵守（不得超越）最大实体实效边界。

2. 最大实体要求适用于导出要素（如中心点、线、面），不能应用于组成要素（如轮廓要素）。

采用最大实体要求应在几何公差框格值中的公差值或（和）基准符号后加注符号“Ⓜ”。

3. 最大实体要求的应用特点

1）几何公差值是被测要素或基准要素的实际轮廓处于最大实体状态的前提下给定的，目的是为保证装配互换性。

2）被测要素的体外作用尺寸不得超过其最大实体实效尺寸。

3）当被测要素的实际（组成要素）尺寸偏离最大实体尺寸时，其几何公差值可以增大，所允许的几何误差为图样上给定几何公差值与实际尺寸对最大实体尺寸的偏离量之和。

4）被测要素的实际（组成）要素尺寸应处于最大实体尺寸和最小实体尺寸之间。

4. 最大实体要求用于被测要素时

1）被测要素的实际轮廓在给定的长度上处处不得超出最大实体实效边界，即其体外作用尺寸不应超出最大实体实效尺寸，且其提取要素的局部尺寸不得超出最大实体尺寸和最小实体尺寸。

2）当被测要素是成组要素，基准要素体外作用尺寸对控制边界偏离所得的补偿量，只能补偿给成组要素（几何图框），而不是补偿给每一个被测要素。

5. 当最大实体要求应用于基准要素时

1）基准要素本身采用最大实体要求，应遵守最大实体实效边界。

2）基准要素本身不采用最大实体要求，而是采用独立原则或包容要求时，应遵守最大实体边界。

6. 要素遵守最大实体要求时的测量

局部实际尺寸应用两点法测量；实体的实效边界应用位置量规检验。

7. 最大实体要求的应用示例

（1）最大实体要求用于被测要素　可用于形状公差、方向或位置公差。

图4-11所示为轴线直线度公差采用最大实体要求。轴应满足：

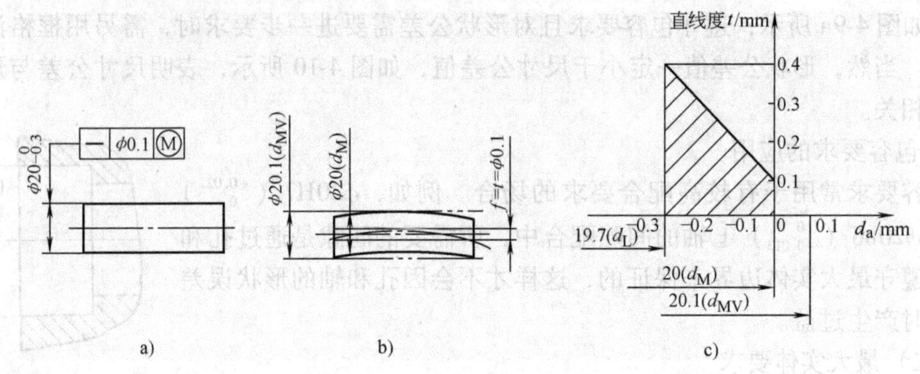

图4-11　轴线直线度公差采用最大实体要求

1）实际尺寸为 $\phi19.7 \sim \phi20$mm。

2）轴实际轮廓不超出最大实体实效边界，$d_{MV} = d_M + t = (20 + 0.1)\text{mm} = 20.1\text{mm}$。

3）最小实体状态时，轴线直线度误差达到最大值 $\phi0.4$mm（为给定的直线度公差0.1mm + 尺寸公差0.3mm）。

图4-12所示为轴线垂直度公差采用最大实体要求，孔应满足：

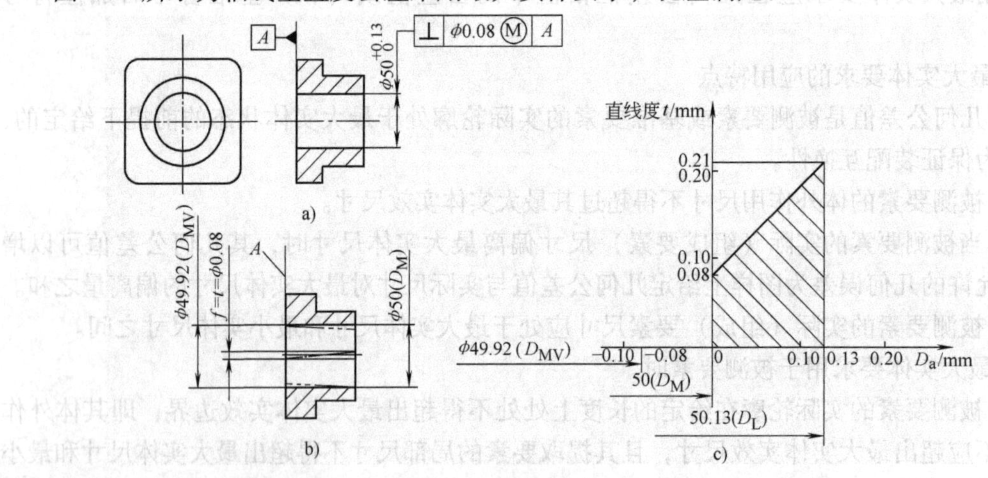

图4-12　轴线垂直度公差采用最大实体要求

1）实际尺寸为　$\phi50 \sim \phi50.13$mm。

2）孔实际轮廓不超出关联最大实体实效边界，$D_{MV} = D_M - t = (50 - 0.08)\text{mm} = 49.92\text{mm}$。

3）最小实体状态时，轴线垂直度误差达到最大值 $\phi0.21$mm（为给定的垂直度公差 $\phi0.08$mm + 尺寸公差0.13mm）。

（2）最大实体要求用于基准要素　基准要素应遵守相应的边界，当体外作用尺寸偏离相应的边界尺寸，则允许基准在一定范围内浮动，其浮动范围等于基准要素的体外作用尺寸与其相应的边界尺寸之差。

1）基准要素自身采用最大实体要求时，应遵守的边界为最大实体实效边界，基准符号应直接标注在形成该最大实体实效边界几何公差框格的下面，如图 4-13a、b 所示。基准的最大实体实效边界为 $d_{MV}=d_M+t$。

2）基准要素自身不采用最大实体要求时，即采用独立原则，如图 4-14a 所示，或包容要求，如图 4-14b 所示，则其所遵守的边界为最大实体边界。

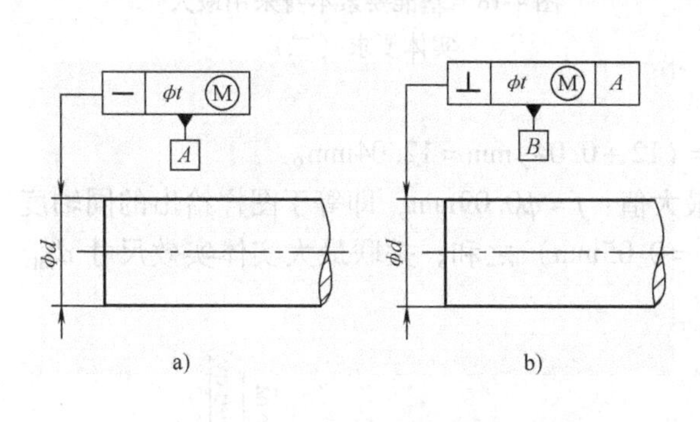

图 4-13　基准要素自身采用最大实体要求时的标注法

a）基准 A 的边界为最大实体实效边界

b）基准 B 的边界为最大实体实效边界

4×D_1EQS

φt

A

φD

a)

b)

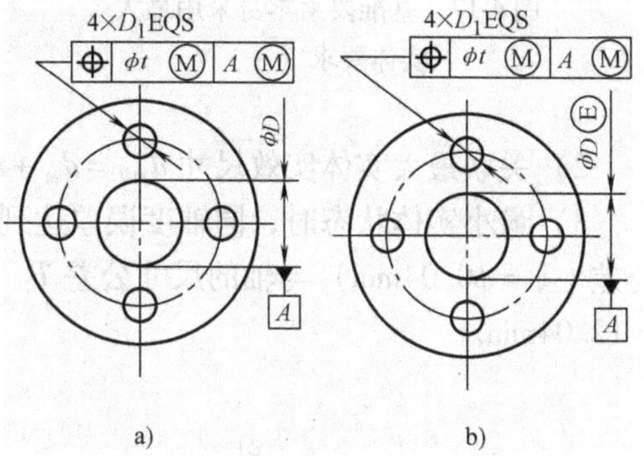

图 4-14　基准要素自身不采用最大实体要求

a）基准 A 的边界为最大实体边界（独立原则）

b）基准 A 的边界为最大实体边界（包容要求）

3）确定基准要素边界尺寸。图 4-15 和图 4-16 所示为基准要素本身遵循独立原则，其边界尺寸均为最大实体尺寸 ϕ10mm。

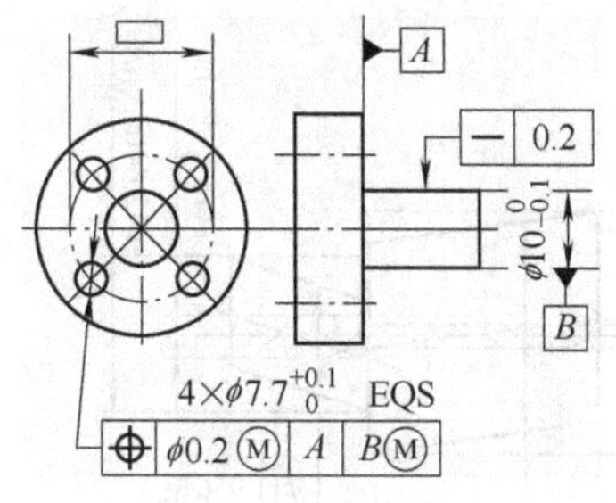

图 4-15　基准要素本身遵循独立原则（一）

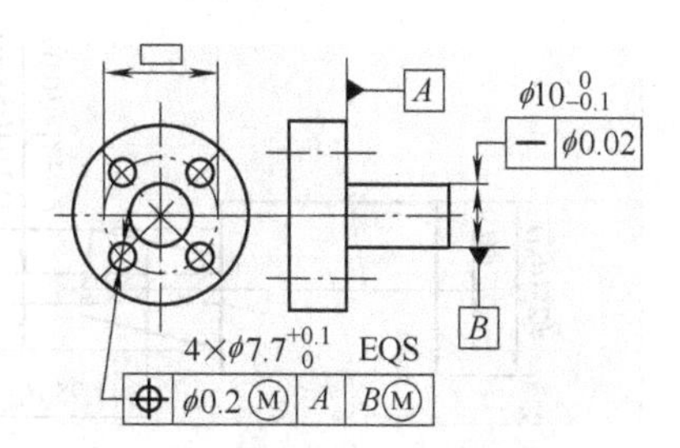

图 4-16　基准要素本身遵循独立原则（二）

图 4-17 所示为基准 B 本身采用最大实体要求的直线度公差，且基准 B 的基准符号直接标注在形成该最大实体实效边界的几何公差框格下面，其边界尺寸等于相应的最大实体尺寸加直线度公差，即 ϕ10. 02mm。

图 4-18 所示为基准 B 本身采用最大实体要求的垂直度公差和对称度公差，且基准 B 的基准符号直接标注在垂直度公差的几何公差框格下面，其边界尺寸等于相应的最大实体尺寸加垂直度公差，而不必计算对称度公差，即 ϕ10. 08mm。

（3）最大实体要求　同时应用于被测要素和基准要素　如图 4-19 所示，被测轴应满足：

1）实际尺寸为 ϕ11. 95 ~ ϕ12mm。

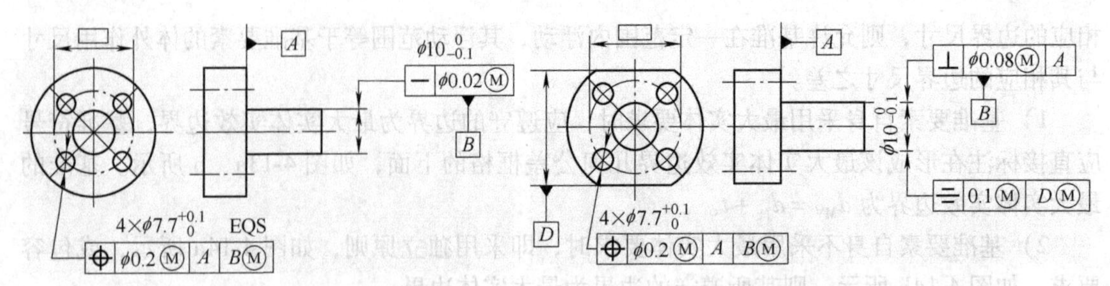

图 4-17　基准要素本身采用最大实体要求（一）

图 4-18　基准要素本身采用最大实体要求（二）

2）关联最大实体实效尺寸 $d_{MV}=d_M+t=(12+0.04)\text{mm}=12.04\text{mm}$。

3）最小实体状态时，同轴度误差达到最大值：$f=\phi 0.09\text{mm}$，即等于图样给出的同轴度公差 t（$=\phi 0.04\text{mm}$）与轴的尺寸公差 T_1（$=0.05\text{mm}$）之和；关联最大实体实效尺寸 $d_{1MV}=12.04\text{mm}$。

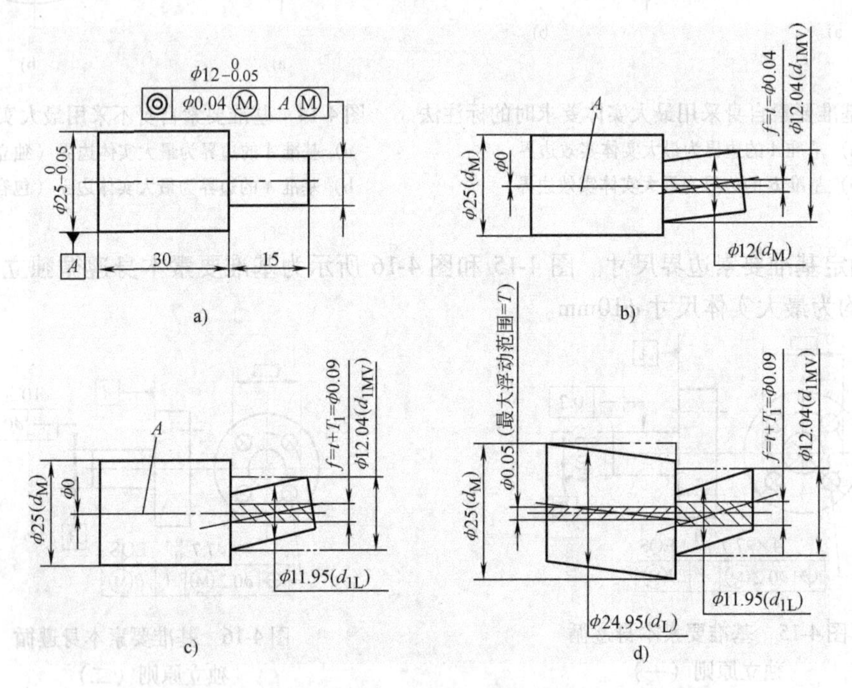

图 4-19　最大实体要求同时用于被测要素和基准要素

（基准自身采用独立原则）

基准要素 A 自身遵守独立原则，当基准轴 A 处于最大实体边界时，即 $d_M=25\text{mm}$ 时，基准轴线不能浮动，如图 4-19b、c 所示。当基准 A 偏离最大实体尺寸 $d_M=25\text{mm}$ 时，基准轴可以浮动。当其等于最小实体尺寸 $d_L=24.95\text{mm}$ 时，基准轴线浮动达到最大值 $\phi 0.05\text{mm}$（$=d_M-d_L$），如图 4-19d 所示。

图 4-20 所示为最大实体要求用于被测要素和基准要素时的动态公差图；A 基准自身采用包容原则。

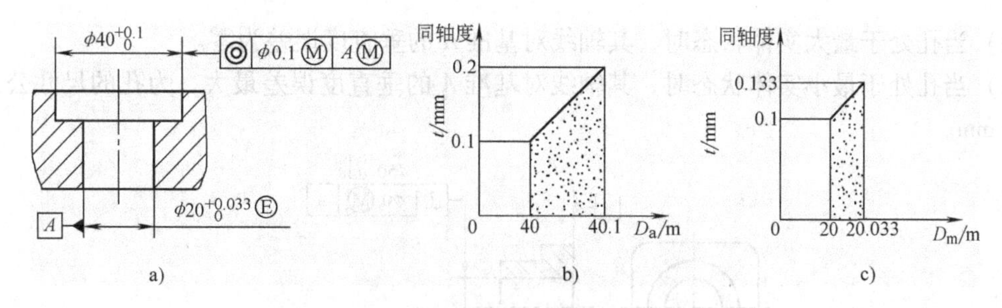

图 4-20　最大实体要求用于被测要素和基准要素

a）孔　b）仅被测要素之补偿关系　c）仅基准要素之补偿关系（基准自身采用包容要求）

（4）成组要素的位置度公差，且被测要素和基准要素同时采用最大实体要求　如图 4-21 所示，各被测孔应满足要求为：

1）孔实际尺寸为 ϕ8. 1 ~ ϕ8. 2mm。

2）孔的最大实体实效尺寸 $D_{MV} = D_M - t = (8.1 - 0.1)\text{mm} = 8\text{mm}$。

3）当各被测孔均处于最小实体状态时，其轴线位置度达到最大值，即给定公差之和为 $T_D(0.1\text{mm}) + t_{\oplus}(0.1\text{mm}) = 0.2\text{mm}$，且基准轴线 A 不能浮动。

4）当基准的体外作用尺寸偏离最大实体尺寸时，基准轴线 A 的最大浮动范围为 ϕ0. 2mm。

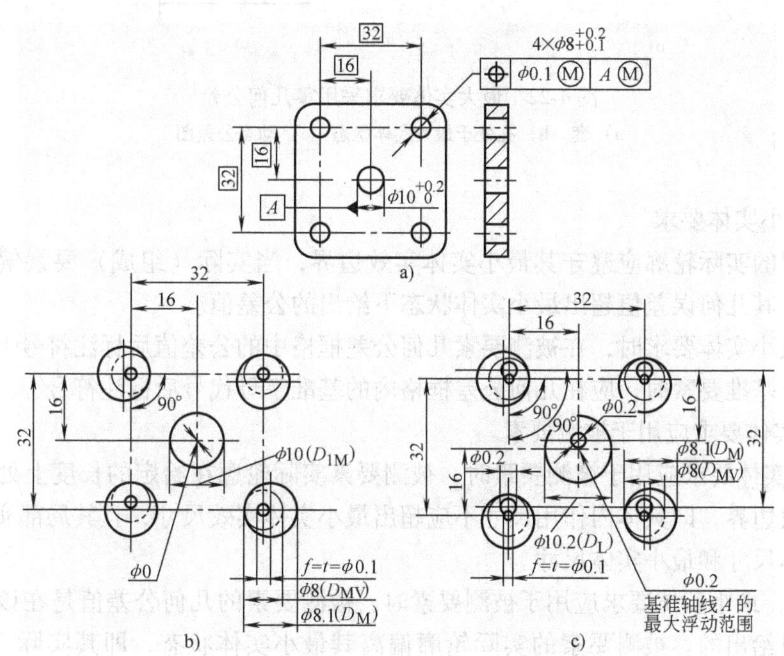

图 4-21　成组要素采用最大实体要求

a）盘　b）被测要素　c）基准要素

（5）最大实体要求采用零几何公差　如图 4-22 所示，被测孔应满足要求为：

1）实际孔不大于 ϕ50. 13mm。

2）关联体外作用尺寸不小于最大实体尺寸 $D_M = 49.92\text{mm}$。

3）当孔处于最大实体状态时，其轴线对基准 A 的垂直度误差为零。

4）当孔处于最小实体状态时，其轴线对基准 A 的垂直度误差最大，为孔的尺寸公差值 $\phi0.21$mm。

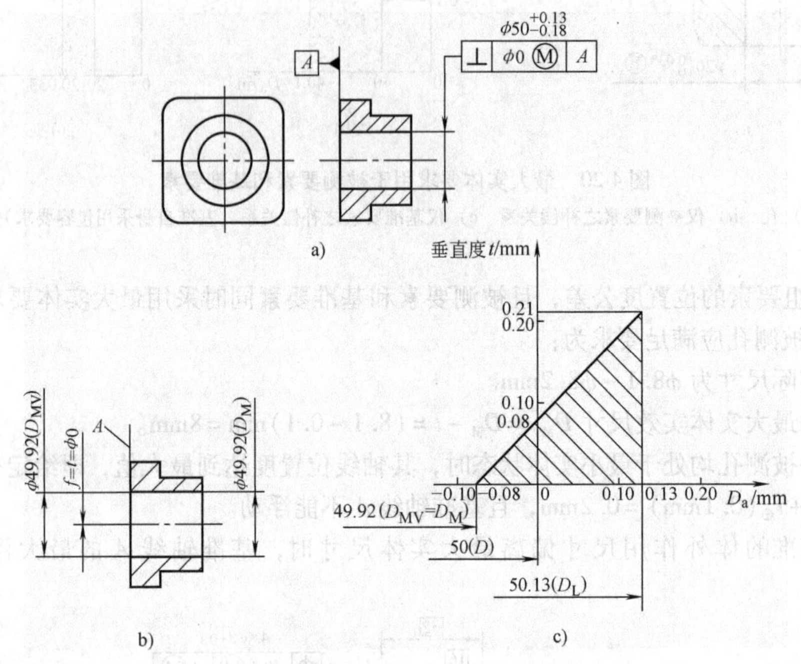

图 4-22 最大实体要求采用零几何公差

a）套 b）孔处于最大实体状态 c）动态公差图

（三）最小实体要求

被测要素的实际轮廓应遵守其最小实体实效边界，当实际（组成）要素偏离最小实体尺寸时，允许其几何误差值超出最小实体状态下给出的公差值。

当采用最小实体要求时，在被测要素几何公差框格中的公差值后标注符号Ⓛ；当最小实体要求应用于基准要素时，应在几何公差框格内的基准字母代号后标注符号Ⓛ。

1. 最小实体要求应用于被测要素

1）最小实体要求应用于被测要素时，被测要素实际轮廓在给定的长度上处处不得超出最小实体实效边界，即其体内作用尺寸不应超出最小实体实效尺寸，且其局部实际尺寸不得超出最大实体尺寸和最小实体尺寸。

2）注意，最小实体要求应用于被测要素时，被测要素的几何公差值是在该要素处于最小实体状态时给出的。被测要素的实际轮廓偏离其最小实体状态，即其实际（组成要素）尺寸偏离最小实体尺寸时，几何误差值可超出在最小实体状态下给出的几何公差值，即此时的几何公差值可以增大。

3）当给出的几何公差值为零时，即为零几何公差，被测要素的最小实体实效边界等于最小实体边界，最小实体实效尺寸等于最小实体尺寸。

2. 最小实体要求应用于基准要素

1）最小实体要求应用于基准要素时，基准要素应遵守相应的边界。若基准要素的实际轮廓偏离相应的边界，即其体内作用尺寸偏离相应的边界尺寸，则允许基准要素在一定范围内浮动，其浮动范围等于基准要素的体内作用尺寸与相应边界尺寸之差。

2）基准要素本身采用最小实体要求时，则相应的边界为最小实体实效边界。此时，基准代号应直接标注在形成该最小实体实效边界的几何公差框格下面。

3）基准要素本身不采用最小实体要求时，相应的边界为最小实体边界。

4）最小实体要求仅用于导出要素（如中心点，线、面）。应用最小实体要求的目的是保证配合零件的最小壁厚和设计强度。

例 4-1 最小实体要求应用于同轴度公差和基准要素，如图 4-23 所示。其中，图 4-23a 所示为最小实体要求应用于孔 ϕ39mm 的轴线对基准 A 的同轴度公差，并同时应用于基准要素。

当被测要素处于最小实体状态时，其轴线对基准 A 的同轴度公差为 ϕ1mm，如图 4-23b 所示。

被测孔应满足下列要求：

①实际尺寸为 ϕ39 ~ 40mm。

②其关联体内作用尺寸不大于关联最小实体实效尺寸 $D_{LV} = D_L + t = 40mm + 1mm = 41mm$。

③当该孔处于最大实体状态时，其轴线对 A 基准的同轴度误差允许达到最大值，即 2mm（= 同轴度公差值 1mm 与孔的尺寸公差值 1mm 之和），如图 4-23c 所示。

④当基准要素的实际轮廓偏离其最小实体边界，即其体内作用尺寸偏离最小实体尺寸时，允许基准要素在一定范围内浮动。其最大浮动范围是直径等于基准要素的尺寸公差 0.5mm 的圆柱形区域，如图 4-23b、c 所示。

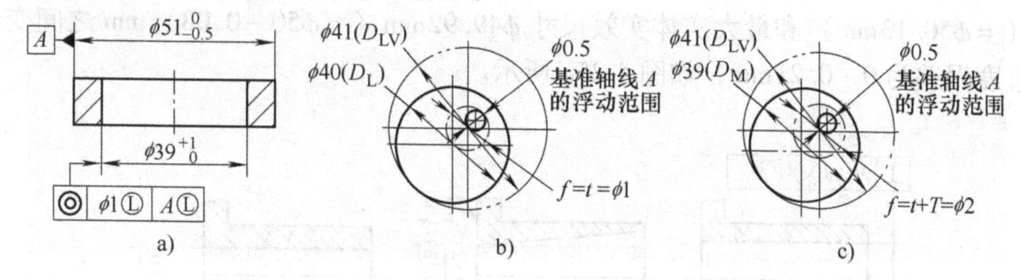

图 4-23 最小实体要求应用于同轴度公差和基准要素

例 4-2 采用最小实体要求的零几何公差。如图 4-24a 所示，孔 $\phi39^{+2}_{0}$mm 的轴线对基准 A 的同轴度公差为 0，并且最小实体要求同时应用于基准要素。

被测孔应满足下列要求：

①孔实际尺寸不小于 ϕ39mm。

②实际轮廓不超出关联最小实体边界，即其关联体内作用尺寸不大于最小实体尺寸 $D_L = 41mm$。

③当该孔处于最小实体状态时，其轴线对基准 A 的同轴度误差应为零，如图 4-24b 所示。

④当该孔处于最大实体状态时，其轴线对基准 A 的同轴度误差允许达到最大值，即图样给出的被测要素的尺寸公差值 ϕ2mm，如图 4-24c 所示。

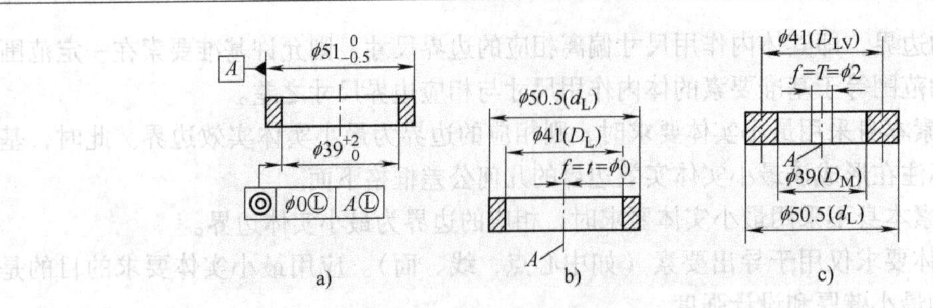

图 4-24 最小实体要求的零几何公差

(四) 可逆要求

可逆要求的含义：在不影响零件功能的前提下，当被测轴线或中心平面的几何误差值小于给出的几何公差值时，允许相应的尺寸公差增大。它通常与最大实体要求或最小实体要求一起应用。

1）可逆要求是最大实体要求或最小实体要求的附加要求，表示尺寸公差可以在实际几何误差小于几何公差之间的差值范围内增大。

可逆要求在图样上（公差框格内）标注：用符号Ⓡ标注在Ⓜ或Ⓛ之后，仅用于注有公差的要素，如图 4-25、图 4-26 所示。在最大实体要求（MMR）或最小实体要求（LMR）附加可逆要求（RPR）后，改变了尺寸要素的尺寸公差，可以充分利用最大实体实效状态（MMVC）和最小实体实效状态（LMVC）的尺寸。在制造可能性的基础上，可逆要求（RPR）允许尺寸和几何公差之间相互补偿。此时，被测要素应遵守最大实体实效边界（MMVB）或最小实体实效边界（LMVB）。

2）如图 4-25a 所示，公差框格内加注Ⓜ、Ⓡ表示：被测要素孔的实际尺寸可在最小实体尺寸（$=\phi50.13$mm）和最大实体实效尺寸 $\phi49.92$mm（$=\phi50-0.08$）mm 之间变动，轴线的垂直度误差为 0 ~ 0.21mm，如图 4-25c 所示。

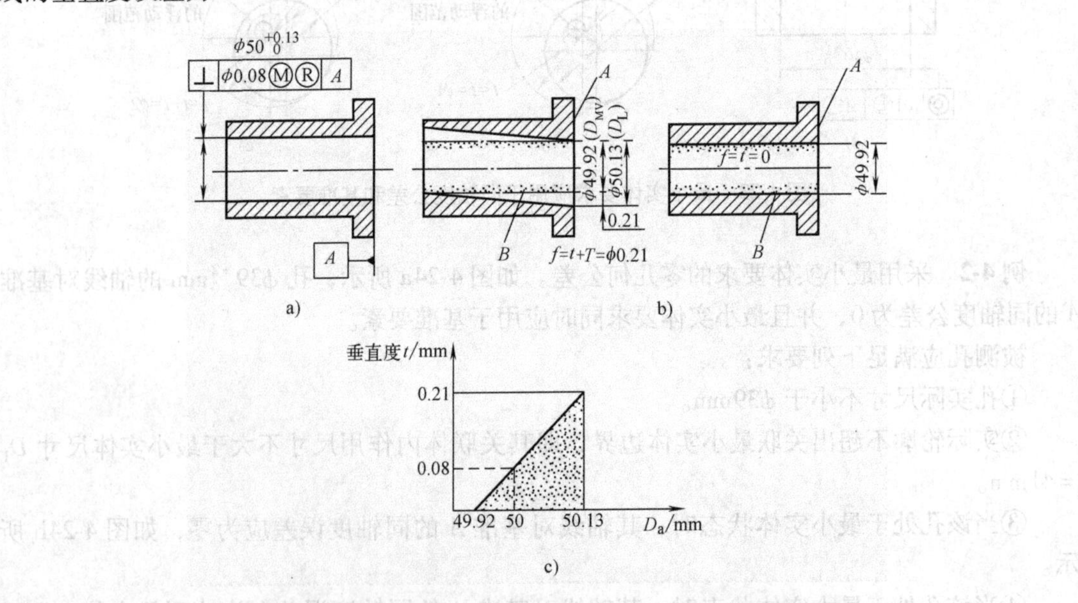

图 4-25 孔的轴线垂直度公差采用可逆的最大实体要求

a）零件图 b）补偿及反补偿 c）补偿关系及合格区域

如图 4-26a 所示，公差框格内加注Ⓛ、Ⓡ表示：被测要素孔的实际尺寸可在最大实体尺寸（ =8mm）和最小实体实效尺寸 ϕ8. 65mm （ = ϕ8mm + 0. 25mm + 0. 4mm）之间变动，轴线的位置度误差为 0 ~ 0. 65mm，如图 4-26b 所示。

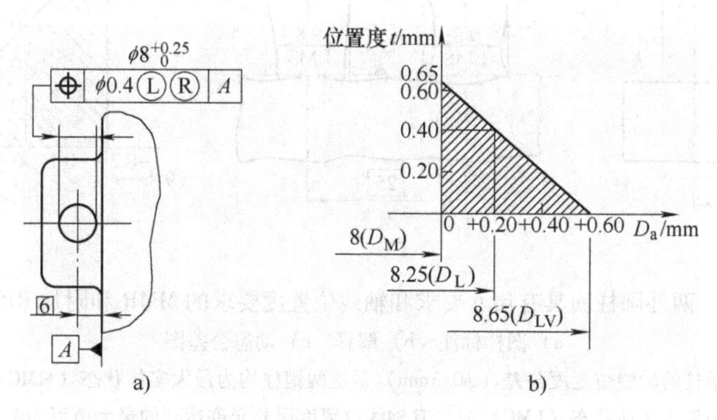

图 4-26　轴线位置度公差采用可逆的最小实体要求

a）零件图　b）补偿关系及合格区域

总之，在保证功能要求的前提下，力求最大限度地提高工艺性和经济性，是正确运用公差原则的关键所在。

3）带有ⓂⓇ和ⓁⓇ的公差标注举例。为便于学习与理解，现给出最大实体要求和最小实体要求术语和概念，如图 4-27 所示。

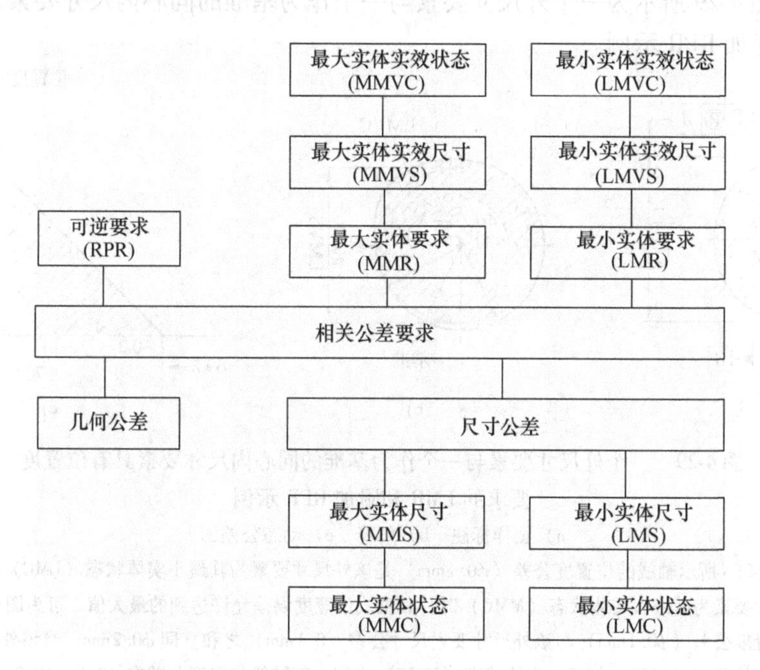

图 4-27　最大实体要求和最小实体要求术语和概念

例 4-3　如图 4-28 所示，两销柱要与一个板类零件装配，该板类零件具有两个公称尺寸为 ϕ10mm 的孔，且相距 25mm，且要与基准平面 A 相垂直。

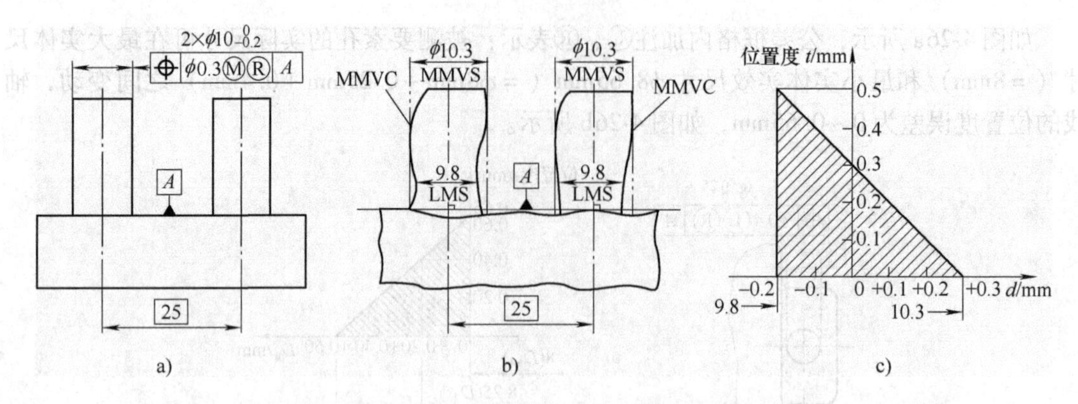

图 4-28　两外圆柱面具有尺寸要求和轴线位置度要求的 MMR 和附加 RPR 示例

a）图样标注　b）解释　c）动态公差图

解释：图中两销柱的轴线位置度公差（φ0.3mm）是这两销柱均为最大实体状态（MMC）时给定的。若这两销柱均为最小实体状态（LMC）时，其轴线位置度误差允许达到的最大值可为图 4-28a 所示的轴线位置度公差（φ0.3mm）与销柱的尺寸公差（0.2mm）之和为 φ0.5mm。当两销柱各自处于最大实体状态（MMC）与最小实体状态（LMC）之间，其轴线位置度公差为 φ0.3 ~ φ0.5mm。由于本例还附加了可逆要求（RPR），因此如果两销柱的轴线位置度误差小于给定的公差（φ0.3mm）时，两销柱的尺寸公差允许大于 0.2mm，即其提取要素各处的局部直径均可大于它们的最大实体尺寸（MMS = 10mm）；如果两销柱的轴线位置度误差为零，则两销柱的局部直径允许增大至 10.3mm。图 4-28c 所示为表述上述关系的动态公差图。

例 4-4　图 4-29 所示为一个外尺寸要素与一个作为基准的同心内尺寸要素具有位置度要求的 LMR 和附加 RPR 示例。

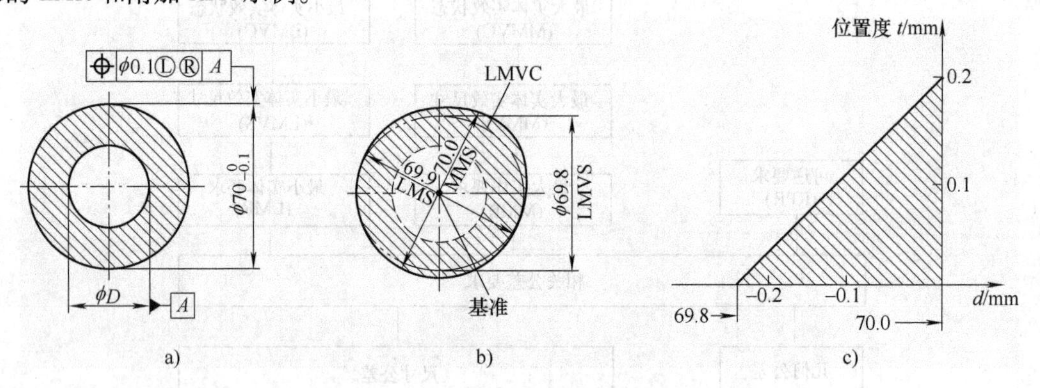

图 4-29　一个外尺寸要素与一个作为基准的同心内尺寸要素具有位置度要求的 LMR 和附加 RPR 示例

a）图样标注　b）解释　c）动态公差图

解释：图 4-29a 所示轴线的位置度公差（φ0.1mm）是该外尺寸要素为其最小实体状态（LMC）时给定的。若该外尺寸要素为其最大实体状态（MMC）时，其轴线位置度误差允许达到的最大值，可为图 4-29a 所示的轴线位置度公差（φ0.1mm）与该外尺寸要素尺寸公差（0.1mm）之和，即 φ0.2mm。当该外尺寸要素处于最小实体状态（LMC）与最大实体状态（MMC）之间，其轴线位置度公差在 φ0.1 ~ φ0.2mm 之间变化。由于本例还附加了可逆要求（RPR），因此，如果其轴线位置度误差小于给定的公差（φ0.1mm）时，该外尺寸要素的尺寸公差允许大于 0.1mm，即其提取要素各处的局部直径均可小于它的最小实体尺寸（LMS = 69.9mm）；如果其轴线位置度误差为零，则其局部直径允许减小至 69.8mm。图 4-29c 所示为表述上述关系的动态公差图。

第七节 几何公差值的选择

几何公差值的选用原则是：在保证零件功能的前提下，尽可能选用最经济的公差值。

设计产品时，应按国家标准提供的统一数系选择几何公差值。国家标准对圆度和圆柱度划分为13个等级，对直线度、平面度，平行度、垂直度、倾斜度，同轴度、对称度、圆跳动、全跳动，都划分为12个等级。几何公差数值见表4-13、表4-14、表4-15、表4-16；对位置度没有划分等级，只提供了位置度数系，见表4-17；国家标准没有对线轮廓度和面轮廓度规定公差值。

表4-13 直线度、平面度（摘自GB/T 1184—1996）

主参数 L/mm	公差等级											
	1	2	3	4	5	6	7	8	9	10	11	12
	公差值/μm											
≤10	0.2	0.4	0.8	1.2	2	3	5	8	12	20	30	60
>10~16	0.25	0.5	1	1.5	2.5	4	6	10	15	25	40	80
>16~25	0.3	0.6	1.2	2	3	5	8	12	20	30	50	100
>25~40	0.4	0.8	1.5	2.5	4	6	10	15	25	40	60	120
>40~63	0.5	1	2	3	5	8	12	20	30	50	80	150
>63~100	0.6	1.2	2.5	4	6	10	15	25	40	60	100	200
>100~160	0.8	1.5	3	5	8	12	20	30	50	80	120	250
>160~250	1	2	4	6	10	15	25	40	60	100	150	300

注：L为被测要素的长度。

表4-14 圆度、圆柱度（摘自GB/T 1184—1996）

主参数 $d(D)$/mm	公差等级												
	0	1	2	3	4	5	6	7	8	9	10	11	12
	公差值/μm												
>6~10	0.12	0.25	0.4	0.6	1	1.5	2.5	4	6	9	15	22	36
>10~18	0.15	0.25	0.5	0.8	1.2	2	3	5	8	11	18	27	43
>18~30	0.2	0.3	0.6	1	1.5	2.5	4	6	9	13	21	33	52
>30~50	0.25	0.4	0.6	1	1.5	2.5	4	7	11	16	25	39	62
>50~80	0.3	0.5	0.8	1.2	2	3	5	8	13	19	30	46	74
>80~120	0.4	0.6	1	1.5	2.5	4	6	10	15	22	35	54	87
>120~180	0.6	1	1.2	2	3.5	5	8	12	18	25	40	63	100
>180~250	0.8	1.2	2	3	4.5	7	10	14	20	29	46	72	115

注：d（D）为被测要素的直径。

表 4-15 平行度、垂直度、倾斜度（摘自 GB/T 1184—1996）

主参数 $d(D)$, L/mm	公差等级											
	1	2	3	4	5	6	7	8	9	10	11	12
	公差值/μm											
≤10	0.4	0.8	1.5	3	5	8	12	20	30	50	80	120
>10~16	0.5	1	2	4	6	10	15	25	40	60	100	150
>16~25	0.6	1.2	2.5	5	8	12	20	30	50	80	120	200
>25~40	0.8	1.5	3	6	10	15	25	40	60	100	150	250
>40~63	1	2	4	8	12	20	30	50	80	120	200	300
>63~100	1.2	2.5	5	10	15	25	40	60	100	150	250	400
>100~160	1.5	3	6	12	20	30	50	80	120	200	300	500
>160~250	2	4	8	15	25	40	60	100	150	250	400	600

注：L 为被测要素的长度。

表 4-16 同轴度、对称度、圆跳动、全跳动（摘自 GB/T 1184—1996）

主参数 $d(D)$, B/mm	公差等级											
	1	2	3	4	5	6	7	8	9	10	11	12
	公差值/μm											
>6~10	0.6	1	1.5	2.5	4	6	10	15	30	60	100	200
>10~18	0.8	1.2	2	3	5	8	12	20	40	80	120	250
>18~30	1	1.5	2.5	4	6	10	15	25	50	100	150	300
>30~50	1.2	2	3	5	8	12	20	30	60	120	200	400
>50~120	1.5	2.5	4	6	10	15	25	40	80	150	250	500
>120~250	2	3	5	8	12	20	30	50	100	200	300	600

注：d (D)、B 为被测要素的直径、宽度。

表 4-17 位置度系数（摘自 GB/T 1184—1996） （单位：μm）

1	1.2	1.5	2	2.5	3	4	5	6	8
1×10^n	1.2×10^n	1.5×10^n	2×10^n	2.5×10^n	3×10^n	4×10^n	5×10^n	6×10^n	8×10^n

注：n 为正整数。

应根据零件的功能要求选择公差值，依据如下：

1）通过类比或计算，并考虑加工的经济性和零件的结构、刚性等情况。

2）各种公差值之间的协调合理当然重要。例如，同一要素上给出的形状公差值应小于位置公差值；圆柱形零件的形状公差值（轴线的直线度除外）一般情况下应小于其尺寸公差值；平行度公差值应小于被测要素和基准要素之间的距离公差值等。

3）单项公差小于综合公差，如圆度公差小于圆柱度公差；径向圆跳动公差小于径向全跳动公差。

4）与轴承、花键、齿轮等配合的零件的几何公差值的选择，应按其功能、精度级别要求单独选择。

5）位置度公差通常需要计算后确定。对于用螺栓或螺钉联接两个或两个以上的零件，被联接零件的位置度公差按下列方法计算。

用螺栓联接时，被联接零件上的孔均为光孔，孔径大于螺栓的直径，位置度公差的计算公式为

$$t = X_{\min} \tag{4-1}$$

用螺钉联接时，有一个零件上的孔是螺孔，其余零件上的孔都是光孔，且孔径大于螺钉直径，位置度公差的计算公式均为

$$t = 0.5X_{\min} \tag{4-2}$$

式中 t——位置度公差计算值；

$X_{\min}$——通孔与螺栓（钉）间的最小间隙。

对计算值经圆整后按表4-17选择标准公差值。若被联接零件之间需要调整，位置度公差应适当减小。

6）为了简化制图以及获得其他好处，对一般机床加工能够保证的几何精度，及要素的几何公差值大于未注公差值时，要采用未注公差值，不必将几何公差一一在图样上注出。实际要素的误差，由未注几何公差控制。国家标准GB/T 1184—1996对直线度与平面度、垂直度、对称度、圆跳动分别规定了未注公差值，见表4-18～表4-21，都分为H、K、L三种公差等级。对其他项目的未注公差说明如下：

圆度未注公差值等于其尺寸公差值，但不能大于径向圆跳动的未注公差值。

圆柱度的未注公差未作规定。实际圆柱面的误差由其构成要素（截面圆、轴线、素线）的注出公差或未注公差控制。

平行度的未注公差值等于给出的尺寸公差值或直线度（平面度）未注公差值中的相应公差值取较大者，并回取较长要素作为基准。

同轴度的未注公差未作规定，可考虑与径向圆跳动的未注公差相等。

表4-18 直线度、平面度未注公差值 （单位：mm）

公差等级	基本长度范围					
	≤10	>10～30	>30～100	>100～300	>300～1000	>1000～3000
H	0.02	0.05	0.1	0.2	0.3	0.4
K	0.05	0.1	0.2	0.4	0.6	0.8
L	0.1	0.2	0.4	0.8	1.2	1.6

表4-19 垂直度未注公差值 （单位：mm）

公差等级	基本长度范围			
	≤100	>100～300	>300～1000	>1000～3000
H	0.2	0.3	0.4	0.5
K	0.4	0.6	0.8	1
L	0.6	1	1.5	2

表 4-20 对称度未注公差值

（单位：mm）

公差等级	基本长度范围			
	≤100	>100～300	>300～1000	>1000～3000
H	0.5			
K	0.6		0.8	1
L	0.6	1	1.5	2

表 4-21 圆跳动未注公差值

（单位：mm）

公差等级	公差值
H	0.1
K	0.2
L	0.5

其他项目（线轮廓度、面轮廓度、倾斜度、位置度、全跳动）由各要素的注出或未注几何公差、线性尺寸公差或角度公差控制。

若采用标准规定的未注公差值，如采用 K 级，应在标题栏附近或在技术要求、技术文件（如企业标准）中注出标准号及公差等级代号，如 GB/T 1184—K。

第八节 几何误差的检测

一、几何误差的检测原则

几何误差的项目很多，为了能正确合理地选择检测方案，国家标准规定了几何误差的 5 个检测原则，并附有一些检测方法。本节仅介绍这 5 个检测原则。通过本节的学习，将有助于理解多种多样的检测方法，见表 4-22。

表 4-22 GB/T 1958—2004 规定的五种检测原则

编号	检测原则名称	说明	示例
1	与拟合要素比较原则	将被测提取要素与其拟合要素相比较，量值由直接法或间接法获得 拟合要素用模拟方法获得，必须有足够的精度	1. 量值由直接法获得 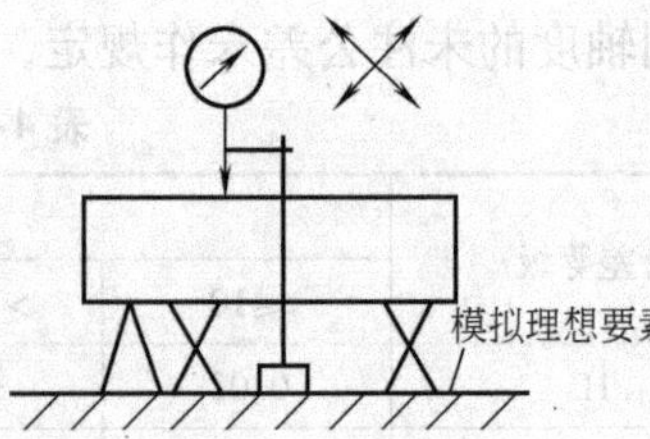 模拟理想要素 a) 2. 量值由间接法获得 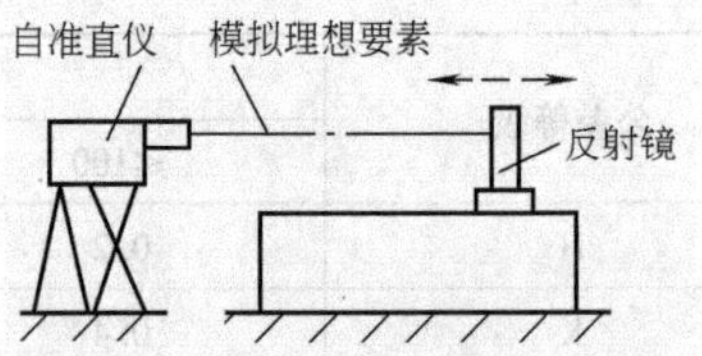 自准直仪 模拟理想要素 反射镜 b)

（续）

编号	检测原则名称	说　明	示　例
2	测量坐标值原则	测量被测提取要素的坐标值（如直角坐标值、极坐标值、圆柱面坐标值），并经过数据处理获得几何误差值	测量直角坐标值 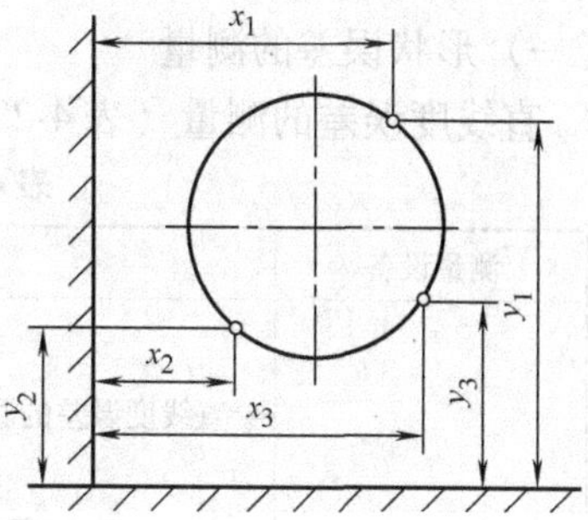
3	测量特征参数原则	测量被测提取要素上具有代表性的参数（即特征参数）来表示几何误差值	两点法测量圆度特征参数 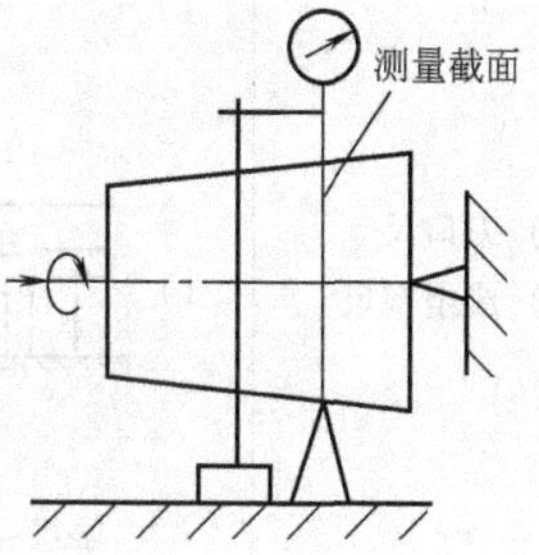
4	测量跳动原则	被测提取要素绕基准轴线回转过程中，沿给定方向测量其对某参考点或线的变动量 变动量是指指示表最大与最小读数之差	测量径向跳动 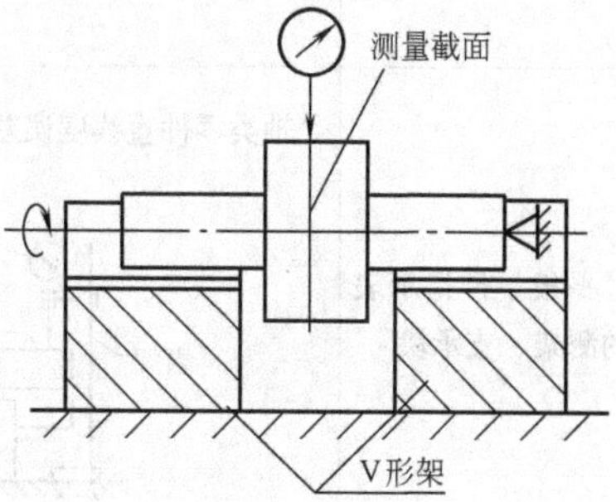
5	控制实效边界原则	检验被测提取要素是否超过实效边界，以判断合格与否	用综合量规检验同轴度误差 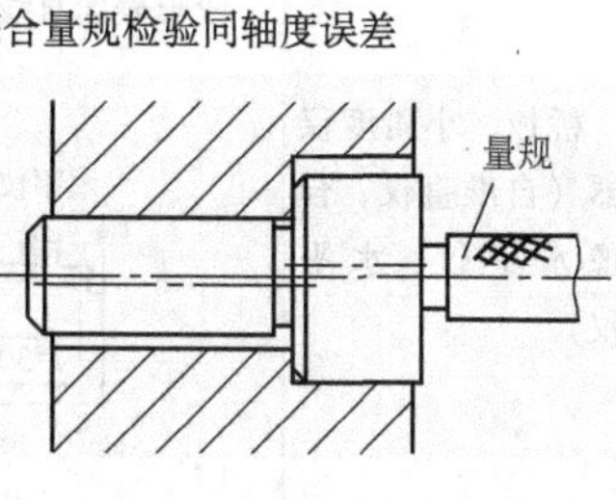

二、几何误差的测量

几何误差的测量方法有许多种，主要取决于被测工件的数量、精度高低、使用量仪的性能及种类、测量人员的技术水平和素质等方面。通过采取的检测方案，要在满足测量要求的前提下，经济且高效地完成检测工作。

（一）形状误差的测量

1. 直线度误差的测量（表4-23）

表4-23　直线度误差的测量方法

序号	测量设备	图　例	测　量　方　法
比较法	1）刀口尺 2）成组塞尺	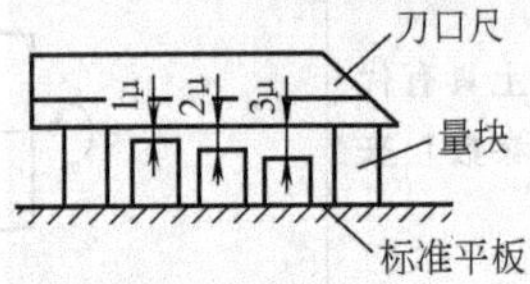 直线度误差的测量 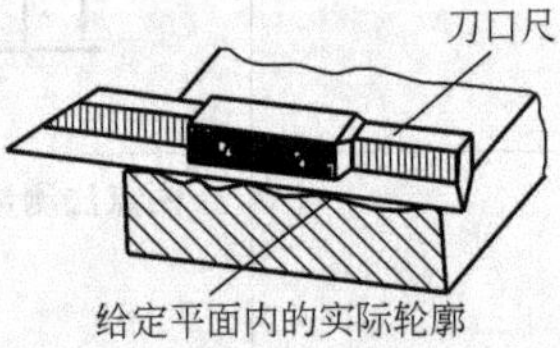 刀口尺 给定平面内的实际轮廓 1）刀口尺 量块 标准平板 1μ 2μ 3μ 2）塞尺 保护板 联接件 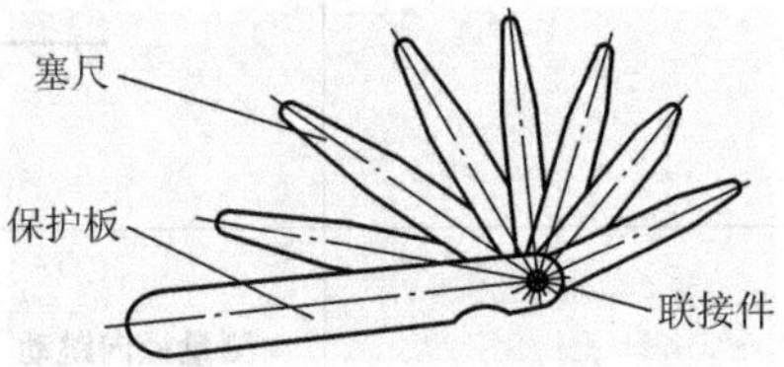	刀口尺直接与被测件表面接触，并使两者之间最大间隙为最小，该最大间隙即为直线度误差 误差的大小根据光隙来判断。可用标准光隙来估读 标准光隙由量块和平晶与刀口尺等组合产生 用成组塞尺塞测大于20μm的间隙形成的直线度误差
指示表测量法	平板、带指示表的测架、支承块	轴类零件直线度误差的测量 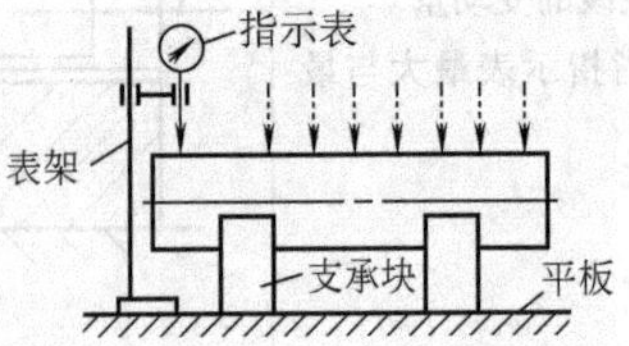 指示表 表架 支承块 平板	以平板上某一方向作为理想直线，与用等高块支承的零件上的被测实际线相比较
节距法	桥板、小角度仪器（自准直仪、合像水平仪、水平仪）	较长表面直线度误差的测量 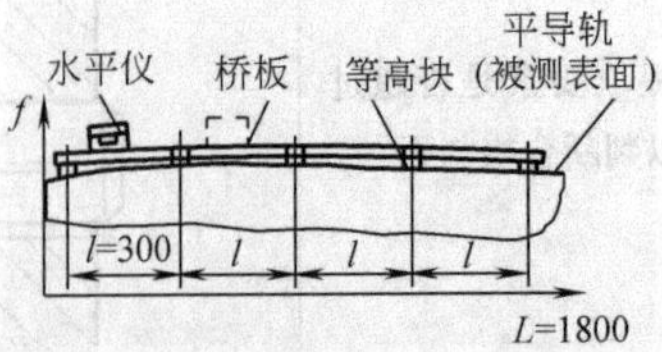 平导轨（被测表面） 水平仪 桥板 等高块 f l=300 l l l L=1800	小角度仪器安装在桥板上，依次逐段移动桥板，用小角度仪分别测出实际线各段的斜率变化，然后经过计算，求得直线度误差值

（1）比较法　工件尺寸小于300mm时，用模拟拟合要素（如刀口尺、平尺、平板等）与被测表面贴切后，估读光隙大小，判别直线度。光隙颜色与间隙大小的关系为：

①不透光时，间隙值　小于0.5μm；蓝光隙，间隙值约0.8μm。

②红色光隙，间隙值　1.25~1.75μm；色花光隙，间隙大于2.5μm；当间隙大于20μm时，用成组塞尺测量（9片塞尺组为：0.02mm、0.03mm…厚度间隔为0.01mm）。

（2）指示表测量法　用指示表测量圆柱体素线或轴线的直线度误差。

（3）节距法　对于较长表面（如导轨），将被测长度分段，用仪器（水平仪、电子水平仪、自准直仪）逐段测取数值后，进行数据数理，求出误差值。

例4-5　用两端连线法和最小条件法求直线度误差。测量 $L=1400$mm 的导轨，使用分度值为0.001mm/200mm的平直度检查仪，跨距 $L=200$mm，分段数为1400/200=7。测量数据见表4-24。

表4-24　读数线性值 f = 仪器角度值（mm/m）× **桥板长度**（mm）　（单位：μm）

测点序号	0	1	2	3	4	5	6	7
仪器示值	0	2	−1	3	2	0	−1	2
逐点累积值	0	2	1	4	6	6	5	7

作图法的步骤如下，图4-30所示为两端点连线法作图，求直线度：

1）选择合适的 X、Y 轴放大比例。

2）根据仪器读数，在坐标图上描点。

3）作首尾两点连线，量取坐标图上连线两侧最远点连线的正值距离 Δh_{max} 和负值距离 Δh_{min}，并以两者绝对值之和为直线度误差值 f；又从图上量得 $\Delta h_{max}=2\mu m$，$\Delta h_{min}=-1\mu m$。

即　$$f=|\Delta h_{max}|+|\Delta h_{min}|=|2\mu m|+|-1\mu m|=3\mu m$$

例4-6　最小条件法作图求直线度误差，如图4-31所示。步骤如下：

1）选择合适的 X、Y 轴放大比例。

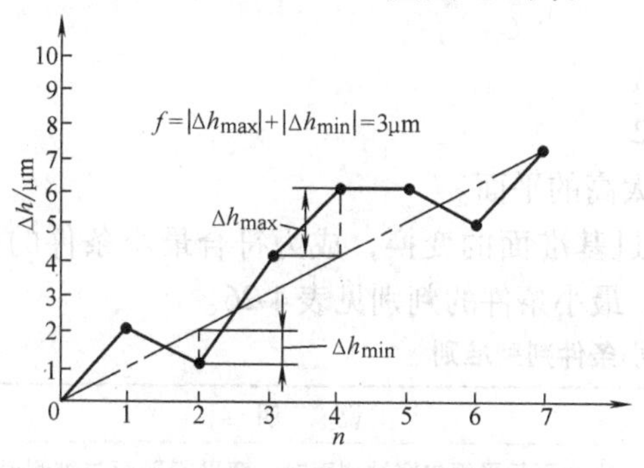

图4-30　两端点连线法作图求直线度

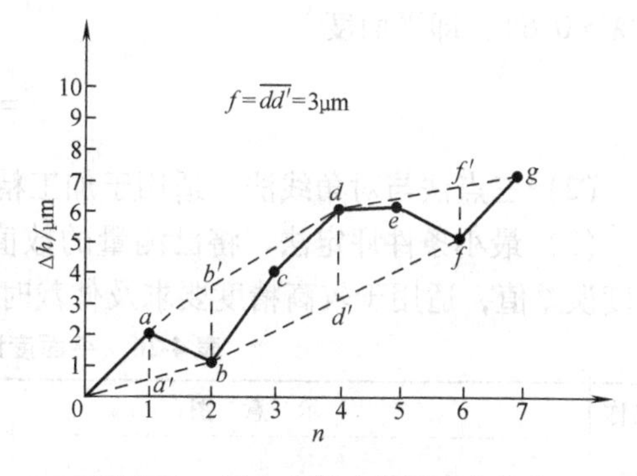

图4-31　最小条件法作图求直线度

2）按读数值在坐标图上描点，画出误差折线图。

3）将整个误差折线最外围的点，连接成封闭多边形。

即将图中的0、b、f、g、d、a（描点数据同例4-5）各点顺次连接起来，找出具有最大纵坐标距离，其中 dd' 为最大值，符合最小条件的直线度误差 $f=3\mu m$。

2. 平面度误差的测量（表 4-25）

表 4-25 平面度误差的测量方法

名称	测量设备	图例	测量方法
光波干涉法	平晶	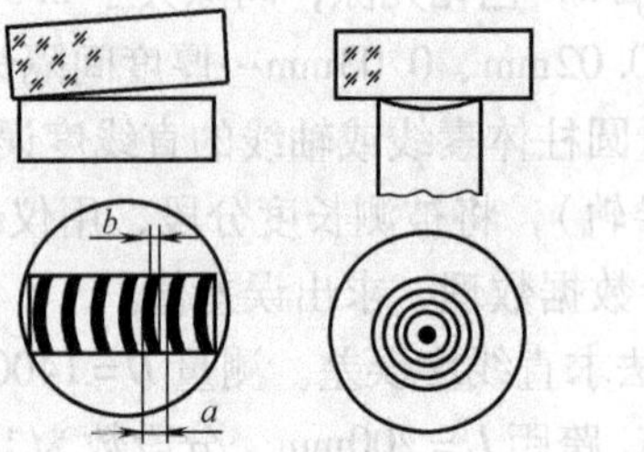	采用光波干涉法，以平晶作为测量基准，应用光波干涉原理，根据干涉带的排列形状和弯曲程度来评定被测表面的平面度误差。此法适用于经过精密加工的小平面
三点法	标准平板、可调支承、带指示表测架	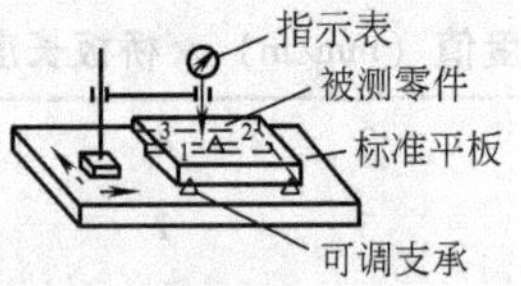 三点法测量平面度误差	三点法： 调整被测表面上相距最远的三点 1、2 和 3，使三点与平板等高，作为评定基准。被测表面内，指示表的最大读数与最小读数之差即为平面度误差
对角线法		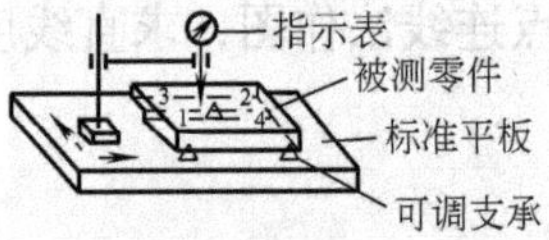 对角线法测量平面度误差	对角线法： 调整被测表面的对角线上的 1 和 2 两点与平板等高；再调整另一对角线 3 和 4 两点与平板等高。移动指示表，在被测表面内最大读数与最小读数之差即该平面的平面度误差

（1）光波干涉法　适用于精密加工后的较小平面，如量仪的测量工作面。测量时，以平面上出现干涉带的最大弯曲量 b 与干涉带间隔 a 的比值乘以 $\lambda/2$（λ 为光源波长，自然光的 $\lambda \approx 0.6$），即平面度

$$f=\frac{b}{a}\cdot\frac{\lambda}{2}$$

（2）三点法与对角线法　适用于加工精度不太高的平面。

（3）最小条件评定法　将已测量的数值，通过基准面的变换，成为符合最小条件的平面度误差值，适用于较高精度要求及仲裁时采用。最小条件的判别见表 4-26。

表 4-26 平面度误差最小条件判别准则

名称	示意图	说明
三角形准则	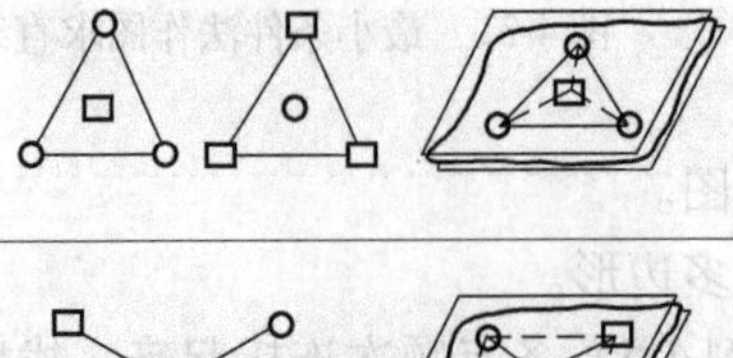	由两平行平面包容被测面时，两平行平面与被测面接触点分别为 3 个等值最高（低）点与 1 个最低（高）点，且最低（高）点的投影落在由 3 个等值最高（低）点所组成的三角形之内
交叉准则	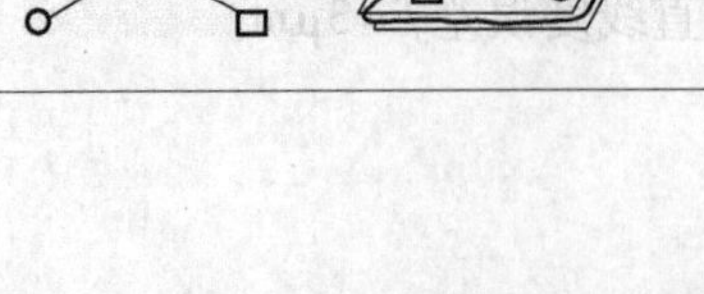	由两平行平面包容被测面时，两平行平面与被测面接触点分别为两个等值最高点与两个等值最低点，且最高点连线的投影与最低点连线相互交叉

（续）

名称	示 意 图	说　明
直线准则		由两平行平面包容被测面时，两平行平面与被测面接触点分别为两个等值最高（低）点与一个最低（高）点，且一个最低（高）点的投影位于两等值最高（低）点的连线上

注：○—最高点　□—最低点。

（4）对安装定位面的直测法　为保证被测实际表面对其理想平面的变动量达到要求的线值距离，如机床各部安装面之间、模具及夹具与机床的联接定位面之间，均需用塞尺测量。

例 4-7　根据最小条件评定平面度误差，常用旋转法。步骤如下：

1）将被测面的平面度误差原始数据标在图 4-32a 上。

2）平移平面，将基准平面平移至最高点，即将各数同减去最大值 20 后，标在图上。观察极值点分布，不符合判别准则，如图 4-32b 所示。

3）选择通过 0 值点的第 1 列，即 $a_1b_1c_1$ 作转轴，为减小最大负值（-35），而又不致使其余点出现异号，应选择第 3 列各点的旋转量 Q_3 为 $+20$；第 3 列至转轴（第 1 列）的间距数 $k_3=2$，求其单位间距旋转量为

$$q = Q_3/k_3 = +20/2 = +10$$

第 2 列至转轴的间距数 $k_2=1$，则第 2 列各点的旋转量为

$$Q_2 = k_2 q = 1 \times (+10) = +10$$

将各列旋转量标于图 4-32b 所示的方框外面。

4）变换数据，将图 4-32b 中各点的数值加上该点所在列的旋转量，其结果标于图 4-32c 中。

5）观察极值点的分布情况，结果符合直线准则，即一最高点（0）处于两等值最低点（-20）之间，故平面度误差值为

$$f = |0-(-20)|\mu m = 20\mu m$$

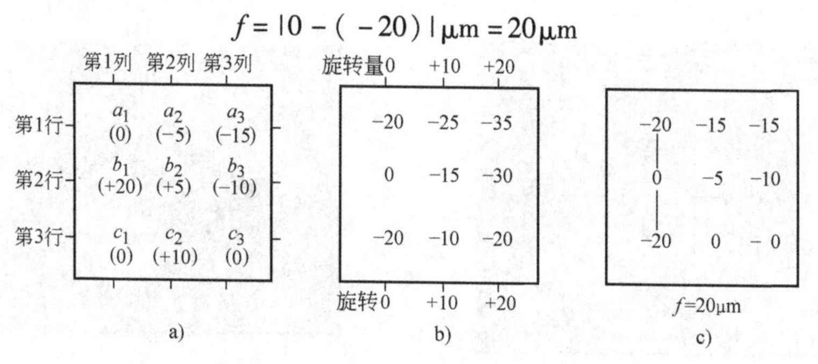

图 4-32　旋转法处理平面度误差示例

根据三角形准则，第三步也可以使旋转量 Q_3 为 $+15$，这时 $a_1c_1a_3$ 等高，其所得相同，$f=20\mu m$。

（5）电子水平仪简介

为提高直线度误差及平面度误差的测量精度，避免烦琐计算，现介绍一种先进量仪——电子水平仪。图 4-33 所示为 DEG-CL 电子水平仪。

1）概述。青岛奥得森公司的 DEG 系列电子水平仪，通过 RS232 接口与计算机连接，利用 DEG-CL 测量软件组成检测系统。DEG-CL 电子水平仪测量系统可以对平板、平尺、角尺、方尺及大型构件进行数据测量、数据计算、数据保存等一系列的操作，连接打印机后即可打印出测试报告；并可以线框图和仿真图的形式直观地反映检测结果。DEG 系列电子水平仪（分度值为 0.01 ~ 0.001mm/m）适用于小角度测量，广泛用于工件表面的直线度误差和平面度误差测量。电子水平仪测量系统可对平板的平面度误差，角尺和方尺的垂直度误差，平尺的平行度误差，直尺的直线度误差，机床导轨及工作台等进行精密测量，并可打印检测结果。还可以与其他仪器连接，以拓展其应用空间。

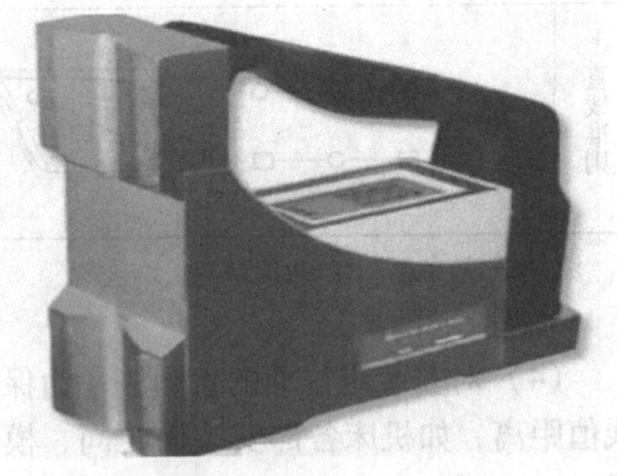

图 4-33　DEG-CL 电子水平仪

2）特点：测量精度高、稳定性好、体积小，生产现场便携带使用方便等。此外，该仪器还具有：①完善的检测方法；②直观的线框图；③人性化的操作界面；④三维的图示浏览，如图 4-34a ~ d 所示。

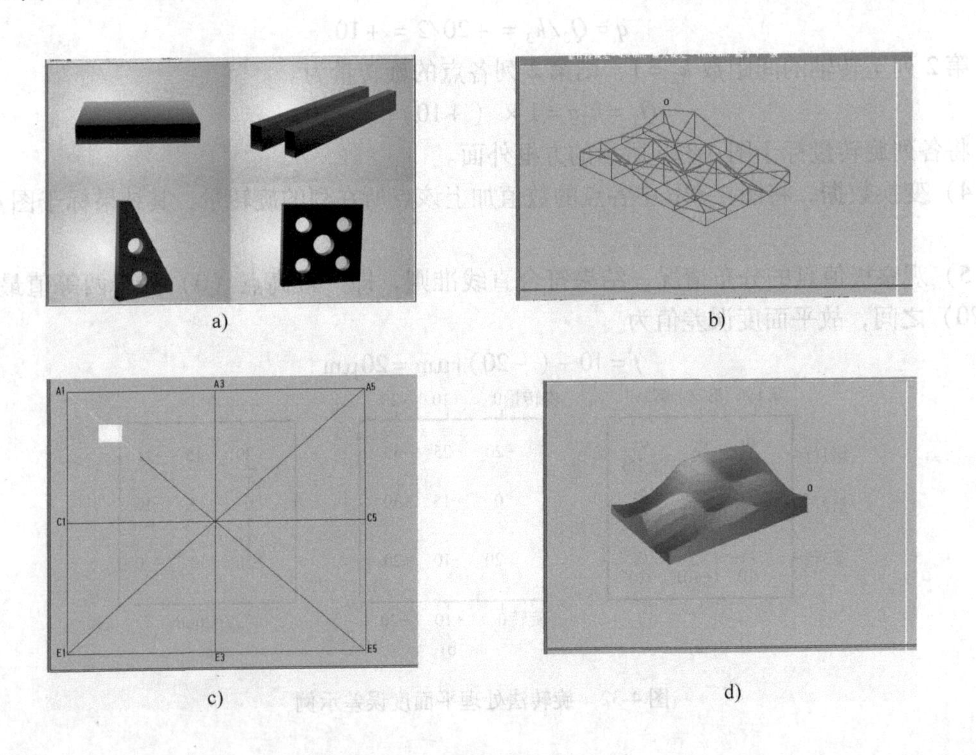

a)　b)　c)　d)

图 4-34　DEG 系列电子水平仪功能

3. 圆度及圆柱度误差的测量（表 4-27）

表 4-27　圆度、圆柱度误差的测量方法

序号	测量设备	图　例	测 量 方 法
三点法	平板、V 形架、带指示表的测架	指示表 被测件 V 形架 $180°-\alpha$	将 V 形架放在平板上，被测件放在比它长的 V 形架上 被测件回转一周过程中，测取一个横截面上的最大与最小读数 按上述方法测量若干个横截面，取其各截面所测得的最大读数与最小读数之差的一半作为该零件的圆柱度误差（此法适用于测量奇数棱形状的外表面）
用圆度仪	圆度仪（或其他类似仪器）	被测件　测头　立柱 上截面　V　IV　III　II　I 下截面	将被测件的轴线调整到与仪器同轴 记录被测件回转一周过程中测量截面上各点的半径差 在测头没有径向偏移的情况下，按需要重复上述方法测量若干个横截面 电子计算机按最小条件确定圆柱度误差，也可用极坐标图近似求圆柱度误差

圆度和圆柱度误差的相同之处是都用半径差来表示，不同之处在于圆度公差是控制横截面误差，圆柱度公差则是控制横截面和轴向截面的综合误差。

1）对于一般精度的工件，通常可用千分尺、比较仪等采用两点测量法，或将工件放在 V 形架上，用指示表进行三点法测量。

2）对于精度要求高的工件，应使用圆度仪测量圆度或圆柱度误差。测量时，将被测工件与仪器的精密测头在回转运动中所形成的轨迹（理想圆）与拟合要素相比较，确定圆度或圆柱度误差。

3）由于受到测量仪器（如圆度仪）测量范围的限制，尤其对长径比 L/d（D）很大的工件，如液压缸、枪、炮内径的圆度或圆柱度误差，要用专用量仪进行测量。

（二）线轮廓度及面轮廓度误差的测量（表 4-28）

表 4-28　线、面轮廓度误差的测量方法

序号	测量设备	图　例	测 量 方 法
投影法	轮廓投影仪	极限轮廓线	将被测轮廓投影于投影屏上，并与极限轮廓相比较，实际轮廓的投影应在极限轮廓之间
样板法	截面轮廓样板	用截面轮廓样板测量面轮廓度误差 轮廓样板 A　A—A A 被测件	将若干截面轮廓样板放在各指定位置上，用光隙法估计间隙的大小

（续）

序号	测量设备	图例	测量方法
跟踪法	光学跟踪轮廓测量仪	用光学跟踪仪测量面轮廓度误差 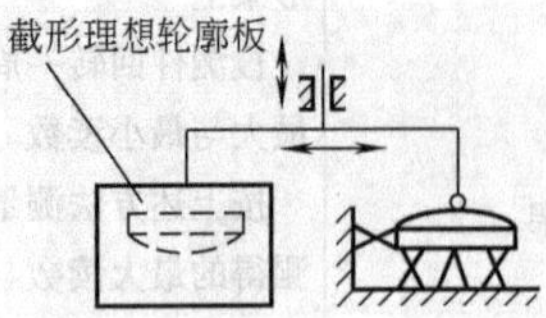 截形理想轮廓板	将被测件置于工作台上，进行正确定位 仿形测头沿被测剖面轮廓移动，画有剖面形状的理想轮廓板随之一起移动，被测轮廓的投影应落在其公差带内

1. 线轮廓度误差的测量

1）用轮廓投影仪或万能工具显微镜的投影装置，将被测零件的轮廓放大成像于投影屏上，进行比较测量。

2）当工件要求精度较低时，可用轮廓样板观察贴切间隙的大小检测其合格性。

2. 面轮廓度误差的测量

1）精度要求较高时，可用三坐标测量机或光学跟踪轮廓测量仪进行测量。

2）当工件要求精度较低时，一般用截面轮廓样板测量。

（三）方向误差和位置误差的测量

（1）平行度误差的测量　表4-29中，将面对面、面对线、线对线的平行度误差测量方法以图例示出。

表4-29　平行度误差测量方法

序号	测量设备	图例	测量方法
1	平板、带指示表的测架	面对面平行度误差的测量 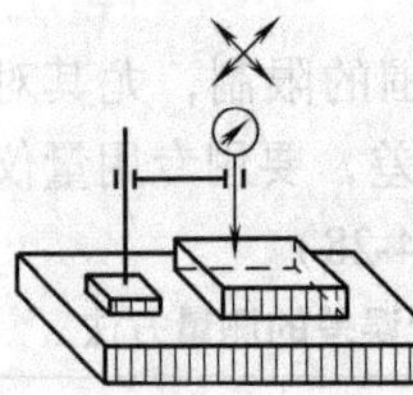	被测件直接置于平板上，在整个被测面上按规定测量线进行测量，取指示表最大读数差为平行度误差
2	平板、心轴、等高支承、带指示表测架	面对线平行度误差的测量 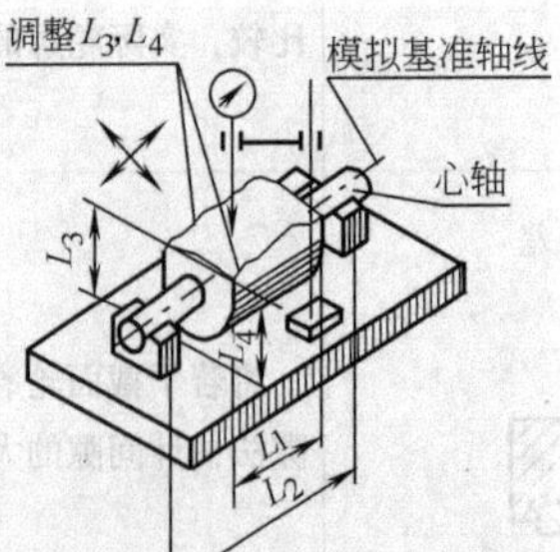 调整L_3、L_4 模拟基准轴线 心轴 L_3 L_4 L_1 L_2	被测件放在等高支承上，调整零件使$L_3=L_4$，然后测量被测表面，以指示表的最大读数为平行度误差

（续）

序号	测量设备	图　例	测 量 方 法
3	平板、心轴、等高支承、带指示表的测架	两个方向上线对线平行度误差的测量 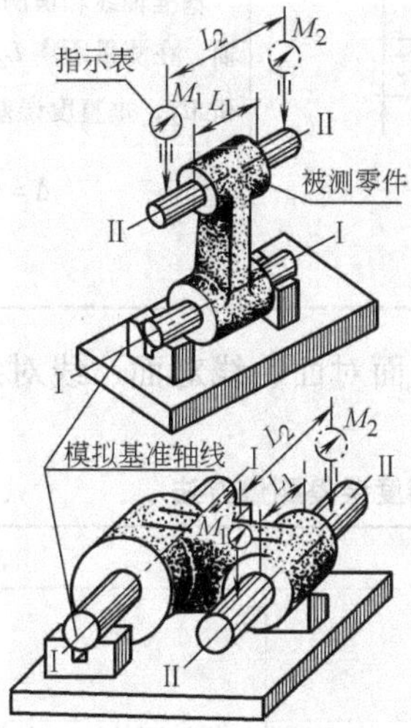	基准轴线和被测轴线由心轴模拟。将被测件放在等高支承上，在选定长度 L_2 的两端位置上测得指示表的读数 M_1 和 M_2，其平行度误差为 $\Delta=\frac{L_1}{L_2}\lvert M_1-M_2\rvert$ 式中　L_1、L_2——被测线长度 对于在互相垂直的两个方向上有公差要求的被测件，则在两个方向上按上述方法分别测量，两个方向上的平行度误差应分别小于给定的公差值 $f=\frac{L_1}{L_2}\sqrt{(M_{1V}-M_{2V})^2+(M_{1H}-M_{2H})^2}$ 式中　V、H——相互垂直的测位符号

（2）垂直度误差的测量　表4-30中，将面对面、面对线、线对线的垂直度误差测量方法以图例示出。

表4-30　垂直度误差测量方法

序号	测量设备	图　例	测 量 方 法
1	水平仪、固定和可调支承 电子水平仪、可调桥板	面对面垂直度误差的测量 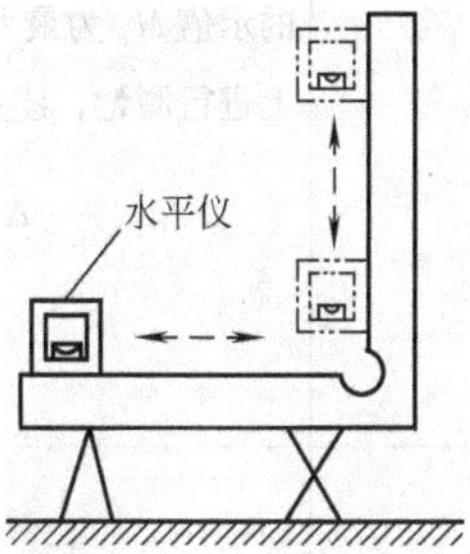	用水平仪调整基准表面至水平。把水平仪分别放在基准表面和被测表面，分段逐步测量，记下读数，换算成线值。用图解法或计算法确定基准方位，再求出相对于基准的垂直度误差 电子水平仪→传感器→信号放大→数据采样→微处理器→PC（或LCD）
2	平板、导向块、支承、带指示表的测架	面对线垂直度误差的测量 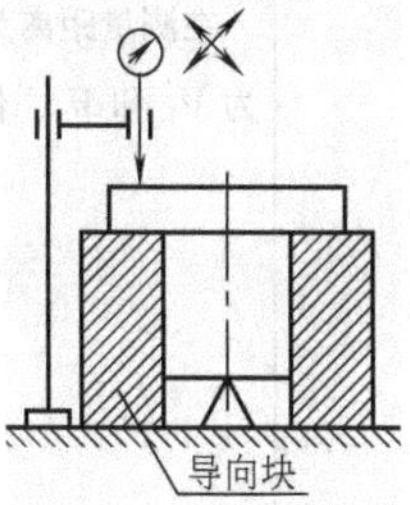	将被测件置于导向块内，基准由导向块模拟。在整个被测面上测量，所得数值中的最大读数差即为垂直度误差

（续）

序号	测量设备	图例	测量方法
3	心轴、支承、带指示表的测架	线对线垂直度误差的测量 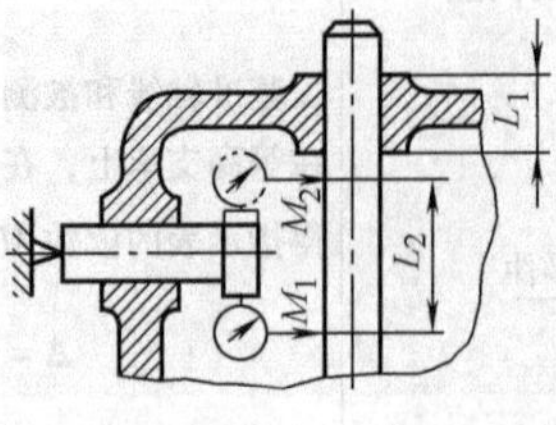	基准轴线和被测轴线由心轴模拟。转动基准心轴，在测量距离 L_2 的两个位置上测得读数为 M_1 和 M_2，垂直度误差为 $\Delta=\frac{L_1}{L_2}\mid M_1-M_2\mid$

（3）倾斜度误差的测量　表4-31中，将面对面、线对面、线对线的倾斜度误差测量方法以图例示出。

表4-31　倾斜度误差测量方法

序号	测量设备	图例	测量方法
1	平板、定角座、支承（或正弦规）、带指示表的测架	面对面倾斜度误差的测量 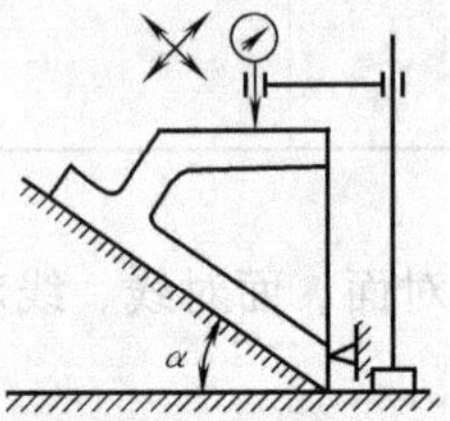	将被测件放在定角座上调整被测件，使整个测量面的读数差为最小值。取指示表的最大与最小读数差为该零件的倾斜度误差
2	平板、直角座、定角垫块、固定支承、心轴、带指示表的测架（或带表高度尺）	线对面倾斜度误差的测量 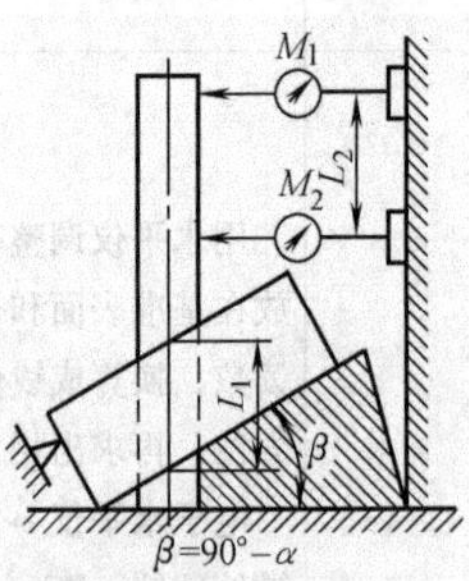 $\beta=90°-\alpha$	被测轴线由心轴模拟。调整被测件，使指示表的示值 M_1 为最大。在测量距离为 L_2 的两个位置上进行测量，读数值为 M_1 和 M_2，倾斜度误差为 $\Delta=\frac{L_1}{L_2}\mid M_1-M_2\mid$
3	心轴、定角锥体、支承、带指示表的装置	线对线倾斜度误差的测量 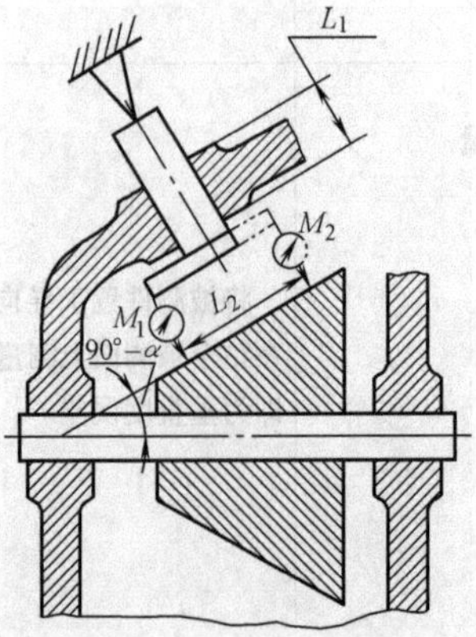	在测量距离为 L_2 的两个位置上进行测量，读数为 M_1 和 M_2。倾斜度误差为 $\Delta=\frac{L_1}{L_2}\mid M_1-M_2\mid$

（4）同轴度误差的测量 表4-32中，例举了用仪器、指示表、量规测量同轴度误差的常用方法。

表4-32 同轴度误差测量方法

序号	测量设备	图例	测量方法
1	径向变动测量装置、记录器或计算机、固定和可调支承	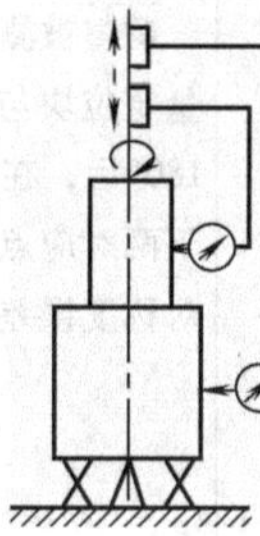	调整被测件，使基准轴线与仪器主轴的回转轴线同轴。测量被测零件的基准和被测部位，并记下在若干横剖面上测量的各轮廓图形。根据剖面图形，按定义经计算求出基准轴线至被测轴线最大距离的两倍，即为同轴度误差
2	刃口状V形架、平板、带指示表的测架	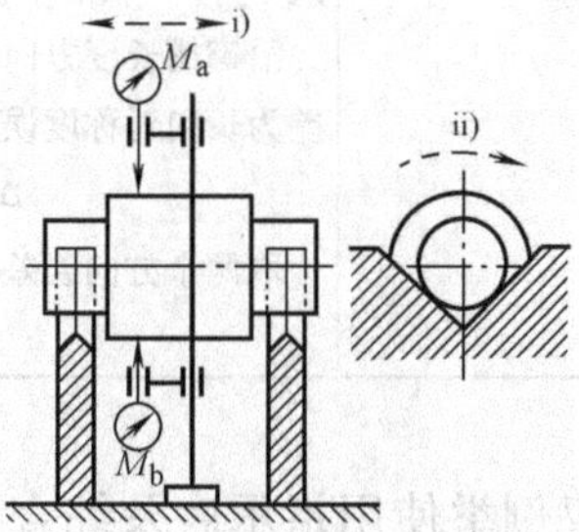 i) M_a ii) M_b	在被测件基准轮廓要素的中剖面处将被测件用两等高的刃口状V形架支架起来。在轴剖面内测上下两条素线相互对应的读数差，取其最大读数差值为该剖面同轴度误差。即 $\Delta = \lvert M_a - M_b \rvert_{max}$ 转动被测件，按上述方法在若干剖面内测量，取各轴剖面所得的同轴度误差值的最大者，作为该零件的同轴度误差
3	综合量规	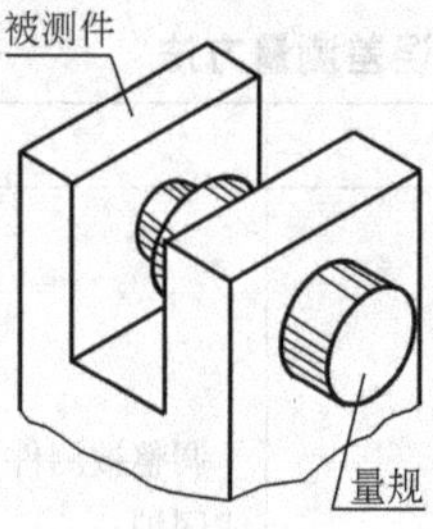 被测件 量规	量规的直径分别为基准孔的最大实体尺寸和被测孔的实效尺寸。凡被量规所通过的零件为合格

（5）对称度误差的测量 表4-33中，例举了面对面、面对线对称度误差测量的常用方法。

表4-33 对称度误差测量方法

序号	测量设备	图例	测量方法
1	平板、带指示表的测架	面对面对称度误差的测量 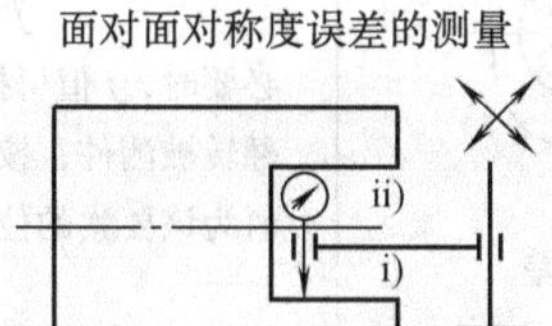 ii) i)	将被测件置于平板上。测量被测表面与平板之间的距离；将被测件翻转，再测量另一被测表面与平板之间的距离。取各剖面内测得的对应点最大差值作为对称度误差

（续）

序号	测量设备	图　例	测 量 方 法
2	V 形架、定位块、平板、带指示表的测架	面对线对称度误差的测量 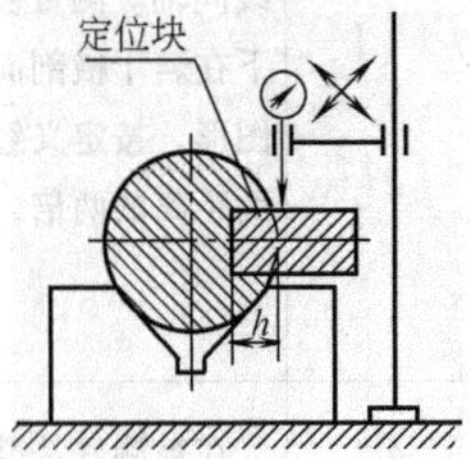 定位块 h	基准轴线由 V 形架模拟；被测中心平面由定位块模拟 调整被测件，使定位块沿径向与平板平行。测量定位块与平板之间的距离。再将被测件翻转180°后，在同一剖面上重复上述测量。该剖面上下两对应点的读数差的最大值为 a，则该剖面的对称度误差为 $$\Delta_{剖}=\frac{a\frac{h}{2}}{R-\frac{h}{2}}=\frac{ah}{d-h}$$ 式中　R—轴的半径；h—槽深；d—轴的直径 沿键槽长度方向测量，取长向两点的最大读数差为长向对称度误差 $$\Delta_{长}=a_{高}-a_{低}$$ 取两个方向误差值最大者为该零件对称度误差

（6）位置度误差的测量　表 4-34 中，仅例举使用指示表及综合量规，对线位置度误差常用的测量方法。

表 4-34　位置度误差测量方法

序号	测量设备	图　例	测 量 方 法
1	分度和坐标测量装置、指示表、心轴	线位置度误差的测量 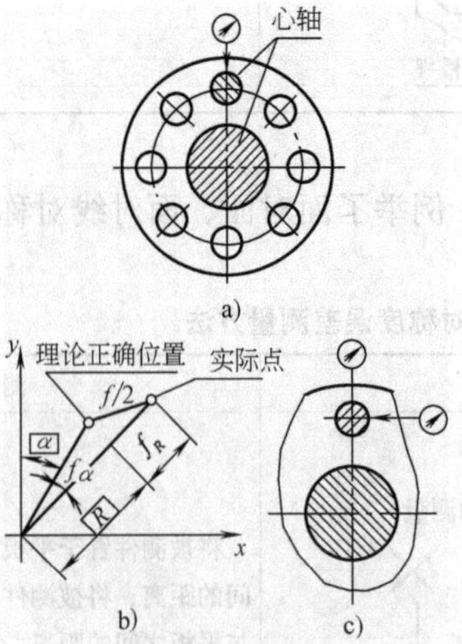 心轴 a) y 理论正确位置 实际点 $f/2$ α $f\alpha$ f_R R x b)　c) a）径向误差　b）角向误差 c）指示表测量	调整被测件，使基准轴线与分度装置的回转轴线同轴 任选一孔，以其中心作角向定位，测出各孔的径向误差 f_R 和角向误差 $f\alpha$，其位置度误差为 $$f=2\sqrt{f_R^2+(Rf\alpha)^2}$$ 式中　$f\alpha$ 为弧度值 $R=\frac{D}{2}$ 或用两个指示表分别测出各孔径向误差 fy 和切向误差 fx，位置度误差为 $$f=2\sqrt{fx^2+fy^2}$$ 必要时，f 值可按定位最小区域进行数据处理 翻转被测件，按上述方法重复测量，取其中较大值为该要素的位置度误差

（续）

序号	测量设备	图　例	测 量 方 法
2	综合量规	线位置度误差的测量 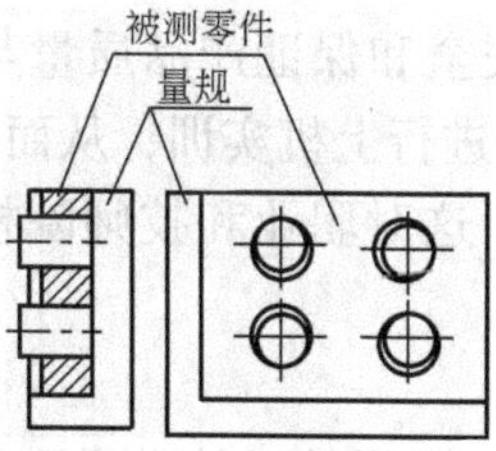 被测零件 量规	量规销的直径为被测孔的实效尺寸，量规各销的位置与被测孔的理论位置相同，凡被量规通过的零件，而且与量规定位面相接触，则表示位置度合格

（四）圆跳动和全跳动误差的测量（表4-35）。

表4-35　圆跳动、全跳动误差的测量

序号	测量设备	图　例	测 量 方 法
1. 圆 跳 动	支架、指示表等	径向、轴向、斜向圆跳动误差的测量 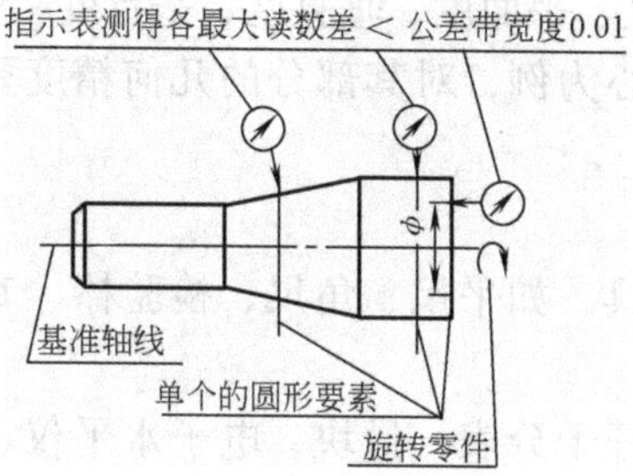 指示表测得各最大读数差 < 公差带宽度0.01 基准轴线 单个的圆形要素 旋转零件	当零件绕基准回转时，在被测面任何位置，要求跳动量不大于给定的公差值。在测量过程中应绝对避免轴向移动
2. 全 跳 动	支承、平板、指示表等	径向、轴向、斜向全跳动误差的测量 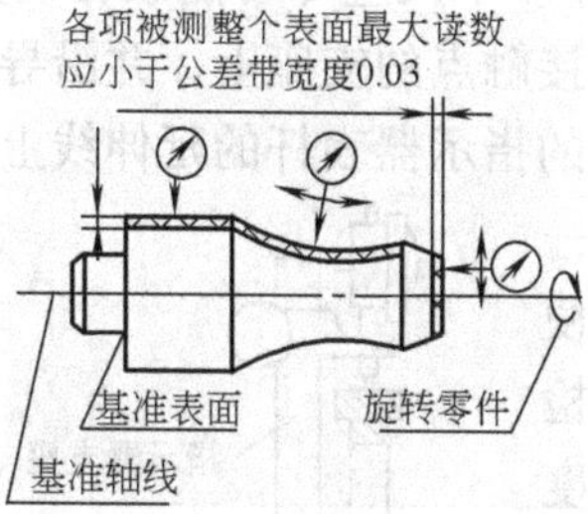 各项被测整个表面最大读数 应小于公差带宽度0.03 基准表面 旋转零件 基准轴线	当零件绕基准旋转时，并使指示表的测头相对基准沿被测表面移动，测遍整个表面，要求整个表面的跳动处于给定的全跳动公差带内

应用说明：

1）斜向圆跳动的测量方向，是被测表面的法线方向。

2）全跳动是一项综合性指标，可以同时控制圆度、同轴度、圆柱度、素线的直线度、平行度、垂直度等误差，即全跳动合格，则其圆跳动误差、圆柱度误差、同轴度误差、垂直度误差也都合格。

第九节　机床几何精度检验（摘自 GB/T 17421.1—1998）

为更好地做到在职业院校中“专业理论学习与实际操作、动手技能同时并进”，在实训过程中达到“确保文明实习操作，确保人身安全和保证产品质量与设备、量仪安全”的目的，现以数控车床为例，结合运用学过的知识进行上机实训，从而把安保教育、机床调整措施及方法、产品质量意识的培养等有机结合。这对职业和技师院校的学员是不可或缺的内容。

一、机床检验前的状态

1）必须将机床安置在适当的基础上调平，调平的目的是得到机床的静态稳定性，以方便其后的技术测量工作，特别是方便某些基础部件（如床身导轨）直线度有关的测量。

2）为了尽可能在润滑和温升都正常的工作状态下评定机床精度，在进行几何精度和工作精度检验时，应根据使用条件和制造厂的规定将机床空运转后，使机床零部件达到恰当的温度。对于高精度机床和一些数控机床，温度波动对其精度有显著影响，甚至要求具备特殊（恒温）环境。

二、几何精度检验

几何精度检验主要包括机床的直线度、平面度、垂直度、平行度、等距度、重合度、旋转等项目。现以卧式数控车床和车削中心为例，对其部分的几何精度要求进行检测，见表4-36。

三、几何精度的测量

（1）测量工具　选择高精度测量工具，如平尺、角尺、检验棒、专用锥度检验棒、圆柱角尺等专用的工具。

（2）量仪　如高精度的指示器、杠杆千分表、量块、电子水平仪、光学准直仪、激光干涉仪等测量仪器。

（3）直线度误差的测量工具及测量方法

1）用平尺在垂直平面内测量直线度误差。平尺应尽可能放在使其具有最小重力挠度的两个等高的量块上。指示器安装在具有三个接触点的支座上，并沿导向平尺作直线移动进行测量，三个接触点之一应位于垂直触及平尺的指示器表杆的延伸线上，如图4-35所示。

2）用平尺在水平面内测量直线度。用一根水平放置的平尺作基准面，并放置平尺使其在线的两端读数相等。使指示器在与被检面接触状况下移动，即可测得该线的直线度偏差。然后使平尺绕其纵向轴线翻转180°，所测得的为排除平尺直线度误差后的测量结果，如图4-35所示。

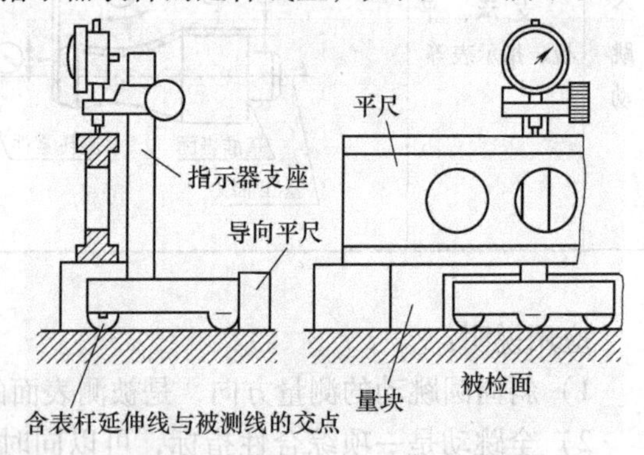

图4-35　用平尺在垂直平面内测量直线度误差

3）用准直激光法测量直线度误差，激光束作为测量基准。光束对准沿光束轴线移动的四象限光电二极管传感器，传感器中心与光束的水平和垂直偏差被测定并传送到记录仪器中，如图4-36所示。

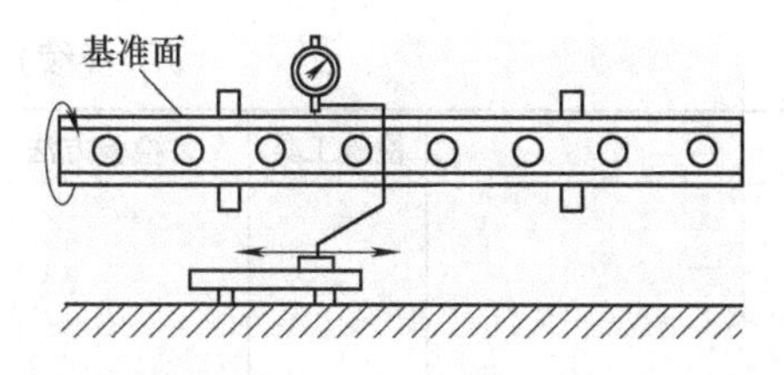

图 4-36　用平尺在水平面内测量直线度误差

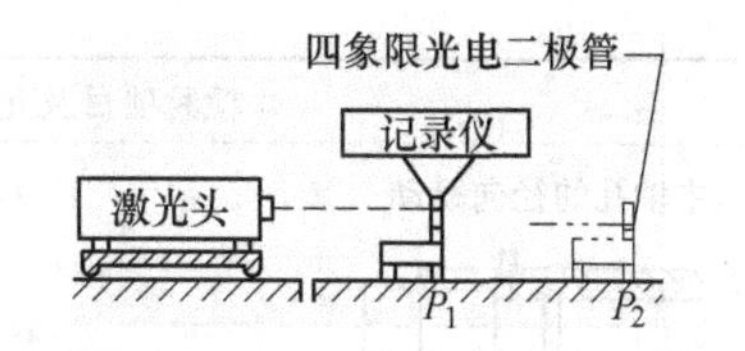

图 4-37　准直激光法测量直线度误差

四、数控车床和车削中心检验条件：（摘自 GB/T 16462.1—2007）

1. 卧式车削中心的结构术语（图 4-37）

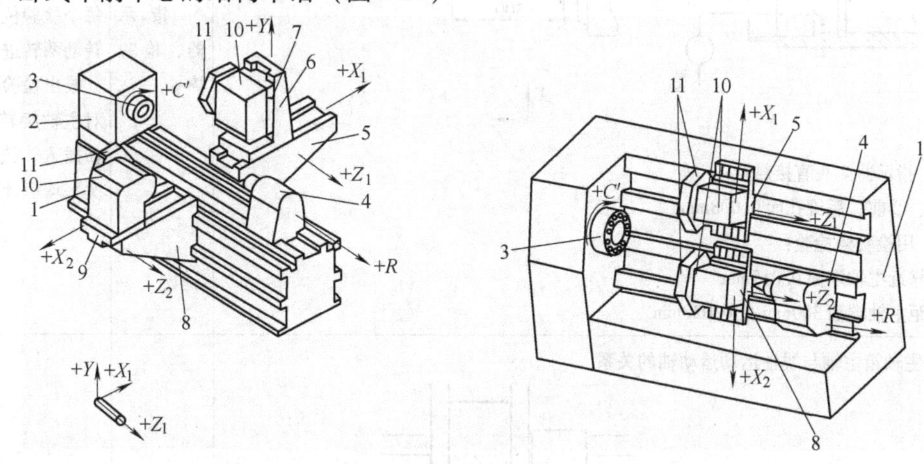

图 4-38　卧式车削中心

1—床身　2—主轴箱　3—主轴，C'轴　4—尾座，R轴　5—第 1 床鞍，Z轴　6—第 1 刀架滑板，X轴　7—垂直滑板，Y轴　8—第 2 床鞍，Z_2轴　9—第 2 刀架滑板，X_2轴　10—第 1 刀架和第 2 刀架　11—第 1 刀架刀盘和第 2 刀架刀盘

2. 卧式数控车床和车削中心的几何精度检验项目

机床几何精度检验项目是根据检验的目的、需要和结构特点确定的，并不是必须检验标准规定的所有内容。为达到实训教学的目的和要求，几何精度检验时可参考表 4-36 中的有关内容。

表 4-36　几何精度（主参数：最大回转直径 250mm < D≤500mm）（GB/T 16462.1—2007）

序号	检验项目及允差/mm	检验工具	检验方法
G1	1. 主轴箱主轴 ①定心轴径的径向跳动 0.008mm ②周期性轴向窜动 0.005mm ③主辆轴向跳动 0.010mm	指示器、带钢球检验棒	①当表面为圆锥面时，指示器测头应垂直于圆锥表面 ②和③主轴箱应在最大直径上检测

（续）

序号	检验项目及允差/mm	检验工具	检验方法
G2	2. 主轴孔的径向跳动 a)　b) 1）指示器测头直接触及： ①、②前、后锥孔面 0.008mm 2）用检验棒检验： ①靠近主轴端面 0.015mm ②距主轴端面 300mm 处 0.020mm	指示器、检验棒	检验应在 *ZX* 和 *YZ* 平面内进行。主轴缓慢旋转，在每个检验位置至少转动两转进行检测 拔出检验棒，相对主轴旋转 90°重新插入，按复检 4 次平均值计
G3	3. 主轴箱主轴与线性运动运动轴的关系 *Z* 轴（床鞍）运动对主轴轴线的平行度（在 300mm 内测量）： ①在 *ZX* 平面内 0.015mm ②在 *YZ* 平面内 0.002mm	指示器、检验棒	旋转主轴至径向跳动的平均位置，然后在 *Z* 轴方向上移动床鞍检验 每个主轴均应检验
G4	4. 主轴（*C* 轴）轴线对： （在 300mm 长度上或全行程上测量） ①*X* 轴线在 *ZX* 平面内运动的垂直度 0.015mm ②*Y* 轴线在 *YZ* 平面内运动的垂直度 0.020mm	指示器、花盘及平尺	指示器固定在转塔刀架上 将平尺固定在花盘上，花盘安装在主轴上

（续）

序号	检验项目及允差/mm	检验工具	检验方法
G6	两主轴箱主轴的同轴度（仅用于相对布置的主轴，在100mm范围内）： 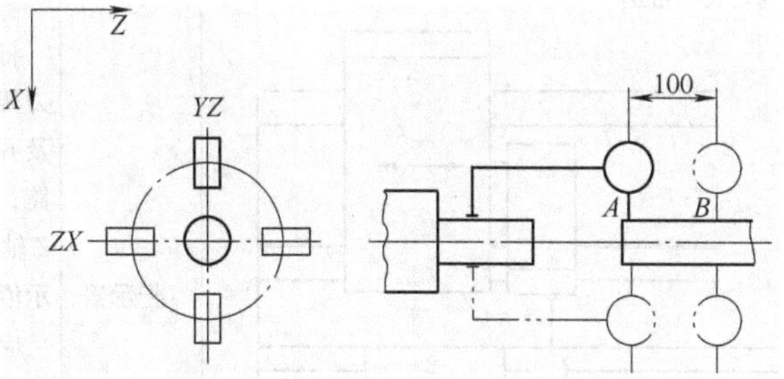 Z X YZ ZX 100 A B ①在ZX平面内及②在YZ平面内皆为0.010mm	指示器、检验棒	将指示器固定在第1个主轴上，检验棒插入第2个主轴内
G7	Z轴运动（床鞍运动）的角度偏差： 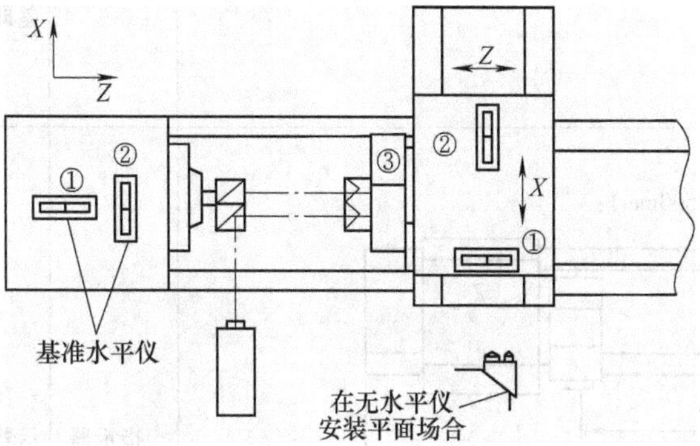 X Z Z ① ② ③ ② X ① 基准水平仪 在无水平仪安装平面场合 ①在YZ平面内（俯仰） ②在XY平面内（倾斜） ③在ZX平面内（偏摆） 当①、②、③在Z≤500mm时皆为： 0.040mm/1000mm（或8″）	精密水平仪、直准直仪、反射器或激光仪器	应在往复两个运动方向上沿行程至少5个等距位置上检验。最大和最小读数之差即为角偏差 当用精密水平仪检验时，其每移动一个位置的读数都应与基准水平仪读数比对
G9	Y轴运动（刀架运动）的角度偏差： 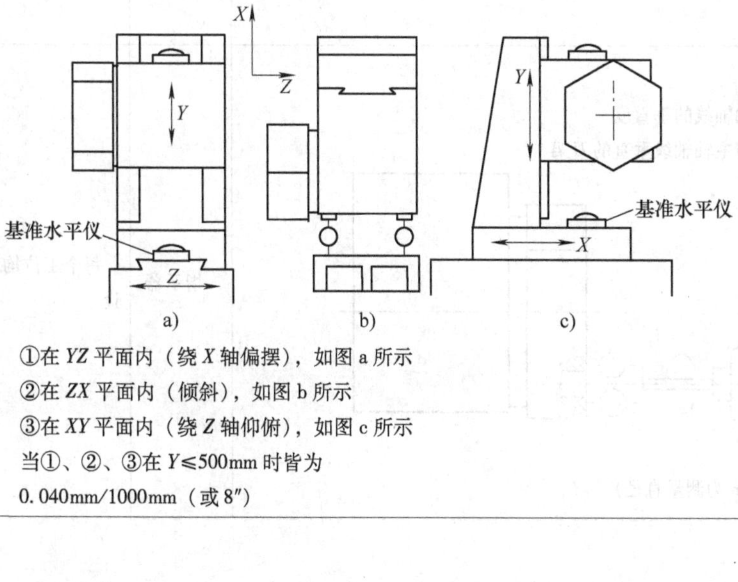 X Z Y Y 基准水平仪 Z 基准水平仪 X a) b) c) ①在YZ平面内（绕X轴偏摆），如图a所示 ②在ZX平面内（倾斜），如图b所示 ③在XY平面内（绕Z轴仰俯），如图c所示 当①、②、③在Y≤500mm时皆为 0.040mm/1000mm（或8″）	精密水平仪、直准直仪、反射器、激光仪平盘和指示器	应在往复两个运动方向上沿行程至少5个等距位置上检验。最大和最小读数之差即为角偏差 当用精密水平仪检验时，其每移动一个位置的读数都应与基准水平仪读数比对

（续）

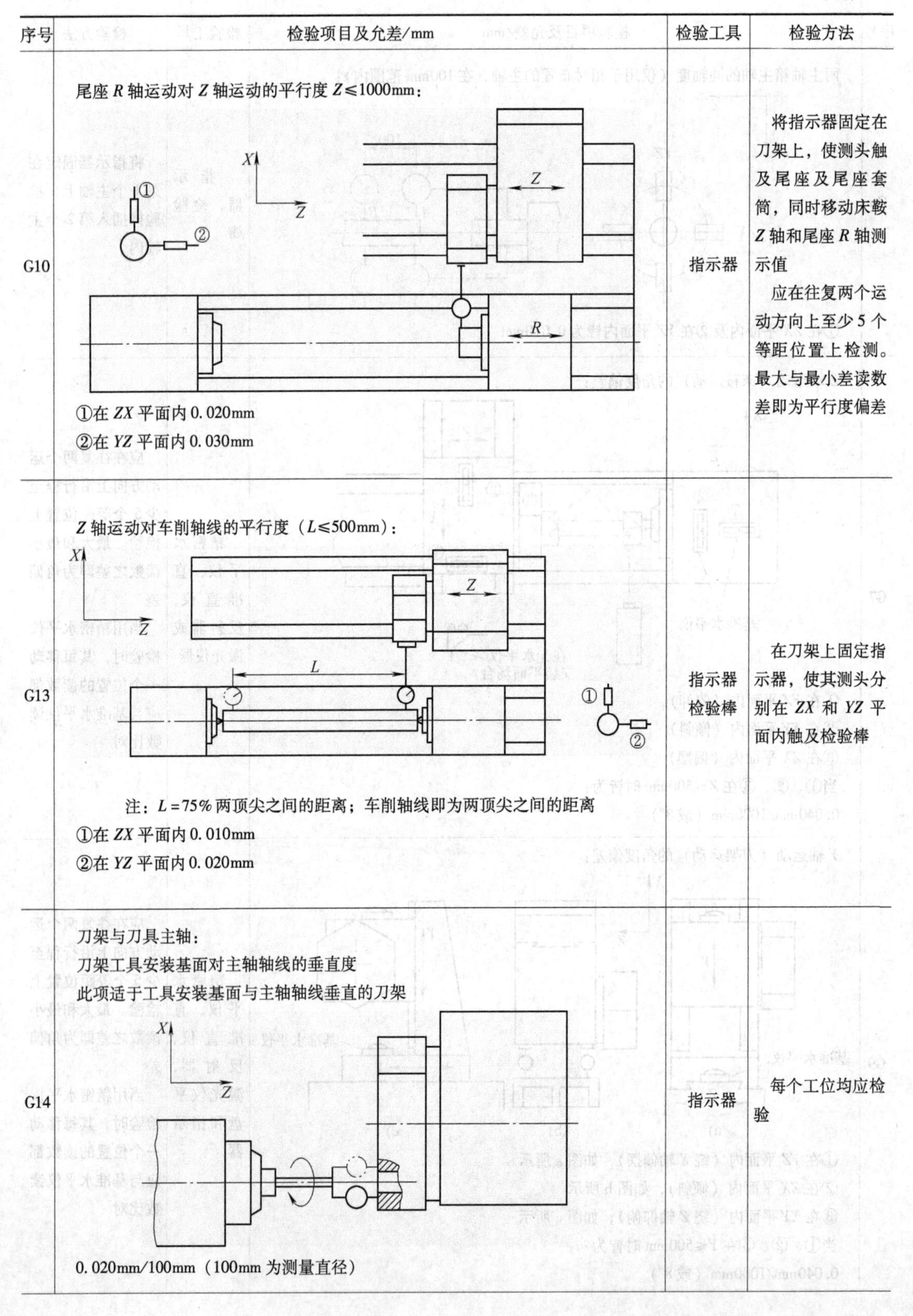

序号	检验项目及允差/mm	检验工具	检验方法
G10	尾座 R 轴运动对 Z 轴运动的平行度 $Z \leqslant 1000$mm： ①在 ZX 平面内 0.020mm ②在 YZ 平面内 0.030mm	指示器	将指示器固定在刀架上，使测头触及尾座及尾座套筒，同时移动床鞍 Z 轴和尾座 R 轴测示值 应在往复两个运动方向上至少 5 个等距位置上检测。最大与最小差读数差即为平行度偏差
G13	Z 轴运动对车削轴线的平行度（$L \leqslant 500$mm）： 注：L = 75% 两顶尖之间的距离；车削轴线即为两顶尖之间的距离 ①在 ZX 平面内 0.010mm ②在 YZ 平面内 0.020mm	指示器 检验棒	在刀架上固定指示器，使其测头分别在 ZX 和 YZ 平面内触及检验棒
G14	刀架与刀具主轴： 刀架工具安装基面对主轴轴线的垂直度 此项适于工具安装基面与主轴轴线垂直的刀架 0.020mm/100mm（100mm 为测量直径）	指示器	每个工位均应检验

（续）

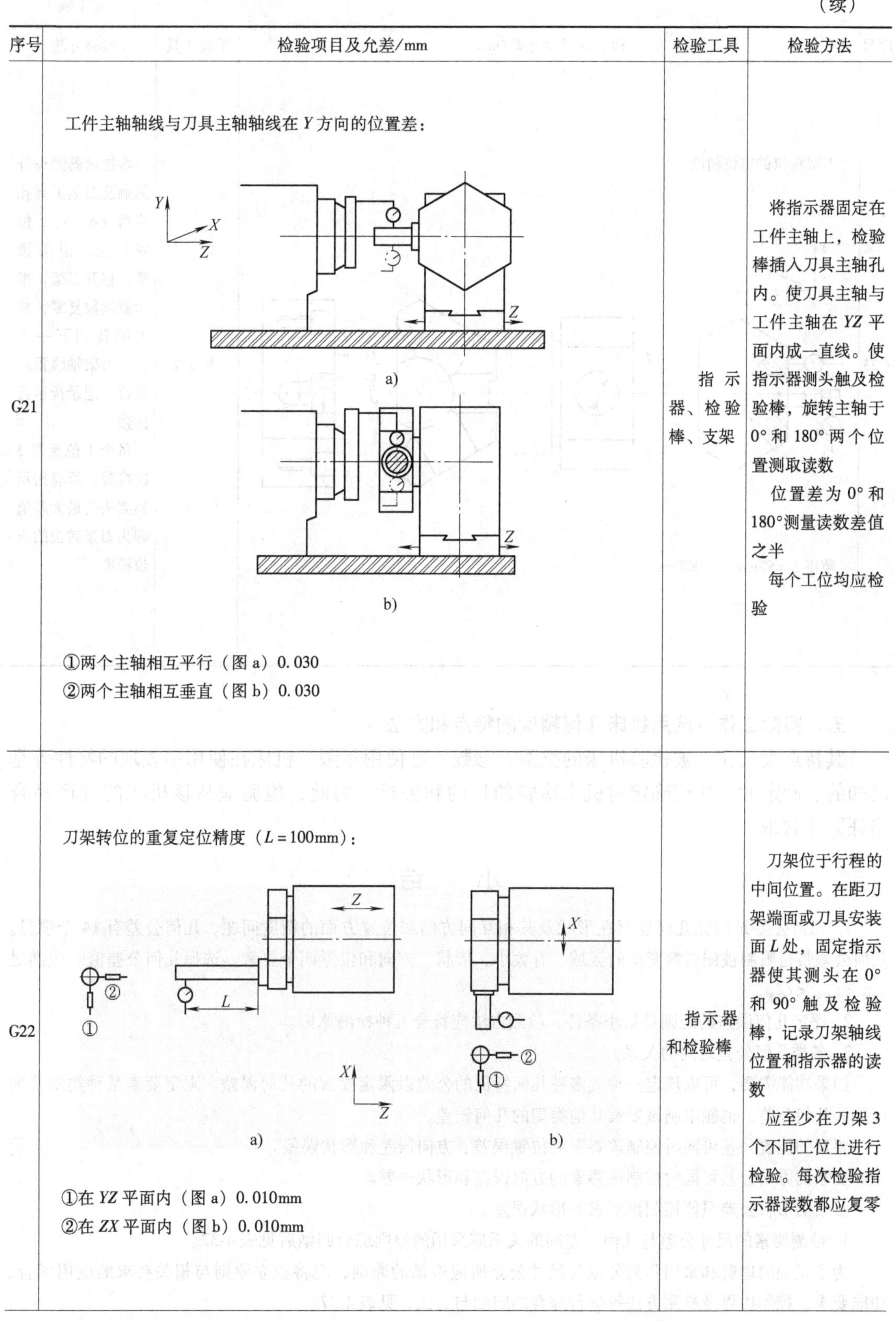

序号	检验项目及允差/mm	检验工具	检验方法
G21	工件主轴轴线与刀具主轴轴线在 Y 方向的位置差： a) b) ①两个主轴相互平行（图 a）0.030 ②两个主轴相互垂直（图 b）0.030	指示器、检验棒、支架	将指示器固定在工件主轴上，检验棒插入刀具主轴孔内。使刀具主轴与工件主轴在 YZ 平面内成一直线。使指示器测头触及检验棒，旋转主轴于 0° 和 180° 两个位置测取读数 位置差为 0° 和 180°测量读数差值之半 每个工位均应检验
G22	刀架转位的重复定位精度（L = 100mm）： a)　b) ①在 YZ 平面内（图 a）0.010mm ②在 ZX 平面内（图 b）0.010mm	指示器和检验棒	刀架位于行程的中间位置。在距刀架端面或刀具安装面 L 处，固定指示器使其测头在 0° 和 90° 触及检验棒，记录刀架轴线位置和指示器的读数 应至少在刀架 3 个不同工位上进行检验。每次检验指示器读数都应复零

（续）

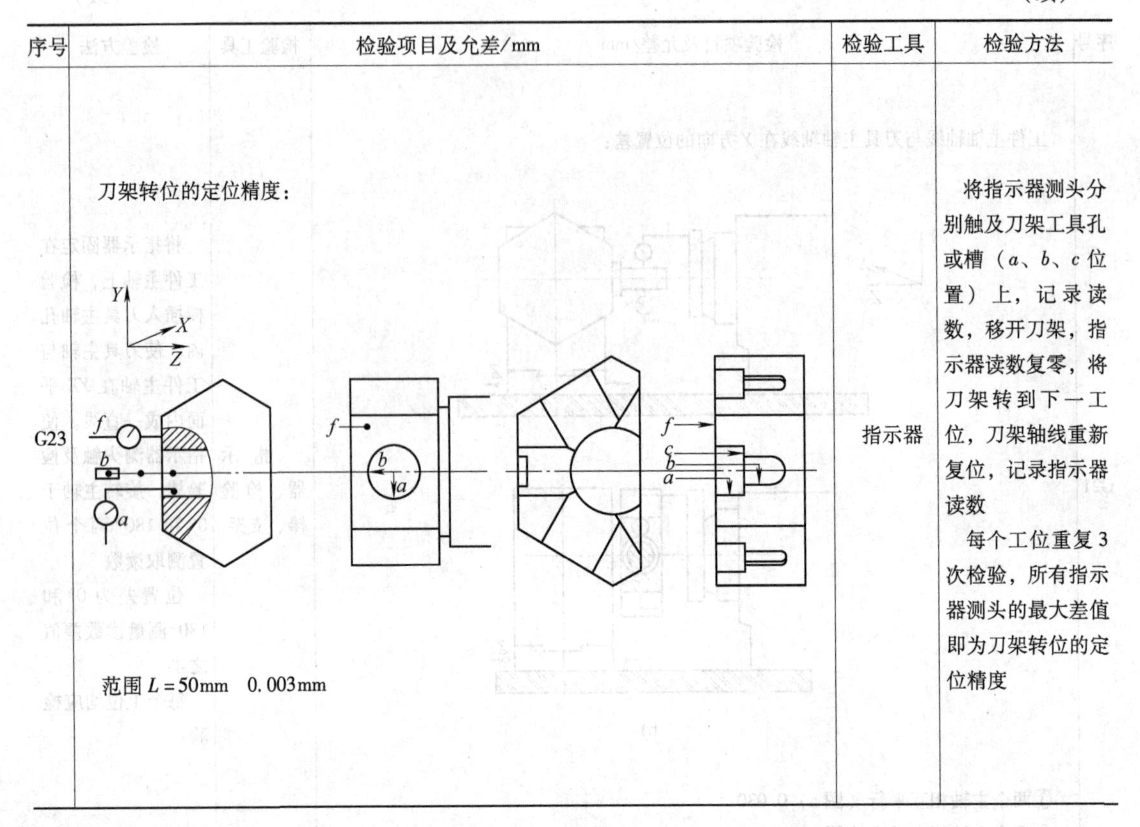

序号	检验项目及允差/mm	检验工具	检验方法
G23	刀架转位的定位精度： 范围 $L=50\text{mm}$　0.003mm	指示器	将指示器测头分别触及刀架工具孔或槽（a、b、c 位置）上，记录读数，移开刀架，指示器读数复零，将刀架转到下一工位，刀架轴线重新复位，记录指示器读数 每个工位重复3次检验，所有指示器测头的最大差值即为刀架转位的定位精度

五、实际工作中选用机床几何精度的特点和方法

其特点表现在：被检验机床的类型、参数、已使用年限、机床在使用中表现的特性等是已知的、确定的，从而确定对机床检验的目的和要求。为此，检验应从该机床的《产品合格证》中选取。

小　　结

1. 几何公差是研究几何要素在形状及其相互间方向或位置方面的精度问题，几何公差有14个项目。几何公差带是限制被测要素变动的区域，有大小、形状、方向和位置四个要素。选择几何公差值时应满足 $t_{形状} < t_{方向} < t_{位置}$。

2. 评定几何误差的准则是最小条件，检测方法应符合五种检测原则。

3. 各类几何公差之间的关系。

如果功能需要，可以规定一种或多种几何特征的公差以限定要素的几何误差。限定要素某种类型几何误差的几何公差，也能限制该要素其他类型的几何误差。

要素的位置公差可同时控制该要素的位置误差、方向误差和形状误差。

要素的方向公差可同时控制该要素的方向误差和形状误差。

要素的形状公差只能控制该要素的形状误差。

4. 被测要素的尺寸公差与几何公差间的关系应采用的原则综合归纳后见表4-37。

为了正确的理解和采用几何公差与尺寸公差所应遵循的原则，现将独立原则与相关要求的应用场合、功能要求、控制边界及检测方法等进行综合的归纳与对比，见表4-37。

表 4-37 独立原则与相关要求综合归纳与对比

公差原则		符号 应用场合	应用要素	应用项目	功能要求	控制边界	允许的几何误差变化范围	允许的实际尺寸变化范围	检测方法	
									几何误差	实际尺寸
独立原则		无 一般场合	组成要素及导出要素	各种几何公差项目	各种功能要求但互相不能关联	无边界，几何误差和实际尺寸各自满足要求	按图样中注出或未注几何公差的要求	按图样中注出或未注尺寸公差的要求	通用量仪	两点法测量
相关要求	包容要求	Ⓔ 单一要素保证配合性质较高的部位	单一尺寸要素（圆、圆柱面、两平行平面）	形状公差（线、面轮廓度除外）	配合要求	最大实体边界	各项形状误差不能超出其控制边界 $t=0$	最大实体尺寸不能超出其控制边界，而局部实际尺寸不能超越其最小实体尺寸	通端极限量规及专用量仪	通端极限量规测最大实体尺寸，两点法测量最小实体尺寸
	最大实体要求	Ⓜ 保证可装配性，适应于导出要素，不能用于组成要素	导出要素（轴线及中心平面）	直线度、倾斜度、平行度、垂直度、同轴度、对称度、位置度	满足装配要求但无严格的配合要求时采用，如螺栓孔轴线的位置度，两轴线的平行度等	最大实体实效边界	当局部实际尺寸偏离其最大实体尺寸时，几何公差可获得补偿值（增大） $t>0$	其局部实际尺寸不能超出尺寸公差的允许范围	综合量规（功能量规及专用量仪）	两点法测量
	最小实体要求	Ⓛ 保证最低强度、最小壁厚，仅应用于中心要素，不能应用于组成要素	导出要素（轴线及中心平面）	直线度、垂直度、同轴度、位置度等	满足临界设计值的要求，以控制最小壁厚，提高对中度，满足最小实体的要求	最小实体实效边界	当局部实际尺寸偏离其最小实体尺寸时，几何公差可获得补偿值（增大） $t>0$	其局部尺寸不能超出尺寸公差的允许范围	通用量仪	两点法测量
	可逆要求	Ⓡ　ⓂⓇ	导出要素（轴线及中心平面）	适用于Ⓜ的各项目	对最大实体尺寸没有严格要求的场合	最大实体实效边界	当与Ⓜ同时使用时，几何误差变化同Ⓜ	当几何误差小于给出的几何公差时，可补偿给尺寸公差，使尺寸公差增大，其局部实际尺寸可超出给定范围	综合量规或专用量仪控制其最大实体边界	仅用两点法测量最小实体尺寸
		Ⓡ　ⓁⓇ		适用于Ⓛ的各项目	对最小实体尺寸没有严格要求的场合	最小实体实效边界	当与Ⓛ同时使用时，几何误差变化同Ⓛ		三坐标仪或专用量仪控制其最小实体边界	仅用两点法测量其最大实体尺寸

习题与练习四

4-1 将下列几何公差要求分别标注在图4-38a和b上。

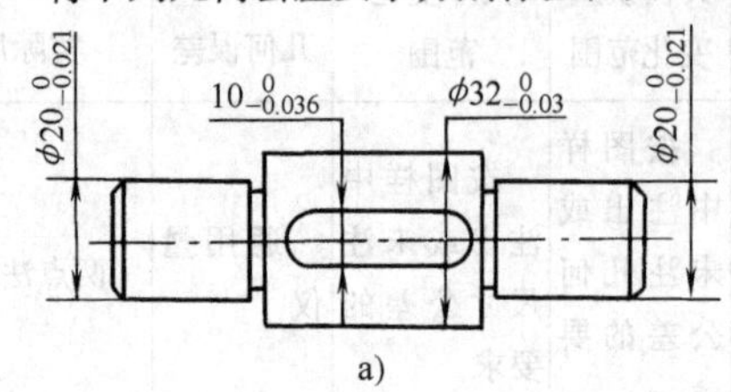

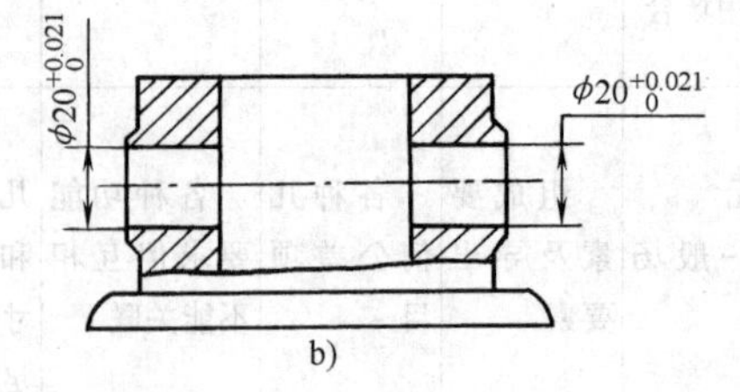

图4-38 习题4-1图

（1）标注在图4-38a上的几何公差要求：

1）$\phi32_{-0.03}^{\ 0}$mm圆柱面对两$\phi20_{-0.021}^{\ 0}$mm公共轴线的圆跳动公差0.015mm。

2）两$\phi20_{-0.021}^{\ 0}$mm轴颈的圆度公差0.01mm。

3）$\phi32_{-0.03}^{\ 0}$mm左、右两端面对面$\phi20_{-0.021}^{\ 0}$mm公共轴线的轴向圆跳动公差0.02mm。

4）键槽$10_{-0.036}^{\ 0}$mm中心平面对$\phi32_{-0.03}^{\ 0}$mm轴线的对称度公差0.015mm。

（2）标注在图4-38b上的几何公差要求：

1）底面的平面度公差0.012mm。

2）$\phi20^{+0.021}_{\ 0}$mm两孔的轴线分别对它们的公共轴线的同轴度公差0.015mm。

3）两$\phi20^{+0.021}_{\ 0}$mm孔的公共轴线对底面的平行度公差0.01mm。

4-2 将下列各项几何公差要求标注在图4-39上。

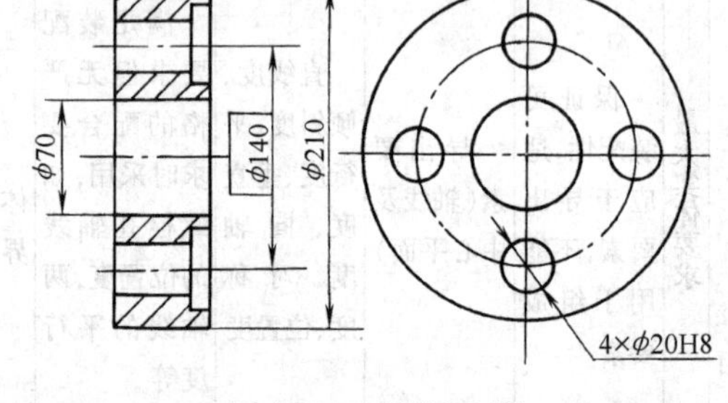

图4-39 习题4-2图

1）左端面的平面度公差0.01mm。

2）$\phi70$mm孔按H7遵守包容原则。

3）4×ϕ20H8mm孔轴线对左端面（第一基准）及$\phi70$mm孔轴线的位置度公差$\phi0.15$mm（4孔均布），对被测要素和基准要素均采用最大实体原则。

4-3 指出图4-40中几何公差标注上的错误，并加以改正（不变更几何公差项目）。

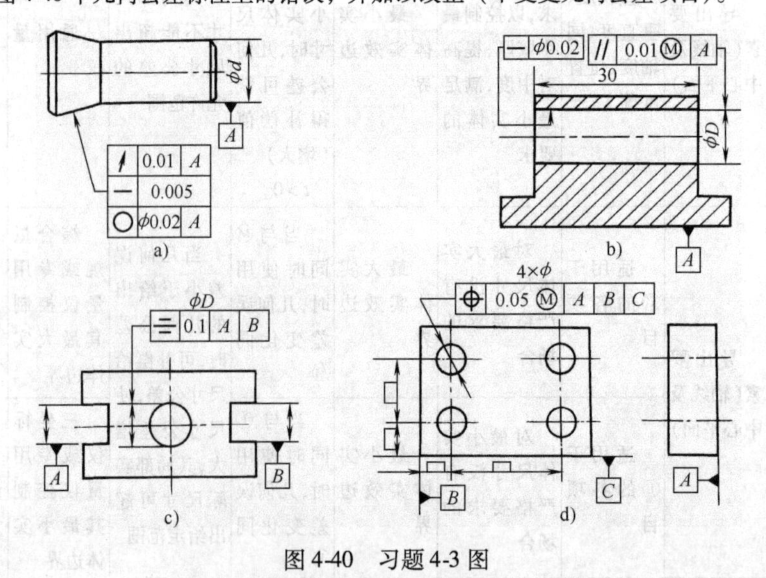

图4-40 习题4-3图

4-4　说明图4-41中各项几何公差的意义，要求包括被测要素、基准要素（如有）以及公差带的特征。

4-5　圆度公差带与径向圆跳动公差带有何异同？若某一实际圆柱面实测径向圆跳动为f，能否断定它的圆度误差一定不会超过f?

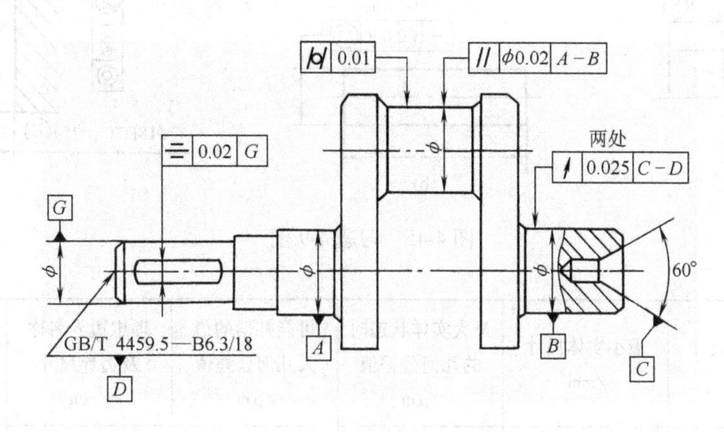

图4-41　习题4-4图

4-6　如图4-42所示，如何解释对上表面平行度的要求？若用两点法测量尺寸h后，知其实际尺寸的最大差值为0.03mm，能否说平行度误差一定不会超差？为什么？

4-7　以图4-43所示方法测量一导轨的直线度误差，指示表示值如下表，试按最小条件求解直线度误差值。

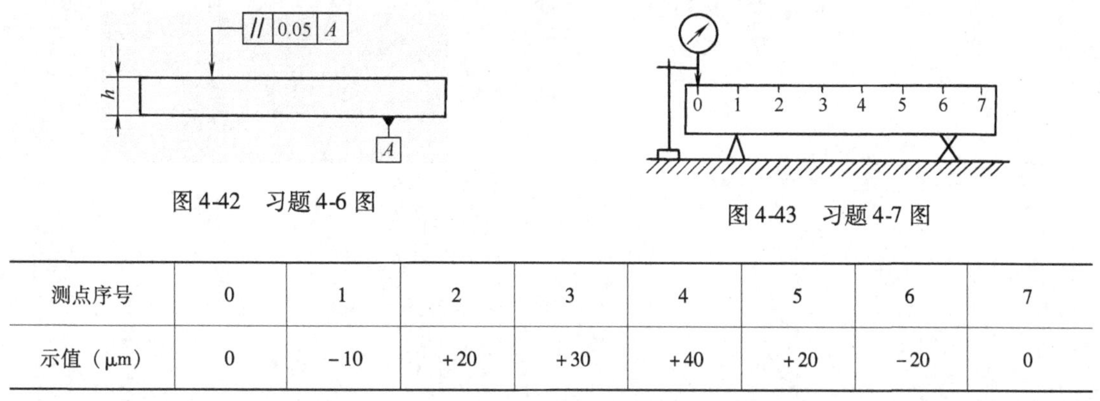

图4-42　习题4-6图

图4-43　习题4-7图

测点序号	0	1	2	3	4	5	6	7
示值（μm）	0	-10	+20	+30	+40	+20	-20	0

4-8　测量图4-44所示零件的对称度误差，得$\Delta = 0.03$mm，Δ如图示。问对称度误差是否超差，为什么？

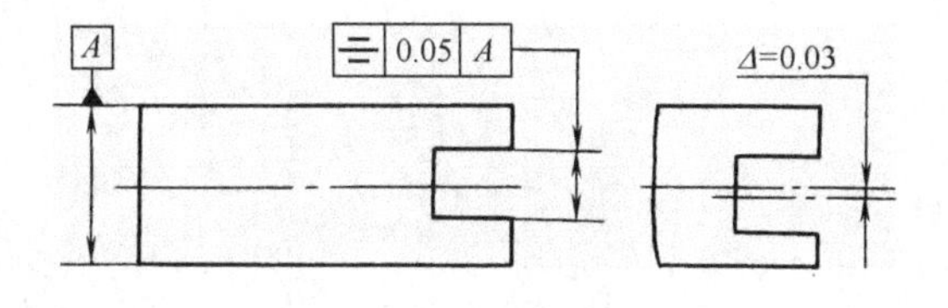

图4-44　习题4-8图

4-9 按图 4-45 所示填写下表。

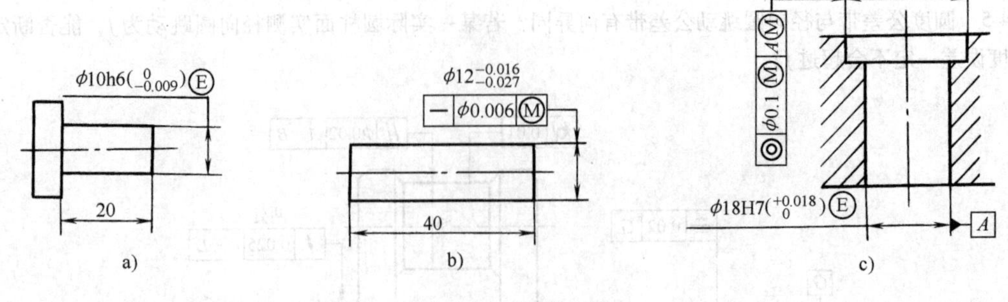

图 4-45 习题 4-9 图

序号	最大实体尺寸 /mm	最小实体尺寸 /mm	最大实体状态时的几何公差值 /μm	可能补偿的最大几何公差值 /μm	理想边界名称及边界尺寸 /mm	实际尺寸合格范围 /mm
a						
b						
c						

第五章　表面缺陷、表面粗糙度及测量

本章要点

1. 掌握判别工件表面缺陷和表面粗糙度的区分方法，学会使用粗糙度样块。
2. 掌握表面粗糙度的基本概念及代号的标注、选用原则。
3. 学会根据图样或技术文件，判别工序间工件和成品表面缺陷的是否具有可接受性。

第一节　概　述

零件的表面，一般是通过去除材料或成形加工（不去除材料）形成的，为使零件满足功能要求，对其表面轮廓不仅要控制尺寸、形状和位置要求，还应控制表面缺陷、表面粗糙度。

表面粗糙度是指零件在加工过程中,因不同的加工方法、机床与工具的精度、振动及磨损等因素在加工表面上所形成的具有较小间隔和较小峰谷的微观状况,它属微观几何形状误差。

表面缺陷是零件表面不仅在加工中，而且在运输、储存或使用过程中生成的无一定规则的单元体。它与表面粗糙度、波纹度和有限表面上的形状误差一起，综合形成了零件的表面特征。

为此强调，在加工过程中，对工件表面质量的要求，不仅要关注粗糙度，还要关注表面缺陷的产生。

一、表面缺陷

根据GB/T 15757—2002《产品几何量技术规范（GPS）表面缺陷　术语、定义及参数》，对有此要求的产品，应以文字叙述的方式在图样或技术文件中说明。

1. 表面缺陷的特征

表面缺陷具有尺寸大小、深度、高度要求，有缺陷面积、总面积，有缺陷数量、单位面积上缺陷数等要求，以上各参数是一个规定的表面上允许的最大极限值。

2. 常见的缺陷类型

（1）凹缺陷类　如铸件表面产生的毛孔、砂眼，模锻件的裂缝、缺损等。

（2）凸缺陷类　如冲压件的氧化皮、飞边，模铸或模锻模具挤出的缝脊。

（3）混合缺陷类　如滚压或锻压出现的皱皮、折叠，吃刀量过大造成的不可去除的刀痕残余。

（4）区域和外观缺陷类　如磨削进给量过大引起的表面的网状裂纹（车轴的裂纹）和鳞片，切削热造成的表面烧伤。

对于表面缺陷的检验与评定，可用经验法目测，需进一步判断、分析其原因时，则用各种仪器测定，控制产品质量。实际表面上有缺陷不表示该表面不可用，缺陷的可接受性取决于表面的用途或功能，并由适当的项目确定该表面是否可用，即长度、宽度、深度、单位面积上的缺陷数等，应单独规定其要求。

二、表面粗糙度

表面粗糙度的产生主要是由于切削加工中的刀痕、刀具与零件表面的摩擦、切屑与工件分离时的塑性变形、工艺系统的高频振动等因素造成的。它是评定产品质量的重要指标。

表面波纹度主要是由加工工艺系统的强迫振动造成的，是表面具有较强周期性波动的中间几何形状误差。

在控制工件表面质量时，强调指出表面粗糙度是指微观几何形状特性，在评定过程中不能把表面缺陷如沟槽、划痕、缩孔等包含进去，即不列入表面粗糙度的测量结果。对于某一表面是否允许有表面缺陷或缺陷的程度如何，应有单独规定。

经机械加工的零件表面，总是存在着宏观和微观的几何形状误差，如图 5-1a、b 所示。

表面粗糙度误差与宏观几何形状误差和波度误差的区别，一般以一定的波距 λ 与波高 h 之比来划分。一般 $\lambda/h>1000$ 者为宏观几何形状误差；$\lambda/h<40$ 者，为表面粗糙度误差；$\lambda/h=40\sim1000$ 者为波度误差。

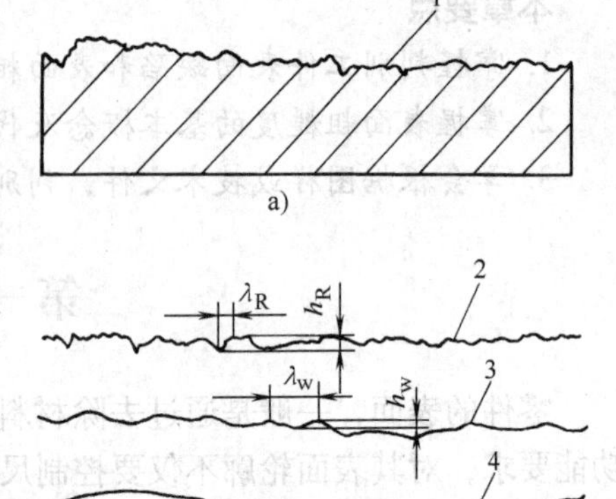

图 5-1　表面粗糙度的概念

a）放大的实际工作表面示意图

b）实际工作表面波形分解图

h_R，h_w—波高　λ_R，λ_w—波距

1—实际工作表面　2—表面粗糙度　3—波度　4—表面宏观几何形状

三、表面粗糙度对零件使用性能的影响

零件表面粗糙不仅影响美观，而且对运动面的摩擦与磨损、贴合面的密封性等都有影响，另外还会影响定位及定位精度、配合性质、疲劳强度、接触刚度、抗腐蚀性等。例如，在间隙配合中，由于表面粗糙不平，会因磨损而使间隙迅速增大，致使配合性质改变；在过盈配合中，表面经压合后，过粗的表面会被压平，减少了实际过盈量，从而影响到接合的可靠性；较粗糙的表面，接触时的有效面积减少，使单位面积承受的压力加大，零件相对运动时，磨损就会加剧；粗糙的表面，峰谷痕迹越深，越容易产生应力集中，使零件疲劳强度下降。

我国表面粗糙度的有关标准主要有四个，《GB/T 3505—2009 产品几何技术规范（GPS）表面结构　轮廓法　术语、定义及表面结构参数》《GB/T 1031—2009 产品几何技术规范（GPS）　表面结构　轮廓法　表面粗糙度参数及其数值》《GB/T 131—2006 产品几何技术规范（GPS）　技术产品文件中表面结构的表示法》和《GB/T 10610—2009 产品几何技术规范（GPS）　表面结构　轮廓法　评定表面结构的规则和方法》。

第二节　表面粗糙度的评定参数

一、主要术语及定义（GB/T 3505—2009）

本标准规定了用轮廓法确定表面结构（粗糙度、波纹度和原始轮廓）的术语、定义和参数。

1. 一般术语

（1）表面轮廓　它是由一个指定平面与实际表面相交所得的轮廓，如图 5-2 所示。

（2）轮廓滤波器　即把表面轮廓分成长波和短波的滤波器。它们的传输特性相同，截止波长不同。

1）λs 轮廓滤波器，即确定存在于表面上的粗糙度与比它更短的波的成分之间相交界限的滤波器，如图 5-3 所示。

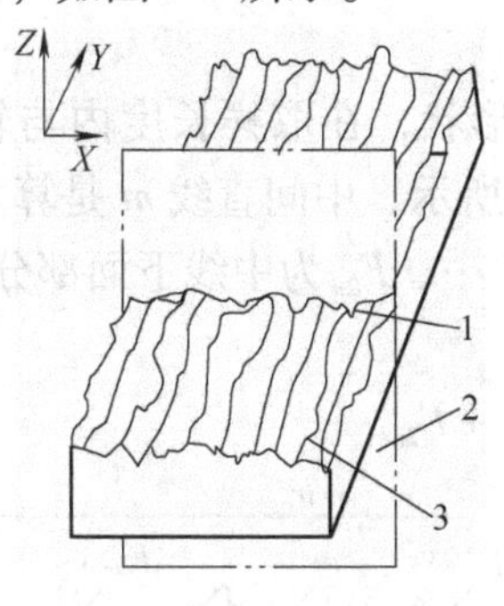

图 5-2　表面轮廓

1—表面轮廓　2—平面　3—加工纹理方向

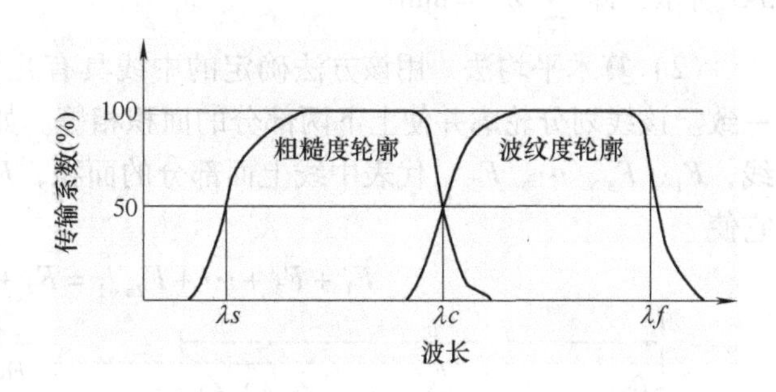

图 5-3　粗糙度和波纹度轮廓的传输特性

2）λc 轮廓滤波器，即确定粗糙度与波纹度成分之间相交界限的滤波器，如图 5-3 所示。

3）λf 轮廓滤波器，确定存在于表面上的波纹度与比它更长的波的成分之间相交界限的滤波器，如图 5-3 所示。

（3）原始轮廓　在应用短波滤波器 λs 之后的总轮廓。它是评定原始轮廓参数的基础。

（4）粗糙度轮廓　它是对原始轮廓采用 λc 滤波器抑制长波成分以后形成的轮廓。它是评定粗糙度轮廓参数的基础，如图 5-3 所示。

（5）波纹度轮廓　它是对原始轮廓连续应用 λf 和 λc 两个滤波器后形成的轮廓。它是评定波纹度轮廓参数的基础，如图 5-3 所示。

2. 取样长度 lr

用于判别具有表面粗糙度特征的 X 轴方向上的一段基准线长度，称为取样长度，代号为 lr。规定取样长度是为了限制和减弱宏观几何形状误差，特别是波度对表面粗糙度测量结果的影响。为了得到较好的测量结果，取样长度应与表面粗糙度的要求相适应，过短不能反映粗糙度实际情况；过长则会把波纹度的成分也包括进去。长波滤波器上的截止波长值，就是取样长度 lr。

另外，取样长度在轮廓总的走向上量取。表面越粗糙，取样长度应越大，这是因为表面越粗糙，波距越大。

3. 评定长度 ln

评定表面粗糙度所需的 X 轴方向上的一段长度称为评定长度，代号为 ln。规定评定长度是为了克服加工表面的不均匀性，较客观地反映表面粗糙度的真实情况，如图 5-4 所示。

评定长度可包含一个或几个取样长度，一般取评定长度 $ln=5lr$。

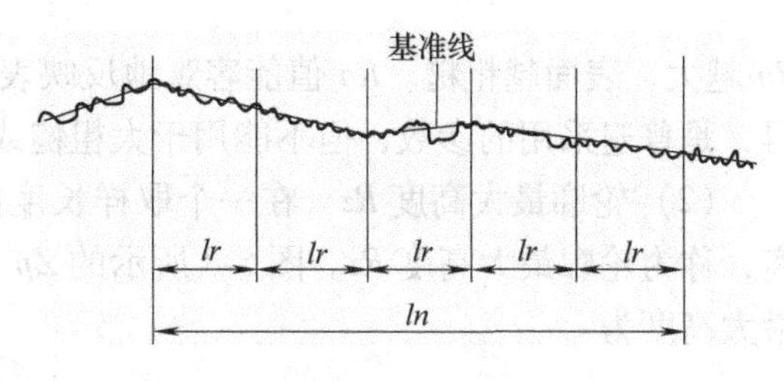

图 5-4　取样长度和评定长度

4. 中线 m

中线是具有几何轮廓形状，并划分轮廓的基准线。中线有下列两种确定方法。

（1）最小二乘法　在取样长度内使轮廓线上各点至该线的距离的二次方和最小，如图5-5 所示，即 $\sum_{i=1}^{n} Z_i^2 = \min$。

（2）算术平均法　用该方法确定的中线具有几何轮廓形状，在取样长度内与轮廓走向一致。该线划分轮廓并使上下两部分的面积相等。如图 5-6 所示，中间直线 m 是算术平均中线，F_1、F_3、…、F_{2n-1}代表中线上面部分的面积，F_2、F_4、…、F_{2n}为中线下面部分的面积，它使

$$F_1 + F_3 + \cdots + F_{2n-1} = F_2 + F_4 + \cdots + F_{2n}$$

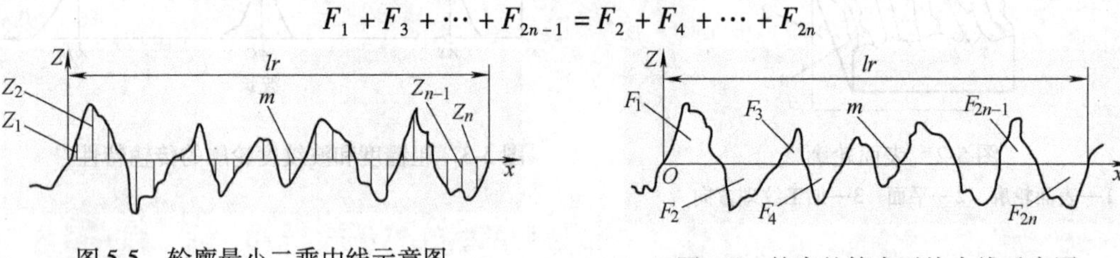

图 5-5　轮廓最小二乘中线示意图

图 5-6　轮廓的算术平均中线示意图

用最小二乘方法确定的中线是唯一的，但比较费事。用算术平均方法确定中线是一种近似的图解法，较为简便，因而得到广泛的应用。

二、表面粗糙度主要评定参数（GB/T 3505—2009）

（1）轮廓算术平均偏差 Ra　在一个取样长度 lr 范围内，纵坐标值 $Z(x)$ 绝对值的算术平均值，如图 5-7 所示。其数学表达式为

$$Ra = \frac{1}{lr}\int_0^l |Z(x)|\,\mathrm{d}x$$

或近似为

$$Ra = \frac{1}{n}\sum_{i=1}^{n} |Z(x_i)|$$

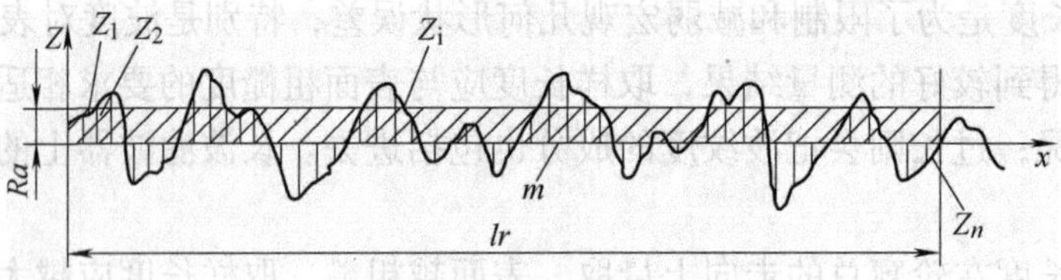

图 5-7　轮廓算术平均偏差 Ra 图

Ra 越大，表面越粗糙。Ra 值能客观地反映表面微观几何形状特性，一般用触针式轮廓仪测得，是普遍采用的参数，但不能用于太粗糙或太光滑的表面。

（2）轮廓最大高度 Rz　在一个取样长度内，最大轮廓峰高与最大轮廓谷底线之间的距离，称为轮廓最大高度 Rz。图 5-8 所示的 Zp 为轮廓最大峰高，Zv 为轮廓最大谷深，则轮廓最大高度为

$$Rz = Zp\max + Zv\max$$

Rz 常用于不允许有较深加工痕迹如受交变应力的表面，或因表面很小不宜采用 *Ra* 时用 *Rz* 评定的表面。*Rz* 只能反映表面轮廓的最大高度，不能反映微观几何形状特征。*Rz* 常与 *Ra* 联用。

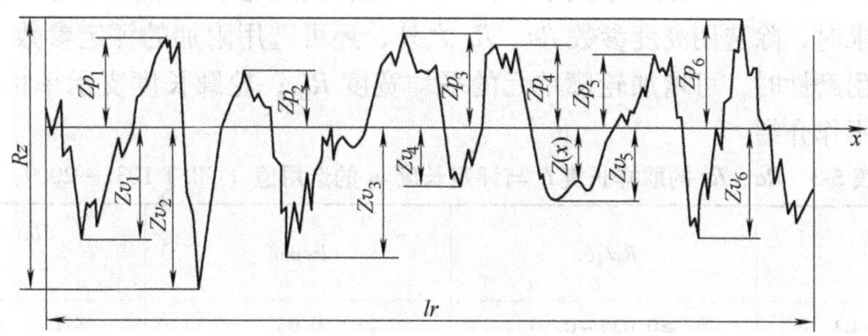

图 5-8　轮廓最大高度 *Rz* 示意图

三、一般规定

国标规定采用中线制轮廓法来评定表面粗糙度，粗糙度的评定参数一般从 *Ra*、*Rz* 中选取，参数值见表 5-1、表 5-2。表中的“系列值”应得到优先选用。

表 5-1　轮廓算术平均偏差（*Ra*）的数值（GB/T 1031—2009）　　（单位：μm）

系列值	补充系列	系列值	补充系列	系列值	补充系列	系列值	补充系列
	0.008						
	0.010						
0.012			0.125		1.25	12.5	
	0.016		0.160	1.6			16.0
	0.020	0.20			2.0		20
0.025			0.25		2.5	25	
	0.032		0.32	3.2			32
	0.040	0.40			4.0		40
0.050			0.50		5.0	50	
	0.063		0.63	6.3			63
	0.080	0.80			8.0		80
0.100			1.00		10.0	100	

表 5-2　微观不平度十点高度（*Rz*）的数值（GB/T 1031—2009）　　（单位：μm）

系列值	补充系列	系列值	补充系列	系列值	补充系列	系列值	补充系列	系列值	补充系列	系列值	补充系列
			0.125		1.25	12.5			125		1250
			0.160	1.60			16.0		160	1600	
		0.20			2.0		20	200			
0.025			0.25		2.5	25			250		
	0.032		0.32	3.2			32		320		
	0.040	0.40			4.0		40	400			
0.050			0.50		5.0	50			500		
	0.063		0.63	6.3			63		630		
	0.080	0.80			8.0		80	800			
0.100			1.00		10.0	100			1000		

在常用的参数值范围内（Ra 为 0.025～6.3μm，Rz 为 0.10～25μm），推荐优先选用 Ra。

国标 GB/T 3505—2009 虽然定义了 R、W、P 三种高度轮廓，常用的是 R 轮廓。当零件表面有功能要求时，除选用高度参数 Ra、Rz 之外，还可选用附加的评定参数。如当要求表面具有良好的耐磨性时，可增加轮廓单元的平均宽度 R_{sm}；轮廓长度支承率指标 Rmr（c）。因篇幅所限，不作介绍。

表 5-3　Ra、Rz 的取样长度 lr 与评定长度 ln 的选用值（GB/T 1031—2009）

Ra/μm	Rz/μm	lr/mm	ln($ln=5lr$) /mm
≥0.008～0.02	≥0.025～0.10	0.08	0.4
>0.02～0.1	>0.10～0.50	0.25	1.25
>0.1～2.0	>0.50～10.0	0.8	4.0
>2.0～10.0	>10.0～50.0	2.5	12.5
>10.0～80.0	>50.0～320	8.0	40.0

第三节　表面结构代号及标注（GB/T 131—2006）

GB/T 131—2006 标准对表面结构中的粗糙度符号、代号及标注都作了规定，以下主要对高度参数 Ra、Rz 的标注作简要说明。

表面粗糙度的基本符号如图 5-9 所示，在图样上用粗实线画出。符号及其意义见表 5-4。

为了明确表面结构要求，除了标注结构参数和数值外，必要时应标注补充要求，补充要求包括传输带、取样长度、加工工艺、表面纹理及方向、加工余量等。

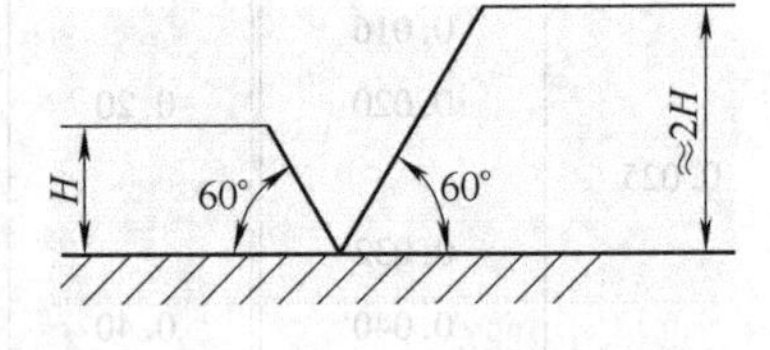

图 5-9　表面粗糙度的基本符号

一、表面结构符号及补充注释符号（表 5-4）

表 5-4　表面结构符号及补充注释符号

序号	符号		含义
1	表面结构的图形符号		基本图形符号，未指定工艺方法的表面，当通过一个注释解释时可单独使用，如大多数表面有相同表面结构要求的简化注法
			扩展图形符号，用去除材料方法获得的表面；仅当其含义是“被加工表面”时可单独使用，如车、铣、钻、磨、剪切、腐蚀、电加工、气割等
			扩展图形符号，不去除材料的表面，也可用于表示保持上道工序形成的表面，不管这种状况是通过去除材料或不去除材料形成的，如铸、锻、冲压变形等

（续）

序号	符　号		含　义
2	带补充注释的（带长边横线）的图形符号	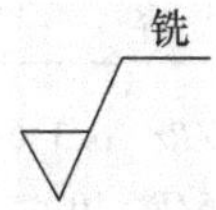 铣	加工方法：铣削
		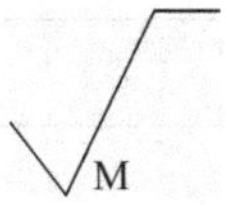 M	表面纹理：纹理呈多方向（见表 5-5）
		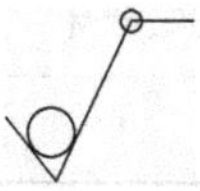	对投影视图上封闭的轮廓线所表示的各表面有相同的表面结构要求
		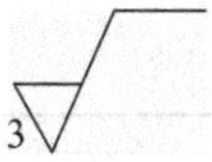 3	加工余量为 3mm

注：当要求标注结构特征的补充信息时，应在图形符号的长边上加一横线，如“√‾‾”用于标注有关参数和说明。

二、加工纹理方向符号（表 5-5）

表 5-5　加工纹理方向符号

符号	说　明	示 意 图
=	纹理平行于视图所在的投影面	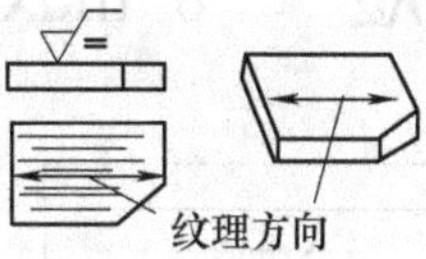 纹理方向
⊥	纹理垂直于视图所在的投影面	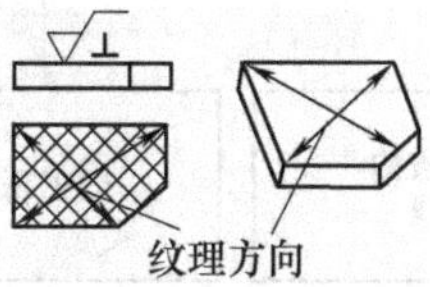 纹理方向
×	纹理呈两斜向交叉且与视图所在的投影面相交	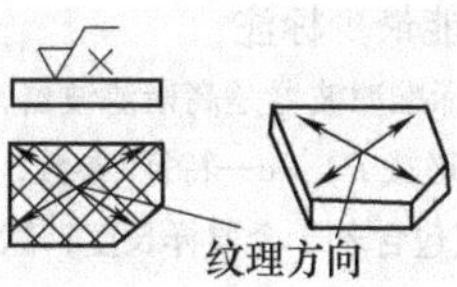 纹理方向
M	纹理呈多方向	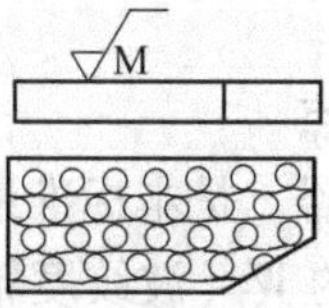
C	纹理呈近似同心圆且圆心与表面中心相关	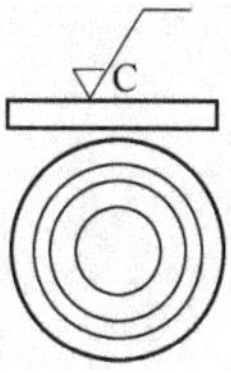
R	纹理呈近似放射状且与表面圆心相关	
P	纹理呈微粒、凸起，无方向	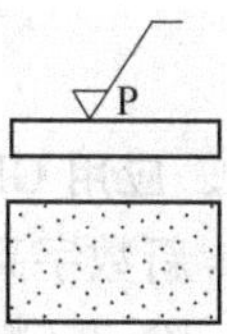

注：1. 若表中所列符号不能清楚地表明所要求的纹理方向，应在图样上用文字说明。

2. 若没有指定测量方向时，该方向垂直于被测表面加工纹理，即与 Ra、Rz 的最大值相一致。

3. 对无方向的表面，测量截面的方向可以是任意的。

三、表面结构补充要求的注写位置（表 5-6）。

表 5-6 表面结构补充要求的注写位置

符 号	位置	注 写 内 容
c a e d b 表面结构完整图形符号	a	表面结构的单一要求，如 0.0025—0.8/*Rz* 6.3（传输带标注）：-0.8/*Rz* 6.3（取样长度要求）；0.008—0.5/16/*R* 10
	a 和 b	两个或多个表面结构要求
	c	加工方法，如车、磨、镀等加工表面
	d	要求的表面纹理和方向，如“=”、“×”、“M”
	e	加工余量数值，单位为 mm

四、控制表面功能的最少标注（图 5-10）

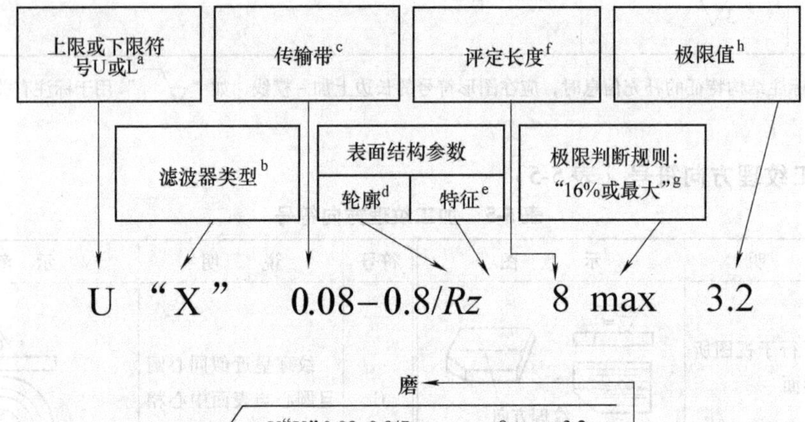

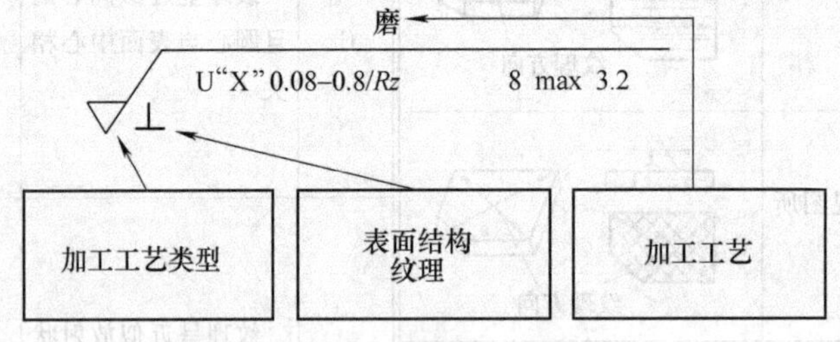

图 5-10 表面功能最少标注

a—上限或下限符号 U 或 L b—滤波器类型“X”。标准滤波器是高斯滤波器，代替了 2RC 滤波器 c—传输带标注为短波或长波滤波器 d—轮廓（*R*、*W* 或 *P*） e—特征/参数，代号后无“max”用“16%”规则；否则按“最大规则” f—评定长度包含若干个取样长度；默认评定长度 $ln=5lr$ g—极限判断规则（“16%规则”或“最大化规则”） h—以微米为单位的极限值

五、应用 GB/T 131—2006 标准的重要性及特点

1）新数字高斯滤波器，取代了模数 2RC 滤波器，是本标准最重要的变化。
2）除 *R*（粗糙度轮廓）外，还定义了两个新的 *W*（波纹度轮廓）和 *P*（原始轮廓）。
3）参数标注为大小写斜体，如 *Ra* 和 *Rz*，旧标准中标注为下标的如 R_a 和 R_z 不再使用。
4）标准中 *Rz* 为原 *Ry* 的定义，原 *Ry* 的符号不再使用。
5）重新定义了表面结构触针式测量仪器（GB/T 6062—2009），用于实际轮廓的评定。

鉴于当前企业旧的标准、仪器、图样处于替代与过渡中，国标指出旧图样仍可以按旧版本 GB/T 131—1993 解释，即新（旧）标准、图样、仪器应配套使用。

有关表面结构要求图样标注的演变（GB/T 131—2006）见表 5-7。

表 5-7　表面结构 GB/T 131 图形标注的演变表

GB/T 131		说明问题的示例	GB/T 131		说明问题的示例
1993 版	2006 版		1993 版	2006 版	
1.6　1.6	*Ra* 1.6	*Ra* 只采用“16% 规则”	*Ry*3.2　0.8	−0.8/*Rz* 6.3	除 *Ra* 外，其他参数及取样长度
*Ry*3.2　*Ry*3.2	*Rz* 3.2	除了 *Ra*“16% 规则”的参数	*Ry*3.2	*Ra* 1.6 *Rz* 6.3	*Ra* 及其他参数
1.6max	*Ra* max 1.6	“最大规则”	*Ry*3.2	*Rz*3 6.3	评定长度中的取样长度个数如果不是 5
1.6　0.8	−0.8/*Ra* 1.6	*Ra* 加取样长度（0.8 × 5mm = 4mm）	—	L *Ra* 1.6	下限值
—	0.025−0.8/*Ra* 1.6	传输带	3.2 1.6	U *Ra* 3.2 L *Ra* 1.6	上、下限值

注：1. “16% 规则”：用同一个参数及评定长度，测值大于（或小于）规定值的个数不超过总数的 16% 则该表面合格。

2. “最大规则”：在被检的整个表面上，参数值一个也不能超过规定值。

3. “传输带”：是两个定义的滤波器之间的波长范围。即被一个短波滤波器和另一个长波滤波器所限制。长波滤波器的截止波长值就是取样长度。传输带即是评定时的波长范围。使用传输带的优点是测量的不确定度大为减少。

六、表面结构要求的标注示例（表 5-8）

表 5-8　表面结构要求的标注示例

序号	要　　求	示　　例
1	表面粗糙度 双向极值：上限值 *Ra* = 50μm；下限值 *Ra* = 6.3μm 均为“16% 规则”（默认） 两个传输带均为 0.008—4mm（滤波器标注，短波在前，长波在后） 默认的评定长度 5 × 4mm = 20mm 加工方法：铣 加工纹理：成近似同心圆，与表面中心相关 注：因不会引起争议，不必加 U 和 L	铣 0.008−4/*Ra* 50 0.008−4/*Ra* 6.3 C

（续）

序号	要　　求	示　　例
2	除一个表面外，所有表面的粗糙度为 单值上限值 $Rz=6.3\mu m$；“16% 规则”（默认） 默认传输带：默认评定长度（$5\times\lambda c$） 表面纹理无要求：去除材料的工艺 不同的表面，粗糙度为 单向上限值：$Ra=0.8\mu m$；“16% 规则”（默认） 默认传输带：默认评定长度（$5\times\lambda c$） 表面纹理无要求：去除材料的工艺	Ra 0.8 Rz 6.3 （√）
3	表面粗糙度 两个单向上限值： 1）$Ra=1.6\mu m$ “16% 规则”（默认）（GB/T 10610）；默认传输带（GB/T 10610 和 GB/T 6062）及评定长度（$5\times\lambda c$） 2）$Rz\max=6.3\mu m$ “最大规则”；传输带 $-2.5\mu m$（GB/T 6062）；默认评定长度（$5\times2.5mm$） 表面纹理垂直于视图的投影面 加工方法：磨削	磨 Ra 1.6 $-2.5/Rz\max6.3$ ⊥
4	表面结构和尺寸可标注为 一起标注在延长线上，或分别标注在轮廓线和尺寸界线上 示例中的三个表面粗糙度要求为 单向上限值，分别为：$Ra=1.6\mu m$，$Ra=6.3\mu m$，$Rz=12.5\mu m$ “16%”规则（默认）（GB/T 10610）；默认传输带（GB/T 10610 和 GB/T 6062）；默认评定长度 $5\times\lambda c$（GB/T 6062） 表面纹理无要求 去除材料的工艺	Ra 1.6 R3 Ra 6.3 Rz 12.5 ϕ40
5	表面粗糙度 单向上限值 $Rz=0.8\mu m$ “16% 规则”（默认）（GB/T 10610） 默认传输带（GB/T 10610 和 GB/T 6062） 默认评定长度（$5\times\lambda c$）（GB/T 10610） 表面纹理没有要求 表面处理：铜件，镀镍/铬（铜材、电镀光亮镍 $5\mu m$ 以上；普通装饰铬 $0.3\mu m$ 以上） 表面要求对封闭轮廓的所有表面有效	Cu/Ep · Ni5bCr0.3r Rz 0.8

（续）

序号	要　　求	示　　例
6	表面粗糙度 一单向上限值和一个双向极限值： 1）单向 $Ra=1.6\mu m$ "16%规则"（默认）（GB/T 10610） 传输带 -0.8mm（λs 根据 GB/T 6062 确定） 评定长度 5×0.8mm=4mm（GB/T 10610） 2）双向 Rz 上限值 $Rz=12.5\mu m$ 下限值 $Rz=3.2\mu m$ "16%规则"（默认） 上下极限传输带均为 -2.5mm（"-"号表示长波滤波器标注） （λs 根据 GB/T 6062—2009 确定） 上下极限评定长度均为 5×2.5mm=12.5mm （即使不会引起争议，也可以标注 U 和 L 符号） 表面处理：钢件，镀镍/铬（钢材，电镀光亮镍 10μm 以上；普通装饰铬 0.3μm 以上）	Fe/Ep·Ni10bCr0.3r -0.8/Ra 1.6 U-2.5/Rz 12.5 L-2.5/Rz 3.2
7	表面结构和尺寸可以标注在同一尺寸线上 键槽侧壁的表面粗糙度 一个单向上限值 $Ra=3.2\mu m$ "16%规则"（默认）（GB/T 10610） 默认评定长度（5×λc）（GB/T 6062） 默认传输带（GB/T 10610 和 GB/T 6062） 表面纹理没有要求 去除材料的工艺 倒角的表面粗糙度 一个单向上限值 $Ra=6.3\mu m$ "16%规则"（默认）（GB/T 10610） 默认评定长度 5×λc（GB/T 6062） 默认传输带（GB/T 10610 和 GB/T 6062） 表面纹理没有要求 去除材料的工艺	C2 A Ra 6.3 A A—A Ra 3.2
8	表面结构、尺寸和表面处理的标注 示例是三个连续的加工工序 第一道工序：单向上限值，$Rz=1.6\mu m$；"16%规则"（默认）（GB/T 10610）；默认传输带（GB/T 10610 和 GB/T 6062）及评定长度（5×λc）（GB/T 6062）；表面纹理无要求；去除材料的工艺 第二道工序：镀铬，无其他表面结构要求 第三道工序：一个单向上限值，仅对长为 50mm 的圆柱表面有效；$Rz=6.3\mu m$；"16%规则"（默认）（GB/T 10610）；默认传输带（GB/T 10610 和 GB/T 6062）及评定长度（5×λc）（GB/T 6062）；表面纹理无要求；磨削加工工艺	Fe/Ep·Cr50　磨 Rz 6.3 Rz 1.6 50 φ29h7

（续）

序号	要　　求	示　　例
9	齿轮、渐开线花键、螺纹等工作表面没有画出齿（牙）形时，表面粗糙度代号可按图例简化标注在节圆线上或螺纹大径上 中心孔工作表面的粗糙度应在指引线上标出	Ra 2.5　Ra 2.5　齿轮 Ra 2.5　Ra 6.3　2×B2/6.3 GB/T4459.5 渐开线花键、中心孔 Ra 2.5　M8–6h　Ra 1.6　螺纹　M8–6H　Ra 2.5
10	表面结构要求标注在几何公差框格的上方 图例表示导轨工作面经刮削后，在 25mm × 25mm 面积内接触点不小于 10 点，单一上限值 $Ra = 1.6\mu m$；“16% 规则”（默认）；默认传输带及评定长度（$5 \times \lambda c$）	两面/刮□25内10点 Ra 1.6 ▱ 0.02 机床山形导轨

第四节　表面粗糙度值的选择

表面粗糙度是一项重要的技术经济指标，选取时应在满足零件功能要求的前提下，同时考虑工艺的可行性和经济性。确定零件表面粗糙度时，除有特殊要求的表面外，一般多采用类比法选取。

表面粗糙度数值的选择，一般应作以下考虑。

1）在满足零件表面功能要求的情况下，尽量选用大一些的表面粗糙度值。

2）一般情况下，同一个零件上，工作表面（或配合面）的表面粗糙度值应小于非工作面（或非配合面）的表面粗糙度值。

3）摩擦面、承受高压和交变载荷的工作面的表面粗糙度值应小一些。

4）尺寸精度和形状精度要求高的表面，其表面粗糙度值应小一些。

5）要求耐腐蚀的零件表面，其表面粗糙度值应小一些。

6）有关标准已对表面粗糙度要求作出规定的，应按相应标准确定表面粗糙度值。

有关圆柱体接合的表面粗糙度值的选用，见表 5-9。

表 5-9　常用零件表面的表面粗糙度推荐值

表面特征	公差等级	表面	*Ra*/μm 不大于 公称尺寸/mm ≤50	 50~500
经常装拆零件的配合表面（如交换齿轮、滚刀等）	IT5	轴	0.2	0.4
		孔	0.4	0.8
	IT6	轴	0.4	0.8
		孔	0.4~0.8	0.8~1.6
	IT7	轴	0.4~0.8	0.8~1.6
		孔	0.8	1.6
	IT8	轴	0.8	1.6
		孔	0.8~1.6	1.6~3.2

表面特征	公差等级	表面	公称尺寸/mm ≤50	 50~120	 120~500
a）过盈配合的配合表面 装配按机械压入法	IT5	轴	0.1~0.2	0.4	0.4
		孔	0.2~0.4	0.8	0.8
	IT6~IT7	轴	0.4	0.8	1.6
		孔	0.8	1.6	1.6
	IT8	轴	0.8	0.8~1.6	1.6~3.2
		孔	1.6	1.6~3.2	1.6~3.2
b）装配按热装法	—	轴	1.6		
		孔	1.6~3.2		

表面特征	表面	径向跳动公差/μm 2.5	 4	 6	 10	 16	 25
精密定心用配合的零件表面		*Ra*/μm 不大于					
	轴	0.05	0.1	0.1	0.2	0.4	0.8
	孔	0.1	0.2	0.2	0.4	0.8	1.6

表面特征	表面	标准公差等级 IT6~9	 IT10~12	液体湿摩擦条件
滑动轴承的配合表面		*Ra*/μm 不大于		
	轴	0.4~0.8	0.8~3.2	0.1~0.4
	孔	0.8~1.6	1.6~3.2	0.2~0.8

齿轮传动		齿轮精度等级	4	5	6	7	8	9	10	11
齿轮传动	直齿、斜齿、人字齿轮		0.2~0.4		0.4~0.8		1.6	3.2	6.3	

第五节　表面粗糙度的测量

测量表面粗糙度的方法很多，下面仅介绍几种常用的测量方法及程序，见表 5-10。

表 5-10 粗糙度检验的简化程序（GB/T 10610—2009）

序号	方法	步 骤
1	目视法检查	对于那些明显没必要用更精确的方法来检验的工件表面，选择目视法检查。例如，因为实际表面粗糙度比规定的表面粗糙度明显地好或明显地不好，或者因为存在明显的影响表面功能的表面缺陷
2	比较法检查	如果目视检查不能作出判定，可采用与粗糙度比较样块进行触觉和视觉比较的方法
3	测量法检查	如果用比较检查不能作出判定，应根据目视检查在表面上那个最有可能出现极值的部位进行测量 （1）在所标出参数符号后面没有注明“max”（最大值）的要求时，若出现下述情况，工件是合格的，并停止检测。否则，工件应判废 ——第 1 个测得值不超过图样上规定值的 70% ——最初的 3 个测得值不超过规定值 ——最初的 6 个测得值中共有 1 个值超过规定值 ——最初的 12 个测得值中只有 2 个值超过规定值 （2）在标出参数符号后面标有“max”时，一般在表面可能出现最大值处（如有明显可见的深槽处）至少应进行三次测量；如果表面呈均匀痕迹，则可在均匀分布的三个部位测量 （3）利用测量仪器能获得可靠的粗糙度检验结果。因此，对于要求严格的零件，一开始就应直接使用测量仪器进行检验

一、比较法

比较法就是将被测零件表面与表面粗糙度样块（图 5-11a），通过视觉、触感或其他方法进行比较后，对被检表面的粗糙度作出评定的方法。

用比较法评定表面粗糙度虽然不能精确地得出被检表面的粗糙度数值，但由于器具简单，使用方便且能满足一般的生产要求，故常用于生产现场，包括车、磨、镗、铣、刨等机械加工用的表面粗糙度比较样块。

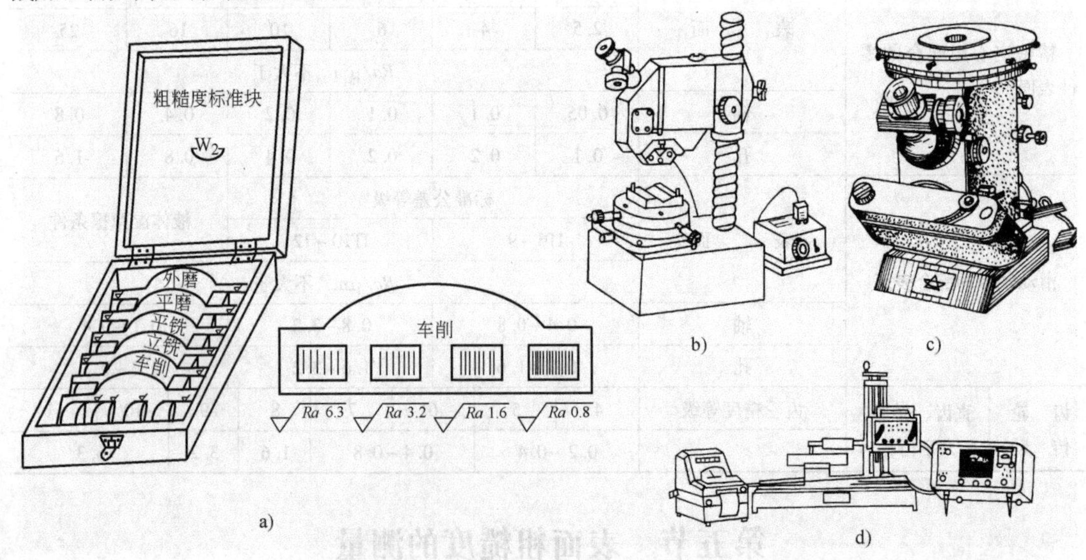

图 5-11 表面粗糙度常用测量仪器

a）表面粗糙度样块 b）双管显微镜（9J 型） c）干涉显微镜（6JA 型） d）电动轮廓仪（2201 型）

二、光切法

光切法就是利用“光切原理”来测量零件的表面粗糙度值，工厂计量部门用的光切显微镜（又称双管显微镜，如图5-11b所示）就是应用这一原理设计而成的。

光切法一般用于测量表面粗糙度的 *Ra*、*Rz* 参数，参数的测量范围依仪器的型号不同而有所差异。*Rz* 值为0.8～80μm，对内表面及大工件测量不便。

三、干涉法

干涉法就是利用光波干涉原理来测量表面粗糙度值，使用的仪器叫做干涉显微镜（图5-11c）。

通常干涉显微镜用于测量 *Ra*、*Rz* 参数，并可测到较小的参数值，一般测量范围是0.03～1μm。对内表面及大工件测量不方便。

以上两种光学仪器皆因工作台小，须将工件切割成小试样后放于工作台上才能测量。

四、针描法

针描法又称感触法，它是利用金刚石针尖与被测表面相接触，当针尖以一定速度沿着被测表面移动时，被测表面的微观不平将使触针在垂直于表面轮廓方向上产生上下移动，将这种上下移动转换为电量并加以处理。人们可对记录装置记录得到的实际轮廓图进行分析计算，或直接从仪器的指示表中获得参数值。

采用针描法测量表面粗糙度的仪器叫做电动轮廓仪（图5-11d），它可以直接指示 *Ra* 值，也可以经放大器记录出图形，作为 *Ra*、*Rz* 等多种参数的评定依据。该类仪器的优点：不受工件大小制约，可在大型工件上测取数据，避免因取样而破坏工件的麻烦，因此优先选用。*Ra* 一般为0.01～6.3μm，甚至20μm。

符合新标准的接触（触针）式新型智能化仪器（轮廓计和轮廓记录仪）如TR101型及SJ-301/RJ-201型等便携式粗糙度测量仪（图5-12a、b）测得 *Ra*、*Rz* 等参数，已出现取代光切法及干涉法仪器的趋势。

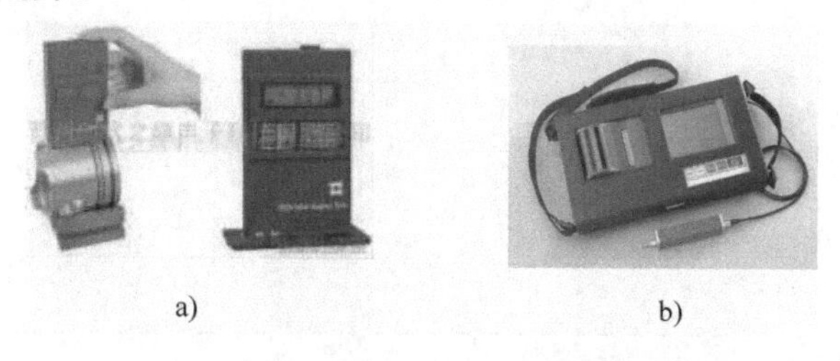

a)　　b)

图5-12　便携式粗糙度测量仪

a）TR101袖珍表面粗糙度仪　b）SJ-301表面粗糙度测量仪

小　　结

1. 本章介绍了表面缺陷、表面粗糙度两类最常见的表面质量控制环节，这是确保零件发挥使用功能的基本要求，应同时关注。

2. 阐述了常见表面缺陷的术语及分类；表面粗糙度的基本术语及定义、表面粗糙度值选用原则。

3. 按不同高度值区分几何形状误差时，形状误差为0.02mm到几毫米；表面波度为0.1～50μm；表面粗糙度则介于0.01μm到几百微米之间。使用中应优先选用 *Ra* 指标和轮廓仪。掌握机加工中常用工种粗糙度样块的使用。

4. 对高精度的渐开线齿轮粗糙度的测量，因齿面曲率大，应使用专用仪器进行测量，如SP-60齿轮测量仪。

5. 应用 GB/T 131—2006 标准的重要性及特点简述：

1）参数标注为大、小写斜体，如 *Ra*、*Rz*。

2）新的 *Rz* 为原 R_y 的定义。原 R_y 的符号不再使用。

3）重新定义了表面结构触针式测量仪器（GB/T 6062—2009），用于实际轮廓的评定。

4）“16% 规则”，参数测值大于（或小于）规定值的个数不超过总数的 16% 则该表面合格。

5）“最大规则”，整个表面上，参数值一个也不能超过规定值。

6）“传输带”是两个定义的滤波器间的波长范围——取样长度。使用传输带的优点，使测量的不确定度大为减少。

7）旧版本与新版本图形标注的演变见表 5-7。

8）鉴于标准、图样、接触式轮廓仪器正处于替代与过渡中，国标 GB/T 131—2006 指出标准、图样、仪器三者应配套与正确使用。

习题与练习五

5-1　常见的表面缺陷有________、________、________、________四种类型。

5-2　加工中或完工的工件存在表面缺陷的可接受性，取决于表面的________，并由适当的________来确定。

5-3　检验表面粗糙度的程序有________、________、________三种方法。对大尺寸、高精度工件，在保持工件尺寸形状完整前提下，应选用________方法，________仪器。

5-4　表面粗糙度的特性属于（　　）。

A. 宏观几何形状误差　　B. 表面缺陷　　C. 微观几何形状误差　　D. 波纹度轮廓

5-5　工件表面缺陷的特征是什么？它与表面粗糙度的本质区别在哪里？

5-6　评定表面粗糙度时，为什么要规定取样长度和评定长度？

5-7　试述表面粗糙度评定参数 *Ra*、*Rz* 的含义。

5-8　简述表面粗糙度常用的测量方法和测量仪器。

第六章　光滑极限量规（GB/T 1957—2006、GB/T 3177—2009）

本章要点

1. 塞规和卡规的用途、功能、公差带特点。
2. 孔用和轴用工作量规的设计。

第一节　概　　述

光滑极限量规是一种具有孔或轴的上极限尺寸和下极限尺寸为公称尺寸的标准测量面，能控制被测孔或轴的边界条件的、没有刻线的专用量具。它不能确定工件的实际尺寸，只能确定工件尺寸是否处于规定的极限尺寸范围内。因量规结构简单，制造容易，使用方便，因此广泛应用于成批大量生产中。

光滑极限量规有塞规和卡规。其中，塞规是孔用极限量规，它的通规是根据孔的下（最小）极限尺寸确定的，作用是防止孔的作用尺寸小于孔的下（最小）极限尺寸；止规是按孔的上（最大）极限尺寸设计的，作用是防止孔的实际尺寸大于孔的上（最大）极限尺寸，如图 6-1a 所示。

卡规是轴用量规，它的通规是按轴的上（最大）极限尺寸设计的，其作用是防止轴的作用尺寸大于轴的上（最大）极限尺寸；止规是按轴的下（最小）极限尺寸设计的，其作用是防止轴的实际尺寸小于轴的下（最小）极限尺寸，如图 6-1b 所示。

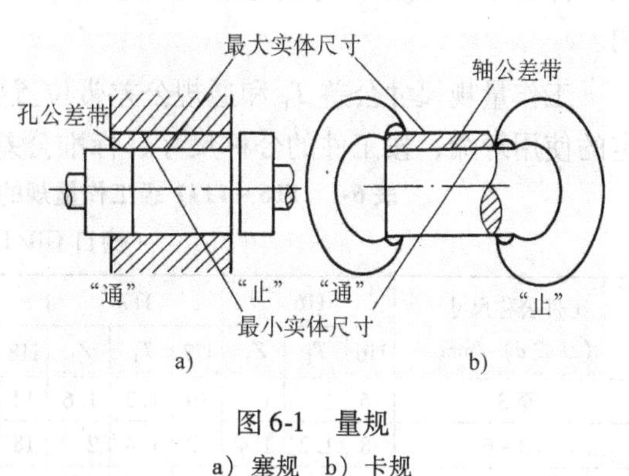

图 6-1　量规
a）塞规　b）卡规

光滑极限量规技术条件的标准是 GB/T 1957—2006，仍适用于检测国标《极限与配合》（GB/T 1800）规定的公称尺寸至 500mm，公差等级为 IT6 ~ IT16 的采用包容要求的孔与轴。

量规按用途分为：工作量规、验收量规和校对量规三种。工作量规是工人在生产过程中检验工件用的量规，它的通规和止规分别用代号“T”和“Z”表示。验收量规是检验部门或用户验收产品时使用的量规。校对量规是校对轴用工作量规的量规，以检验其是否符合制造公差和在使用中是否达到磨损极限。

实际生产中，工作量规用得最多，最普遍。因篇幅所限，下面仅阐述与工作量规设计有关的内容。

第二节　量规尺寸公差带

一、工作量规公差带

量规在制造过程中，不可避免地会产生误差，因而必须给定尺寸公差加以限制。通规在检验零件时，要经常通过被检零件，其工作表面会逐渐磨损以至报废。为了使通规有一个合理的使用寿命，还必须留有适当的磨损量。因此，通规偏差由工作量规尺寸公差（T_1）和通端工作量规公差带的中心线至工件最大实体之间的距离（Z_1）两部分组成。

止规由于不经常通过零件，磨损极少，所以只规定了制造公差。

量规设计时，以被检零件的极限尺寸作为量规的公称尺寸，验收极限是判断所检验工件合格与否的尺寸界限。

图 6-2 所示为光滑极限量规公差带图。标准规定公差带以不超越工件极限尺寸为原则。通规的公差带对称于 Z_1 值（称为通端的位置要素），其允许磨损量以工件的最大实体尺寸为极限；止规的制造公差带是从工件的最小实体尺寸算起，分布在尺寸公差带之内。

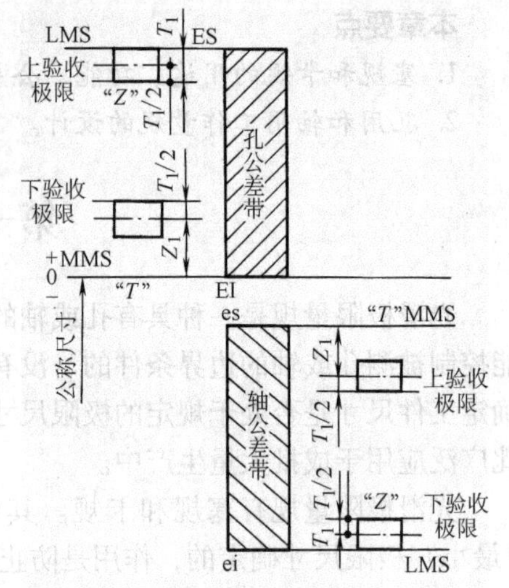

图 6-2　量规公差带图

工作量规尺寸公差 T_1 和通规公差带位置要素 Z_1 是综合考虑了量规的制造工艺水平和一定的使用寿命，按工件的公称尺寸、标准公差等级给出的，具体数值见表 6-1。

表 6-1　IT6 ~ IT11 级工作量规的尺寸公差 T_1 和通端位置要素值 Z_1

（摘自 GB/T 1957—2006）　　（单位：μm）

工件公称尺寸（D 或 d）/mm	IT6			IT7			IT8			IT9			IT10			IT11		
	IT6	T_1	Z_1	IT7	T_1	Z_1	IT8	T_1	Z_1	IT9	T_1	Z_1	IT10	T_1	Z_1	IT11	T_1	Z_1
至 3	6	1	1	10	1.2	1.6	14	1.6	2	25	2	3	40	2.4	4	60	3	6
>3 ~ 6	8	1.2	1.4	12	1.4	2	18	2	2.6	30	2.4	4	48	3	5	75	4	8
>6 ~ 10	9	1.4	1.6	15	1.8	2.4	22	2.4	3.2	36	2.8	5	58	3.6	6	90	5	9
>10 ~ 18	11	1.6	2	18	2	2.8	27	2.8	4	43	3.4	6	70	4	8	110	6	11
>18 ~ 30	13	2	2.4	21	2.4	3.4	33	3.4	5	52	4	7	84	5	9	130	7	13
>30 ~ 50	16	2.4	2.8	25	3	4	39	4	6	62	5	8	100	6	11	160	8	16
>50 ~ 80	19	2.8	3.4	30	3.6	4.6	46	4.6	7	74	6	9	120	7	13	190	9	19
>80 ~ 120	22	3.2	3.8	35	4.2	5.4	54	5.4	8	87	7	10	140	8	15	220	10	22
>120 ~ 180	25	3.8	4.4	40	4.8	6	63	6	9	100	8	12	160	9	18	250	12	25
>180 ~ 250	29	4.4	5	46	5.4	7	72	7	10	115	9	14	185	10	20	290	14	29
>250 ~ 315	32	4.8	5.6	52	6	8	81	8	11	130	10	16	210	12	22	320	16	32
>315 ~ 400	36	5.4	6.2	57	7	9	89	9	12	140	11	18	230	14	25	360	18	36
>400 ~ 500	40	6	7	63	8	10	97	10	14	155	12	20	250	16	28	400	20	40

二、验收量规

在量规国家标准中，没有单独规定验收量规公差带，但规定了检验部门应使用磨损较多的通规，用户代表应使用接近工件最大实体尺寸的通规，以及接近工件最小实体尺寸的止规。

第三节　量规设计

一、量规设计原则及其结构

光滑极限量规的设计应符合极限尺寸判断原则（泰勒原则），即孔或轴的作用尺寸不允许超过最大实体尺寸，且在任何位置上的实际尺寸不允许超过最小实体尺寸。根据这一原则，通规应设计成全形的，即其测量面应具有与被测孔或轴相应的完整表面，其尺寸应等于被测孔或轴的最大实体尺寸，其长度应与被测孔或轴的配合长度一致；止规应设计成两点式的，其尺寸应等于被测孔或轴的最小实体尺寸。

但在实际应用中，极限量规常偏离上述原则。例如，为了用已标准化的量规，允许通规的长度小于接合面的全长；对于尺寸大于100mm的孔，用全形塞规通规很笨重，不便使用，允许用不全形塞规；环规通规不能检验正在顶尖上加工的工件及曲轴，允许用卡规代替；检验小孔的塞规止规，常用便于制造的全形塞规；刚性差的工件，由于考虑受力变形，也常用全形塞规或环规。

必须指出，只有在保证被检验工件的形状误差不影响配合性质的前提下，才允许使用偏离极限尺寸判断原则的量规。

选用量规结构形式时，必须考虑工件结构、大小、产量和检验效率等。图6-3所示为量规的形式及其应用。

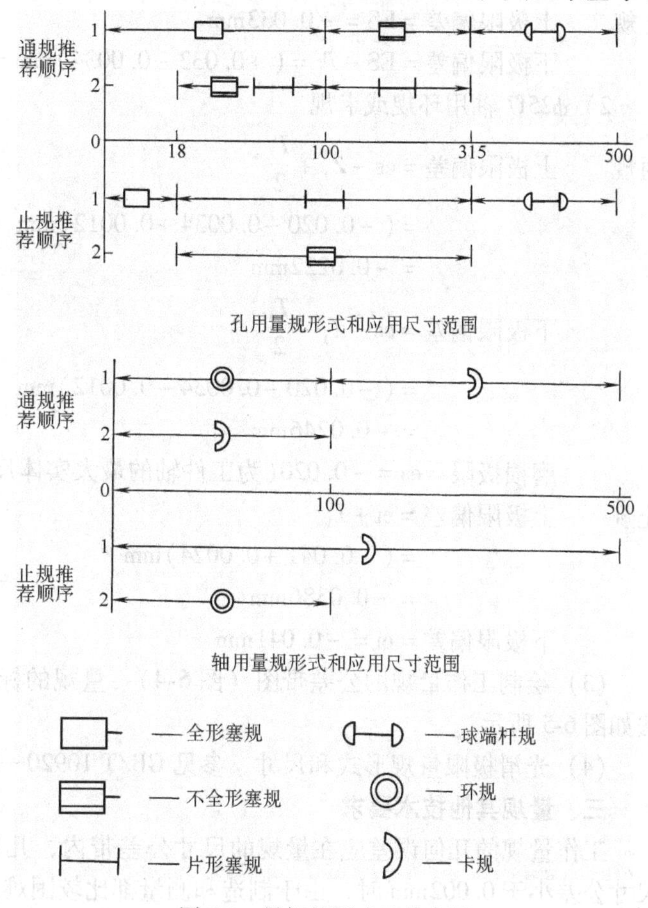

图6-3　量规的形式及其应用

二、量规极限偏差的计算

例6-1　计算 ϕ25H8/f7 孔、轴用工作量规的极限偏差。

解　首先确定被测孔、轴的极限偏差。查极限与配合标准，ϕ25H8 的上极限偏差ES = +0.033mm，下极限偏差 EI = 0；ϕ25f7 的上极限偏差为 es = −0.020mm，下极限偏差 ei =

-0.041mm。

（1）确定工作量规制造公差和位置要素值　由表6-1查得：IT8，尺寸为 $\phi25$mm 的量规公差 $T_1=0.0034$mm，位置要素 $Z_1=0.005$mm；IT7，尺寸为 $\phi25$ 的量规公差为 $T_1=0.0024$mm，位置要素 $Z_1=0.0034$mm。

（2）计算工作量规的极限偏差。

1）$\phi25$H8 孔用塞规

通规　上极限偏差 $=\mathrm{EI}+Z_1+\dfrac{T_1}{2}=(0+0.005+0.0017)\mathrm{mm}=+0.0067\mathrm{mm}$

下极限偏差 $=\mathrm{EI}+Z_1-\dfrac{T_1}{2}=(0+0.005-0.0017)\mathrm{mm}=+0.0033\mathrm{mm}$

磨损极限 $=\mathrm{EI}=0$（为工件孔的最大实体尺寸）

止规　上极限偏差 $=\mathrm{ES}=+0.033\mathrm{mm}$

下极限偏差 $=\mathrm{ES}-T_1=(+0.033-0.0034)\mathrm{mm}=+0.0296\mathrm{mm}$

2）$\phi25$f7 轴用环规或卡规

通规　上极限偏差 $=\mathrm{es}-Z_1+\dfrac{T_1}{2}$

$=(-0.020-0.0034+0.0012)\mathrm{mm}$

$=-0.0222\mathrm{mm}$

下极限偏差 $=\mathrm{es}-Z_1-\dfrac{T_1}{2}$

$=(-0.020-0.0034-0.0012)\mathrm{mm}$

$=-0.0246\mathrm{mm}$

磨损极限 $=\mathrm{es}=-0.020$（为工件轴的最大实体尺寸）

止规　上极限偏差 $=\mathrm{ei}+T_1$

$=(-0.041+0.0024)\mathrm{mm}$

$=-0.0386\mathrm{mm}$

下极限偏差 $=\mathrm{ei}=-0.041\mathrm{mm}$

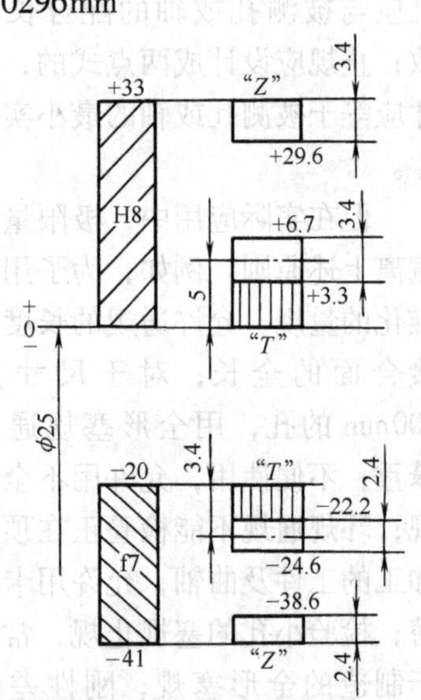

图6-4　孔、轴工作量规公差带图

（3）绘制工作量规的公差带图（图6-4）　量规的标注方法如图6-5所示。

（4）光滑极限量规形式和尺寸　参见GB/T 10920—2008及有关手册。

三、量规其他技术要求

工作量规的几何误差应在量规的尺寸公差带内，几何公差为尺寸公差的50%，当量规尺寸公差小于0.002mm时，由于制造和测量都比较困难，几何公差都规定选为0.001mm。

量规测量面的材料可用淬硬钢（合金工具钢、碳素工具钢等）和硬质合金，也可在测量面上镀以耐磨材料，测量面的硬度不应小于700HV（或60HRC），应经稳定性处理。

量规测量面的表面粗糙度主要是从量规使用寿命、工件表面粗糙度以及量规制造的工艺水平考虑。一般量规工作面的表面粗糙度要求比被检工件的表面粗糙度要求要严格些，量规测量面的表面粗糙度要求可参照表6-2选用。

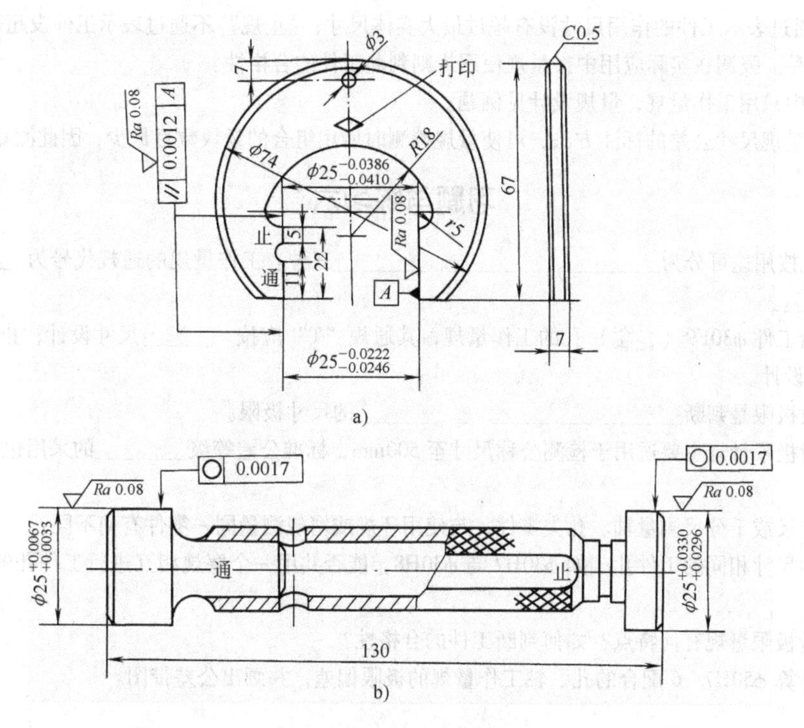

图 6-5　量规的标注方法

a）卡规　b）塞规

表 6-2　量规测量表面粗糙度（摘自 GB/T 1957—2006）

工 作 量 规	工 件 公 称 尺 寸 /mm		
	≤120	>120 至 315	>315 至 500
	Ra 最大允许值 /μm		
IT6 级孔用塞规	≤0.05	≤0.1	≤0.2
IT6 ~ IT9 级轴用环规 IT7 ~ IT9 级孔用塞规	≤0.10	≤0.2	≤0.4
IT10 ~ IT12 级孔、轴用量规	≤0.20	≤0.4	≤0.8
IT13 ~ IT16 级孔、轴用量规	≤0.4	≤0.8	≤0.8

四、量规使用规则

对通端工作环规“*T*”应通过轴的全长；对止端工作环规“*Z*”应沿着和环绕不少于四个位置上进行检验。对通端工作塞规“*T*”，塞规的整个长度都应进入孔内，而且应在孔的全长上进行检验；对止端工作塞规“*Z*”，塞规不能进入孔内，如有可能，应在孔的两端进行检验。

小　　结

光滑极限量规是按工件的不同尺寸及精度等级设计制造的无刻线专用量具。塞规用于测孔（或内表面）；环规用于测轴（或外表面），由通规与止规组成。

“通规”通过表示工件的作用尺寸没有超过最大实体尺寸；“止规”不通过表示工件没超过最小实体尺寸，则为合格品。强调在实际应用中按量规使用规则判断工件的合格性。

生产加工中只用工作量规，量规设计见例题。

本例所用量规尺寸公差的标注方法，可使量规检测时所用组合的量块数目最少，因此测量精度高。

习题与练习六

6-1　量规按用途可分为________、________、________三种。工作量规的通规代号为________，止规代号为________。

6-2　检验工件 $\phi30E9\left(^{+0.092}_{+0.040}\right)$ 孔的工作量规，其通规“T”应按________尺寸设计；止规“Z”应按________尺寸设计。

6-3　验收极限是判断____________________________的尺寸极限。

6-4　光滑极限量规主要适用于检测公称尺寸至500mm，标准公差等级________的采用包容要求的孔与轴。

6-5　用卡尺或千分尺测量轴、孔类零件，与使用环规或塞规测量同一零件有何不同？

6-6　公称尺寸相同的工件孔，如 $\phi30H7$ 与 $\phi30H8$，能否共用一个塞规相互进行工件孔的合格性检验？为什么？

6-7　光滑极限量规有何特点？如何判断工件的合格性？

6-8　试计算 $\phi50H7/e6$ 配合的孔、轴工作量规的极限偏差，并画出公差带图。

第七章　圆锥的公差配合及测量

本章要点

1. 掌握圆锥公差配合的术语、定义及配合特点。

2. 掌握圆锥直径公差 T_D、给定截面圆锥直径公差 T_{DS}、圆锥角公差 AT、圆锥形状公差 T_F 四个项目及选用。

3. 学会对圆锥工件的常用测量方法。

圆锥联接是机械设备中常用的典型结构。圆锥配合与圆柱配合相比，具有较高精度的对中性，配合间隙或过盈的大小可以自由调整，能利用自锁性来传递转矩及有良好的密封性等优点。但是，圆锥联接在结构上比较复杂，影响其互换性的参数较多，加工和检测也较困难。因此，常用于对中性或密封性要求较高的场合。

第一节　基本术语及定义

一、圆锥的术语及定义（GB/T 157—2001）

圆锥分内圆锥（圆锥孔）和外圆锥（圆锥轴）两种，主要几何参数如图 7-1 所示。

1. 圆锥角

在通过圆锥轴线的截面内，两条素线间的夹角，用符号 α 表示。

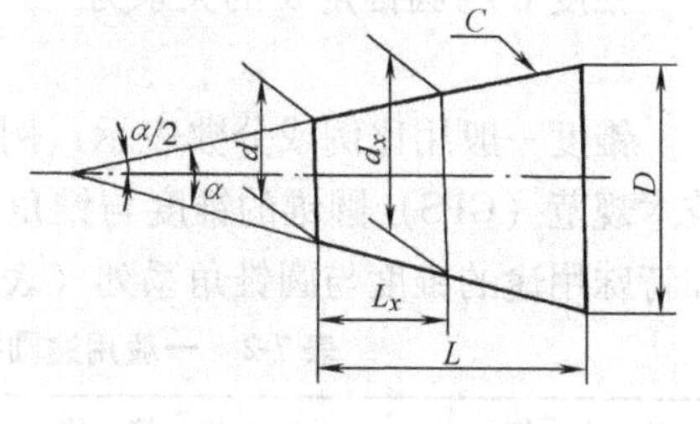

图 7-1　圆锥的主要几何参数

2. 圆锥直径

圆锥在垂直于其轴线的截面上的直径。常用的圆锥直径有：最大圆锥直径 D、最小圆锥直径 d、给定截面处圆锥直径 d_x。

3. 圆锥长度

最大圆锥直径截面与最小圆锥直径截面之间的轴向距离，用符号 L 表示。给定截面与基准端面之间的距离，用符号 L_x 表示。

在零件图样上，对圆锥只要标注一个圆锥直径（D、d 或 d_x）、圆锥角 α 和圆锥长度（L 或 L_x），或者标注最大与最小圆锥直径 D、d 和圆锥长度 L，见表 7-1，则该圆锥就被完全确定了。

表 7-1　圆锥尺寸标注

标注方法	图例	标注方法	图例
由最大端圆锥直径 D、圆锥角 α 和圆锥长度 L 组合	D α L	由最小端圆锥直径 d、圆锥角 α 和圆锥长度 L 组合	α d L

（续）

标注方法	图例	标注方法	图例
由给定截面处直径 d_x、圆锥角 α、给定截面的长度 L_x 和圆锥总长度 L' 组合		增加附加尺寸 $\frac{\alpha}{2}$，此时 $\frac{\alpha}{2}$ 应加括号作为参考尺寸	
由最大端圆锥直径 D、最小端圆锥直径 ϕd 及圆锥长度 L 组合			

4. 锥度

两个垂直于圆锥轴线截面的圆锥直径之差与该两截面的轴向距离之比，用符号 C 表示。例如，最大圆锥直径 D 与最小圆锥直径 d 之差对圆锥长度 L 之比，即

$$C=(D-d)/L \tag{7-1}$$

锥度 C 与圆锥角 α 的关系为

$$C=2\tan(\alpha/2) \tag{7-2}$$

锥度一般用比例或分数表示，例如 $C=1:5$ 或 $C=1/5$。GB/T 157—2001《产品几何量技术规范（GPS）圆锥的锥度与锥角系列》规定了一般用途的锥度与圆锥角系列（表 7-2）和特殊用途的锥度与圆锥角系列（表 7-3），它们只适用于光滑圆锥。

表 7-2　一般用途圆锥的锥度与锥角（摘自 GB/T 157—2001）

基本值		推算值			基本值		推算值		
系列 1	系列 2	圆锥角 α		锥度 C	系列 1	系列 2	圆锥角 α		锥度 C
120°		—	—	1:0.288675		1:8	7°9′9.6″	7.152669°	
90°		—	—	1:0.500000	1:10		5°43′29.3″	5.724810°	—
	75°	—	—	1:0.651613		1:12	4°46′18.8″	4.771888°	—
60°		—	—	1:0.866025		1:15	3°49′5.9″	3.818305°	—
45°		—	—	1:1.207107	1:20		2°51′51.1″	2.864192°	—
30°		—	—	1:1.866025	1:30		1°54′34.9″	1.909683°	—
1:3		18°55′28.7″	18.924644°	—		1:40	1°25′56.4″	1.432320°	—
	1:4	14°15′0.1″	14.250033°	—	1:50		1°8′45.2″	1.145877°	—
1:5		11°25′16.3″	11.421186°		1:100		0°34′22.6″	0.572953°	—
	1:6	9°31′38.2″	9.527283°		1:200		0°17′11.3″	0.286478°	—
	1:7	8°10′16.4″	8.171234°		1:500		0°6′52.5″	0.114592°	—

表7-3　特殊用途圆锥的锥度与锥角（摘自GB/T 157—2001）

锥　度　C	圆　锥　角　α		适　用
7:24（1:3.429）	16°35′39.4″	16.594290°	机床主轴 工具配合
1:19.002	3°0′53″	3.014554°	莫氏锥度No.5
1:19.180	2°59′12″	2.986590°	莫氏锥度No.6
1:19.212	2°58′54″	2.981618°	莫氏锥度No.0
1:19.254	2°58′31″	2.975117°	莫氏锥度No.4
1:19.922	2°52′32″	2.875402°	莫氏锥度No.3
1:20.020	2°51′41″	2.861332°	莫氏锥度No.2
1:20.047	2°51′26″	2.857480°	莫氏锥度No.1

在零件图样上，锥度用特定的图形符号和比例（或分数）来标注（GB/T 15754—1995），见表7-4。

表7-4　标注方法

标注方法	图　例	标注方法	图　例
由锥度C、最大端圆锥直径D及圆锥长度L组合	C, D, L	由锥度C、给定截面处直径d_x、给定截面长度L_x及圆锥总长度L'组合	C, d_x, L_x, L'
由锥度C、最小端圆锥直径d及圆锥长度L组合	C, d, L	采用莫氏锥度时，用相应标准中规定的标记表示	Morse No.3

在图样上标注了锥度，就不必标注圆锥角，两者不应重复标注。

二、圆锥公差的术语及定义（GB/T 11334—2005）

1. 公称圆锥

设计时给定的圆锥，它是一种理想形状的圆锥，如图7-1所示。公称圆锥的确定方法见表7-1，它可以由一个公称圆锥直径、公称圆锥角（或公称锥度）和公称圆锥长度三个基本要素确定。

2. 实际圆锥

实际圆锥是实际存在并与周围介质分隔，可通过测量得到的圆锥，如图7-2所示。在实际圆锥上测量得到的直径称为实际圆锥直径d_a（图7-2a）。在实际圆锥的任一轴截面内，分别包容圆锥上对应两条实际素线且距离为最小的两对平行直线之间的夹角称为实际圆锥角 α_a（图 7-2b）。在不同的轴向截面内，实际圆锥角不一定相同。

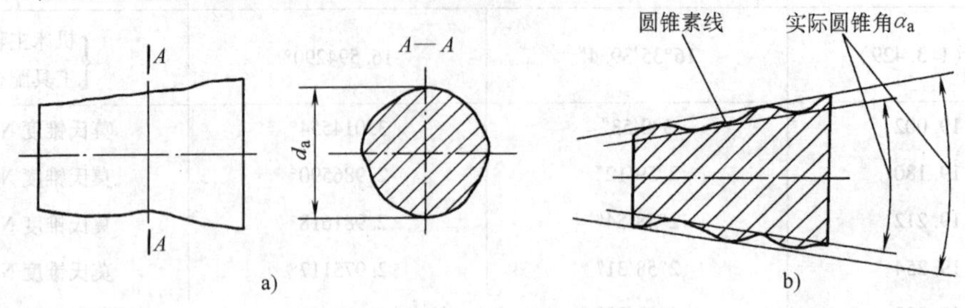

图 7-2　实际圆锥

3. 极限圆锥和极限圆锥直径

与公称圆锥共轴且圆锥角相等、直径分别为上极限直径和下极限直径的两个圆锥称为极限圆锥，如图 7-3 所示。在垂直于圆锥轴线的所有截面上，这两个圆锥的直径差都相等，直径为上极限直径的圆锥称为上极限圆锥，直径为下极限直径的圆锥称为下极限圆锥。垂直于圆锥轴线的截面上的直径称为极限圆锥直径，如图 7-3 中的 D_{max}、D_{min} 和 d_{max}、d_{min}。

4. 圆锥直径公差和圆锥直径公差区

圆锥直径允许的变动量称为圆锥直径公差，用符号 T_D 表示（图 7-3），圆锥直径公差在整个圆锥长度内都适用。两个极限圆锥所限定的区域称为圆锥直径公差区。T_D 是绝对值。

5. 给定截面圆锥直径公差和给定截面圆锥直径公差区

在垂直于圆锥轴线的给定圆锥截面内，圆锥直径的允许变动量称为给定截面圆锥直径公差，用代号 T_{DS} 表示，如图 7-4 所示。它仅适用于该给定截面。在给定圆锥截面内，由两个同心圆所限定的区域称为给定截面圆锥直径公差区。

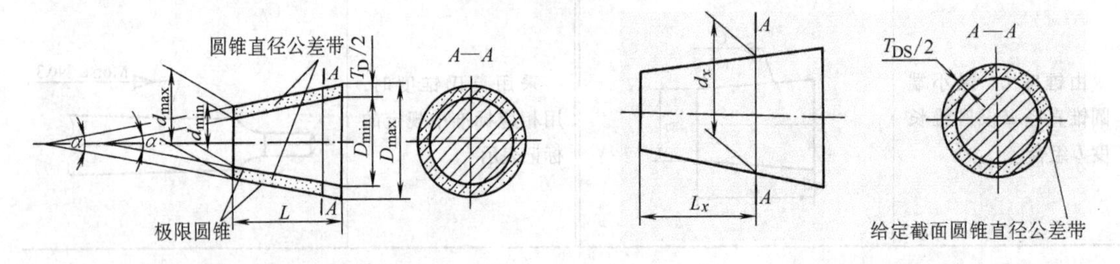

图 7-3　极限圆锥和圆锥直径公差区　　　　图 7-4　给定截面圆锥直径公差区

6. 极限圆锥角、圆锥角公差和圆锥角公差区

允许的上极限或下极限圆锥角称为极限圆锥角，它们分别用符号 α_{max} 和 α_{min} 表示，如图 7-5所示。圆锥角公差是指圆锥角的允许变动量。当圆锥角以弧度或角度为单位时，用代号 AT_α 表示；以长度为单位时，用代号 AT_D 表示。极限圆锥角 α_{max} 和 α_{min} 限定的区域称为圆锥角公差区。AT（AT_α、AT_D）为绝对值。

三、圆锥配合的术语及定义（GB/T 12360—2005）

1. 圆锥配合

公称圆锥相同的内、外圆锥直径之间，由于结合不同所形成的相互关系称为圆锥配合。

圆锥配合分为下列三种：具有间隙的配合称为间隙配合。主要用于有相对运动的圆锥配合中，如车床主轴的圆锥轴颈与滑动轴承的配合；具有过盈的配合称为过盈配合。常用于定心传递转矩，如带柄铰刀、扩孔钻的锥柄与机床主轴锥孔的配合；可能具有间隙或过盈的配合称为过渡配合，其中要求内、外圆锥紧密接触，间隙为零或稍有过盈的配合称为紧密配合，它用于对中定心或密封。为了保证良好的密封性，通常将内、外锥面成对研磨，此时相配合的零件无互换性。

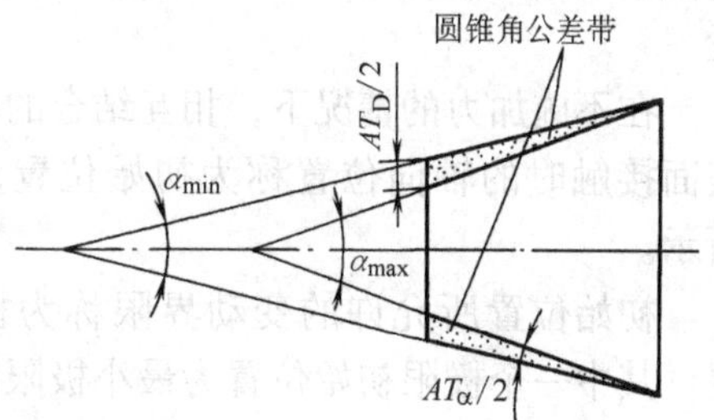

图 7-5　极限圆锥角和圆锥角公差区

2. 圆锥配合的形成

圆锥配合的配合特征是通过规定相互结合的内、外锥的轴向相对位置形成间隙或过盈的。按其圆锥轴向位置的不同方法，圆锥配合的形成有以下两种方式：

（1）结构型圆锥配合　由内、外圆锥的结构或基面距（内、外圆锥基准平面之间的距离）确定它们之间最终的轴向相对位置，并因此获得指定配合性质的圆锥配合。

例如，图 7-6 所示为由内、外圆锥的轴肩接触得到间隙配合，图 7-7 所示为由保证基面距 a 得到过盈配合的示例。

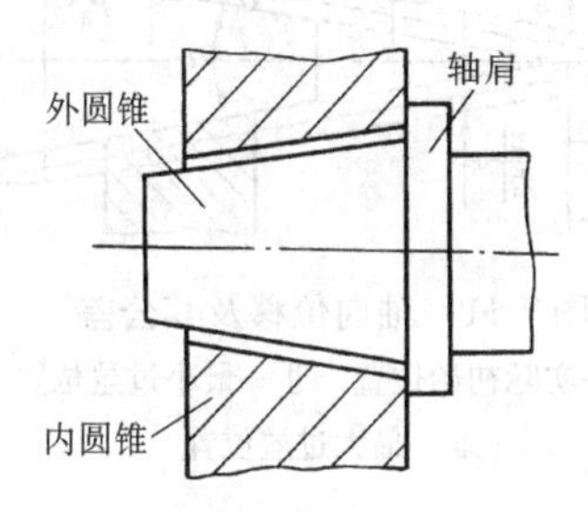

图 7-6　由结构形成的圆锥间隙配合

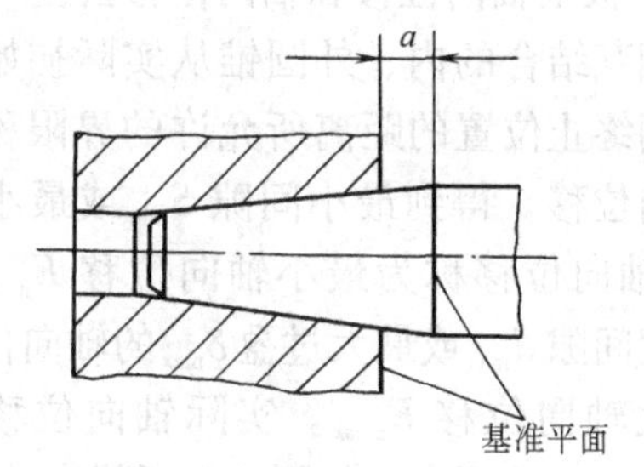

图 7-7　由基面距形成的圆锥过盈配合

（2）位移型圆锥配合　由内、外圆锥实际初始位置（P_a）开始，作一定的相对轴向位移（E_a）或施加一定的装配力产生轴向位移而获得的圆锥配合。

例如，图 7-8 所示是在不受力的情况下，内、外圆锥相接触，由实际初始位置 P_a 开始，内圆锥向左作轴向位移 E_a，到达终止位置 P_f 而获得的间隙配合。图 7-9 所示为由实际初始位置 P_a 开始，对内圆锥施加一定的装配力，使内圆锥向右产生轴向位移 E_a，到达终止位置 P_f 而获得的过盈配合。

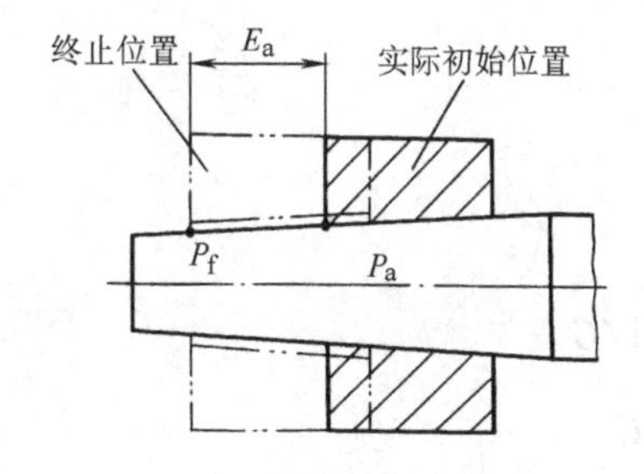

图 7-8　由相对轴向位移形成圆锥间隙配合

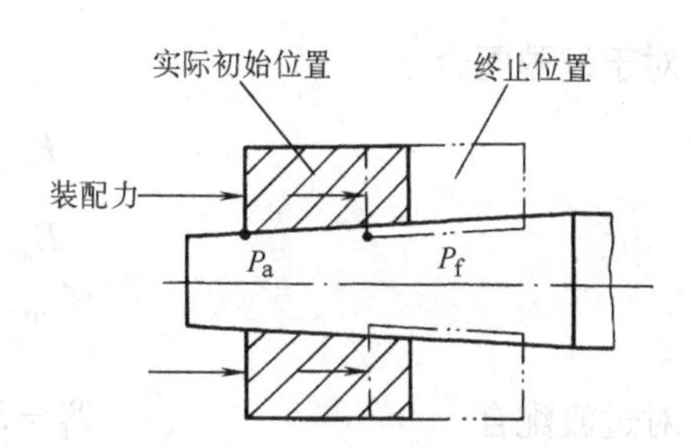

图 7-9　由施加一定装配力形成圆锥过盈配合

应当指出，结构型圆锥配合由内、外圆锥直径公差带决定其配合性质；位移型圆锥配合由内、外圆锥相对轴向位移（E_a）决定其配合性质。

3. 位移型圆锥配合的初始位置和极限初始位置

在不施加力的情况下，相互结合的内、外圆锥表面接触时的轴向位置称为初始位置，如图 7-10 所示。

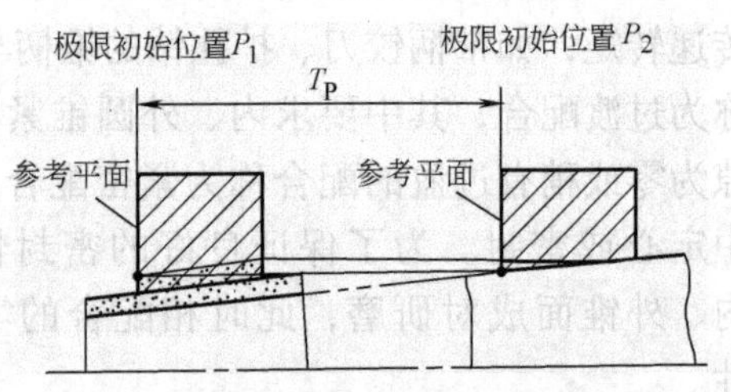

图 7-10　极限初始位置和初始位置公差

初始位置所允许的变动界限称为极限初始位置。其中一个极限初始位置为最小极限内圆锥与最大极限外圆锥接触时的位置 P_1；另一个极限初始位置为最大极限内圆锥与最小极限外圆锥接触时的位置 P_2。实际初始位置必须位于极限初始位置的范围内。初始位置公差 T_P 表征初始位置的允许范围，即

$$T_P = (T_{Di} + T_{De})/C \tag{7-3}$$

式中　C——锥度；

$T_{Di}(T_{De})$——内（外）圆锥的直径公差。

4. 极限轴向位移和轴向位移公差

相互结合的内、外圆锥从实际初始位置移动到终止位置的距离所允许的界限称为极限轴向位移。得到最小间隙 S_{min} 或最小过盈 δ_{min} 的轴向位移称为最小轴向位移 E_{amin}；得到最大间隙 S_{max} 或最大过盈 δ_{max} 的轴向位移称为最大轴向位移 E_{amax}。实际轴向位移应在 E_{amin} 至 E_{amax} 范围内，如图 7-11 所示。轴向位移的变动量称为轴向位移公差 T_E，它等于最大轴向位移与最小轴向位移之差，即

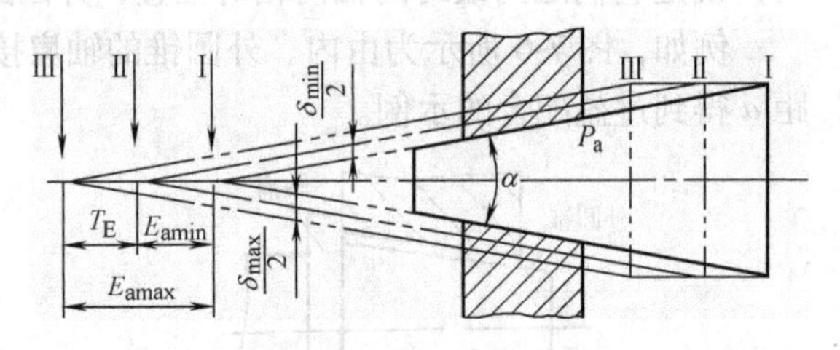

图 7-11　轴向位移及其公差

Ⅰ—实际初始位置　Ⅱ—最小过盈位置

Ⅲ—最大过盈位置

$$T_E = E_{amax} - E_{amin} \tag{7-4}$$

对于间隙配合

$$E_{amin} = S_{min}/C$$

$$E_{amax} = S_{max}/C$$

$$T_E = (S_{max} - S_{min})/C \tag{7-5}$$

对于过盈配合

$$E_{amin} = |\delta_{min}|/C$$

$$E_{amax} = |\delta_{max}|/C$$

$$T_E = |\delta_{max} - \delta_{min}|/C \tag{7-6}$$

对过渡配合　$$T_E = S_{max} + |\delta_{max}|/C \tag{7-7}$$

式中 C 为轴向位移折算为径向位移的系数，即锥度。

第二节　圆锥直径偏差和锥角偏差对基面距的影响

一、圆锥直径偏差对基面距的影响

设基面距在大端，内、外圆锥角均无偏差，仅圆锥直径有偏差。如图 7-12 所示，内圆锥直径偏差 ΔD_i 为正，外圆锥直径偏差 ΔD_e 为负，则基面将减小，即基面距偏差 $\Delta_1 E_a$ 为负值，得：

$$\Delta_1 E_a = \left(\frac{\Delta D_e}{2} - \frac{\Delta D_i}{2}\right) \Big/ \tan\frac{\alpha}{2} = \frac{1}{C}(\Delta D_e - \Delta D_i) \tag{7-8}$$

式中　$\Delta_1 E_a$——由直径偏差引起的基面距偏差；

C——公称圆锥的锥度；

ΔD_i、ΔD_e——分别为内、外圆锥直径偏差。

计算 $\Delta_1 E_a$ 时，应注意 ΔD_i、ΔD_e 的正负号。

二、斜角偏差对基面距的影响

设以内锥大端直径为公称直径，且内、外锥大端直径均无误差，仅斜角有误差。

1）当外锥斜角 $\alpha_e/2$ > 内锥斜角 $\alpha_i/2$ 时，如图 7-13a 所示，则内、外锥将在大端接触，基面距的变化可忽略不计。但是因接触面积减小，易磨损；可能使内、外锥相对倾斜。

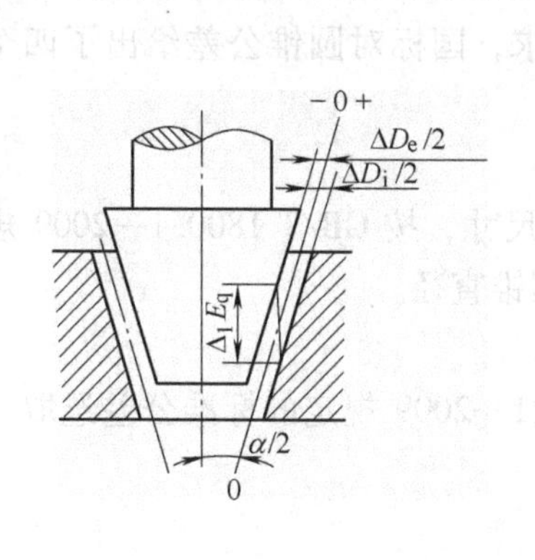

图 7-12　圆锥直径误差对基面距的影响

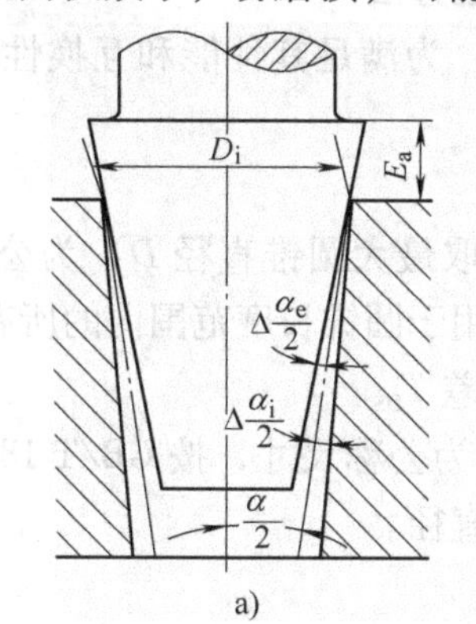

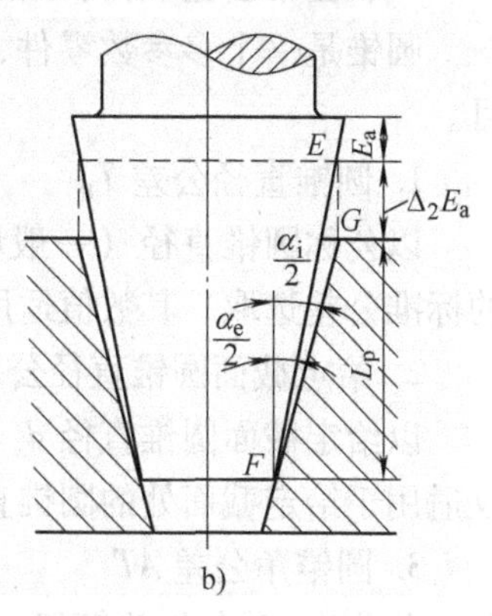

图 7-13　圆锥斜角偏差对基面距的影响

2）当外锥斜角 $\alpha_e/2$ < 内锥斜角 $\alpha_i/2$ 时，如图 7-13b 所示，则内、外锥将在小端接触，由斜角偏差所引起的基面距变动量为 $\Delta_2 E_a$。在 $\triangle EFG$ 中，由正弦定理可得

$$\Delta_2 E_a = EG = \frac{FG\sin(\alpha_i/2 - \alpha_e/2)}{\sin(\alpha_e/2)} = \frac{L_p \sin(\alpha_i/2 - \alpha_e/2)}{\sin(\alpha_e/2)\cos(\alpha_i/2)}$$

斜角 $\alpha/2$ 的偏差很小，可取 $\cos(\alpha_i/2) \approx \cos(\alpha/2)$，$\sin(\alpha_e/2) \approx \sin(\alpha/2)$，$\sin(\alpha_i/2 - \alpha_e/2) \approx 0.0003(\alpha_i/2 - \alpha_e/2)$ 式中，$(\alpha_i/2 - \alpha_e/2)$ 的单位为分（′），$1' \approx 0.0003\text{rad}$

则
$$\Delta_2 E_a = \frac{0.0003 L_p(\alpha_i/2 - \alpha_e/2)}{\sin(\alpha/2)\cos(\alpha/2)} = \frac{0.0006 L_p(\alpha_i/2 - \alpha_e/2)}{\sin\alpha}$$

对常用工具锥，圆锥角很小，$\sin\alpha \approx 2\tan\left(\frac{\alpha}{2}\right) = C$

则
$$\Delta_2 E_a = 0.0006 L_p \ (\alpha_i/2 - \alpha_e/2)\ \frac{1}{C} \tag{7-9}$$

实际上，圆锥直径偏差和斜角偏差同时存在，当 $\alpha_i/2 > \alpha_e/2$ 和圆锥角较小时，基面距的最大可能变动量为

$$\Delta E_a = \Delta_1 E_a + \Delta_2 E_a = \frac{1}{C}\left[(\Delta D_e - \Delta D_i) + 0.0006 L_p\left(\frac{\alpha_i}{2} - \frac{\alpha_e}{2}\right)\right] \tag{7-10}$$

式（7-10）为基面距变动量的一般关系式。若已确定了两个参数的公差，利用上式可求另一参数的公差。

三、圆锥的形状误差对圆锥结合的影响

圆锥的形状误差主要指素线直线度误差和圆锥的圆度误差，它们对基面距的影响很小，主要影响接触精度。

综上所述，圆锥的直径偏差、斜角偏差、形状误差等都将影响其结合性能。为此，对这些参数应规定适当的公差。

第三节　圆锥公差（GB/T 11334—2005）

一、圆锥公差项目和给定方法

圆锥是一个多参数零件，为满足其性能和互换性要求，国标对圆锥公差给出了四个项目。

1. 圆锥直径公差 T_D

以公称圆锥直径（一般取最大圆锥直径 D）为公称尺寸，按 GB/T 1800.1—2009 规定的标准公差选取。其数值适用于圆锥长度范围内的所有圆锥直径。

2. 给定截面圆锥直径公差 T_{DS}

以给定截面圆锥直径 d_x 为公称尺寸，按 GB/T 1800.1—2009 规定的标准公差选取。它仅适用于给定截面处的圆锥直径。

3. 圆锥角公差 AT

共分为 12 个公差等级，它们分别用 $AT1$，$AT2$，…，$AT12$ 表示，其中 $AT1$ 精度最高，等级依次降低，$AT12$ 精度最低。GB/T 11334—2005《产品几何量技术规范（GPS）　圆锥公差》规定的圆锥角公差的数值见表 7-5。

表 7-5　圆锥角公差（摘自 GB/T 11334—2005）

公称圆锥长度 L /mm		圆锥角公差等级								
		$AT4$			$AT5$			$AT6$		
		AT_α		AT_D	AT_α		AT_D	AT_α		AT_D
大于	至	μrad	(″)	μm	μrad	(″)	μm	μrad	(′)(″)	μm
16	25	125	26″	>2.0~3.2	200	41″	>3.2~5.0	315	1′05″	>5.0~8.0
25	40	100	21″	>2.5~4.0	160	33″	>4.0~6.3	250	52″	>6.3~10.0
40	63	80	16″	>3.2~5.0	125	26″	>5.0~8.0	200	41″	>8.0~12.5
63	100	63	13″	>4.0~6.3	100	21″	>6.3~10.0	160	33″	>10.0~16.0
100	160	50	10″	>5.0~8.0	80	16″	>8.0~12.5	125	26″	>12.5~20.0

（续）

公称圆锥长度 L /mm		圆锥角公差等级								
		$AT7$			$AT8$			$AT9$		
		AT_{α}		AT_{D}	AT_{α}		AT_{D}	AT_{α}		AT_{D}
大于	至	μrad	(′)(″)	μm	μrad	(′)(″)	μm	μrad	(′)(″)	μm
16	25	500	1′43″	>8.0~12.5	800	2′45″	>12.5~20.0	1250	4′18″	>20~32
25	40	400	1′22″	>10.0~16.0	630	2′10″	>16.0~20.5	1000	3′26″	>25~40
40	63	315	1′05″	>12.5~20.0	500	1′43″	>20.0~32.0	800	2′45″	>32~50
63	100	250	52″	>16.0~25.0	400	1′22″	>25.0~40.0	630	2′10″	>40~63
100	160	200	41″	>20.0~32.0	315	1′05″	>32.0~50.0	500	1′43″	>50~80

为了加工和检测方便，圆锥角公差可用角度值 AT_{α} 或线值 AT_{D} 给定，AT_{α} 与 AT_{D} 的换算关系为

$$AT_{D}=AT_{\alpha}\times L\times 10^{-3} \tag{7-11}$$

式中 AT_{D}、AT_{α} 和 L 的单位分别为 μm、μrad 和 mm。

$AT4\sim AT12$ 的应用举例如下：$AT4\sim AT6$ 用于高精度的圆锥量规和角度样板；$AT7\sim AT9$ 用于工具圆锥、圆锥销、传递大转矩的摩擦圆锥；$AT10\sim AT11$ 用于圆锥套、圆锥齿轮等中等精度零件；$AT12$ 用于低精度零件。

圆锥角的极限偏差可按单向取值或双向（对称或不对称）取值，如图 7-14 所示。为了保证内、外圆锥的接触均匀性，圆锥角公差带通常采用对称于公称圆锥角分布。

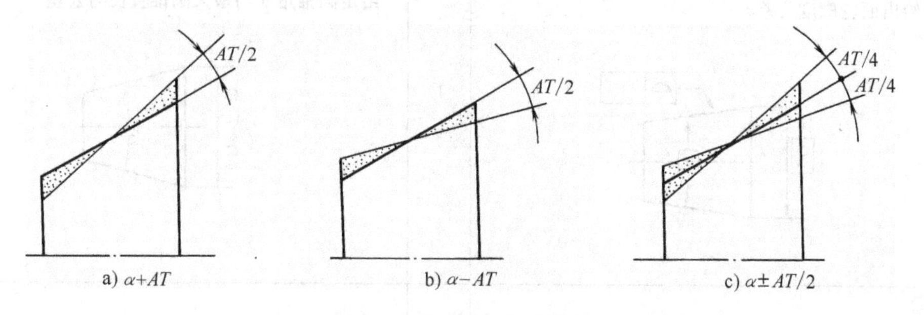

图 7-14　圆锥角极限偏差

4. 圆锥的形状公差 T_{F}

圆锥的形状公差按 GB/T 15754—1995《技术制图　圆锥的尺寸和公差注法》的规定选取，GB/T 1184—1996《形状和位置公差未注公差值》可作为选取公差值的参考。一般由圆锥直径公差带限制而不单独给出。若需要，可给出素线直线度公差和（或）横截面圆度公差，或者标注圆锥的面轮廓度公差。显然，面轮廓度公差不仅控制素线直线度误差和截面圆度误差，而且控制圆锥角偏差。

5. 圆锥公差的两种给定方法（GB/T 11334—2005）

1）给出圆锥的公称圆锥角 α（或锥度 C）和圆锥直径公差 T_{D}，由 T_{D} 确定两个极限圆锥。此时，圆锥角误差和圆锥形状误差均应在极限圆锥所限定的区域内。当圆锥角公差和圆

锥形状公差有更高要求时，可再给出圆锥角公差 AT 和圆锥形状公差 T_F，此时 AT 和 T_F 仅占 T_D 的一部分。按这种方法给定圆锥公差时，推荐在圆锥直径公差后边加注符号Ⓣ。

2）给出给定截面圆锥直径公差 T_{DS} 和圆锥角公差 AT。此时，给定截面圆锥直径和圆锥角应分别满足这两项公差的要求。当对圆锥形状公差有更高要求时，可再给出圆锥形状公差 T_F。该方法是假定圆锥素线为理想直线情况下给定的。T_{DS} 和 AT 的关系如图 7-15 所示。

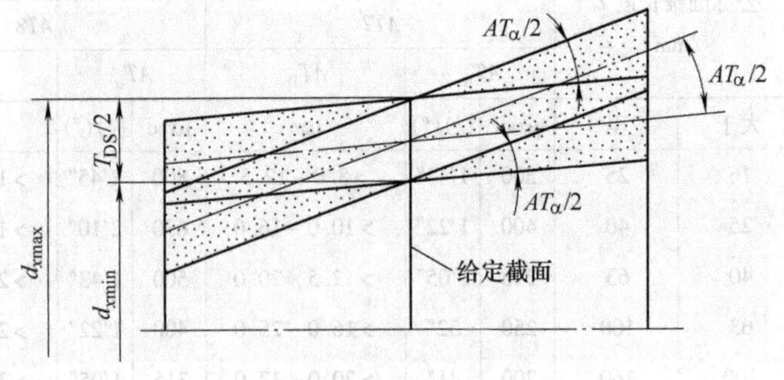

图 7-15　给定截面圆锥直径公差 T_{DS} 和 AT 的关系

二、圆锥公差的标注

圆锥公差的标注，应根据圆锥的功能要求和工艺特点选择公差项目。在图样上标注相配内、外圆锥的尺寸和公差时，内、外圆锥必须具有相同的公称圆锥角（或公称锥度），标注直径公差的圆锥直径必须具有相同的公称尺寸。圆锥公差通常可以采用面轮廓度法；有配合要求的结构型内、外圆锥，也可采用公称锥度法见表 7-6。当无配合要求时可采用公差锥度法标注（图 7-16）。

表 7-6　圆锥公差标注实例

序号	面轮廓度标注法 a	序号	公称锥度标注法 b
1	给定圆锥角 α 与最大端圆锥直径 D 给出面轮廓度公差 t 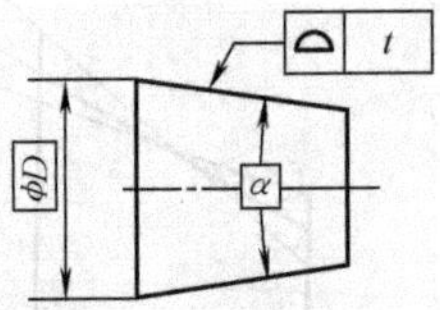	1	给定圆锥角 α 与最大圆锥直径与公差 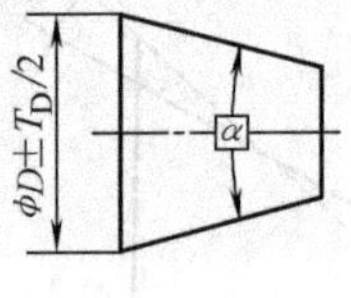
2	给定锥度 C 与最大端圆锥直径 D 给出面轮廓度公差 t 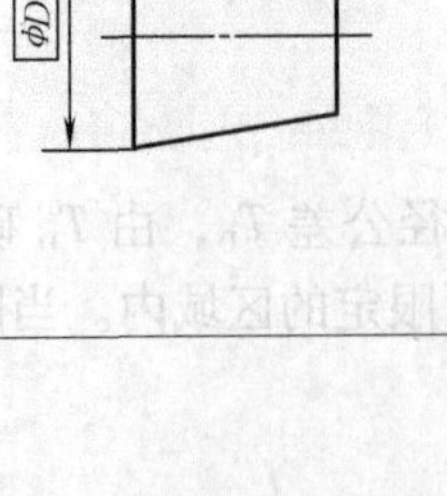	2	给定锥度与给定截面的圆锥直径与公差 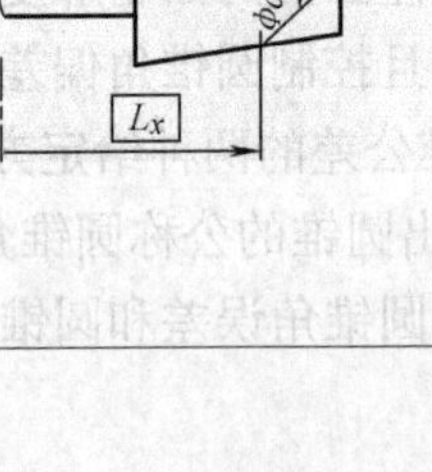

（续）

序号	面轮廓度标注法 a	序号	公称锥度标注法 b
3	给定锥度 C 与轴向位置尺寸 L_x 和 d_x 以理论正确的 C 和 L_x、d_x 给出面轮廓度公差 t 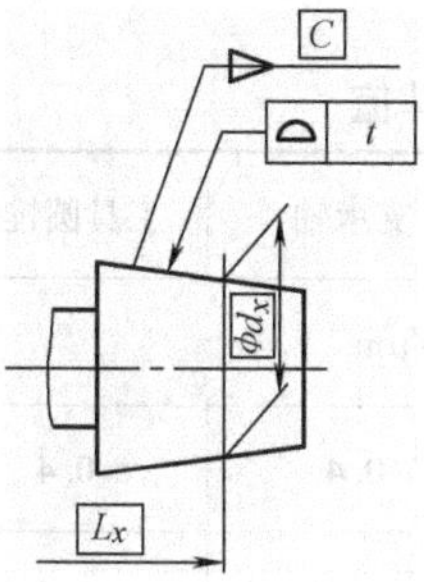 C　t　ϕd_x　L_x	3	给定锥度 C 及最大圆锥直径及公差 同时又给出相对基准 A 的倾斜度公差 t，以限制实际圆锥面相对于基准 A 的倾斜 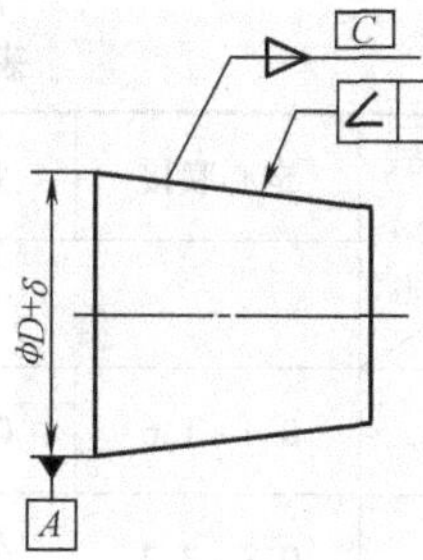 C　t　A　$\phi D+\delta$　A

注：1. 相配合的圆锥面应注意其所给定尺寸的一致性。

2. 进一步限制的要求除倾斜度外，还可用直线度、圆度等形位公差项目及控制量规涂色接触率等方法限制。

三、圆锥直径公差区的选择

1. 结构型圆锥配合的内、外圆锥直径公差区的选择

结构型圆锥配合的配合性质由相互联接的内、外圆锥直径公差区之间的关系决定。内圆锥直径公差区在外圆锥直径公差区之上者为间隙配合；内圆锥直径公差区在外圆锥直径公差区之下者为过盈配合；内、外圆锥直径公差区交叠者为过渡配合。

结构型圆锥配合的内、外圆锥直径的公差值和基本偏差值可以分别从 GB/T 1800.1—2009 规定的标准公差系列和基本偏差系列中选取。

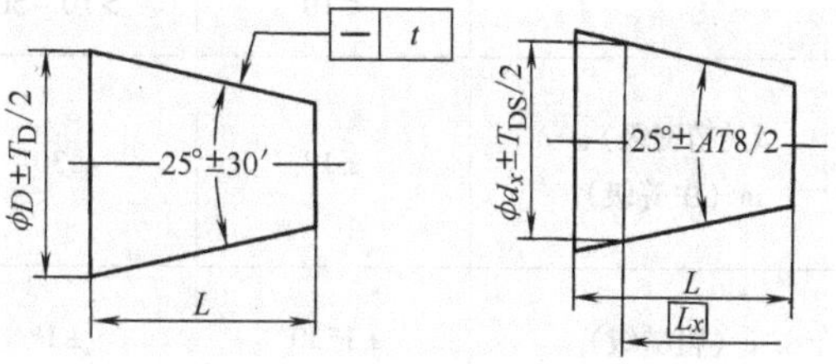

图 7-16　公差锥度法标注实例

结构型圆锥配合也分为基孔制配合和基轴制配合。为了减少定值刀具、量规的规格和数目，及内圆锥的公差区基本偏差为 H，应优先选用基孔制配合。为保证配合精度，内、外圆锥的直径公差等级应≤IT9。

2. 位移型圆锥配合的内、外圆锥直径公差区的选择

位移型圆锥配合的配合性质由圆锥轴向位移或者由装配力决定。因此，内、外圆锥直径公差区仅影响装配时的初始位置，不影响配合性质。

位移型圆锥配合的内、外圆锥直径公差区的基本偏差，采用 H/h 或 JS/js。其轴向位移的极限值按极限间隙或极限过盈来计算。

例 7-1　有一位移型圆锥配合，公称锥度 C 为 1∶30，内、外圆锥的公称直径为 60mm，要求装配后得到 H7/u6 的配合性质。试计算极限轴向位移并确定轴向位移公差。

解　按 ϕ60H7/u6，可查得 $\delta_{min}=-0.057$mm，$\delta_{max}=-0.106$mm。

按式（7-6）和式（7-4）计算得

最小轴向位移　$E_{amin} = |\delta_{min}|/C = 0.057\text{mm} \times 30 = 1.71\text{mm}$

最大轴向位移　$E_{amax} = |\delta_{max}|/C = 0.106\text{mm} \times 30 = 3.18\text{mm}$

轴向位移公差　$T_E = E_{amax} - E_{amin} = (3.18 - 1.71)\text{mm} = 1.47\text{mm}$

四、圆锥的表面粗糙度

圆锥的表面粗糙度的选用见表7-7。

表7-7　圆锥的表面粗糙度推荐值

联接形式 / 粗糙度 / 表面	定心联接	紧密联接	固定联接	支承轴	工具圆锥面	其他
	Ra 不大于/μm					
外表面	0.4~1.6	0.1~0.4	0.4	0.4	0.4	1.6~6.3
内表面	0.8~3.2	0.2~0.8	0.6	0.8	0.8	1.6~6.3

五、未注公差角度的极限偏差

未注公差角度的极限偏差见表7-8。它是在车间通常加工条件下可以保证的公差。

表7-8　未注公差角度尺寸的极限偏差（摘自GB/T 1804—2000）

公差等级	长度/mm				
	≤10	>10~50	>50~120	>120~400	>400
f（精密级）、m（中等级）	±1°	±30′	±20′	±10′	±5′
c（粗糙级）	±1°30′	±1°	±30′	±15′	±10′
v（最粗级）	±3°	±2°	±1°	±30′	±20′

注：1. 本标准适用于金属切削加工件的角度，也适用于一般冲压加工的角度尺寸。
2. 图样上未注公差角度尺寸的极限偏差，按本标准规定的公差等级选取，并由相应的技术文件作出规定。
3. 未注公差角度尺寸的极限偏差规定见表7-8，其值按角度短边长度确定，并对圆锥角按圆锥素线长度确定。
4. 未注公差角度尺寸的公差等级在图样或技术文件上用标准号和公差等级符号表示。例如选用中等级时，表示为GB/T 1804—m。

例7-2　如图7-17所示，锥度1∶5的圆锥面为定心配合表面，其几何公差按GB/T 15754—1995的规定给出有位置要求的轮廓度公差，即相对基准轴线*A*—*B*的面轮廓度0.01mm；粗糙度为$Ra=0.8\mu\text{m}$。

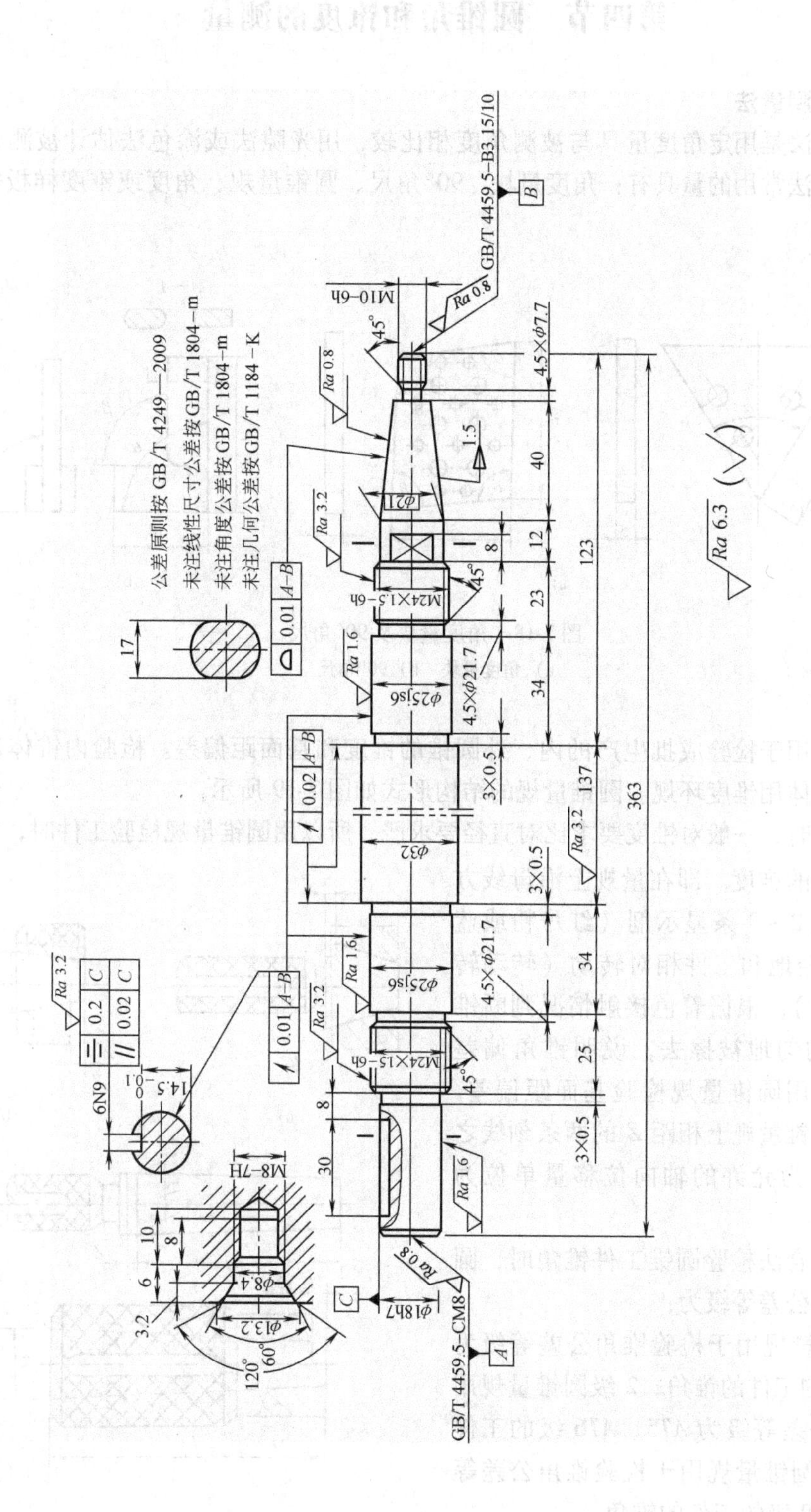

公差原则按 GB/T 4249—2009
未注线性尺寸公差按 GB/T 1804–m
未注角度公差按 GB/T 1804–m
未注几何公差按 GB/T 1184–K
GB/T 4459.5–B3.15/10
GB/T 4459.5–CM8
M10–6h
Ra 0.8
45°
4.5×φ7.7
1:5
40
φ21
Ra 3.2
12
8
123
M24×1.5–6h
23
0.01 A–B
17
Ra 1.6
φ25js6
4.5×φ21.7
34
0.02 A–B
3×0.5
137
363
φ32
6N9
14.5
0.2 C
0.02 C
M8–7H
φ18h7
φ8.4
φ13.2
120°
60°
30
25
10
6
3.2

图 7-17　例 7-2 图

第四节　圆锥角和锥度的测量

一、比较测量法

比较测量法是用定角度量具与被测角度相比较，用光隙法或涂色法估计被测角度的偏差。比较测量法常用的量具有：角度量块、90°角尺、圆锥量规、角度或锥度样板等，如图7-18所示。

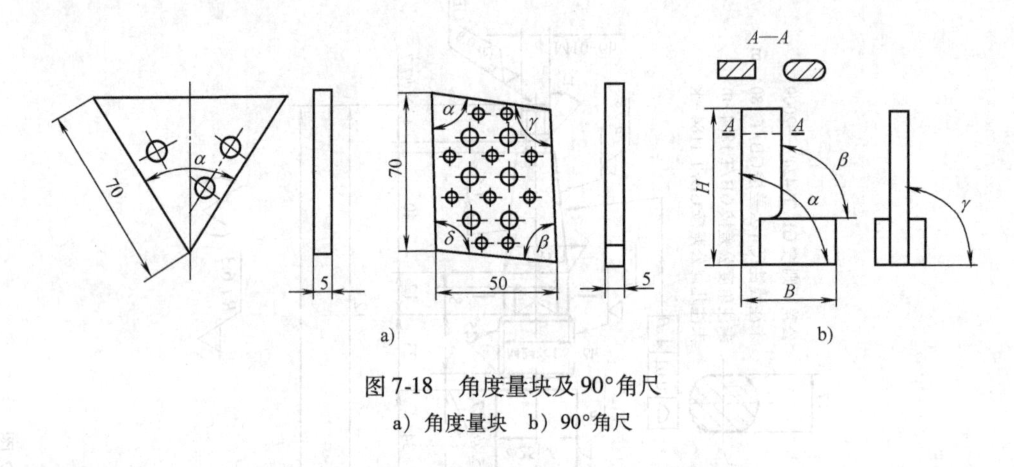

图7-18　角度量块及90°角尺
a）角度量块　b）90°角尺

圆锥量规用于检验成批生产的内、外圆锥的锥度和基面距偏差。检验内锥体用锥度塞规，检验外锥体用锥度环规。圆锥量规的结构形式如图7-19所示。

圆锥联接时，一般对锥度要求比对直径要求严，所以用圆锥量规检验工件时，首先用涂色法检验工件的锥度。即在量规上沿母线方向薄薄地涂上2～3条显示剂（红丹粉或蓝油），然后轻轻地和工件相对转动（转动转角不大于180°），根据着色接触情况判断锥角偏差，若均匀地被擦去，说明锥角偏差小。其次，再用圆锥量规检验基面距偏差，基面距处于圆锥量规上相距 Z 的两条刻线之间为合格，Z 为允许的轴向位移量单位为mm。

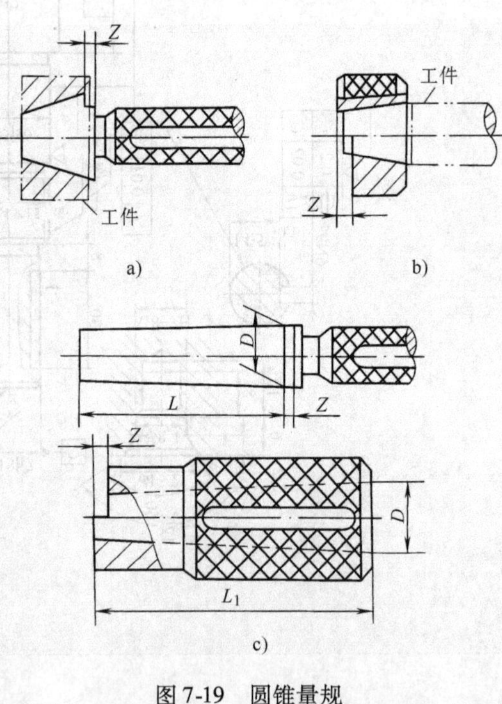

图7-19　圆锥量规

用涂色研合法检验圆锥工件锥角时，圆锥量规对应的公差等级为：

1级圆锥量规用于检验锥角公差等级为 $AT3$、$AT4$ 级的工件的锥角；2级圆锥量规用于检验锥角公差等级为 $AT5$、$AT6$ 级的工件的锥角；3级圆锥量规用于检验锥角公差等级为 $AT7$、$AT8$ 级的工件的锥角。

使用圆锥量规检验上述工件应按GB/T

11852—2003 规定；由工件的锥度公差等级、圆锥长度选择工作量规的锥度等级（分 3 级），根据涂色层厚度、工件公差的分布位置及接触率等项要求检验。

涂色法要求大端接触，对高精度圆锥工件接触率不小于 80% ~85%、精密圆锥工件不小于 70% ~75%、普通圆锥工件不小于 60% ~65%。

二、直接测量法

直接测量法就是直接从角度计量器具上读出被测角度。对于精度不高的工件，常用游标万能角度尺（图 7-20）进行测量，对精度高的工件，则需用光学分度头（图7-21）、测角仪或圆光栅进行测量。

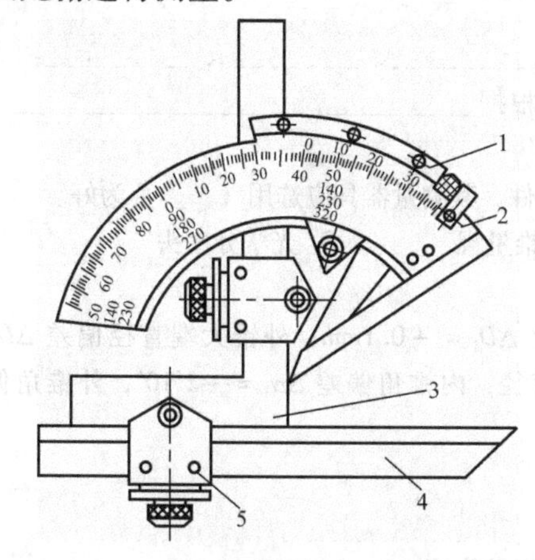

图 7-20　游标万能角度尺

1—游标尺　2—尺身　3—90°角尺架

4—直尺　5—夹子

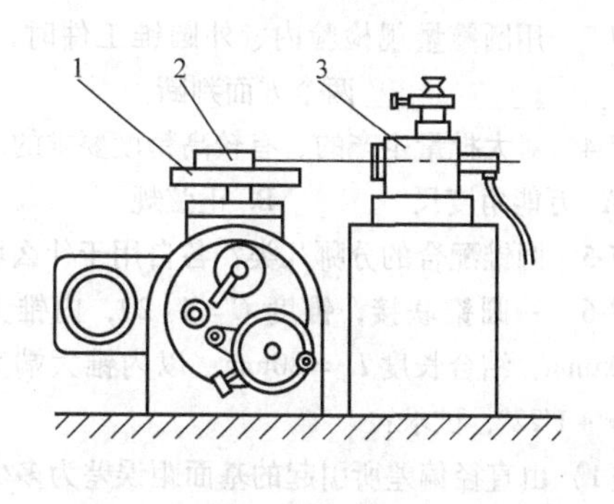

图 7-21　用光学分度头和自准直仪检定角度块

1—专用检具　2—被检角度块

3—自准直仪

三、间接测量法

间接测量法是指测量与被测角度有关的线值尺寸，通过三角函数的关系计算出被测角度值。常用的计量器具有正弦规、滚柱或钢球。

正弦规是锥度测量中常用的计量器具，适用于测量圆锥角小于 30°的锥度。测量前，首先按公式 $h=L\sin\alpha$ 计算量块组的高度 h（式中 α 为公称圆锥角，L 为正弦规两圆柱中心距，分为 100mm 和 200mm 两种），完成上述工作后，可按图 7-22 所示进行测量。如果被测角度有偏差，则 a，b 两点距离 l 的表示值必有一读数差值 Δh，此时，锥度偏差（rad）为

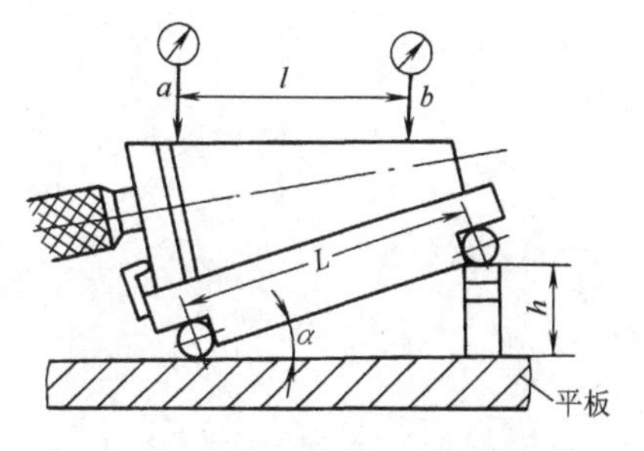

图 7-22　用正弦规测量圆锥量规

$$\Delta C=\Delta h/l$$

如换算成锥角偏差 $\Delta\alpha$（″）时，可按下式近似计算

因 1 弧度（rad）$=2.06\times10^5$ 秒（″）则

$$\Delta\alpha=2.06\times10^5\Delta h/l$$

小　　结

圆锥配合具有对中性好，加工精度高的特点。圆锥配合的形成有两种：结构型配合，由保证基面距 a

得到圆锥间的间隙或过盈；位移型配合，由轴向位移量 E_a 得到圆锥间的间隙或过盈。

圆锥公差的项目有4个，即圆锥直径公差 T_D、给定截面圆锥直径公差 T_{DS}、圆锥角公差 AT 和圆锥的形状公差 T_F。圆锥公差的给定有二种方式：一种是给出圆锥的公称圆锥角 α（或锥度 C）和圆锥直径公差 T_D；另一种是给出给定截面圆锥直径公差 T_{DS} 和圆锥角公差 AT、圆锥的形状公差 T_F。

对圆锥工件的测量，批量生产时，多用圆锥量规；单项或精密测量时用正弦规或光学分度头测量。

习题与练习七

7-1　在内、外圆锥配合中，确定轴向相对基准平面间的距离称为__________，它的大小可改变圆锥配合的__________。

7-2　国家标准给出圆锥公差的四个项目是__________、__________、__________、__________。

7-3　用圆锥量规检验内、外圆锥工件时，其合格性应根据____________________________________及____________________两个方面判断。

7-4　对大批量生产的、有较高精度要求的内、外圆锥工件，其测量器具应选用（　　）为好。

A. 万能角度尺　　B. 正弦规　　C. 内、外圆锥量规　　D. 光学分度头

7-5　圆锥配合的分哪几类？各自用于什么场合？

7-6　一圆锥联接，锥度 $C = 1:20$，内锥大端直径偏差 $\Delta D_i = +0.1\text{mm}$，外锥大端直径偏差 $\Delta D_e = +0.05\text{mm}$，结合长度 $L_p = 80\text{mm}$，以内锥大端直径为基本直径，内锥角偏差 $\Delta\alpha_i = +2'10''$，外锥角偏差 $\Delta\alpha_e = +1'22''$，试求：

（1）由直径偏差所引起的基面距误差为多少？

（2）由圆锥角偏差所引起的基面距误差为多少？

（3）当上述两项误差均存在时，可能引起的最大基面距误差为多少？

7-7　相互结合的内、外圆锥的锥度为1:50，公称圆锥直径为100mm，要求装配后得到H8/u7的配合性质。试计算所需的极限轴向位移和轴向位移公差。

第八章 滚动轴承的公差与配合

本章要点

1. 掌握滚动轴承的公差等级代号、游隙代号的意义和应用。

2. 了解滚动轴承公差及其特点。

3. 掌握滚动轴承与轴及外壳孔配合的公差带特点、配合面的表面粗糙度及几何公差的选择。

滚动轴承是机械制造业中应用极为广泛的一种标准部件，通用轴承一般由外圈、内圈、滚动体（钢球或滚子）和保持架所组成。滚动轴承具有减摩、承受径向载荷、轴向载荷或径向与轴向联合载荷的功能，并起对机械零部件相互间位置进行定位的作用，如图 8-1 所示。

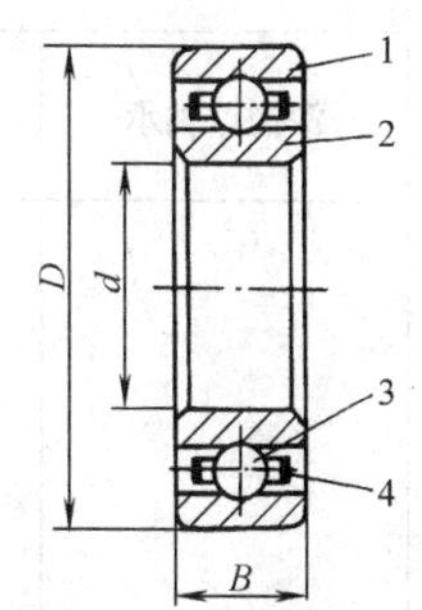

图 8-1 通用滚动轴承

1—外圈 2—内圈 3—滚动体 4—保持架

滚动轴承的工作性能及使用寿命不仅与其精度有关，而且与安装的支架或箱体孔直径 D、传动轴颈直径 d 的配合尺寸精度、几何精度及表面粗糙度有关。

第一节 滚动轴承的公差等级及应用（GB/T 307.1—2005）

轴承的尺寸精度指轴承内径、外径和宽度等尺寸公差；轴承的旋转精度指轴承内、外圈的径向圆跳动，轴承内、外圈的轴向圆跳动，端面对内孔的垂直度等，参见 GB/T 307.1—2005。

轴承制造精度用公差等级区分，由低到高分为 P0、P6（P6x）、P5、P4、P2 五个级别，只有向心轴承（圆锥滚子轴承除外）有 P2 级；圆锥滚子轴承有 P6x 级而无 P6 级；推力轴承无 P6x 及 P2 级；P0 级为普通级，应用最广，P2 级最高。表 8-1 为轴承公差等级代号新旧标准对照表。P0 级与公差等级 IT6（IT5）相对应，P2 级与公差等级 IT3（IT2）相对应。

表 8-1 轴承公差等级代号对照表

GB/T 272—1993 代号	含义	示例	GB 272—1988 老代号	示例
P0	公差等级为符合标准规定的 0 级，代号中省略不表示	6203	G	203
P6	公差等级为符合标准规定的 6 级	6203/P6	E	E203
P6x	公差等级为符合标准规定的 6x 级	30210/P6x	Ex	Ex7210
P5	公差等级为符合标准规定的 5 级	6203/P5	D	D203
P4	公差等级为符合标准规定的 4 级	6203/P4	C	C203
P2	公差等级为符合标准规定的 2 级	6203/P2	B	B203

注：普通级不标注。

P0 级为普通精度级，各类轴承均有 P0 级精度的产品，在机器制造业中应用最广，如对旋转精度要求不高的一般旋转机构中。这一等级的轴承广泛用于普通机床变速机构、进给机构、汽车和拖拉机中的变速机构、普通电动机、水泵和内燃机、压缩机、涡轮机中。

除 P0 级外的 P6、P6x、P5、P4 和 P2 级统称为高精度轴承，均应用于旋转精度要求较高或转速较高的旋转机构中。例如，普通机床的主轴前轴承多用 P5 级，后轴承多用 P6 级；较精密机床主轴的轴承采用 P4 级；精密仪器、仪表的旋转机构也常用 P4 级轴承。

P2 级轴承应用在高精度、高速运转、特别精密机械的主要部位上，如精密坐标镗床的主轴。高精度轴承在金属切削机床上的应用见表 8-2。

表 8-2　高公差等级轴承应用实例

设备类型	轴承公差等级				
	深沟球轴承	圆柱滚子轴承	角接触轴承	圆锥滚子轴承	推力与角接触推力球轴承
普通车床主轴		P5、P4	P5	P5	P5、P4
精密车床主轴		P4	P5、P4	P5、P4	P5、P4
铣床主轴		P5、P4	P5	P5	P5、P4
镗床主轴		P5、P4	P5、P4	P5、P4	P5、P4
坐标镗床主轴		P4、P2	P4、P2	P4	P4
机械磨头			P5、P4	P4	P5
高速磨头			P4	P2	
精密仪表	P5、P4		P5、P4		

滚动轴承安装在机器上，其内圈与轴颈配合，外圈与外壳孔配合。它们的配合性质应保证轴承的工作性能，因此必须满足下列两项要求：

1）具有合理必要的旋转精度。轴承工作时其内、外圈径向和轴向的跳动能引起机件运转不平稳，而导致振动和噪声。

2）滚动体与套圈之间有合适的径向游隙和轴向游隙，如图8-2所示。它是指在非预紧和不承受任何外载荷状态下的游隙。

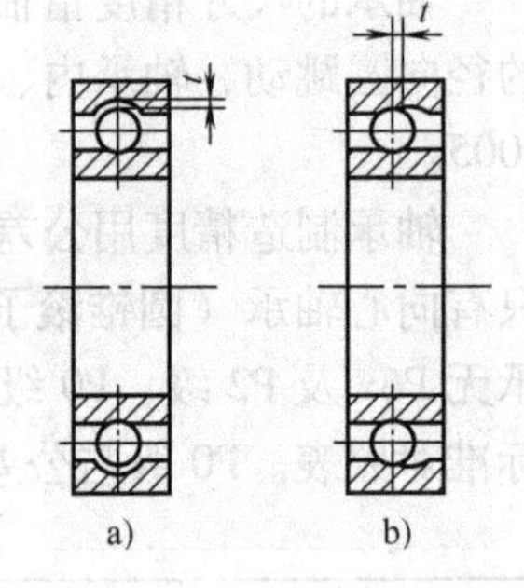

图 8-2　滚动轴承游隙
a）径向游隙　b）轴向游隙

滚动轴承的游隙是指一个套圈固定时，另一个套圈沿径向或轴向由一个极端位置到另一个极端位置的最大活动量。

径向或轴向游隙过大，均会引起轴承较大的振动和噪声，以及转轴的径向或轴向窜动。游隙过小，则因滚动体与套圈之间产生较大的接触应力而摩擦发热，以致使轴承寿命下降。

游隙代号分为 6 组，常用基本组代号为 0，且一般不予标注，见表 8-3。

公差等级代号与游隙代号需同时表示时，可进行简化，取公差等级代号加上游隙组号（0 组不表示）组合表示。0 组称基本组，其他组称辅助组，C1 ~ C5 组的游隙的大小依次由小到大。

例如，P63 表示轴承公差等级 6 级，径向游隙 3 组。

表 8-3　轴承游隙代号

代　　号	含　　义		示　　例
/C1	游隙符合标准规定的 1 组	小	NN 3006 K/C1
/C2	游隙符合标准规定的 2 组	游	6210/C2
—	游隙符合标准规定的 0 组		6210
/C3	游隙符合标准规定的 3 组	隙	6210/C3
/C4	游隙符合标准规定的 4 组	↓	NU 2340/C4
/C5	游隙符合标准规定的 5 组	大	23264/C5

注：滚动轴承径向游隙值见 GB/T 4604—2006。

本章着重阐述轴承配合的选择及轴颈、外壳孔尺寸公差、几何公差和表面粗糙度的选择与确定。

第二节　滚动轴承公差及其特点

滚动轴承的尺寸公差，主要指成套轴承的内径和外径的公差。滚动轴承的内圈和外圈都是薄壁零件，在制造和保管过程中容易变形，但当轴承内圈与轴和外圈与外壳孔装配后，这种微量变形又能得到矫正，在一般的情况下，也不影响工作性能。因此，国家标准对轴承内径和外径尺寸公差做了两种规定。

一是规定了内、外径尺寸的最大值和最小值所允许的极限偏差（即单一内、外径偏差），其主要目的是为了限制变形量。

二是规定内、外径实际量得尺寸的最大值和最小值的平均值极限偏差（即单一平面平均内、外径偏差 Δd_{mp} 和 ΔD_{mp}，其数值见 GB/T 307.1—2005），目的是用于轴承的配合。

对于高精度的 P4、P2 级轴承，上述两个公差项目都有规定，而对其他一般公差等级的轴承，只在套圈任一横截面内测得的最大与最小直径平均值对公称直径的偏差（即单一平面平均内、外径偏差 Δd_{mp} 和 ΔD_{mp}）在内、外径公差带内，就认为合格。

除此之外，对所有公差等级的轴承都规定了控制圆度的公差（即单一径向平面内的内、外径变动量）和控制圆柱度的公差（即平均内、外径变动量）。

轴承内、外径尺寸公差的特点是采用单向制，所有公差等级的公差都单向配置在零线下侧，即上偏差为零，下偏差为负值，如图 8-3 所示。

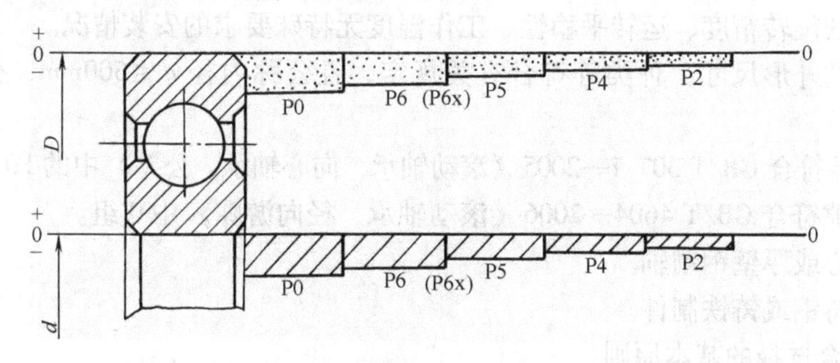

图 8-3　不同公差等级轴承内、外径公差带的分布图

在国家标准《极限与配合》中，基准孔的公差带在零线之上，而轴承内孔虽然也是基准孔（轴承内孔与轴配合也是采用基孔制），但其所有公差等级的公差带都在零线之下。因此，轴承内圈与轴配合，比国家标准《极限与配合》中基孔制同名配合要紧得多，配合性质向过盈增加的方向转化。

轴承公差等级的公差带都偏置在零线之下，这主要是考虑轴承配合的特殊需要。因为在多数情况下，轴承内圈是随轴一起转动，两者之间的配合必须有一定的过盈。但由于内圈是薄壁零件，且使用一定时间之后，轴承往往要拆换，因此，过盈量的数值又不宜过大。假如轴承内孔的公差带与一般基准孔的公差带一样，单向偏置在零线上侧，并采用《极限与配合》标准中推荐的常用（或优先）的过盈配合时，所取得过盈量往往太大；如改用过渡配合，又可能出现轴孔结合不可靠；若采用非标准的配合，不仅给设计者带来麻烦，而且还不符合标准化和互换性的原则。为此，轴承标准将内径的公差带偏置在零线下侧，在与《极限与配合》标准推荐的常用（或优先）过渡配合中某些轴的公差带结合时，完全能满足轴承内孔与轴配合性能要求。

轴承外圈与外壳孔配合采用基轴制，轴承外圈的公差带与《极限与配合》基轴制的基准轴的公差带虽然都在零线下侧，都是上偏差为零，下偏差为负值，但是，两者的公差数值是不同的。因此，轴承外圈与外壳孔配合与《极限与配合》圆柱基轴制同名配合相比，配合性质也是不完全相同的。

第三节　滚动轴承与轴及外壳孔的配合

滚动轴承的配合是指成套轴承的内孔与轴和外径与外壳孔的尺寸配合。合理地选择其配合对于充分发挥轴承的技术性能，保证机器正常运转，提高机械效率，延长使用寿命都有极重要的意义。

一、轴承配合的选择

1. 轴承配合选择的任务

1）确定与轴承内孔结合的轴的公差带。

2）确定与轴承外径结合的外壳孔的公差带。

国家标准 GB/T 275—1993《滚动轴承与轴和外壳的配合》中，其中的 P0、P6 级公差的轴承常用配合及轴、轴承座孔的公差带位置，如图 8-4 所示。

应注意国标 GB/T 275—1993 的适用范围。该标准适用于：

①对主机的旋转精度、运转平稳性、工作温度无特殊要求的安装情况。

②对轴承的外形尺寸，种类等符合有关规定，且公称内径 $d \leqslant 500$mm，公称外径 $D \leqslant 500$mm。

③轴承公差符合 GB/T 307.1—2005《滚动轴承　向心轴承　公差》中的 P0、P6(P6x)。

④轴承游隙符合 GB/T 4604—2006《滚动轴承　径向游隙》中 0 组。

⑤轴为实心或厚壁钢制轴。

⑥外壳为铸钢或铸铁制件。

2. 轴承配合选择的基本原则

轴承配合的选择与负荷的种类、轴承的类型和尺寸大小、轴和轴承座孔的公差等级、应采用包容要求、材料强度、轴承游隙、轴承承受工作负荷的状况、工作环境以及拆卸的要求等，对轴承的配合都有直接的影响。在选择配合时，都应考虑到。

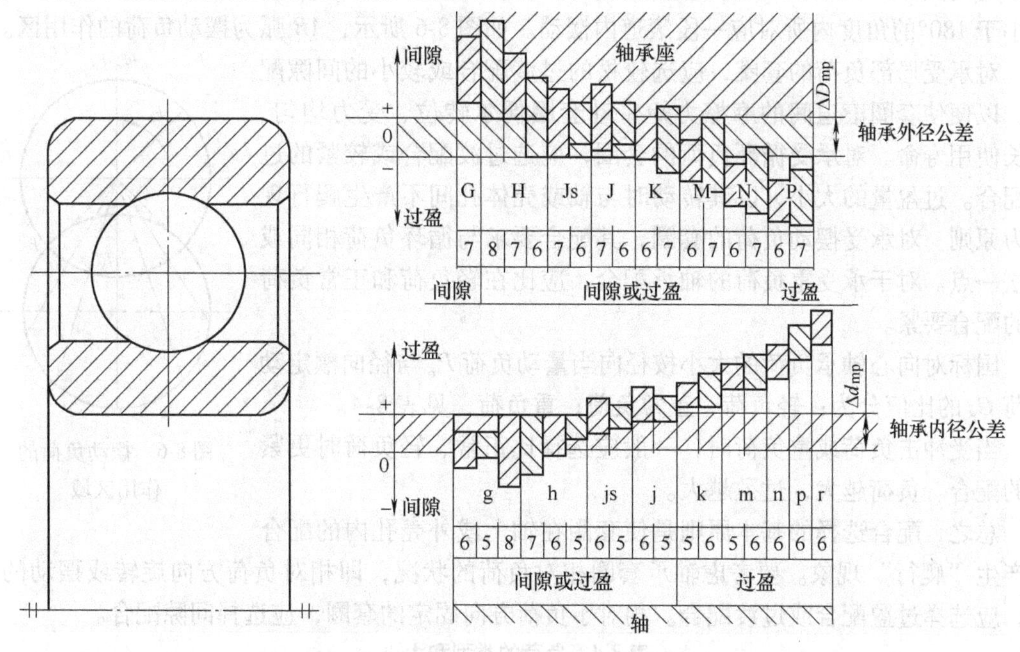

图 8-4　滚动轴承与轴和轴承座孔的配合

（1）负荷类型区分　机器在运转过程中，滚动轴承内、外套圈可能承受以下三种类型的负荷。

1）局部负荷。作用在轴承上的合成径向负荷向量与套圈相对静止，始终作用在套圈滚道的局部区域内，这种负荷称局部负荷。如图 8-5a 所示的外圈和图 8-5b 所示的内圈。轴承承受一个方向不变的径向负荷 F_r，固定套圈所承受的负荷性质即为局部负荷，或称固定负荷。

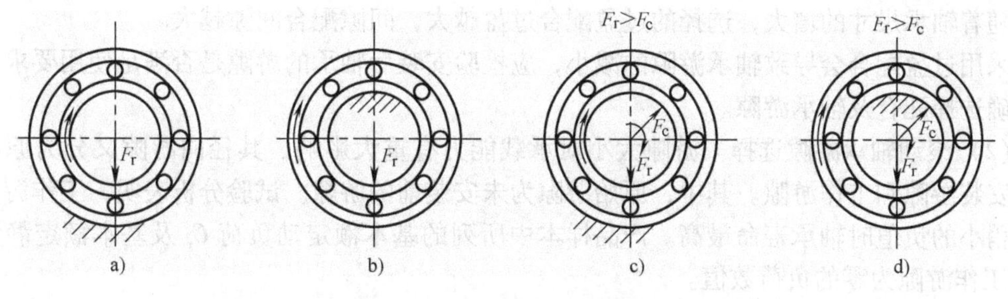

图 8-5　轴承承受的负荷类型

a）内圈—循环负荷　外圈—局部负荷　b）内圈—局部负荷　外圈—循环负荷　c）内圈—循环负荷　外圈—摆动负荷　d）内圈—摆动负荷　外圈—循环负荷

2）循环负荷。作用在轴承上的合成径向负荷顺次地作用在套圈滚道的整个圆周上，且沿滚道圆周方向旋转，一转以后重复如此，这种负荷称为循环负荷，如图 8-5a 所示的内圈、图 8-5b 所示的外圈。循环负荷的特点是：负荷与套圈相对转动，又称旋转负荷。

3）摆动负荷。在轴承套圈上同时作用有一方向与大小不变的合成径向负荷与一个数值较小的旋转径向负荷所组成的合力，这种负荷称为摆动负荷。如图 8-5c 所示的外圈、图 8-5d 所示的内圈。F_r 是不变的径向负荷，F_c 是旋转的径向负荷，$F_r > F_c$，它们的合成负荷 F 仅在小于 180°的角度内所对应一段滚道内摆动。如图 8-6 所示，AB 弧为摆动负荷的作用区。

对承受局部负荷的套圈，应选较松的过渡配合或较小的间隙配合，以便使套圈滚道间的摩擦力矩带动套圈偶尔转位、受力均匀、延长使用寿命。对承受循环负荷的套圈，应选过渡配合或较紧的过渡配合。过盈量的大小，以其转动时与轴或壳体孔间不产生爬行现象为原则。对承受摆动负荷的套圈，其配合要求与循环负荷相同或略松一点。对于承受重负荷的轴承配合，应比在轻负荷和正常负荷下的配合要紧。

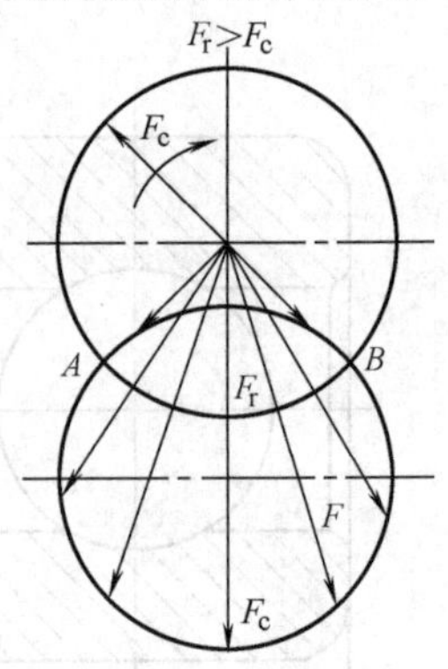

图 8-6　摆动负荷的作用区域

国标对向心轴承负荷的大小按径向当量动负荷 P_r 与径向额定动负荷 C_r 的比值分为：轻负荷；正常负荷；重负荷，见表 8-4。

当受冲击负荷或重负荷时，一般应选择比正常、轻负荷时更紧密的配合。负荷越大，过盈越大。

总之，配合选择的基本原则是使套圈在轴上或外壳孔内的配合不产生“爬行”现象。要考虑轴承套圈相对负荷的状况，即相对负荷方向旋转或摆动的套圈，应选择过盈配合或过渡配合。相对于负荷方向固定的套圈，应选择间隙配合。

表 8-4　负荷的类型和大小

负荷大小	P_r/C_r
轻 负 荷	≤0.07
正常负荷	>0.07～0.15
重 负 荷	>0.15

当以不可分离型轴承作游动支承时，则应以相对于负荷方向为固定的套圈作为游动套圈，选择间隙或过渡配合。

随着轴承尺寸的增大，选择的过盈配合过盈越大，间隙配合间隙越大。

采用过盈配合会导致轴承游隙的减小，应检验安装后轴承的游隙是否满足使用要求，以便正确选择配合及轴承游隙。

（2）滚动轴承游隙选择　游隙大小对承载能力有重大影响，其径向游隙又分为原始游隙、安装游隙和工作游隙。其中，原始游隙为未安装前的游隙。试验分析表明，工作游隙为比零稍小的负值时轴承寿命最高。产品样本中所列的基本额定动负荷 C_r 及基本额定静负荷 C_{0r}是工作游隙为零的负荷数值。

合理的轴承游隙的选择，应在原始游隙的基础上，考虑因配合、内外圈温度差以及负荷等因素所引起的游隙变化，以使工作游隙接近最佳状态，来选出游隙组别。对于在一般情况下工作的向心轴承（非调整式轴承），应优先选用基本组（0 组）游隙。当对游隙有特殊要求时，可选用辅助组游隙（数值可参见 GB/T4604—2006）。

（3）公差带的选择　根据径向当量动负荷 P_r 的大小和性质进行选择。

1）向心轴承和轴的配合，轴公差带代号按表 8-5 选择。

2）向心轴承和外壳孔的配合，孔公差带代号按表 8-6 选择。

表 8-5　向心轴承和轴的配合　轴公差带代号（GB/T 275—1993）

圆柱孔轴承						
运转状态		负荷状态	深沟球轴承、调心球轴承和角接触球轴承	圆柱滚子轴承和圆锥滚子轴承	调心滚子轴承	公差带
说明	举例		轴承公称内径/mm			
旋转的内圈负荷及摆动负荷	一般通用机械、电动机、机床主轴、泵、内燃机、正齿轮传动装置、铁路机车车辆轴箱、破碎机等	轻负荷	≤18 >18～100 >100～200 —	— ≤40 >40～140 >140～200	— ≤40 >40～100 >100～200	h5 j6① k6① m6①
		正常负荷	≤18 >18～100 >100～140 >140～200 >200～280 — —	— ≤40 >40～100 >100～140 >140～200 >200～400 —	— ≤40 >40～65 >65～100 >100～140 >140～280 >280～500	j5 js5 k5② m5② m6 n6 p6 r6
		重负荷		>50～140 >140～200 >200 —	>50～100 >100～140 >140～200 >200	n6 p6③ r6 r7
固定的内圈负荷	静止轴上的各种轮子，张紧轮绳轮、振动筛、惯性振动器	所有负荷	所有尺寸			f6 g6① h6 j6
仅有轴向负荷		所有尺寸				j6、js6
圆锥孔轴承						
所有负荷	铁路机车车辆轴箱	装在退卸套上的所有尺寸				h8（IT6）⑤④
	一般机械传动	装在紧定套上的所有尺寸				h9（IT7）⑤④

①凡对精度有较高要求的场合，应用 j5、k5……代替 j6、k6……。

②圆锥滚子轴承、角接触球轴承配合对游隙影响不大，可用 k6、m6 代替 k5、m5。

③重负荷下轴承游隙应选大于 0 组。

④凡有较高精度或转速要求的场合，应选用 h7（IT5）代替 h8（IT6）等。

⑤IT6、IT7 表示圆柱度公差数值。

表 8-6　向心轴承和外壳孔的配合　孔公差带代号（GB/T 275—1993）

运转状态		负荷状态	其他状况	公差带①	
说明	举例			球轴承	滚子轴承
固定的外圈负荷	一般机械、铁路机车车辆轴箱、电动机、泵、曲轴主轴承	轻、正常重	轴向易移动，可采用剖分式外壳	H7、G7②	
		冲击	轴向能移动，可采用整体或剖分式外壳	J7、JS7	
摆动负荷		轻、正常			
		正常、重	轴向不移动，采用整体式外壳	K7	
		冲击		M7	
旋转的外圈负荷	张紧滑轮、轮毂轴承	轻		J7	K7
		正常		K7、M7	M7、N7
		重		—	N7、P7

①并列公差带随尺寸的增大从左至右选择，对旋转精度有较高要求时，可相应提高一个公差等级。

②不适用于剖分式外壳。

3）推力轴承和轴的配合，轴公差带代号按表 8-7 选择。

4）推力轴承和外壳的配合，孔公差带代号按表 8-8 选择。

表 8-7 推力轴承和轴的配合 轴公差带代号（GB/T 275—1993）

运转状态	负荷状态	推力球和推力滚子轴承	推力调心滚子轴承②	公差带
		轴承公称内径/mm		
仅有轴向负荷		所有尺寸		j6、js6
固定的轴圈负荷	径向和轴向联合负荷	—	≤250	j6
		—	>250	js6
旋转的轴圈负荷或摆动负荷		—	≤200	k6①
		—	>200～400	m6
		—	>400	n6

①要求较小过盈时，可分别用 j6、k6、m6 代替 k6、m6、n6。

②也包括推力圆锥滚子轴承、推力角接触球轴承。

表 8-8 推力轴承和外壳的配合 孔公差带代号（GB/T 275—1993）

运转状态	负荷状态	轴承类型	公差带	备 注
仅有轴向负荷		推力球轴承	H8	
		推力圆柱、圆锥滚子轴承	H7	
		推力调心滚子轴承		外壳孔与座圈间间隙为 0.001*D*（*D* 为轴承公称外径）
固定的座圈负荷	径向和轴向联合负荷	推力角接触球轴承、推力调心滚子轴承、推力圆锥滚子轴承	H7	
旋转的座圈负荷或摆动负荷			K7	普通使用条件
			M7	有较大径向负荷时

二、公差等级的选择和配合表面粗糙度的选择

与轴承配合的轴或外壳孔的公差等级与轴承精度有关。轴承精度高时，所选用的公差等级也要高些；对同一公差等级的轴承，轴与轴承内孔配合时，轴选用的公差等级比外壳孔与轴承外径配合时外壳孔选用的公差等级要高一级。例如，与 P0，P6（P6x）级轴承配合的轴，其公差等级一般为 IT6，外壳孔一般为 IT7。对旋转精度和运转平稳性有较高要求的场合，在提高轴承公差等级的同时，轴承配合部位也应按相应精度提高。

配合表面及端面的表面粗糙度按表 8-9 的规定进行选择。

表 8-9 配合面的表面粗糙度（GB/T 275—1993）

轴或轴承座直径/mm		轴或外壳配合表面直径标准公差等级								
		IT7			IT6			IT5		
		表面粗糙度/μm								
超过	到	*Rz*	*Ra* 磨	*Ra* 车	*Rz*	*Ra* 磨	*Ra* 车	*Rz*	*Ra* 磨	*Ra* 车
	80	10	1.6	3.2	6.3	0.8	1.6	4	0.4	0.8
80	500	16	1.6	3.2	10	1.6	3.2	6.3	0.8	1.6
端面		25	3.2	6.3	25	3.2	6.3	10	1.6	3.2

三、配合面及端面的形状和位置公差

轴颈和外壳孔表面的圆柱度公差、轴肩及外壳孔肩的轴向圆跳动按表 8-10 的规定进行选择，标注方法如图 8-7 所示。

表 8-10　轴和外壳的几何公差（GB/T 275—1993）

公称尺寸/mm		圆柱度 t				轴向圆跳动 t_1			
		轴　颈		外壳孔		轴　肩		外壳孔肩	
		轴承公差等级							
		P0	P6（P6x）	P0	P6（P6x）	P0	P6（P6x）	P0	P6（P6x）
超过	到	公　差　值/μm							
	6	2.5	1.5	4	2.5	5	3	8	5
6	10	2.5	1.5	4	2.5	6	4	10	6
10	18	3.0	2.0	5	3.0	8	5	12	8
18	30	4.0	2.5	6	4.0	10	6	15	10
30	50	4.0	2.5	7	4.0	12	8	20	12
50	80	5.0	3.0	8	5.0	15	10	25	15
80	120	6.0	4.0	10	6.0	15	10	25	15
120	180	8.0	5.0	12	8.0	20	12	30	20
180	250	10.0	7.0	14	10.0	20	12	30	20
250	315	12.0	8.0	16	12.0	25	15	40	25
315	400	13.0	9.0	18	13.0	25	15	40	25
400	500	15.0	10.0	20	15.0	25	15	40	25

四、滚动轴承配合选用举例

例 8-1　已知减速器的功率为 5kW，从动轴转速为 83r/min，其两端的轴承为 6211 深沟球轴承（$d=55$mm，$D=100$mm），轴上安装齿轮的模数为 3mm，齿数为 79。试确定轴颈和外壳孔的公差带、几何公差值和表面粗糙度参数值，并标注在图样上（由机械零件设计已算得的 $P_r/C_r=0.01$）。

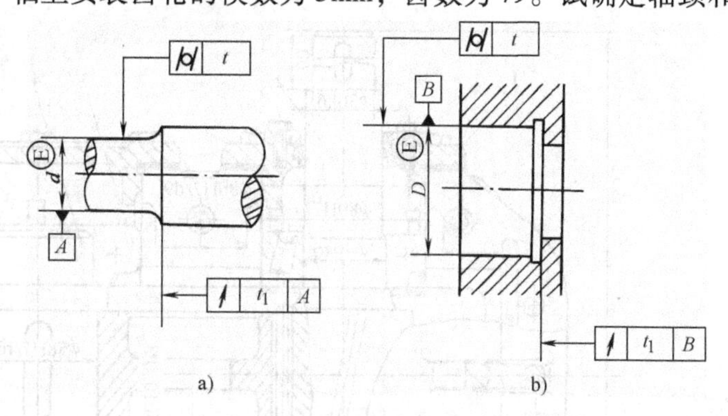

图 8-7　轴颈和外壳孔公差在图样上的标注

a）轴颈　b）外壳孔

解　1）减速器属于一般机械，转速不高，应选 P0 级轴承。0 级，代号中省略不表示。

2）齿轮传动时，轴承内圈与轴一起旋转，因承受负荷，应选较紧配合；外圈相对于负荷方向静止，它与外壳孔的配合应较松。由机械零件设计知 $P_r/C_r=0.01$，小于 0.07，故轴承属于轻负荷。查表 8-5、表 8-6，选轴颈公差带为 j6，外壳孔公差带为 H7。

3）查表 8-10，轴颈圆柱度公差 0.005mm，轴肩轴向圆跳动公差 0.015mm，外壳孔圆柱度公差 0.01mm。

4）查表 8-9 中表面粗糙度数值，磨削轴取 $Ra\leqslant 0.8\mu m$；轴肩端面 $Ra\leqslant 3.2\mu m$。精车外壳孔 $Ra\leqslant 3.2\mu m$。

5）标注如图 8-8 所示。因滚动轴承是标准件，装配图上只需注出轴颈和外壳孔的公差带代号。

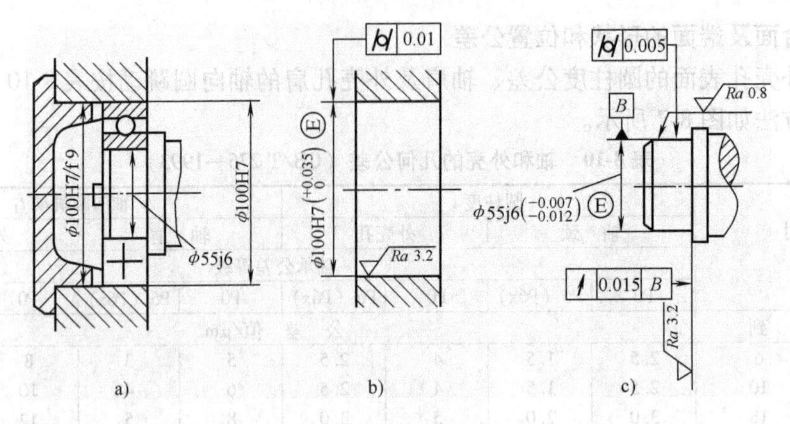

图 8-8　例 8-1 图

例 8-2　通用的一级圆柱齿轮减速器，齿轮轴 2 为输入轴，轴 4 为输出轴，功率为 5kW，高速轴为 572r/min，传动比为 3.95。

减速中主要配合尺寸的精度，较多的采用孔为 IT7 级，轴为 IT6 级。而滚动轴承大多采用 P0 级，对高速减速器中的滚动轴承可用 P6 级。

解　其减速器主要件的公差与配合选用。

1）带轮（图中未画出）与齿轮轴 2 上 ϕ30mm 轴端的配合，按要求同轴度较高且可装拆，故选过渡配合 ϕ30H7/k6。

2）两处滚动轴承 7 外圈与机座 8 上 ϕ80mm 孔的配合，按规定应为基轴制，外圈受局部负荷，壳体孔选 ϕ80H7 Ⓔ。

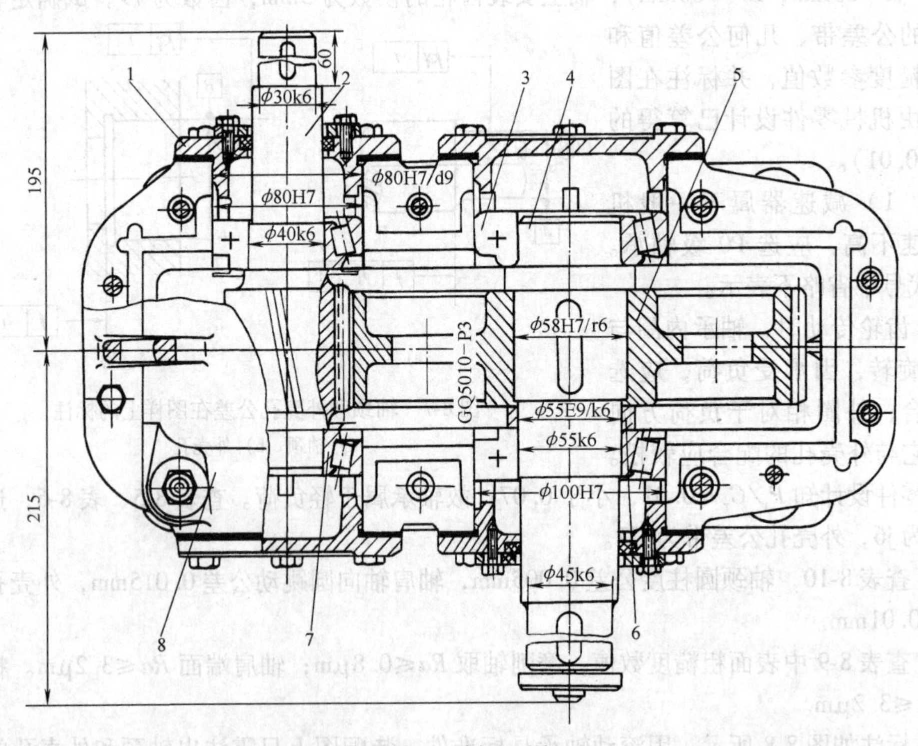

图 8-9　例 8-2 图

1—端盖　2—齿轮轴　3、7—轴承　4—轴　5—大齿轮　6—定距环　8—机座

3）两处滚动轴承7内圈与齿轮轴2上ϕ40mm轴颈的配合，按规定应为基孔制，内圈受循环负荷，轴选ϕ40k6 Ⓔ。

4）端盖1与机座8上ϕ80mm孔的配合，由于端盖只起轴向定位作用，径向配合要求不高，允许间隙较大，因壳体孔与滚动轴承7外圈配合已选定为ϕ80H7 Ⓔ，所以端盖选ϕ80d9，即配合为ϕ80H7/d9。

5）两处滚动轴承3外圈与机座8的配合，工作条件与第2条相似，为基轴制，壳体孔选ϕ100H7 Ⓔ。

6）两处滚动轴承3内圈与轴4的配合，工作条件与第3条相似，为基孔制，轴选ϕ55k6 Ⓔ。

7）大齿轮5的ϕ58mm内孔与轴4的配合，要求齿轮在轴上精确定心，且要传递一定转矩，又由于机座和盖是剖分式，齿轮与轴一般不拆卸，故选过盈配合ϕ58H7/r6。

8）定距环6与轴4间的配合，工作条件与4）相似，轴已选用ϕ55k6，为便于拆装和避免装配时划伤轴径，按经验可取最小间隙为0.03～0.05，可选ϕ55E9/k6。

小　　结

1. 滚动轴承的尺寸精度是指内径、外径、宽度等尺寸公差，几何公差。

2. 轴承的工作性能与寿命不仅与其精度有关，而且与安装相配合的孔、轴颈的尺寸精度、几何精度及表面粗糙度有关。

3. 常用滚动轴承的公差等级有五级：P0、P6、P5、P4、P2，等级依次增高。圆锥滚子轴承和推力轴承均有四级。常用游隙代号有六组：C1、C2、0组（基本组）、C3、C4、C5，游隙由小到大，合理的游隙可提高轴承的工作质量和寿命。

4. 轴承内圈与轴配合采用基孔制；外圈与外壳孔采用基轴制，由于轴承内、外径上极限偏差均为零，所以与轴配合较紧，与外壳孔配合较松，从而保证内、外圈工作不“爬行”。

5. 轴承所受负荷分为局部负荷、循环负荷、摆动负荷，由负荷类型和大小选择轴承的配合。

习题与练习八

8-1　滚动轴承的五个精度等级为________、________、________、________、________。其中，应用最广的是____________级，精度最高的是____________级。

8-2　轴承的游隙是指____________________的最大活动量。游隙过大会引起____________________；游隙过小会引起____________________。

8-3　滚动轴承游隙代号分为____________________6组。常用基本组的代号为________，且一般不予标注。

8-4　轴承内圈与轴的配合，采用基________制；外圈与外壳孔的配合采用基________制。

8-5　轴承内、外尺寸的特点是采用____________制，所有公差等级的公差均配置在零线的________，上偏差为________，下偏差为________。

8-6　选择滚动轴承与轴和外壳孔的配合时考虑哪些因素？

8-7　某机床主轴箱内装有两个P0级深沟球轴承（6204），外圈与齿轮一起旋转，内圈固定在轴上不转，其装配结构及轴承内，外圈尺寸如图8-10所示。外圈承受的是循环负荷，内圈承受的是局部负荷，且$F_r < 0.07C_r$，试决定孔，轴的公差、几何公差及表面粗糙度。

8-8　某机床转轴上安装6308/P6深沟球轴承，内径为40mm，外径为90mm，该轴承受着一个4000N的定向径向负荷P_r，轴承的额定负荷C_r为31400N，内圈随轴一起转动，而外圈静止。试确定轴颈与外壳孔的极限偏差、几何公差值和表面粗糙度参数值，并把所选公差按照图 8-8 所示标注在图样上。

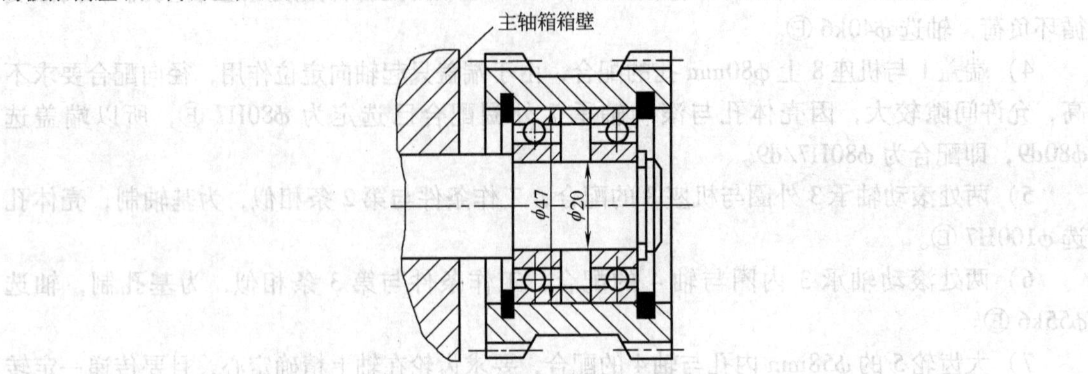

图 8-10　习题 8-7 轴承装配结构图

第九章　螺纹的公差配合与测量

本章要点

1. 了解螺纹的几何参数及其对螺纹互换性的影响。
2. 掌握梯形丝杠和滚动螺旋副的技术要求、选用和标注方法。
3. 掌握普通螺纹的检测方法。

第一节　概　述

一、螺纹的分类及使用要求

螺纹配合在机械制造及装配安装中是广泛采用的一种结合形式,按用途不同可分为两大类:

1. 联接螺纹

主要用于紧固和联接零件，因此又称紧固螺纹。米制普通螺纹是使用最广泛的一种，要求其有良好的旋入性和联接的可靠性，牙型为三角形。

2. 传动螺纹

主要用于传递动力或精确位移，要求具有足够的强度和保证精确的位移。

传动螺纹牙型有梯形、矩形等。机床中的丝杠、螺母常采用梯形牙型，而滚动螺旋副（滚珠丝杠副）则采用单、双圆弧滚道。

本章主要讨论普通螺纹，同时对梯形丝杠、螺母及滚珠丝杠副作一般介绍。

二、普通螺纹的基本几何参数

米制普通螺纹的基本牙型如图 9-1 所示。它是将原始三角形按 GB/T 192—2003 规定的削平高度，截去顶部和底部所形成的螺纹牙型，称基本牙型。

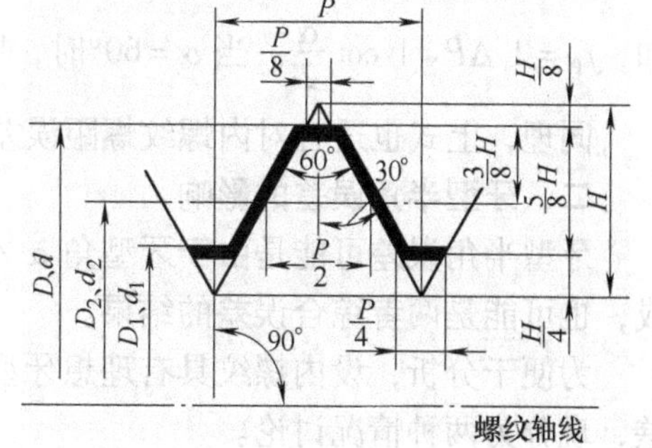

图 9-1　普通螺纹基本牙型

（1）大径 D 或 d　指与内螺纹牙底或外螺纹牙顶相重合的假想圆柱体直径。国标规定米制普通螺纹大径的基本尺寸为螺纹的公称直径。

（2）小径 D_1 或 d_1　指与内螺纹牙顶或外螺纹牙底相重合的假想圆柱体直径。

（3）中径 D_2 或 d_2　为一假想的圆柱体直径，其母线在 $H/2$ 处，在此母线上牙体与牙槽的宽度相等。

（4）单一中径 $D_{2单一}$ 或 $d_{2单一}$　为一假想圆柱体直径,该圆柱体的母线在牙槽宽度等于 $P/2$ 处,而不考虑牙体宽度大小。因它在实际螺纹上可以测得,它代表螺纹中径的实际尺寸。

（5）螺距 P　相邻两牙在中径母线上对应两点间的轴向距离。

（6）导程 Ph　同一条螺旋线上的相邻两牙在中径线上对应两点间的轴向距离，且 $Ph = nP$（n 为螺旋线数）。

（7）牙型角 α 与牙型半角 $\alpha/2$　α 是指在螺纹牙型上相邻两牙侧间的夹角，对米制普通螺纹 $\alpha=60°$。$\alpha/2$ 是指牙侧与螺纹轴线的垂线间的夹角，对米制普通螺纹 $\alpha/2=30°$。

牙型角正确时，其牙型半角可能有误差，如两半角分别为29°和31°，故还应测量半角。

（8）原始三角形高度 H　指原始等边三角形顶点到底边的垂直距离，$H=\sqrt{3}P/2$。

（9）牙型高度 h　指螺纹牙顶与牙底间的垂直距离，$h=5H/8$。

（10）螺纹旋合长度 L　指两配合螺纹沿螺纹轴线方向相互旋合部分的长度。

第二节　普通螺纹各参数对互换性的影响（GB/T 197—2003）

影响螺纹互换性的几何参数有五个：大径、中径、小径、螺距和牙型半角，其主要因素是螺距误差、牙型半角误差和中径误差。因普通螺纹主要保证旋合性和联接的可靠性，故标准只规定中径公差，而不分别规定三项公差。

一、螺距误差的影响

螺距误差包括局部误差如单个螺距误差和累积误差，后者与旋合长度有关，是主要影响因素。

由于螺距有误差，在旋合长度上产生螺距累积误差 ΔP_{Σ}，使内、外螺纹无法旋合，如图9-2所示。

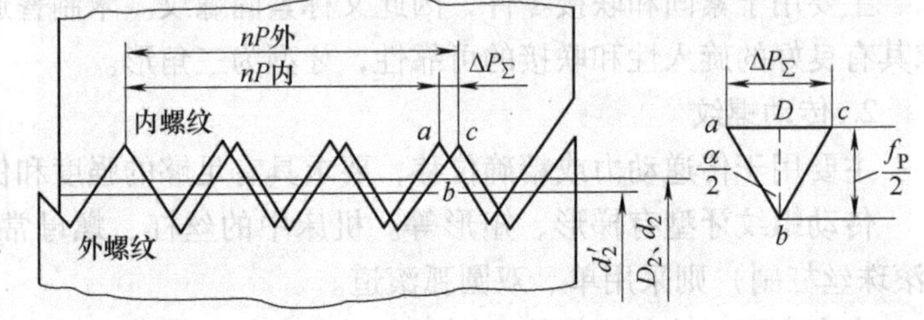

图 9-2　螺距误差对互换性的影响

为讨论方便，设内、外螺纹的中径和牙型半角均无误差，内螺纹无螺距误差，仅外螺纹有螺距误差。此误差 ΔP_{Σ} 相当于使外螺纹中径增大一个 f_P 值，此 f_P 值称为螺距误差的中径当量或补偿值。从△abc 中可知，$f_P=|\Delta P_{\Sigma}|\cot\dfrac{\alpha}{2}$。当 $\alpha=60°$时，则 $f_P=1.732|\Delta P_{\Sigma}|$。

同理，上式也适合对内螺纹螺距误差 f_P 的计算。

二、牙型半角误差的影响

牙型半角误差可能是由于牙型角 α 本身不准确或由于它与轴线的相对位置不正确而造成，也可能是两者综合误差的结果。

为便于分析，设内螺纹具有理想牙型，外螺纹的中径和螺距与内螺纹相同，仅有半角误差，现分为两种情况讨论。

1）外螺纹牙型半角小于内螺纹牙型半角，如图9-3a所示。

$\Delta\alpha/2=\alpha_{外}/2-\alpha_{内}/2<0$，剖线部分产生靠近大径处的干涉而不能旋合。

为了保证可旋合性，可把内螺纹的中径增大 $f_{\frac{\alpha}{2}}$，或把外螺纹中径减小 $f_{\frac{\alpha}{2}}$，由图中的△ABC，按正弦定理得

$$\frac{f_{\frac{\alpha}{2}}/2}{\sin\left(\Delta\dfrac{\alpha}{2}\right)}=\frac{AC}{\sin\left(\dfrac{\alpha}{2}-\Delta\dfrac{\alpha}{2}\right)}$$

因 $\Delta\alpha/2$ 很小，$AC=\dfrac{3H/8}{\cos\dfrac{\alpha}{2}}$　$\sin\left(\Delta\dfrac{\alpha}{2}\right)\approx\Delta\dfrac{\alpha}{2}$　$\sin\left(\dfrac{\alpha}{2}-\Delta\dfrac{\alpha}{2}\right)\approx\sin\dfrac{\alpha}{2}$

如 $\Delta\dfrac{\alpha}{2}$以“分”计，H、P 以 mm 计，$f_{\frac{\alpha}{2}}$以 μm 计，得

$$f_{\frac{\alpha}{2}}=(0.44H/\sin\alpha)\left|\Delta\frac{\alpha}{2}\right|$$

当 $\alpha=60°$，$H=0.866P$ 时可得

$$f_{\frac{\alpha}{2}}=0.44P\left|\Delta\frac{\alpha}{2}\right|$$

2）外螺纹牙型半角大于内螺纹牙型半角，如图 9-3b 所示。

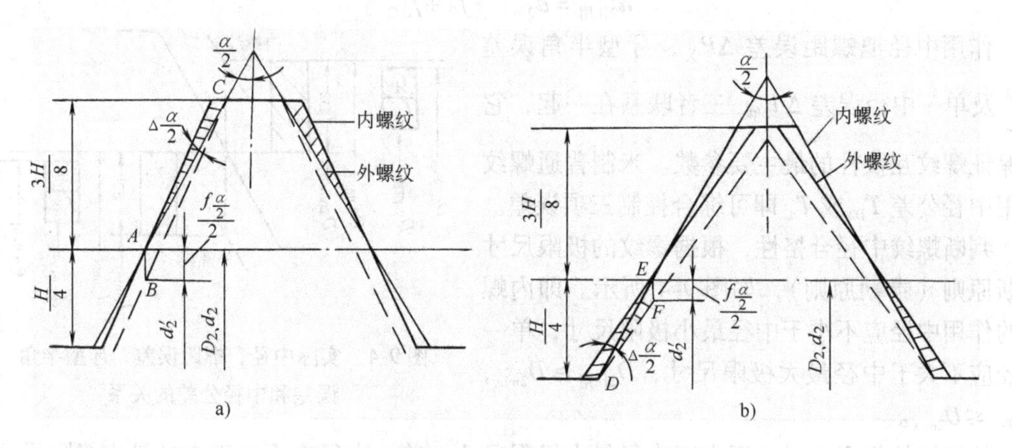

图 9-3　牙型半角误差与中径当量的关系

a）$\dfrac{\alpha_外}{2}<\dfrac{\alpha_内}{2}$　b）$\dfrac{\alpha_外}{2}>\dfrac{\alpha_内}{2}$

$\Delta\dfrac{\alpha}{2}=\dfrac{\alpha_外}{2}-\dfrac{\alpha_内}{2}>0$，剖线部分产生靠近小径处的干涉而不能旋合。

同理由△DEF 导出

$$f_{\frac{\alpha}{2}}=(0.291H/\sin\alpha)\left|\Delta\frac{\alpha}{2}\right|$$

当 $\alpha=60°$，$H=0.866P$ 时可得

$$f_{\frac{\alpha}{2}}=0.291P\left|\Delta\frac{\alpha}{2}\right|$$

一对内外螺纹，实际制造与结合通常是左、右半角不相等，产生牙型歪斜。$\Delta\dfrac{\alpha}{2}$可能为正，也可能为负，同时产生上述两种干涉，因此可按上述两式的平均值计算，即

$$f_{\frac{\alpha}{2}}=0.36P\left|\Delta\frac{\alpha}{2}\right|$$

当左右牙型半角误差不相等时，$\Delta\dfrac{\alpha}{2}$可按 $\Delta\dfrac{\alpha}{2}=\left(\left|\Delta\dfrac{\alpha}{2}_{左}\right|+\left|\Delta\dfrac{\alpha}{2}_{右}\right|\right)\Big/2$ 平均计算。

三、单一中径误差的影响

制造中螺纹的中径误差 $\Delta D_{2单一}$ 或 $\Delta d_{2单一}$，将直接影响螺纹的旋合性和结合强度。若 $D_{2单一} \gg d_{2单一}$ 则结合过松而结合强度不足；若 $D_{2单一} < d_{2单一}$ 则因过紧而无法自由旋合。$\Delta d_{2单一}$（或 $\Delta D_{2单一}$）的大小随螺纹的实际中径大小而变化。

可以看出，螺纹大、小径误差是不影响螺纹配合性质的，而螺距、牙型半角误差可用螺纹中径当量来处理，所以螺纹中径是影响互换性的主要参数。

四、作用中径及螺纹中径合格性的判断原则

由于螺距误差和牙型半角误差均用中径补偿，对内螺纹讲相当于螺纹中径变小，对外螺纹讲相当于螺纹中径变大，此变化后的中径称为作用中径，即螺纹配合中实际起作用的中径

$$D_{2作用} = D_{2单一} - f_P - f_{\alpha/2}$$

$$d_{2作用} = d_{2单一} + f_P + f_{\alpha/2}$$

作用中径把螺距误差 ΔP_{Σ}，牙型半角误差 $\Delta \frac{\alpha}{2}$ 及单一中径误差 $\Delta d_{2单一}$ 三者联系在一起，它是保证螺纹互换性的最主要参数。米制普通螺纹仅用中径公差 T_{D2} 或 T_{d2} 即可综合控制三项误差。

判断螺纹中径合格性，根据螺纹的极限尺寸判断原则（泰勒原则），如图 9-4 所示。即内螺纹的作用中径应不小于中径最小极限尺寸；单一中径应不大于中径最大极限尺寸，$D_{2作用} \geqslant D_{2\min}$，$D_{2单一} \leqslant D_{2\max}$。

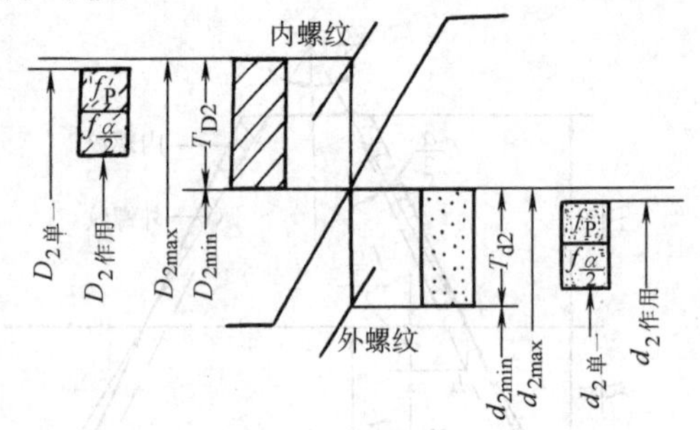

图 9-4　实际中径，螺距误差，牙型半角误差和中径公差的关系

外螺纹的作用中径应不大于中径最大极限尺寸，单一中径应不小于中径最小极限尺寸。$d_{2作用} \leqslant d_{2\max}$，$d_{2单一} \geqslant d_{2\min}$。

例 9-1　有一 M36 -6h 的螺栓，量得其单一中径 $d_{2单一} = 33.24\text{mm}$，$\Delta P_{\Sigma} = +40\mu\text{m}$，其 $\Delta \frac{\alpha}{2_{左}} = +50'$，$\Delta \frac{\alpha}{2_{右}} = -30'$，问此螺栓是否合格？

解　由表 9-1 和表 9-2 得螺距 $P = 4\text{mm}$，中径基本尺寸 $d_2 = 33.402\text{mm}$，查表 9-3 得 h 公差带的上偏差 es = 0，则 $d_{2\max} = 33.402\text{mm}$。查表 9-4 得中径公差 $T_{d2} = 0.224\text{mm}$，则 $d_{2\min} = 33.178\text{mm}$。$\Delta \frac{\alpha}{2} = \left(\left| \Delta \frac{\alpha}{2_{左}} \right| + \left| \Delta \frac{\alpha}{2_{右}} \right| \right) / 2 = (|+50| + |-30|)/2 = 40'$

则　$f_P = 1.732 |\Delta P_{\Sigma}| = 1.732 \times 40\mu\text{m} = 69\mu\text{m}$

$$f_{\alpha/2} = 0.29P \left| \Delta \frac{\alpha}{2} \right| = 0.29 \times 4 \times 40\mu\text{m} = 46\mu\text{m}$$

螺栓的 $d_{2单一} = 33.24\text{mm} > d_{2\min} = 33.178\text{mm}$，$d_{2作用} = d_{2单一} + f_P + f_{\frac{\alpha}{2}} = (33.24 + 0.069 + 0.046)\text{mm} = 33.355\text{mm} < d_{2\max} = 33.402\text{mm}$。

该螺栓中径合格，公差带分布如图 9-5 所示。

常用普通螺纹的各项参数见表 9-1 ~ 表 9-4。

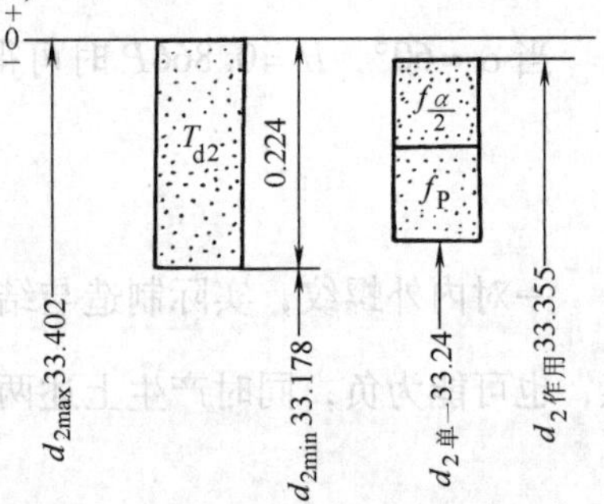

图 9-5　例 9-1 螺栓中径公差和各项误差的分布

表 9-1　普通螺纹的公称直径和螺距系列（摘自 GB/T 193—2003）　（单位：mm）

公称直径 D、d			螺距 P						
第一系列	第二系列	第三系列	粗牙	细牙					
10			1.5				1.25	1	0.75
		11	1.5					1	0.75
12			1.75			1.5	1.25	1	
	14		2			1.5	1.25①	1	
		15				1.5		1	
16			2			1.5		1	
		17				1.5		1	
	18		2.5		2	1.5		1	
20			2.5		2	1.5		1	
	22		2.5		2	1.5		1	
24			3		2	1.5		1	
		25			2	1.5		1	
		26				1.5			
	27		3		2	1.5		1	
		28			2	1.5			
30			3.5	(3)	2	1.5		1	
		32			2	1.5			
	33		3.5	(3)	2	1.5			
		35②				1.5			
36			4	3	2	1.5			

注：1. 直径优先选用第一系列，其次第二系列，第三系列尽可能不用。

2. 括号内螺距尽可能不用。

①仅用于火花塞；②仅用于轴承锁紧螺母。

表 9-2　普通螺纹基本尺寸（摘自 GB/T 196—2003）　（单位：mm）

公称直径 D、d	螺距 P	中径 D_2 或 d_2	小径 D_1 或 d_1	公称直径 D、d	螺距 P	中径 D_2 或 d_2	小径 D_1 或 d_1
20	2.5	18.376	17.294	30	3.5	27.727	26.211
	2	18.701	17.835		3	28.051	26.752
	1.5	19.026	18.376		2	28.701	27.835
	1	19.350	18.917		1.5	29.026	28.376
24	3	22.051	20.752		1	29.350	28.917
	2	22.701	21.835	36	4	33.402	31.670
	1.5	23.026	22.376		3	34.051	32.752
	1	23.350	22.917		2	34.701	33.835
					1.5	35.026	34.376

表 9-3　普通螺纹的基本偏差和 T_{D_1}，T_d 公差（摘自 GB/T 197—2003）（单位：μm）

螺距 P /mm	内螺纹的基本偏差 EI		外螺纹的基本偏差 es				内螺纹小径公差 T_{D_1} 公差等级					外螺纹大径公差 T_d 公差等级		
	G	H	e	f	g	h	4	5	6	7	8	4	6	8
1	+26	0	-60	-40	-26	0	150	190	236	300	375	112	180	280
1.25	+28	0	-63	-42	-28	0	170	212	265	335	425	132	212	335

（续）

螺距 P /mm	内螺纹的基本偏差 EI		外螺纹的基本偏差 es				内螺纹小径公差 T_{D_1} 公差等级					外螺纹大径公差 T_d 公差等级		
	G	H	e	f	g	h	4	5	6	7	8	4	6	8
1.5	+32	0	-67	-45	-32	0	190	236	300	375	475	150	236	375
1.75	+34	0	-71	-48	-34	0	212	265	335	425	530	170	265	425
2	+38	0	-71	-52	-38	0	236	300	375	475	600	180	280	450
2.5	+42	0	-80	-58	-42	0	280	355	450	560	710	212	335	530
3	+48	0	-85	-63	-48	0	315	400	500	630	800	236	375	600
3.5	+53	0	-90	-70	-53	0	355	450	560	710	900	265	425	670
4	+60	0	-95	-75	-60	0	375	475	600	750	950	300	475	750

表 9-4　普通螺纹中径公差（摘自 GB/T 197—2003）　　（单位：μm）

公称直径 D/mm >	公称直径 D/mm ≤	螺距 P/mm	内螺纹中径公差 T_{D_2} 公差等级 4	5	6	7	8	外螺纹中径公差 T_{d_2} 公差等级 3	4	5	6	7	8	9
5.6	11.2	0.75	85	106	132	170	—	50	63	80	100	125	—	—
		1	95	118	150	190	236	56	71	90	112	140	180	224
		1.25	100	125	160	200	250	60	75	95	118	150	190	236
		1.5	112	140	180	224	280	67	85	106	132	170	212	295
11.2	22.4	1	100	125	160	200	250	60	75	95	118	150	190	236
		1.25	112	140	180	224	280	67	85	106	132	170	212	265
		1.5	118	150	190	236	300	71	90	112	140	180	224	280
		1.75	125	160	200	250	315	75	95	118	150	190	236	300
		2	132	170	212	265	335	80	100	125	160	200	250	315
		2.5	140	180	224	280	355	85	106	132	170	212	265	335
22.4	45	1	106	132	170	212	—	63	80	100	125	160	200	250
		1.5	125	160	200	250	315	75	95	118	150	190	236	300
		2	140	180	224	280	355	85	106	132	170	212	265	335
		3	170	212	265	335	425	100	125	160	200	250	315	400
		3.5	180	224	280	355	450	106	132	170	212	265	335	425
		4	190	236	300	375	415	112	140	180	224	280	355	450
		4.5	200	250	315	400	500	118	150	190	236	300	375	475

五、螺纹大、小径的影响

螺纹制造为保证旋合，使内螺纹的大、小径的实际尺寸大于外螺纹大、小径的实际尺寸，不会影响配合及互换性。若内螺纹的小径过大或外螺纹的大径过小，将影响螺纹联接的强度，因此必须规定其公差，见表 9-3。

第三节　普通螺纹的公差与配合（GB/T 197—2003）

一、普通螺纹的公差带

普通螺纹国家标准（GB/T 197—2003）中规定了螺纹配合最小间隙为零的，以及保证间隙的螺纹公差和基本偏差。

1. 螺纹的公差等级（表9-5）

表9-5　螺纹公差等级

螺纹直径	公差等级	螺纹直径	公差等级
内螺纹小径 D_1	4、5、6、7、8	外螺纹大径 d	4、6、8
内螺纹中径 D_2	4、5、6、7、8	外螺纹中径 d_2	3、4、5、6、7、8、9

其中3级精度最高，9级精度最低，一般6级为基本级。各级公差值可分别查阅表9-3，表9-4。

在同一公差等级中，内螺纹中径公差比外螺纹中径公差大32%，是因为内螺纹较难加工。

对内螺纹的大径和外螺纹的小径不规定具体公差值，而只规定内、外螺纹牙底实际轮廓不得超过按基本偏差所确定的最大实体牙型，即保证旋合时不发生干涉。

2. 螺纹的基本偏差

标准中对内螺纹的中径，小径规定采用G、H两种公差带位置，以下偏差EI为基本偏差，如图9-6a所示。对外螺纹的中、大径规定了e、f、g、h四种公差带位置，以上偏差es为基本偏差，如图9-6b所示。

普通螺纹的基本偏差值见表9-3。

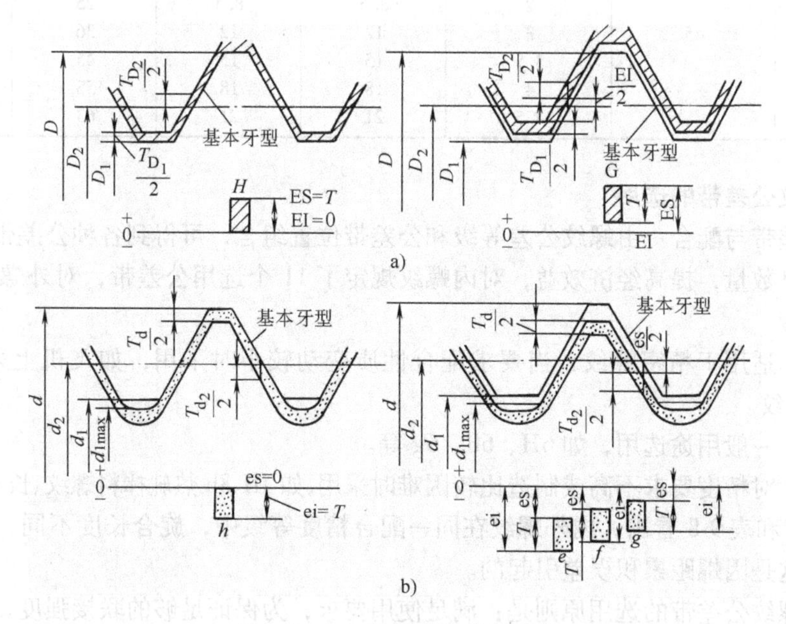

图9-6　内、外螺纹的基本偏差

3. 旋合长度与配合精度

螺纹的配合精度不仅与公差等级有关，而且与旋合长度密切相关。

螺纹旋合长度分短旋合长度 S，中等旋合长度 N 和长旋合长度 L 三组。

各组旋合长度的特点是：长旋合长度旋合后稳定性好，且有足够的联接强度，但加工精度难以保证。当螺纹误差较大时，会出现螺纹副不能旋合的现象。短旋合长度，加工容易保证，但旋合后稳定性较差。一般情况下应采用中等旋合长度。集中生产的紧固件螺纹，图样上没注明旋合长度，制造时螺纹公差均按中等旋合长度考虑。

螺纹公差带按短、中、长三组旋合长度给出了精密、中等、及粗糙三种公差精度。这是衡量螺纹质量的综合指标。对于不同旋合长度组的螺纹，应采用不同的公差等级，以保证同一精度下螺纹配合精度和加工难易程度差不多，各种旋合长度的数值见表 9-6。

表 9-6 螺纹旋合长度（摘自 GB/T 197—2003） （单位：mm）

公称直径 D、d		螺距 P	旋合长度			
			S	N		L
>	≤		≤	>	≤	>
5.6	11.2	0.75	2.4	2.4	7.1	7.1
		1	3	3	9	9
		1.25	4	4	12	12
		1.5	5	5	15	15
11.2	22.4	1	3.8	3.8	11	11
		1.25	4.5	4.5	13	13
		1.5	5.6	5.6	16	16
		1.75	6	6	18	18
		2	8	8	24	24
		2.5	10	10	30	30
22.4	45	1	4	4	12	12
		1.5	6.3	6.3	19	19
		2	8.5	8.5	25	25
		3	12	12	36	36
		3.5	15	15	45	45
		4	18	18	53	53
		4.5	21	21	63	63

二、螺纹公差带的选用

选用公差带与配合：由螺纹公差等级和公差带位置组合，可得到各种公差带。为减少刀具、量具规格数量，提高经济效益，对内螺纹规定了 11 个选用公差带，对外螺纹规定了 13 个选用公差带。

精密级：适用于精密螺纹，当要求配合性质变动较小时采用，如飞机上采用的 4h 及 4H、5H 的螺纹。

中等级：一般用途选用，如 6H、6h、6g 等。

粗糙级：对精度要求不高或制造比较困难时采用，如 7H、8h 热轧棒料螺纹、长不通孔螺纹。

由表 9-7 和表 9-8 看出，内外螺纹在同一配合精度等级中，旋合长度不同，中径公差等级也不同，这是因螺距累积误差引起的。

内、外螺纹公差带的选用原则是：满足使用要求，为保证足够的联接强度，完工后的螺纹最好组合成 H/g，H/h 或 G/h 的配合。H/h 最小间隙为零，应用最广。其他的配合应用在易装拆、高温下或需涂镀保护层的螺纹。对需镀较厚保护层的螺纹可选 H/f、H/e 等配合。镀后实际轮廓上的任何点均不应超越按 H、h 确定的最大实体牙型。

表 9-7　普通内螺纹选用公差带（摘自 GB/T 197—2003）

公差精度	公差带位置 G			公差带位置 H		
	S	N	L	S	N	L
精　密				4H	5H	6H
中　等	(5G)	*6G	(7G)	*5H	[*6H]	*7H
粗　糙		(7G)	(8G)		7H	8H

注：大量生产的紧固螺纹，推荐采用带方框的公差带；带 * 的公差带应优先选用，其次是不带 * 的公差带，括号中的公差带尽可能不用。推荐公差带仅适用于薄涂镀层的螺纹，如电镀螺纹。

表 9-8　普通外螺纹选用公差带（摘自 GB/T 197—2003）

公差精度	公差带位置 e			公差带位置 f			公差带位置 g			公差带位置 h		
	S	N	L	S	N	L	S	N	L	S	N	L
精密								(4g)	(5g4g)	(3h4h)	*4h	(5h4h)
中等		*6e	(7e6e)		*6f		(5g6g)	[*6g]	(7g6g)	(5h6h)	6h	(7h6h)
粗糙		(8e)	(9e8e)					8g	(9g8g)			

注：表注同表 9-7。

三、螺纹标记（GB/T 197—2003）

螺纹的完整标记由螺纹特征代号（M，米制普通螺纹），尺寸代号（公称直径 × 螺距），螺纹公差带代号（中径和顶径公差带代号），必须说明的信息标记代号（短、长旋合长度、左旋螺纹）四部分组成。

装配图上，其内外螺纹公差带代号用斜线分开，斜线左表示内螺纹，斜线右表示外螺纹公差带代号。如：

M20 × 2 − 6H/5g6g-LH

在零件图上，如下标记外螺纹和内螺纹：

例9-2　M10-5g 6g-L

旋合长度代号(长旋合)
顶径公差带代号
中径公差带代号
螺纹代号(米制粗牙螺纹，公称直径10mm)省略标注螺距项

例9-3　M10 × 1 6H-LH

左旋螺纹(右旋不标)
中径和顶径公差代号(相同)
细牙螺纹(标出螺距)
螺纹代号(米制，公称直径10mm)

例 9-4　多线螺纹：M36 × Ph4P2，用英文说明为 M36 × Ph4P2（two starts）。

表示公称直径为 36mm，导程 *Ph* 为 4mm，螺距 *P* 为 2mm 的双线螺纹。

例 9-5　M6 − 5G/5h6h − S − LH

表示为短旋合长度的左旋螺纹副。

例 9-6　简化标注 M10

可表示为公称直径10mm、螺距为1.5mm、粗牙、单线、公差带为6H、中等旋合长度、中等精度的右旋螺纹；或公差带为6g（其他项与前相同）的外螺纹；或是6H/6g（其他项与前相同）的螺旋副。至于是内螺纹、外螺纹、还是螺旋副，则要由具体情况而定。

例 9-7　求出 M20-6H/5g6g 普通内、外螺纹的中径、大径和小径的基本尺寸，极限偏差和极限尺寸。

解　(1) 由表9-1，查螺距 $P = 2.5\text{mm}$

(2) 由表9-2　查得

大径 $D = d = 20\text{mm}$

中径 $D_2 = d_2 = 18.376\text{mm}$

小径 $D_1 = d_1 = 17.294\text{mm}$

(3) 由表9-3，表9-4 查得极限偏差（mm）

	ES(es)	EI(ei)
内螺纹大径	不规定	0
中径	+0.224	0
小径	+0.450	0
外螺纹大径	−0.042	−0.377(= −(42 +335)μm)
中径	−0.042	−0.174(= −(42 +132)μm)
小径	−0.042	不规定

(4) 计算极限尺寸（mm）

	最大极限尺寸	最小极限尺寸
内螺纹大径	不超过实体牙型	20
中径	18.600(=18.376 +0.224)	18.376
小径	17.744(=17.294 +0.450)	17.294
外螺纹大径	19.958(=20 −0.042)	19.623(=20 −0.371)
中径	18.334(=18.376 −0.042)	18.202(=18.376 −0.174)
小径	17.252(=17.294 −0.042)	不超过实体牙型

第四节　梯形螺纹丝杠、螺母技术标准简介

一、概述

梯形螺纹的主要用途是传递运动和动力，因传动平稳、可靠，常用它将旋转运动转化为直线运动，如机床的进给机构、车床尾座、压力机等均被广泛采用。

由于国标梯形螺纹（GB/T 5796.1 ~5796.4—2005）适用于一般机械传动和紧固的梯形螺纹联接，不适用于精密传动丝杠。它采用了普通螺纹的公差原理，主要参数为：牙型角30°的单线螺纹、公称直径 d 和螺距 P，外螺纹大径是基本尺寸。丝杠与螺母的中径基本尺寸相同，但大、小径的基本尺寸各不相同，因此有装配间隙 a_c，如图9-7所示。

二、丝杠螺纹的精度等级

梯形螺纹有两个标准，GB/T 5796.4—2005 及 GB/T 12359—2008。其中，对一般梯形螺纹联接，GB/T 5796.4—2005 规定了梯形螺纹公差，对内螺纹大径 D_4、中径 D_2、小径 D_1 和外螺

纹的大径 d、小径 d_3 分别只规定了一种公差带位置 H 和 h，其基本偏差为零，对外螺纹中径 d_2 规定了两种公差带 e、c，以适应配合的需要。标准还规定了中等和粗糙两种精度，一般传力螺旋和重载调整螺旋多选中等精度，要求不高时，可选粗糙精度。其中径公差带见表 9-9。

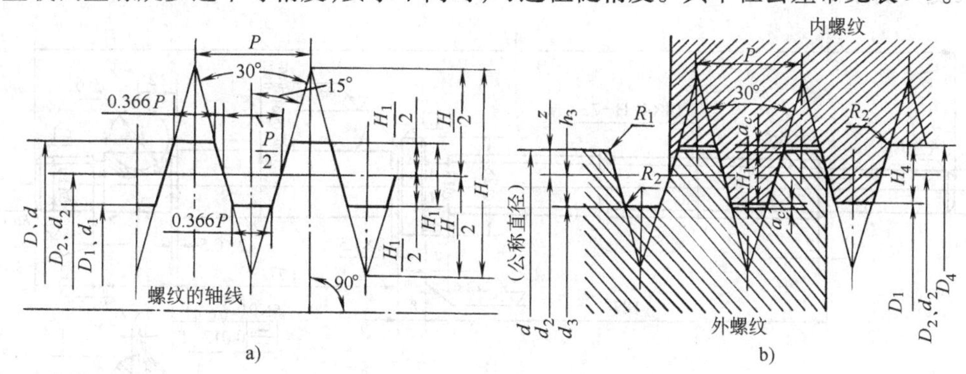

图 9-7　螺纹牙型
a）基本牙型　b）设计牙型

表 9-9　梯形螺纹的中径公差带（摘自 GB/T 5796.4—2005）

精　度	内螺纹		外螺纹	
	N	L	N	L
中　等	7H	8H	7e	8e
粗　糙	8H	9H	8c	9c

注：1. N、L—各为中等、长旋合长度共两组。
2. 极限偏差值查 GB/T 5796.4—2005。

对专用作精确运动的传动梯形螺纹，如金属切削机床的丝杠副，对螺旋线误差有较严格的要求，需要更高的精度，则应根据机械行业标准 JB/T 2886—2008《机床梯形丝杠、螺母技术条件》确定其精度要求及检验方法。

按 JB/T 2886—2008 规定，丝杠及螺母的精度根据用途和使用要求分为七级，即 3、4、5、6、7、8、9 级。其中，3 级精度最高，依次降低。

各级精度的常用范围是：3 级和 4 级用于超高精度的坐标镗床和坐标磨床的传动定位丝杠和螺母。5、6 级用于高精度的螺纹磨床，齿轮磨床和丝杠车床中的主传动丝杠和螺母。7 级用于精密螺纹车床、齿轮机床、镗床和平面磨床等的精确传动丝杠和螺母。8 级用于卧式车床和普通铣床的进给丝杠和螺母。9 级用于低精度的进给机构。

以上两种梯形螺纹的不同在于其公差项目和要求不同。如 JB/T 2886—2008 对中径尺寸只看重其一致性而不在乎其大小，因一般外螺纹都是配做的，所以规定了螺距公差、螺距累积公差。

三、丝杠副传动精度等级的选用实例

选择丝杠和螺母的精度等级主要是根据机床或机构需要传递的位移精度和作用。例如 C6132 型卧式车床上，长丝杠用来带动床鞍纵向移动以车削螺纹，被切丝杠的螺距精度主要取决于该长丝杠的精度，故采用 8 级精度；横向丝杠用来带动中拖板作横向车削，其作用在于变更吃刀深浅并示出位移量，故采用 9 级精度；刀架溜板的短丝杠用来带动方刀架作纵向（或斜向）移动以调节刀具位置，虽也需读数，但均属低精度传动丝杠，故也采用 9 级精度；至于尾座里的丝杠只用来使套筒进出，无需示出位移量，故不规定其精度，只按梯形螺纹规定其公差，即按 GB/T 5796.4—2005 选丝杠 Tr18 ×4LH - 7e、螺母为 Tr18 ×4LH - 7H，并对螺纹部分进行标注，如图 9-8a、b（其中 7e、7H 仅为外、内螺纹中径的公差带、中等旋合长度）所示。

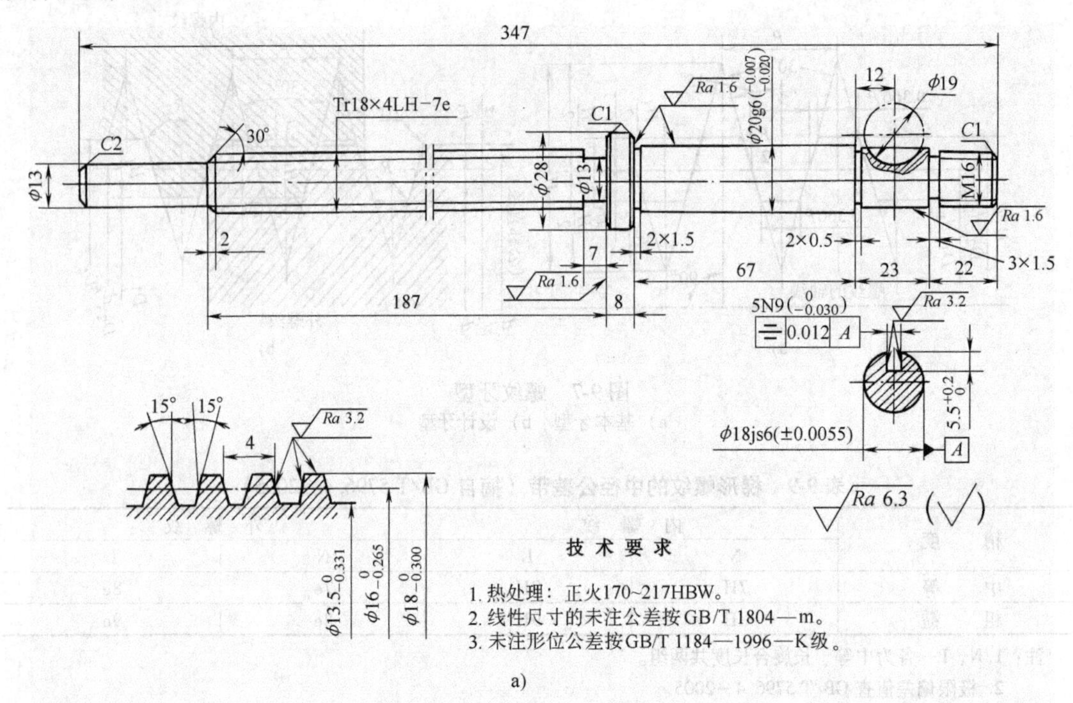

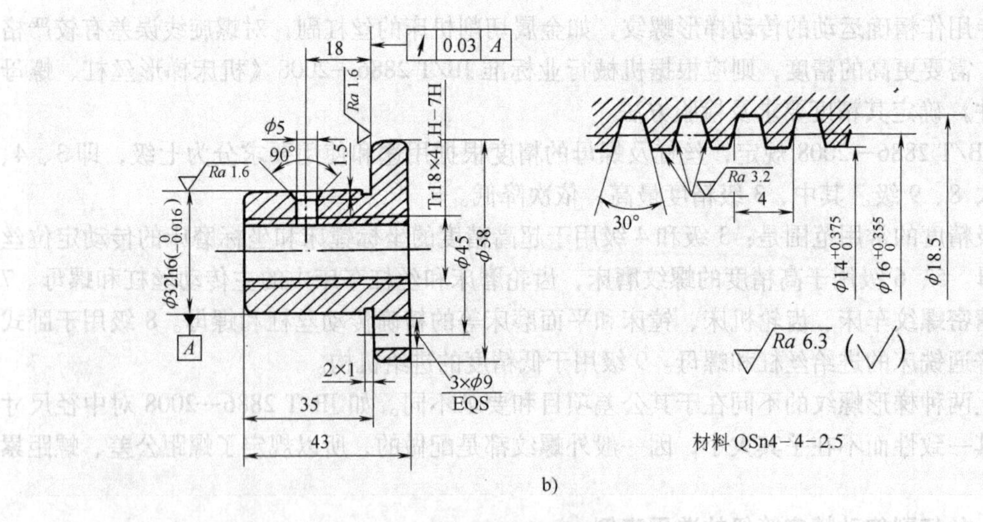

图 9-8　梯形丝杠副

a）尾座丝杠　b）尾座螺母

表 9-10 为机床梯形丝杠、螺母精度的适用范围，供选用时参考。

四、保证丝杠精度的公差项目（JB/T 2886—2008）

1. 螺旋线轴向公差

指螺旋线轴向实际测量值相对于理论值允许的变动量。它包括任意 2π rad 内螺旋线轴向公差，以 $\delta l_{2\pi}$ 表示；任意 25mm、100mm、300mm 螺纹长度内的螺旋线轴向公差和螺纹有效长度内的螺旋线轴向公差，分别以 δl_{25}、δl_{100}、δl_{300} 和 δl_u 表示。

表 9-10　机床梯形螺纹丝杠、螺母精度的适用范围

精度等级	适　用　范　围	应　用　举　例
3 和 4	精度特别高的丝杠	超高精度的螺纹磨床，坐标镗床、磨床的传动丝杠
5 和 6	高精度的传动丝杠	坐标镗铣床、高精度丝杠车床和齿轮磨床的主传动丝杠，不带校正装置的分度机构和仪器的测微丝杠
7	精确的传动丝杠	精密螺纹车床、镗床、外圆磨床和平面磨床的进给丝杠，精密齿轮加工机床分度机构用丝杠
8	一般传动丝杠	普通螺纹车床和铣床的传动丝杠
9	低精度传动丝杠	分度盘的传动丝杠

该公差用于限制对应不同螺纹长度上的螺旋线轴向误差，需在螺纹中径线上测量其实际螺旋线相对理论螺旋线在轴向偏离的最大代数差值。螺旋线轴向误差分别用 $\Delta L_{2\pi}$、ΔL_{25}、ΔL_{100}、ΔL_{300}、ΔL_u 表示。其误差可以全面反映丝杠的轴向工作精度。

螺旋线轴向公差仅规定了 3 ~6 级的高精度丝杠公差数值，并使用动态量法测量其误差，对 7 ~9 级精度丝杠未予规定。螺旋线轴向误差曲线如图 9-9 所示。

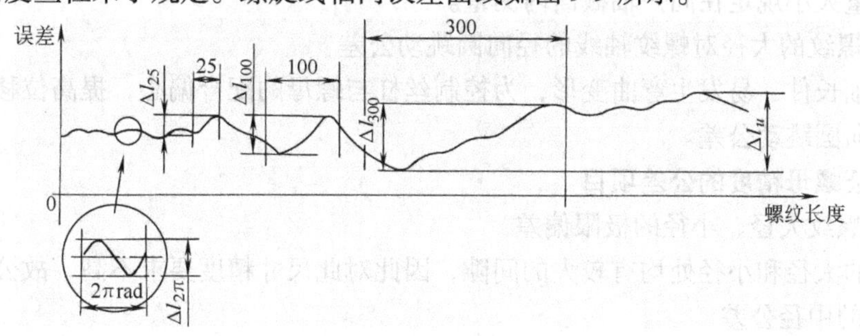

图 9-9　螺旋线轴向误差曲线

2. 螺距公差

螺距公差分两种：

(1) 单个螺距公差 δ_P　指螺距的实际尺寸相对于公称尺寸允许的变动量，用于限制螺距误差 ΔP。螺距误差表示螺距的实际尺寸相对于公称尺寸的最大代数差值，如图 9-10 所示。

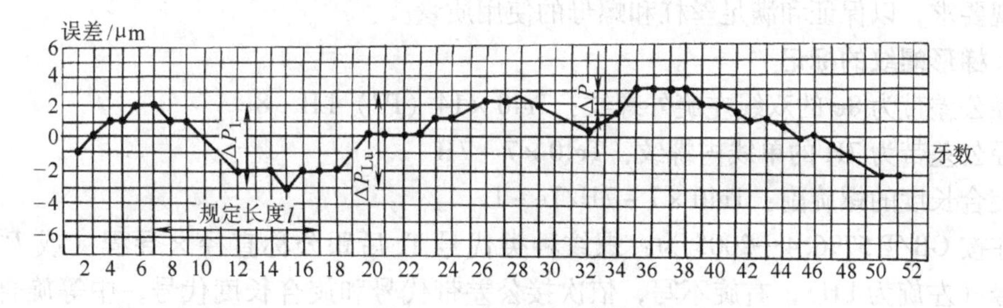

图 9-10　螺距误差曲线

（2）螺距累积公差 δ_{PL}　指在规定的螺纹长度内，螺纹牙型任意两同侧表面间的轴向实际尺寸相对于公称尺寸允许的变动量。它包括任意 60mm、300mm 螺纹长度内的螺纹累积公差及螺纹有效长度内的螺纹累积公差，分别用 δ_{P60}、δ_{P300}、δ_{Lu} 表示。它们用来分别限制其规定长度上的螺距累积误差 ΔP_L 和有效长度内误差 ΔP_{Lu}。ΔP_{Lu} 表示螺距累积误差的轴向实际尺寸相对于公称尺寸的最大代数差值，如图 9-10 所示。

标准规定，螺旋线轴向误差、螺距误差、螺距累积误差均在螺纹中径线上测量；只对 7、8、9 级精度丝杠检测螺距误差和螺距累积误差要求，且检测方法不予限制。

3. 丝杠螺纹牙型半角的极限偏差

该项公差值随螺距减小而增大；牙型半角误差使牙侧接触部位减小，易于磨损，进而影响位移精度。

4. 丝杠螺纹的大径、中径、小径的极限偏差

为了使丝杠易于旋转和存润滑油，故大、中、小径处均有间隙，其公差值的大小，从理论上讲只影响配合的松紧程度，不影响传动精度，所以均规定了较大的公差值。对需配作螺母的 6 级以上的丝杠，其中径公差带相对其公称尺寸线（中径线）是对称分布的。

5. 丝杠螺纹有效长度 L_u 上中径尺寸的一致性

中径尺寸变动会影响丝杠螺母配合间隙的均匀性和丝杠两螺旋面的一致性，故规定了公差。其变动量大小规定在同一轴截面内测量。

6. 丝杠螺纹的大径对螺纹轴线的径向圆跳动公差

丝杠为细长件，易发生弯曲变形，为控制丝杠与螺母的配合偏心，提高位移精度，标准规定了其径向圆跳动公差。

五、保证螺母精度的公差项目

1. 螺母螺纹大径、小径的极限偏差

在螺母的大径和小径处均有较大的间隙，因此对此尺寸精度要求不高，故公差值较大。

2. 螺母的中径公差

标准中是指非配作螺母的公差。其下极限偏差为零，上极限偏差值由表查得。由于螺母的螺距和牙型半角很难测量，标准未单独规定公差，而是用中径公差来综合控制，它不仅控制螺母的实际中径偏差，也控制螺距和牙型半角误差。

与丝杠配作的螺母，其中径的极限尺寸是以丝杠的实际中径为基值，按 JB/T 2886—2008 规定的丝杠与螺母配作的中径径向间隙来确定，精度越高，公差越小，保证间隙也越小。

六、丝杠和螺母的螺纹表面粗糙度

JB/T 2886—2008 标准对丝杠和螺母的螺牙侧面，顶径和底径均规定了相应的表面粗糙度和外观要求，以保证和满足丝杠和螺母的使用质量。

七、梯形螺纹的标记

中径公差带为 8e 的双线左旋外螺纹：Tr40 × 14（P7）LH - 8e

中径公差带为 7H 的单线内螺纹：Tr40 × 7 - 7H

长旋合长度的螺旋副：Tr40 × 7 - 7H/7e - L

标注按 GB/T 5796.4—2005 为：螺纹种类代号 Tr 后跟公称直径 × 导程（或 *P* 螺距）；旋向代号（左旋为 LH），右旋不写，依次接公差带代号和旋合长度代号，中等旋合长度不标 N。

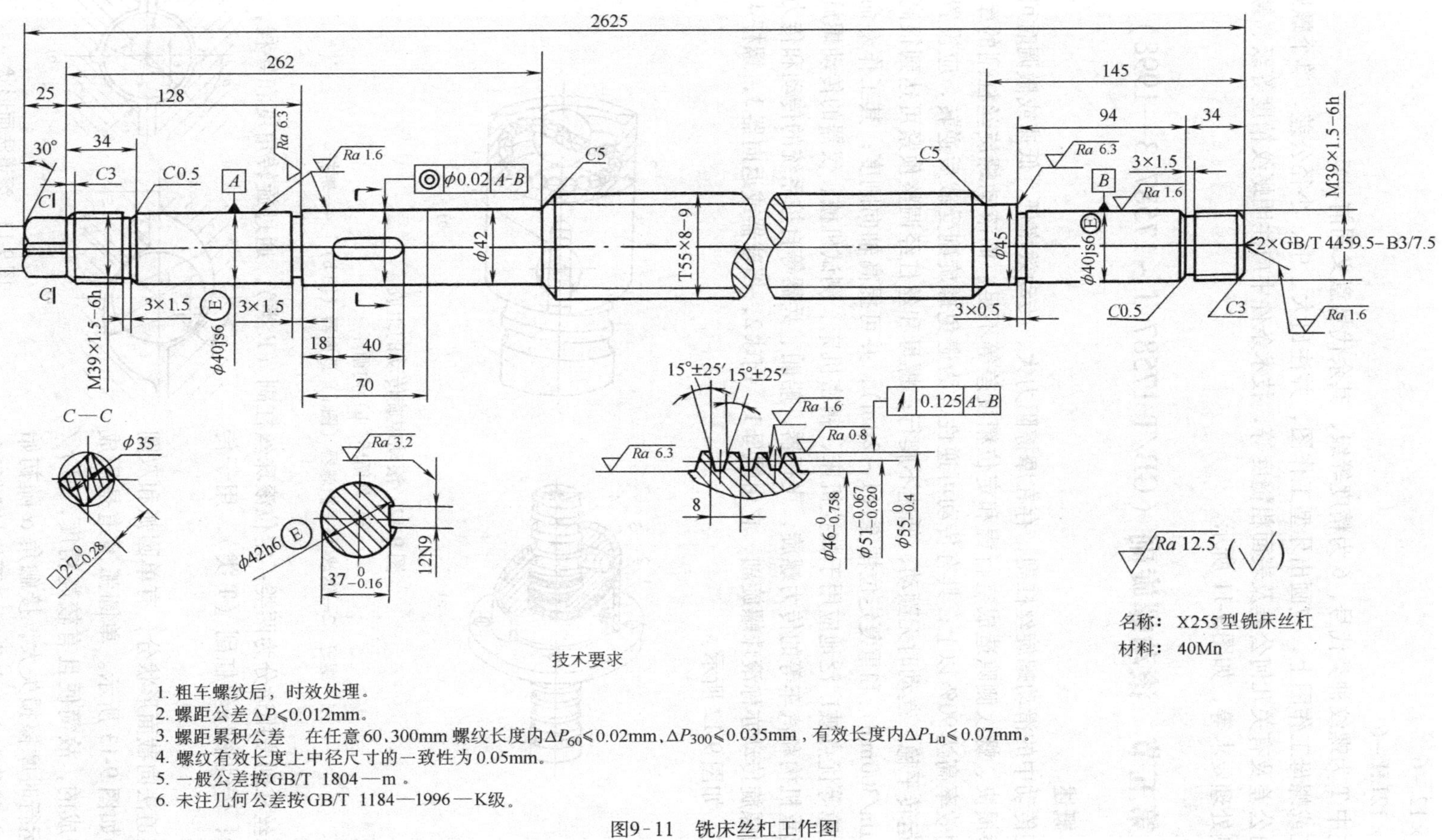

图9-11　铣床丝杠工作图

机床梯形螺纹丝杠、螺母应按 JB/T 2886—2008 进行标注：

T55 × 12 – 6

T55 × 12LH – 6

标注中 T 为螺纹种类代号，6 为精度等级，其余代号意义同前。

丝杠或螺母工作图上，应画出牙型工作图，并注出大、中、小径公差，单个螺距公差，牙型半角公差及有关几何公差及表面粗糙度等，技术条件中应注明螺纹精度等级、螺纹累积公差及热处理要求等，如图 9-11 所示。

第五节　滚动螺旋副（GB/T 17587.1 ~ 17587.3—1998）

一、概述

螺旋传动中的滑动螺旋丝杠副，存在摩擦阻力大、传动效率低、低速或微调时可能出现爬行、磨损快、螺纹侧隙造成空行程和定位精度差等不足。而滚动螺旋丝杠副的摩擦阻力小，传动效率高达 90% 以上；具有传动可逆性（为避免螺旋副受载后逆转，应设置防逆转机构）；运转平稳，起动时无颤动，低速不爬行；螺母和丝杠经调整预紧可达到很高的定位精度（5μm/300mm）和重复定位精度（1 ~ 2μm），并可提高轴向刚度；其工作寿命长、不易发生故障等优点被广泛地应用于数控机床、精密机床、测试机械、仪器的传动螺旋和调整螺旋，起重机构和汽车等的传力螺旋，飞行器、船舶、兵器等自控系统的传动和传力螺旋。

滚动螺旋传动亦称滚珠螺旋副，它由螺母 1，钢球 2，挡球器或返向器 3，螺杆 4 及其他零件组成，如图 9-12 所示。

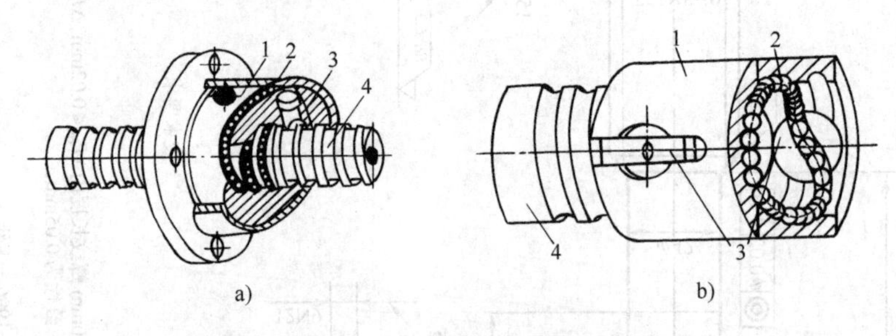

图 9-12　滚动螺旋传动的组成

a）外循环　b）内循环

1—螺母　2—钢球　3—挡球器（图 a）返向器（图 b）　4—螺杆

滚珠丝杠副按用途分为两类：定位滚珠丝杠副（P 类），通过旋转角度和导程，控制轴向位移量；传动滚珠丝杠副（T 类），用于传递动力。

按滚道法向截面形状分，有单圆弧和双圆弧两种，如图 9-13 所示。单圆弧滚道是用成形砂轮磨成的，故简便且有较高精度，但 r_s/D_W 小，运行时摩擦损失大，接触角 α 随初始间隙和轴向载荷大小而变化，应严格控制径向

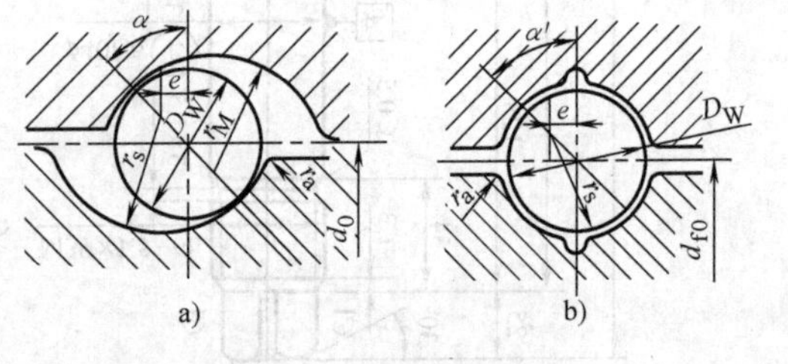

图 9-13　滚道法面形状

a）单圆弧　b）双圆弧

间隙。为消除间隙和调整预紧必须采用双螺母结构。

双圆弧滚道形式，有较高的接触强度；理论上轴向间隙和径向间隙为零，接触稳定；但加工较复杂。消除间隙和调整预紧通常是采用双螺母结构或采用增大滚珠的单螺母结构。

按滚珠的循环方式分，有外循环（螺旋槽式、插管式）和内循环（镶块式）两种。

消除间隙和调整预紧的结构形式分垫片式、螺纹式、齿差式。

二、滚动螺旋副的主要参数和标注方法

1. 主要参数

（1）公称直径 d_0　为滚珠与滚道接触在理论接触角的状态时，通过球心的圆柱直径，用它作为滚珠丝杠副的特征尺寸值（无公差）。

（2）公称导程 P_{h0}　滚珠螺母相对滚珠丝杠旋转 2π 弧度的导程值（无公差）。

在 GB/T 17587.2—1998 中规定公称直径和公称导程的参数系列及其组合见表 9-11。

表 9-11　滚珠丝杠副的参数（摘自 GB/T 17587.2—1998）　　（单位：mm）

公称直径 d_0	公称导程 P_{h0}														
	1	2	2.5	3	4	5	6	8	10	12	16	20	25	32	40
6	○	○	●												
8	○	○	●	○											
10	○	○	●	○	○	●	○								
12		○	●	○	○	●	○	○	●	○					
16		○	●	○	○	●	○	○	●	○	○				
20				○	○	●	○	○	●	○	○	●			
25					○	●	○	○	●	○	○	●	○		
32					○	●	○	○	●	○	○	●	○	○	
40						●	○	○	●	○	○	●	○	○	●
50						●	○	○	●	○	○	●	○	○	●
63						●	○	○	●	○	○	●	○	○	●
80							○	○	●	○	○	●	○	○	●
100									●	○	○	●	○	○	●
125									●	○	○	●	○	○	●
160										○	○	●	○	○	●
200										○	○	●	○	○	●

注：1. 表中“●”为公称直径和公称导程的优先组合。

2. 表中“○”为一般组合，在优先组合和推荐组合不够用时选用。

2. 滚动螺旋副螺纹的标注方法

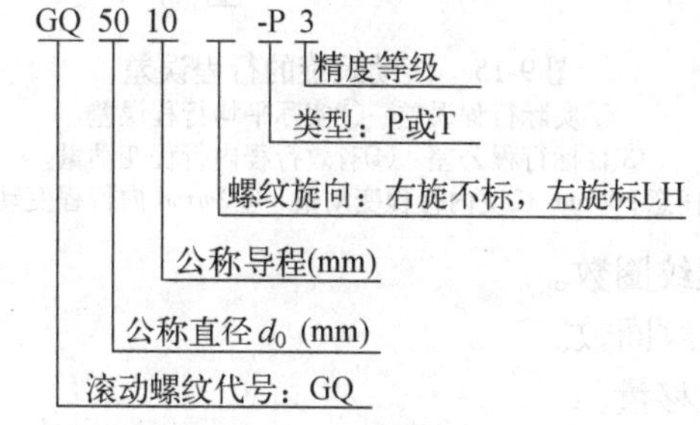

标注示例如图 9-14 所示。

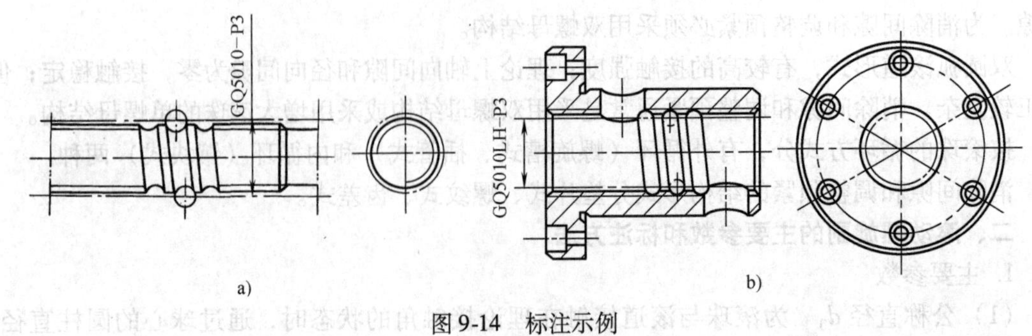

图 9-14　标注示例

a）螺杆　b）螺母

3. 滚动螺旋副的型号　如下所示，GB/T 17587.1 ~ 17587.2—1998 规定编号方法为滚珠丝杠副的符号应该包括下列按给定顺序排列的内容

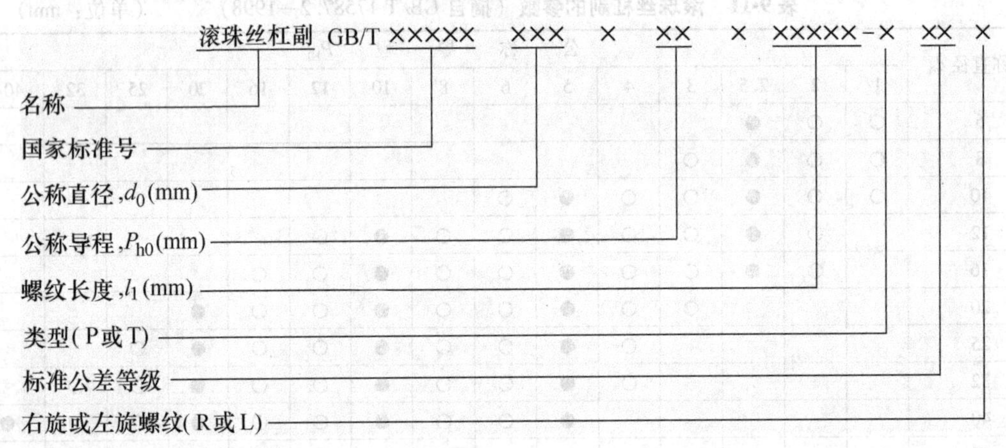

三、滚动螺旋副的精度

根据 GB/T 17587.1 ~ 17587.2—1998 标准，按使用范围及要求分为 7 个精度等级，即 1、2、3、4、5、7 和 10 级，精度和性能依次由高到低。

1. 常用术语的定义

（1）公称导程 P_{h0}　导程特征尺寸值（无公差值）。

（2）目标导程 P_{hs}　根据实际使用需要提出的具有方向目标的导程。一般 P_{hs} 比 P_{h0} 稍小一点，用以补偿丝杠在工作时由于温度上升和载荷引起的伸长。

（3）行程 l　丝杠与螺母相对转动某一角度时，它们之间所产生的轴向位移量。以下参数如图9-15所示。

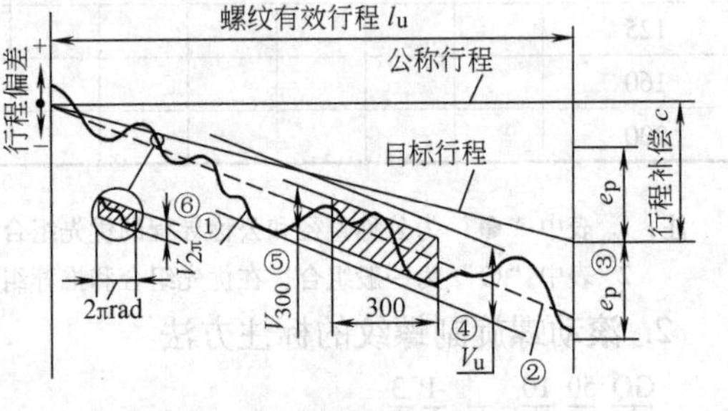

图 9-15　滚动螺旋的行程误差

①实际行程误差　②实际平均行程误差

③目标行程公差　④有效行程内行程变动量

⑤任意 300mm 长度内行程变动量　⑥2πrad 内行程变动量

1）公称行程 l_0：等于公称导程乘以丝杠上螺纹圈数。

2）目标行程 l_s：等于目标导程乘以丝杠上螺纹圈数。

3）实际行程 l_a：螺母相对丝杠的轴向实际位移量。

4）有效行程 l_u：有精度要求的行程长度，计算公式为

$$l_u = l_1 - 2l_e$$

式中　l_1——丝杠螺纹长度（mm）；

l_e——余程（mm），没有精度要求的端部长度，平均分布在丝杠螺纹两端，其最大值见表9-12。

表9-12　最大余程 l_{emax}（摘自 GB/T 17587.3—1998）　（单位：mm）

公称导程 P_{h0}	2.5	3	4	5	6	8	10	12	16	20
最大余程 l_{emax}	10	12	16	20	24	32	40	45	50	60

5）实际平均行程 l_m：实际行程的最佳拟合直线，用最小二乘法求得。

6）行程补偿值 C：在有效行程内，目标行程与公称行程之差。

7）目标行程公差 e_p：允许的最大实际行程与最小实际行程之差 $2e_p$ 的一半。

8）行程变动量 V：平行于实际平均行程 l_m 包容实际行程曲线的带宽。它分为 2π 弧度内行程变动量 $V_{2\pi}$；任意300mm长度内行程变动量 V_{300}；有效行程内行程变动量 V_u。允许带宽和实际带宽用注脚“p”和“a”区别，如 V_{300p} 和 V_{ua}

2. 精度等级和检验项目的选用

精度选择要满足主机定位精度的要求，滚珠丝杠副的综合精度约定为主机定位精度的30%～40%左右。各种不同机床和机械产品所推荐的精度等级如下所述。

一般动力传动可选用5、7级精度，数控机械和精密机械可选用3、4级精度，精密仪器、仪表机床、数控坐标镗床，螺纹磨床可选1、2级精度。各种精度的滚动螺旋副四项必须检验项目见表9-13。各种机械精度选择见表9-14。

表9-13　行程偏差的检验项目

类型	C	e_p	V_{up}	V_{300p}	$V_{2\pi p}$
P	用户规定	查表	查表	查表	查表
T	$C=0$	$e_p = 2\frac{l_u}{300}V_{300p}$	—	查表	—

注：表中查表具体数值参阅 GB/T 17587.3—1998。

表9-14　各种机械精度选择表

	类　型	坐标轴	精度等级					
			1，	2/3，	4，	5，	7，	10
NC CNC 机床	卧式车床	X	✓	✓	✓			
		Z		✓	✓	✓		
	磨　床	X、Z	✓	✓				
	镗　床	X、Y	✓	✓	✓			
		Z		✓	✓			
		W			✓	✓		
	坐标镗床	X、Y、Z、W	✓	✓				
	铣　床	X、Y、Z		✓	✓	✓		
	钻　床	X、Y		✓	✓			
		Z			✓	✓		
	加工中心	X、Y、Z	✓	✓	✓			
		W		✓	✓			
	普通、通用机床				✓	✓	✓	✓
	一般机械					✓	✓	✓

滚珠丝杠副目前大多数均有系列产品，无需自行设计制造，如北京机床研究所的 JCS 系列，外循环插管式垫片预紧导珠管埋入型（CDM 型）的滚珠丝杠副；汉江机床厂 HJG 系列，外循环插管式导珠管凸出型滚珠丝杠副；南京工艺装备厂的不带防尘圈的浮动内循环垫片预紧式滚珠丝杠副；济宁博特公司生产的精密滚珠丝杠副及行星滚柱丝杠副。

根据使用条件，其中包括工作载荷、速度与加速度、工作行程、定位精度、运转条件、预期工作寿命、工作环境、润滑密封条件等选用结构形式，再根据使用说明书进行有关计算，从而确定最后的型号。

第六节　螺纹测量简述

螺纹的测量方法可分为综合检验和单项测量。

一、综合检验

主要用于只要求保证可旋合性的螺纹，用螺纹极限量规按泰勒原则进行检验。

在成批生产中，用螺纹量规同时检验几个要素。通端控制作用中径不超过最大实体尺寸 d_{2max} 或 D_{2min}，同时也控制了 d_{1max} 或 D_{1min}；止端控制实际中径不超过最小实体尺寸 d_{2min} 或 D_{2max}。通端采用完整牙型，其螺纹长度与被检螺纹的旋合长度相同。止端为消除螺距误差和牙型半角误差对检验结果的影响，采用螺牙圈数减少的截短牙型。

用光滑极限量规控制顶径极限尺寸（d_{1max}、d_{1min}、D_{1max}、D_{1min}）。

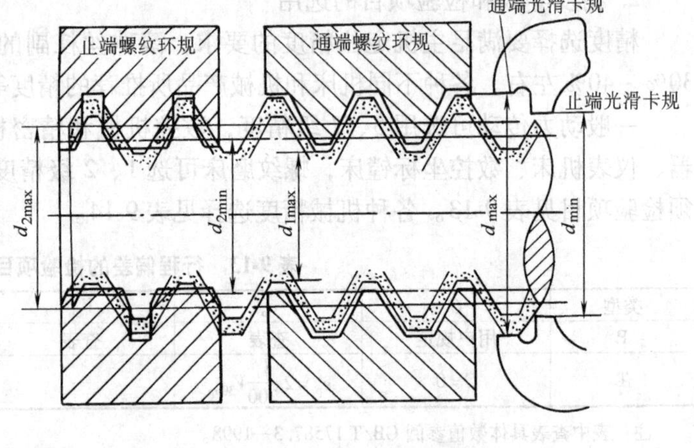

图 9-16　用螺纹环规检验螺栓

用螺纹环规检验螺栓如图 9-16 所示，用螺纹塞规检验螺母如图 9-17所示。普通螺纹量规及其光滑量规设计见 GB/T 3934—2003。

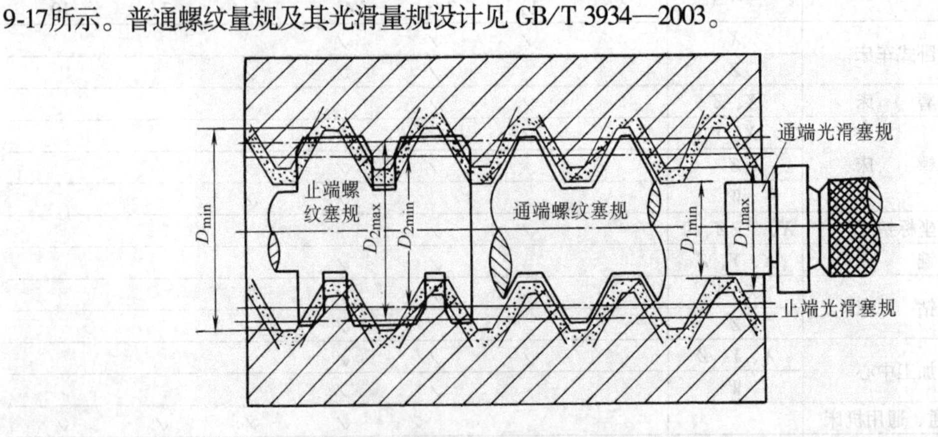

图 9-17　用螺纹塞规检验螺母

二、单项测量

对于低精度外螺纹，可用螺纹千分尺直接测量 $d_{2单一}$ 值（不同的测头，以适合不同的牙型和螺距）。在车间中，常使用齿形 α 样板和螺纹卡规检验牙型半角 $\alpha/2$ 和螺距 P 的加工误差，如图 9-18 所示。

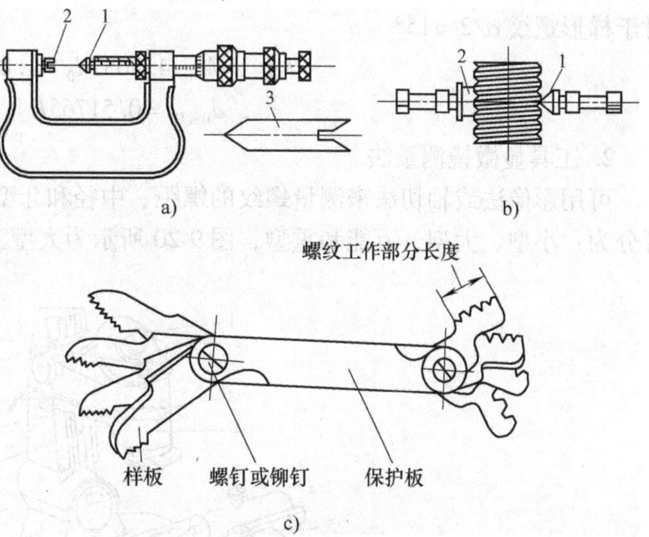

图 9-18　低精度外螺纹测量

a）螺纹千分尺　b）外螺纹的测量　c）螺纹卡规

1、2—测头　3—校对板

对单件、小批及精密螺纹的生产中，或分析各参数误差产生的原因时，常用的有量针法、球接触（可测内螺纹中径）法，影像法和轴切法。对丝杠的测量有静态测量法和动态测量法。所选测量仪器及原理较多，可查有关资料。

1. 三针法测量中径 $d_{2单一}$

根据被测螺纹的螺距和牙型半角 $\alpha/2$，选取三根直径相同的精密金属针落于中径线上，放在外螺纹牙槽内，用杠杆千分尺光学计或比较仪量出 M 值。由几何关系算出单一中径 d_2，$d_{0最佳}$为最佳针径，如图 9-19 所示。

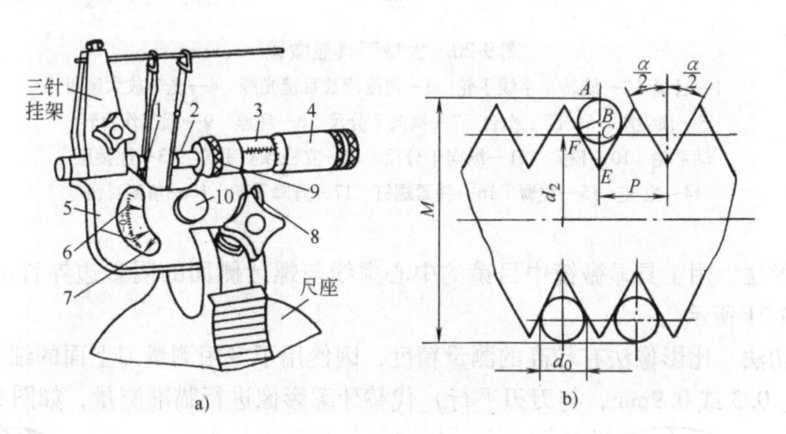

图 9-19　杠杆千分尺用三针测量中径

a）杠杆千分尺　b）三针法测量

1—活动量砧　2—测微螺杆　3—刻度套筒　4—微分筒

5—尺体　6—指标　7—表盘　8—退让按钮　9—制动环　10—调整钮

$$d_{2单一} = M - d_0\left[1 + \frac{1}{\sin\frac{\alpha}{2}}\right] + \frac{P}{2}\left(\cot\frac{\alpha}{2}\right)$$

对于米制螺纹 $\alpha/2 = 30°$

$$d_{2单一} = M - 3d_0 + 0.866P$$

$$d_{0最佳} = 0.57735P$$

对于梯形螺纹 $\alpha/2 = 15°$

$$d_{2单一} = M - 4.8637d_0 + 1.866P$$

$$d_{0最佳} = 0.51765P$$

2. 工具显微镜测量法

可用影像法或轴切法来测量螺纹的螺距、中径和牙型半角误差等参数。工具显微镜等级可分为：小型、大型、万能和重型，图 9-20 所示为大型工具显微镜。

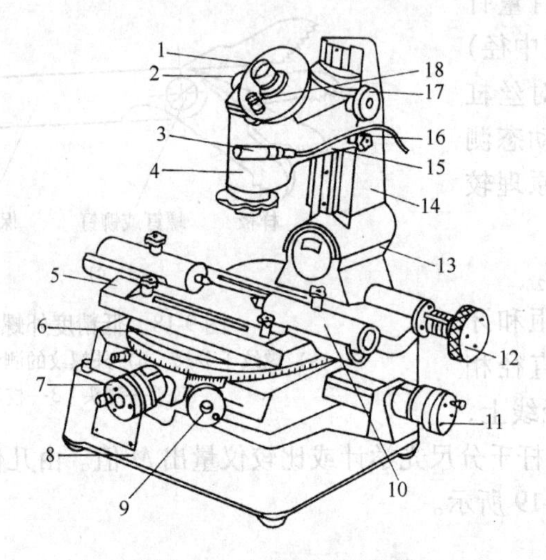

图 9-20　大型工具显微镜

1—目镜　2—旋转米字线手轮　3—角度读数目镜光源　4—光学放大镜组　5—顶尖座　6—圆工作台　7—横向千分尺　8—底座　9—圆工作台转动手轮　10—顶尖　11—纵向千分尺　12—立柱倾斜手轮　13—连接座　14—立柱　15—立臂　16—锁紧螺钉　17—升降手轮　18—角度目镜

（1）影像法　用工具显微镜中目镜的中心虚线与螺牙侧面的阴影边界直接对准后进行测量，如图 9-21 所示。

（2）轴切法　比影像法有较高的测量精度，因使用了专用测量刀上面的细刻线（宽 3 ~ 4μm，距离为 0.3 或 0.9mm，与刀刃平行）代替牙廓影像进行瞄准测量，如图 9-22 所示。

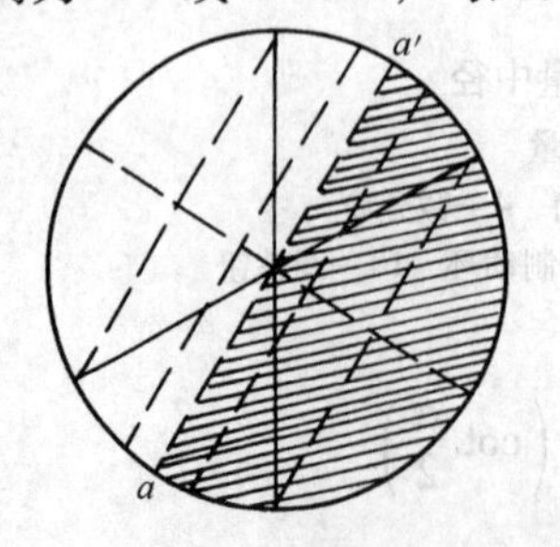

图 9-21　影像法测量示意图

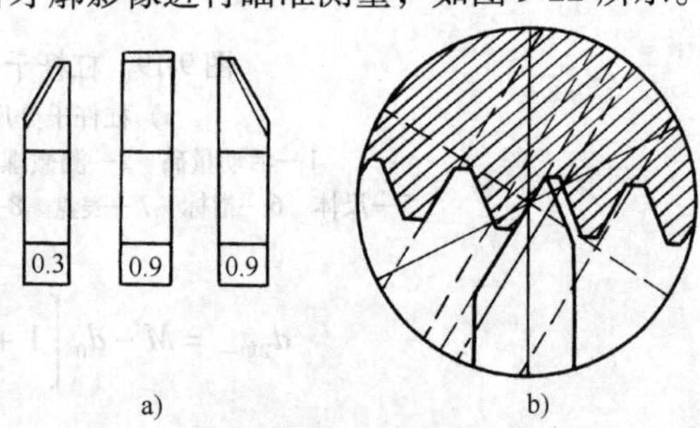

图 9-22　轴切法测量示意图

a）测量刀　b）轴切法

小　结

本章学习了普通螺纹的几何参数及其对互换性的影响；螺纹公差配合中，基本偏差、公差带的特点；旋合长度、螺纹标注等。介绍了螺纹的单项或综合测量方法。

对梯形丝杠副和滚动螺旋副的应用特点、技术参数、公差项目、标注等作了说明，以备选择使用。

习题与练习九

9-1　在成批生产中，螺纹用综合检验法测量，其内螺纹用________检验；其外螺纹用________检验。对小批量或精密螺纹，一般用____________测量各参数。

9-2　以外螺纹为例，试比较螺纹的中径、单一中径、作用中径之间的异同点。如何判断中径的合格性？

9-3　查表确定 M20-6H/6g 内、外螺纹的中径、小径和大径的极限偏差；计算内、外螺纹的中径、小径和大径的极限尺寸；绘出内、外螺纹的公差带图。

9-4　有一 M24×2-6H 螺母，加工后测得数据如下：实际（单一）中径为 22.785mm，螺距累积误差为 −30μm，左、右牙型半角误差分别为 −35′和 +25′。试判断该螺母是否合格？

9-5　有一螺纹副 M20-6H/5g6g，测得尺寸如下：

螺纹名称	单一中径（d_2，D_2）	螺距误差（ΔP_Σ）	牙型半角误差（$\Delta \frac{\alpha}{2}$）	
			左	右
内螺纹	18.407mm	+25μm	−15′	+35′
外螺纹	18.204mm	+20μm	+30′	−20′

试计算中径的配合间隙。

9-6　螺纹综合量规的通端与止端的牙型和长度有何不同？为什么？

9-7　同一精度的螺纹，为什么旋合长度不同，中径公差等级也不同？

9-8　试说明下列代号的含义

（1）M24-6H。

（2）M36×2-5g6g-L。

（3）M30×2-6H/5h6h-S-LH。

（4）Tr40×14（P7）LH-7H/7e。

（5）T55×12LH-6。

（6）GQ5006LH-P3。

第十章　键与花键的公差配合及测量

本章要点

1. 掌握平键及花键联接的特点和结构参数。选择平键的主参数 b 及其公差、几何公差、表面粗糙度。

2. 掌握矩形花键小径定心的优点；内、外花键和花键副的标记含义、检验方法。

第一节　单键联接（GB/T 1095～1096—2003）

一、概述

单键是一种联接零件，常用来联接轴与轴上零件，如齿轮、带轮、凸轮等。单键的作用是用来传递转矩和运动，有时还起导向作用。

单键的种类很多，有平键、半圆键、楔键等。其中以平键用得最广，半圆键次之。

平键分为普通型平键和导向型平键，普通型平键用于固定联接，导向型平键用于移动联接。

单键联接由键、轴槽和轮毂槽三部分组成，其相应的剖面尺寸和形式在 GB/T 1095～1096—2003 中做了规定，其中主要配合尺寸是键和键槽的宽度尺寸 b。平键和键槽的剖面尺寸如图 10-1 所示。

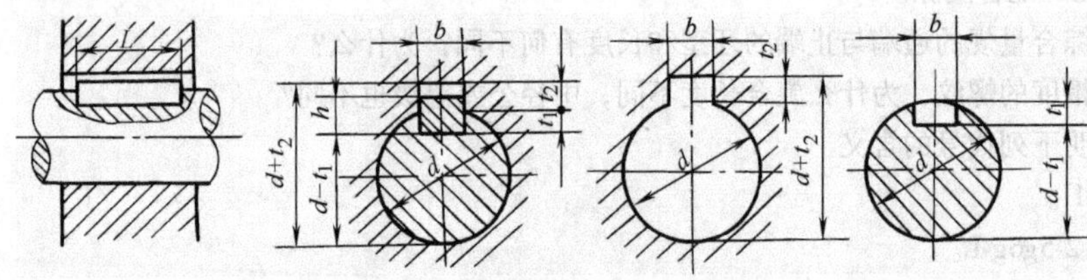

图 10-1　平键和键槽的剖面尺寸

二、普通型平键的公差与配合

平键的公差与配合在标准中已做了明确规定。由于键为标准件，所以键与键槽宽 b 的配合采用基轴制，其尺寸大小是根据轴的直径进行选取的。按照配合的松紧不同，平键联接的配合分为松联接、正常联接和紧密联接三类。各种联接的配合性质及应用见表 10-1。

表 10-1　平键联接的配合种类及应用

配合种类	尺寸 b 的公差			配合性质及应用
	键	轴　槽	轮毂槽	
松联接	h8	H9	D10	键在轴槽中及轮毂中均能滑动。主要用于导向型平键，轮毂可在轴上作轴向移动
正常联接		N9	JS9	键在轴槽中及轮毂中均固定。用于载荷不大的场合
紧密联接		P9	P9	键在轴槽中及轮毂中均固定，比上一种配合紧。主要用于载荷较大、载荷具有冲击性以及双向传递转矩的场合

平键联接中键和键槽的公差见表 10-2 和表 10-3。其他非配合尺寸中，键长和轴槽长的公差分别采用 h14 和 H14。

表 10-2 平键、键及键槽剖面尺寸及键槽公差（摘自 GB/T 1095—2003） （单位：mm）

轴	键	键槽									
基本直径	基本尺寸	宽度 b						深度			
		基本尺寸	极限偏差					轴槽 t_1		毂槽 t_2	
			松联接		正常联接		紧密联接				
d	$b\times h$	b	轴 H9	毂 D10	轴 N9	毂 JS9	轴和毂 P9	公称尺寸	极限偏差	公称尺寸	极限偏差
>22～30	8×7	8	+0.036	+0.098	0	±0.018	-0.015	4.0		3.3	
>30～38	10×8	10	0	+0.040	-0.036		-0.051	5.0		3.3	
>38～44	12×8	12						5.0		3.3	
>44～50	14×9	14	+0.043	+0.120	0	±0.021	-0.018	5.5		3.8	
>50～58	16×10	16	0	+0.050	-0.043		-0.061	6.0	+0.2	4.3	+0.2
>58～65	18×11	18						7.0	0	4.4	0
>65～75	20×12	20						7.5		4.9	
>75～85	22×14	22	+0.052	+0.149	0	±0.028	-0.022	9.0		5.4	
>85～95	25×14	25	0	+0.065	-0.052		-0.074	9.0		5.4	
>95～110	28×16	28						10.0		6.4	

注：1. $(d-t_1)$ 和 $(d+t_2)$ 两个组合尺寸的偏差按相应的 t_1 和 t_2 的偏差选取，但 $(d-t_1)$ 偏差值应取负号（-）。

2. 导向型平键的轴槽与轮毂槽用较松键联接的公差。尺寸应符合 GB/T 1097—2003 的规定。

表 10-3 普通型平键公差（摘自 GB/T 1096—2003） （单位：mm）

b	基本尺寸	8	10	12	14	16	18	20	22	25	28
	极限偏差 h8	0 -0.022		0 -0.027				0 -0.033			
h	基本尺寸	7	8	8	9	10	11	12	14	16	
	极限偏差 矩形 h11	0 -0.090					0 -0.110				

为了便于装配，轴槽及轮毂槽对轴及轮毂轴线的对称度公差可按 GB/T 1184—1996 附录中的 7～9 级选取。当键长 L 与键宽 b 之比大于或等于 8 时，键宽 b 的两侧面在长度方向的平行度应按 GB/T 1184—1996 选取：当 $b\leqslant$6mm 时按 7 级；$b\geqslant$8～36mm 时按 6 级；当 $b\geqslant$40mm 时按 5 级。

表面粗糙度数值推荐为，键侧为 Ra1.6μm，轴槽及轮毂槽侧为 Ra1.6～3.2μm，键与键槽的非配合面为 Ra6.3μm。

轴槽和轮毂槽的剖面尺寸及其上、下极限偏差和键槽的几何公差、表面粗糙度参数值在图样上的标注如图 10-2 所示。

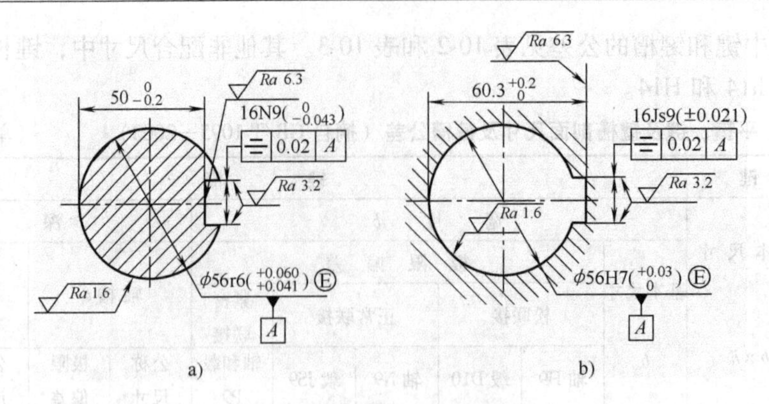

图 10-2　键槽尺寸和公差标注

a）轴键槽　b）轮毂键槽

三、单键的检测

单键的检测，在单件小批生产中，可用游标卡尺、千分尺等通用量具，在成批大量生产中，常使用极限量规，如图 10-3 所示。

单键的对称度误差检测参见第四章表 4-32 中“面对线对称度误差测量”。

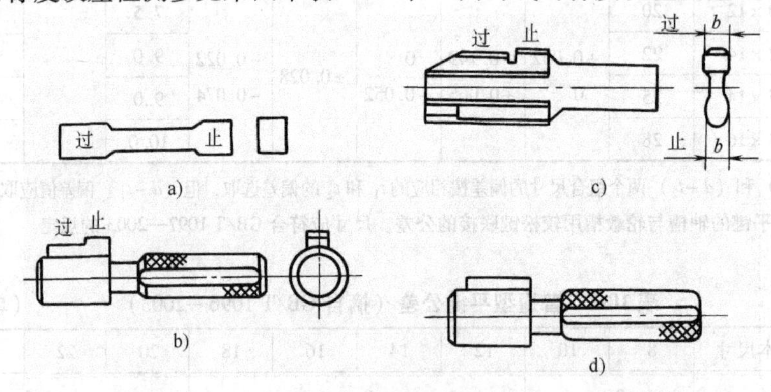

图 10-3　检验键槽的量规

a）检验键槽宽 b 用的极限量规　b）检验轮毂槽深 $D+t_2$ 用的极限量规

c）检验轮毂槽宽和深度的键槽复合量规　d）检验轮毂槽对称度的量规

第二节　花键联接（GB/T 1144—2001）

一、概述

花键联接的两个联接件分别叫做花键轴（外花键）和花键孔（内花键），其作用是传递转矩和导向。与单键联接相比，花键联接具有很多优点，其定心精度高、导向性能好、承载能力强、联接可靠。

花键可分为矩形花键、渐开线花键、端齿花键。其中，矩形花键应用最广。花键齿形有矩形和渐开线形，键齿在端面的花键有直齿和弧齿两种。

二、矩形花键结合的公差与配合

矩形花键的基本尺寸、键槽截面形状如图 10-4 所示，其中小径 d、大径 D 和键（槽）宽 B 是三个主要尺寸参数。

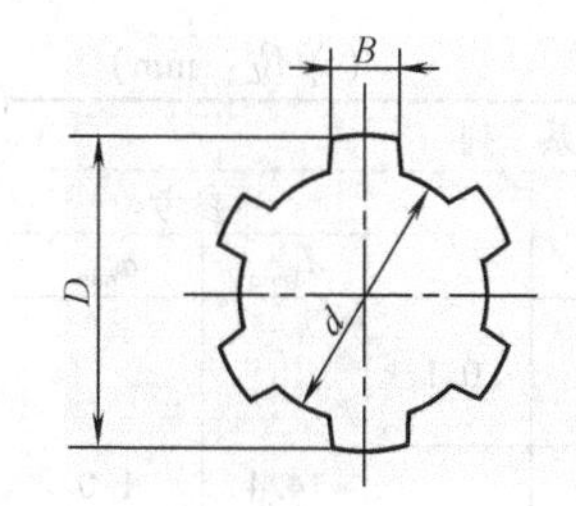

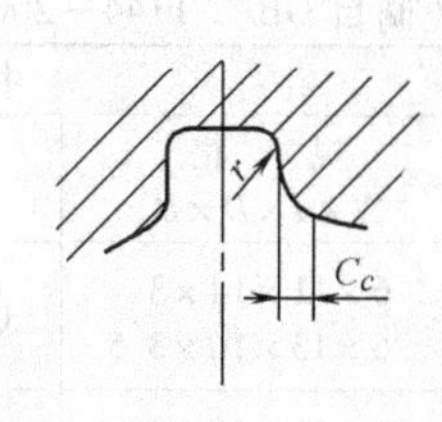

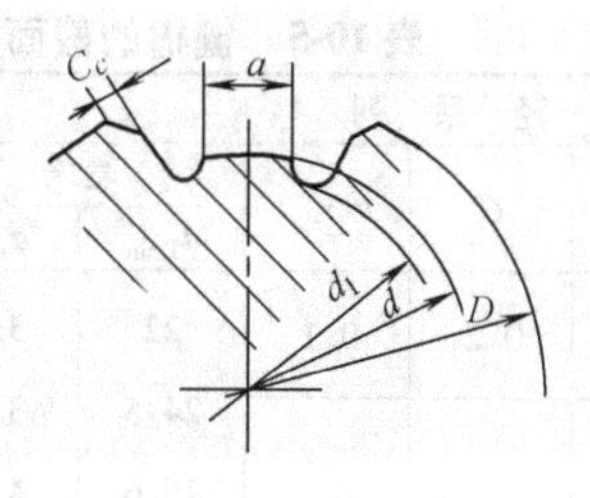

图 10-4　矩形花键的基本尺寸、键槽截面形状

花键联接有三种定心方式：小径定心、大径定心和键（槽）宽 B 定心。

国标 GB/T 1144—2001 中矩形花键共分为轻、中两个系列。键数随着小径的增大分成 6 键、8 键和 10 键三种。其中轻系列共分成 15 个规格，中系列则分成 20 个规格。轻系列承载能力低，多用于机床行业；中系列承载能力强，多用于汽车、工程机械产品。花键的基本尺寸系列见表 10-4，键槽的截面尺寸见表 10-5。

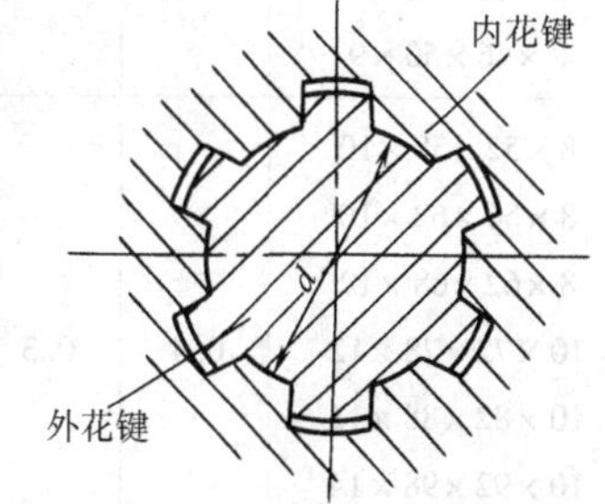

图 10-5　花键小径定心方式

1. 矩形内、外花键的尺寸公差带

国标规定采用小径 d 作为定心尺寸，其大径 D 及键宽和键槽宽 B 为非定心尺寸，如图 10-5 所示。这不仅减少了定心种类，而且经热处理后的内、外花键的小径可采用内圆磨及成形磨精加工，可获得较高的加工精度和定心精度。

表 10-4　矩形花键基本尺寸系列（摘自 GB/T 1144—2001）　　（单位：mm）

小径 d	轻系列				中系列			
	规格 $N\times d\times D\times B$	键数 N	大径 D	键宽 B	规格 $N\times d\times D\times B$	键数 N	大径 D	键宽 B
11					6×11×14×3	6	14	3
13					6×13×16×3.5		16	3.5
16					6×16×20×4		20	4
18					6×18×22×5		22	5
21					6×21×25×5		25	5
23	6×23×26×6	6	26	6	6×23×28×6		28	6
26	6×26×30×6		30	6	6×26×32×6		32	6
28	6×28×32×7		32	7	6×28×34×7		34	7
32	6×32×36×6		36	6	8×32×38×6	8	38	6
36	8×36×40×7	8	40	7	8×36×42×7		42	7
42	8×42×46×8		46	8	8×42×48×8		48	8
46	8×46×50×9		50	9	8×46×54×9		54	9
52	8×52×58×10		58	10	8×52×60×10		60	10
56	8×56×62×10		62	10	8×56×65×10		65	10
62	8×62×68×12		68	12	8×62×72×12		72	12
72	10×72×78×12	10	78	12	10×72×82×12	10	82	12
82	10×82×88×12		88	12	10×82×92×12		92	12
92	10×92×98×14		98	14	10×92×102×14		102	14
102	10×102×108×16		108	16	10×102×112×16		112	16
112	10×112×120×18		120	18	10×112×125×18		125	18

表 10-5　键槽的截面尺寸（摘自 GB/T 1144—2001）　　（单位：mm）

轻系列					中系列				
规格 $N \times d \times D \times B$	C	r	参考 $d_{1\min}$	参考 $a_{\min}$	规格 $N \times d \times D \times B$	C	r	参考 $d_{1\min}$	参考 $a_{\min}$
6×23×26×6	0.2	0.1	22	3.5	6×11×14×3	0.2	0.1		
6×26×30×6	0.3	0.2	24.5	3.8	6×13×16×3.5				
6×28×32×7			26.6	4.0	6×16×20×4	0.3	0.2	14.4	1.0
8×32×36×6			30.0	2.7	6×18×22×5			16.6	1.0
8×36×40×7			34.4	3.5	6×21×25×5			19.5	2.0
8×42×46×8			40.5	5.0	6×23×28×6			21.2	1.2
8×46×50×9			44.6	5.7	6×26×32×6	0.4	0.3	23.6	1.2
8×52×58×10	0.4	0.3	49.6	4.8	6×28×34×7			25.8	1.4
8×56×62×10			53.5	6.5	8×32×38×6			29.4	1.0
8×62×68×12			59.7	7.3	8×36×42×7			33.4	1.0
10×72×78×12			69.6	5.4	8×42×48×8			39.4	2.5
10×82×88×12			79.3	8.5	8×46×54×9	0.5	0.4	42.6	1.4
10×92×98×14			89.6	9.9	8×52×60×10			48.6	2.5
10×102×108×16			99.6	11.3	8×56×65×10			52.0	2.5
10×112×120×18	0.5	0.4	108.8	10.5	8×62×72×12	0.6	0.5	57.7	2.4
					10×72×82×12			67.4	1.0
					10×82×92×12			77.0	2.9
					10×92×102×14			87.3	4.5
					10×102×112×16			97.7	6.2
					10×112×125×18			106.2	4.1

注：d_1 和 a 值仅适用于展成法加工。

内、外花键的尺寸公差带见表 10-6。表中把一般用的内花键槽的公差分为拉削后热处理和拉削后不热处理两种。精密传动用的内花键，当需要控制键侧配合时，槽宽可选 H7，一般情况选用 H9。当内花键小径 d 的公差带选用 H6 和 H7 时，允许与高一级的外花键配合。

表 10-6　矩形花键的尺寸公差带和表面粗糙度 Ra（摘自 GB/T 1144—2001）　　（μm）

内花键							外花键						装配型式
d		D		B			d		D		B		
公差带	Ra	公差带	Ra	公差带：拉削后不热处理	公差带：拉削后热处理	Ra	公差带	Ra	公差带	Ra	公差带	Ra	
一般用													
H7	0.8～1.6	H10	3.2	H9	H11	3.2	f7	0.8～1.6	a11	3.2	d10	1.6	滑动
							g7				f9		紧滑动
							h7				h10		固定
精密传动用													
H5	0.4	H10	3.2	H7，H9		3.2	f5	0.4	a11	3.2	d8	0.8	滑动
							g5				f7		紧滑动
							h5				h8		固定
H6	0.8						f6	0.8			d8		滑动
							g6				f7		紧滑动
							h6				h8		固定

花键按装配形式又可分为滑动、紧滑动和固定三种形式。

尺寸 d、D 和 B 的公差等级选定后，具体公差数值可根据尺寸大小及公差等级查第二章的标准公差表和基本偏差数值表。

小径 d 的形状误差应控制在尺寸公差带内，在其尺寸公差数值或公差带代号后加注符号Ⓔ。

2. 花键的几何公差

在大批量生产时，为了便于使用综合量规检验，几何公差主要是控制键（键槽）的位置公差（包括等分度、对称度）以及大径对小径的同轴度，并遵守最大实体要求。其标注及花键的位置度公差见表 10-7。

表 10-7　矩形花键的位置度、对称度公差（摘自 GB/T 1144—2001）

键槽宽或键宽 B		3	3.5~6	7~10	12~18
		t_1			
键槽		0.010	0.015	0.020	0.025
键	滑动、固定	0.010	0.015	0.020	0.025
	紧滑动	0.006	0.010	0.013	0.016
		t_2			
一般用		0.010	0.012	0.015	0.018
精密传动用		0.006	0.008	0.009	0.011

注：花键的等分度公差值等于键宽的对称度公差。

对单件或小批生产，可用检验键（键槽）的对称度和等分度误差代替检验位置度误差，并遵守独立原则。其标注及花键的对称度公差见表 10-7。

花键的等分度公差值与对称度公差值相同。

对较长的花键，可根据产品性能自行规定键侧对轴线的平行度公差。

花键小径，大径及键侧的表面粗糙度值见表 10-6。

第三节　花键的标注及检测

一、花键参数的标注

矩形花键在图样上的标注项目和顺序是：键数 $N\times$小径 $d\times$大径 $D\times$键宽 B　标准号，其各自的公差带代号可标注在各自的基本尺寸之后。

例 10-1　矩形花键副 $N=8$，$d=23\,\frac{H7}{f7}$，$D=26\,\frac{H10}{a11}$，$B=6\,\frac{H11}{d10}$。根据不同需要，各种

标注如图 10-6 所示。

花键规格　$8\times23\times26\times6$

花键副　$8\times23\dfrac{H7}{f7}\times26\dfrac{H10}{a11}\times6\dfrac{H11}{d10}$　GB/T 1144—2001

内花键　$8\times23H7\times26H10\times6H11$　GB/T 1144—2001

外花键　$8\times23f7\times26a11\times6d10$　GB/T 1144—2001

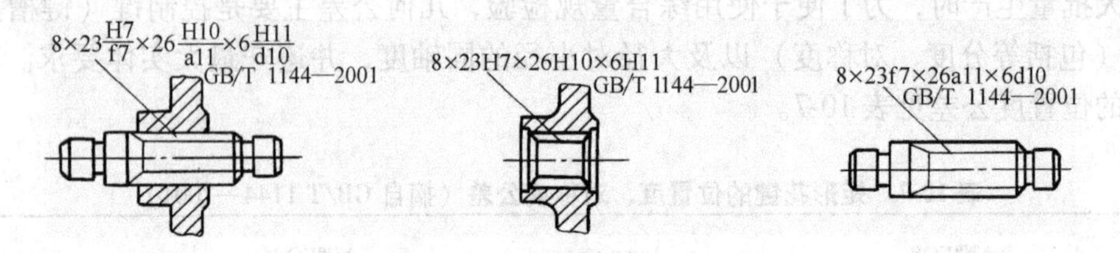

图 10-6　矩形花键参数的标注

二、花键的检验

花键的检测与生产批量有关。对单件小批生产的内、外花键，可用通用量具按独立原则对尺寸 d、D 和 B 进行尺寸误差单项测量，对键（键槽）的对称度及等分度分别进行几何误差测量。

对大批量生产的内、外花键，可采用综合通规测量，以保证配合要求和安装要求。

内花键用综合塞规，外花键用综合环规（图 10-7a、b），对其小径、大径、键与槽宽、大径对小径的同轴度、键与槽的位置度（包括等分度、对称度）进行综合检验。综合通规只有通端，故还需用单项止端塞规或止端卡板分别检验大径、小径、键（槽）宽等是否超过各自的最小实体尺寸。

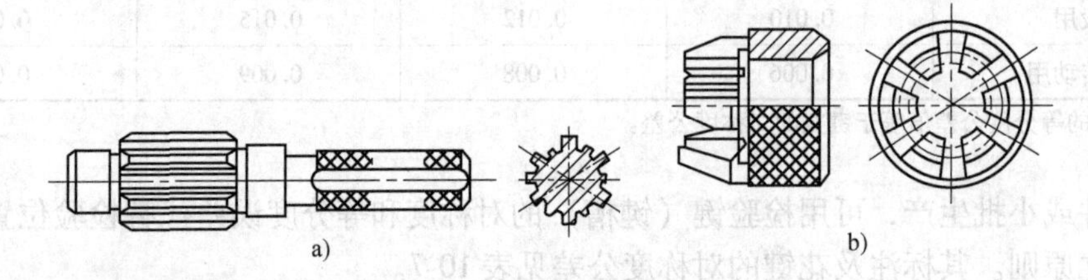

图 10-7　花键综合通规

a）花键塞规“T”　b）花键环规“T”

检测时，综合通规能通过，单项止规不能通过即花键合格。

三、键及花键类工件的对称度、位置度的测量方法

小批量生产的单键或花键在制品，在首件加工或分析工件对称度、位置度的质量问题时，应采用光学分度头与杠杆千分表组合后进行测量。

其方法是：将杠杆千分表的测头放置在键槽壁面上，或嵌入与槽宽 B 等宽的量块面上，转动分度头调整工件后，使键槽侧面呈径向水平状态，该状态记为“零位点”。然后将千分表测头移出键槽之外，并应保持千分表的测高数值不变。

为测量键槽的对称度及位置度，需使光学分度头的主轴带动工件（由键或槽数确定）

转某个精确的转角，如单键（槽）应使分度头转360°后重新使测头进入键槽读取数值，从而由工件直径及千分表实测值来计算实际的对称度或位置误差。

对双键则将分度头（及工件）转180°转角后，再使千分表的测头重新进入对应的槽面上，再次测量“零位点”的实际数值大小，经比较计算出误差值并分析误差性质。为提高测量精度，在表座上增加了定位挡块，确保仪器前、后两次的径向精确位置关系。

当千分表测头沿工件径向和轴向进行对比测量后，即可测得花键类工件的对称度、位置度误差。

同理可对键（槽）数 $N=6$、8、10……的花键进行测量。

用光学分度头测量键及槽类工件，如图10-8所示。

图10-8　用光学分度头测量键及槽类工件

小　　结

平键联接，键宽（槽宽）b 是主要参数，键是标准件，所以平键联接为基轴制，平键只有h8一种公差带，而轴槽、毂槽各有三种公差带形成松、正常、紧密三种类型的联接。

矩形花键联接的尺寸为小径 d、大径 D、键（槽）宽 B，GB/T 1144—2001规定以小径 d 为定心表面，d 为主参数，形成滑动、紧滑动、固定三种装配形式。花键标注按 $N\times d\times D\times B$ 加国标代号表示。对大批量花键联接件的检验通常均用综合量规。

习题与练习十

10-1　普通平键联接的三种配合为________、________、________联接，其主要的配合尺寸是键和键槽的__________。

10-2　对大批量生产的内、外花键产品，检验所用的综合通规名称为__________和__________，用于对其________部位及________进行综合检验。

10-3　矩形花键的定心尺寸为________，非定心尺寸为________和________。

10-4　某传动轴（直径 $d=50\text{mm}$）与齿轮采用普通平键联接，配合类别选为正常联接，试确定键的尺寸，并按照GB/T 1095—2003确定键、轴槽及轮毂槽宽和高的公差值，并画尺寸公差带图。

10-5　矩形花键联接在装配图上标注为：$6\times26\dfrac{H6}{f6}\times32\dfrac{H10}{a11}\times6\dfrac{H9}{d8}$　GB/T 1144—2001。试确定该花键副属何系列及什么传动？试查出内、外花键主要尺寸的公差带值及键（键槽）宽的对称度公差，并画出内、外花键截面图和注写尺寸公差及几何公差值。

第十一章　圆柱齿轮传动的公差及测量

本章要点

1. 齿轮传动的四项要求及对传动性能的影响。
2. 渐开线圆柱齿轮的公差项目、加工误差产生的原因、解决的方法。
3. 初步学会对齿轮和齿轮副的检测方法，了解所用量仪的名称。

第一节　圆柱齿轮传动的要求

齿轮传动广泛应用于机器或各种机械设备中，其使用要求可归纳为四方面。

1. 传递运动的准确性（运动精度）

要求齿轮在一转范围内，最大转角误差应限制在一定范围内，传动比变化小，以保证从动件与主动件协调。

2. 传动平稳性（平稳性精度）

要求齿轮传动的瞬时传动比变化不大，因为瞬时传动比的突变将引起齿轮传动冲击、振动和噪声。

3. 载荷分布均匀性（接触精度）

要求轮齿啮合时齿面接触良好，以免载荷分布不均引起应力集中，造成局部磨损，影响使用寿命。

4. 合理的齿轮副侧隙

要求齿轮啮合时非工作面应有一定的间隙，用于储油润滑或容纳齿轮因受热和受力的弹性变形，以及制造和安装所产生的误差，保证传动中不出现卡死和齿面烧伤及换向冲击等。

齿轮传动的用途和工作条件不同，对上述四方面的要求也各有侧重。

对精密机床和仪器上的分度和读数齿轮，主要要求是传递运动准确性，对传动平稳性也有一定要求，而对接触精度要求往往是次要的。

当需要可逆传动时，应对齿侧间隙加以限制，以减少反转时的空程误差。

对重型、矿山机械（如轧钢机，起重机等），由于传递动力大，且圆周速度不高，对载荷分布的均匀性要求较高，齿侧间隙应大些，而对传递运动的准确性则要求不高。

对高速重载的齿轮（如汽轮机减速器），其传递运动的准确性、传动的平稳性和载荷分布的均匀性都要求很高。

因此，研究齿轮互换性具有重要意义。

第二节　齿轮加工误差简述

齿轮加工通常采用展成法，即用滚刀或插齿刀在滚齿机、插齿机上加工渐开线齿廓，高精度齿轮还需进行剃齿或磨齿等精加工工序。

现以滚齿为代表，列出产生误差的主要因素。如图 11-1 所示，滚齿时的主要加工误差是由机床—刀具—工件系统的周期性误差造成的。此外，还与夹具、齿坯和工艺系统的安装和调整误差有关。

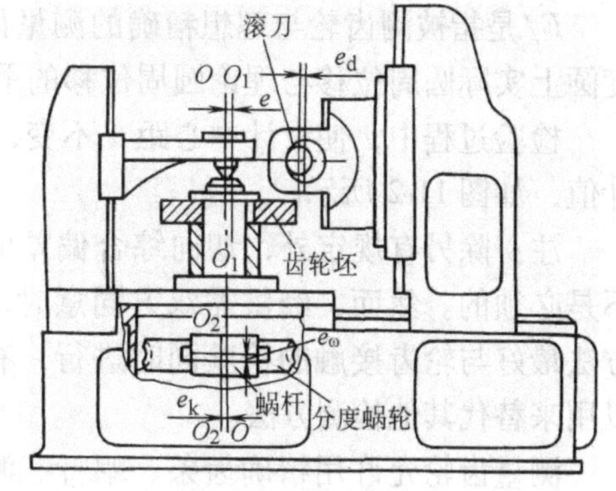

图 11-1　滚切齿轮

一、几何偏心

当机床心轴与齿坯有安装偏心 e 时，引起齿轮齿圈的轴线与齿轮工作时的轴线不重合，使齿轮在转动一转内产生齿圈径向跳动误差，并且使齿距和齿厚也产生周期性变化，此属径向误差。

因偏心误差 e 在平面内可由简单的几何关系分析，故称几何偏心。

二、运动偏心

当机床分度蜗轮有加工误差及与工作台有安装偏心 e_k 时，造成齿轮的齿距和公法线长度在局部上变长或变短，使齿轮产生切向误差。

以上两种偏心引起的误差是以齿坯一转为一个周期，称为长周期误差。

一个齿轮往往同时存在几何偏心和运动偏心，总的基圆偏心应取其矢量和。

即

$$\boldsymbol{e}_{总} = \boldsymbol{e} + \boldsymbol{e}_k$$

三、机床传动链的短周期误差

机床分度蜗杆有安装偏心 e_ω 和轴向窜动，使分度蜗轮（齿坯）转速不均匀，造成齿轮的齿距和齿形误差。

分度蜗杆每转一转，跳动重复一次，误差出现的频率将等于分度蜗轮的齿数，属高频分量，故称短周期误差。

四、滚刀的制造误差及安装误差

如滚刀有偏心 e_d，轴线倾斜、轴向跳动及刀具齿形角误差等都会复映到被加工的轮齿上，产生基节偏差和齿形误差。

以上两项产生的误差在齿轮一转中多次重复出现，称为短周期误差。

为了便于分析各种误差对齿轮传动质量的影响，按齿轮方向将误差分为径向误差、切向误差和轴向误差。按齿轮误差项目对传动性能的主要影响，可分为三个组：影响运动准确性的误差为第Ⅰ组；影响传动平稳性的误差为第Ⅱ组；影响载荷分布均匀性的误差为第Ⅲ组。

第三节　圆柱齿轮的误差项目及检测

为了保证齿轮传动工作质量，必须控制单个齿轮的误差。齿轮误差有综合误差与单项误差。现将齿轮新国标 GB/T 10095. 1 ~. 2—2008《圆柱齿轮　精度制》、GB/Z 18620. 1 ~. 4—2008《圆柱齿轮　检验实施规范》中的项目和 GB/T 10095—1988 旧标准中个别常用项目介绍如下。

一、影响传递运动准确性的误差及测量

齿轮传动中，影响传递运动准确性新的偏差项目有五项：F'_i、F_p、F_{pk}、F_r、F''_i，属长周期误差。

1. 切向综合总偏差 F_i'

F_i'是指被测齿轮与理想精确的测量齿轮单面啮合检验时，在被测齿轮一转内，齿轮分度圆上实际圆周位移与理论圆周位移的最大差值。

检验过程中，使设计中心距 a 不变，齿轮的同侧齿面处于单面啮合状态，以分度圆弧长计值，如图 11-2 所示。

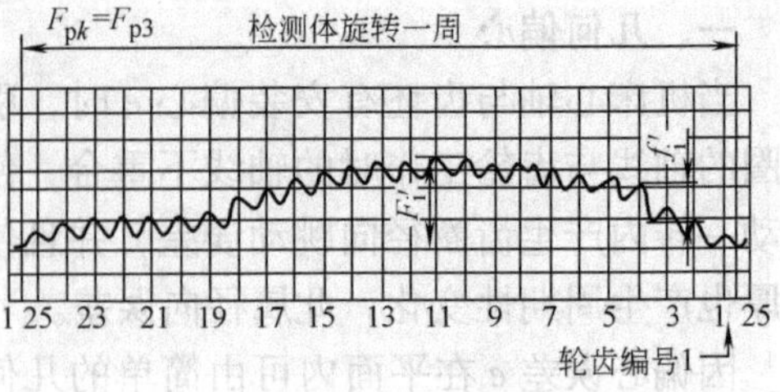

注：除另有规定外，切向综合偏差的测量不是必须的。然而，经供需双方同意时，这种方法最好与轮齿接触的检验同时进行，有时可以用来替代其他检测方法。

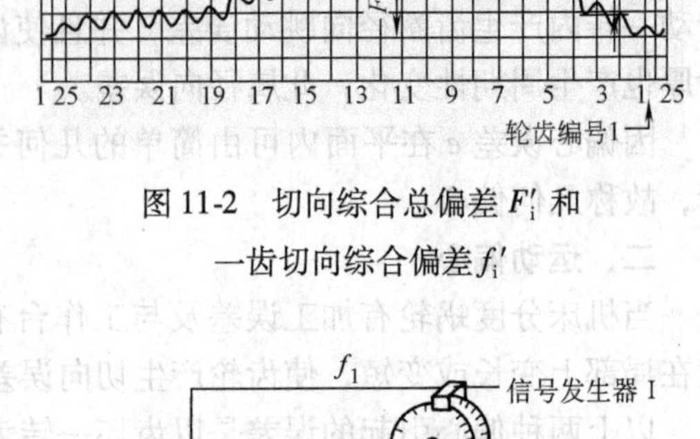

图 11-2　切向综合总偏差 F_i' 和一齿切向综合偏差 f_i'

测量齿轮允许用精确齿条、蜗杆、测头等测量元件代替。

F_i'反映齿轮一转的转角误差，说明齿轮传递运动的不准确性，其转速忽快忽慢地作周期性变化。F_i'是几何偏心、运动偏心及各短周期误差综合影响的结果。

F_i' 曲线在单面综合检查仪（单啮仪）上测得，仪器工作原理如图 11-3 所示。由于测量状态与齿轮的工作状态相近，故误差曲线较全面、真实地反映了齿轮的误差情况，且综合了各项误差的影响。单啮仪是高效、自动化、综合测量的齿轮量仪，价格较昂贵，现逐渐被广泛使用。

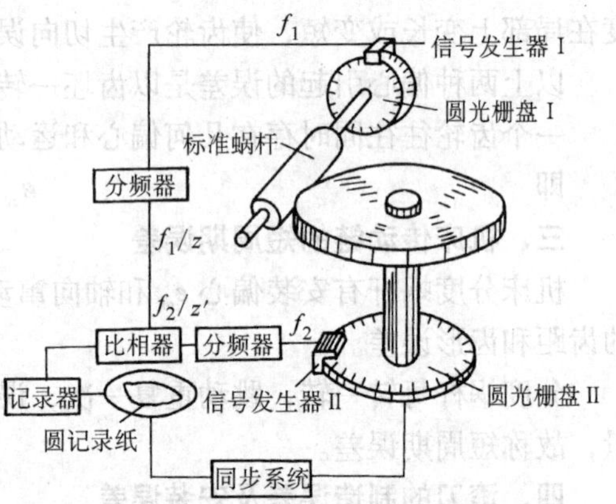

图 11-3　光栅式单啮仪工作原理图

2. 齿距累积总偏差 F_p

齿距累积总偏差 F_p 是指齿轮同侧齿面任意弧段（$k=1\sim z$）内的最大齿距累积偏差。它表现为齿距累积偏差曲线的总幅值，如图 11-4a 所示。

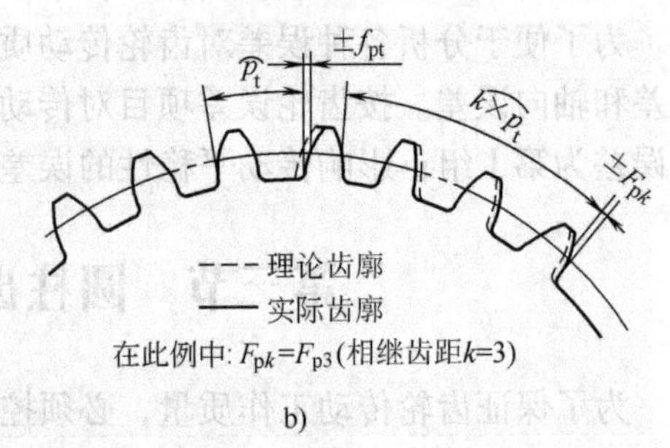

图 11-4　齿距累积总偏差 F_p 及齿距累积偏差 F_{pk}

a) F_p　b) F_{pk}

F_p 反映了齿轮的几何偏心和运动偏心使齿轮齿距不均匀所产生的齿距累积误差。由于它能反映齿轮一转中偏心误差引起的转角误差，所以 F_p 可代替 F_i' 作为评定齿轮传递运动准确性的项目。两者的差别是：F_p 是分度圆周上逐齿测得的有限个点的误差情况，不能反映两齿间传动比的变化；而 F_i' 是在单面连续转动中测得的一条连续误差曲线，能反映瞬时传动比变化情况，与齿轮工作情况相近，数值上 $F_p=0.8F_i'$。

3. 齿距累积偏差 F_{pk}

为了控制齿轮的局部积累误差和提高测量效率，可以测量 k 个齿的齿距累积误差 F_{pk}，即任意 k 个齿距的实际弧长与理论弧长的代数差。理论上它等于这 k 个齿距的单个齿距的代数和。k 在 $2\sim z/8$ 的弧段内取值，一般 k 取小于 $z/6$ 或 $z/8$ 的最大整数，z 为齿数，如图 11-4b所示。

F_p 的测量可分为相对测量法和绝对测量法两种。

（1）相对测量法　利用圆周封闭原理，以齿轮上任意一个齿距作基准，调整指示表零位，然后逐齿依次测量各齿对基准齿的相对齿距偏差 $f_{pt相对}$，经数据处理即可求出 F_p。

按齿轮的模数大小、齿数多少、精度高低，手提式齿距仪有三种定位方式，如图 11-5 所示。其中，齿顶圆定位测量精度低，内孔定位测量精度高。

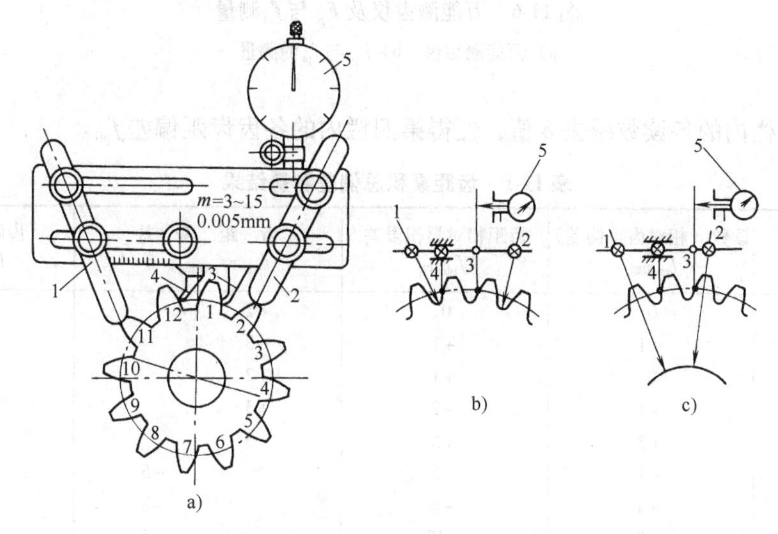

图 11-5　手提式齿距仪测量定位示意图

a）齿顶圆定位　b）齿根圆定位　c）内孔定位

1、2—定位支脚　3—活动量爪　4—固定量爪　5—指示表

例 11-1　用万能测齿仪测一齿轮 $f_{pti相对}$ 的读数后，求齿距累积误差 F_p，如图 11-6 所示。1 是活动量脚，与指示表 4 相连，2 为定位脚，齿轮在重锤 3 作用下舐在定位脚 2 上，用量脚移动调表 4 零位，且在分度圆处接触，逐齿测量各齿的齿距相对偏差值 $f_{pti相对}$，记入表 11-1 第 2 栏后便可进行以下计算。

1）计算法求 F_p。即用表 11-1 中第二栏的仪器测得值读数 $f_{pti相对}$，逐齿累加后填入第三栏内。按圆周封闭原理，其一周的累积值应为零，但最后一齿 $\Sigma f_{pti相对}=-36$，这是由于第一个起始齿不是公称齿距及测量误差引起的。设调整第一个齿时，与公称值差一个 δ 值，则逐齿的每个读数均包含这一 δ 值，故第三栏最后一齿的累积值 $\sum_1^z f_{pti相对}=z\delta$，由此得

$$\delta=\sum_1^z f_{pti相对}/z=(-36/18)\mu m=-2\mu m$$

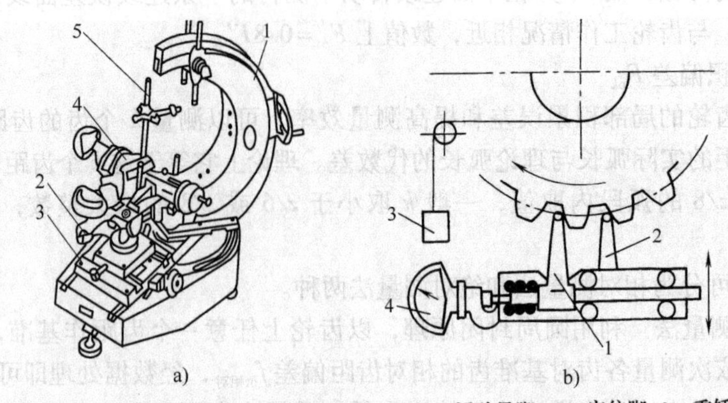

1—弓形支架　2—测量工作台　3—螺旋支承轴　4—测量附体　5—定位装置

1—活动量脚　2—定位脚　3—重锤　4—指示表

图 11-6　万能测齿仪及 F_p 与 f_{pt} 测量

a）万能测齿仪　b）F_p 与 f_{pt} 的测量

再将第二栏内的各读数减去 δ 值，便得第四栏内的各齿齿距偏差 f_{pti}。

表 11-1　齿距累积总偏差测量结果　（μm）

齿距左或右（齿面）序号	读数（相对齿距偏差）$f_{pti相对}$	齿距相对累积误差 $\Sigma f_{pti相对}$	齿距偏差 $f_{pti}=f_{pti相对}-\delta$		齿距累积误差 $F_{pi}=\Sigma f_{pti}$
1	0	0	+2		+2
2	+1	+1	+3		+5
3	0	+1	+2		+7
4	+1	+2	+3		+10
5	+3	+5	+5		+15★
6	−7	−2		−5	+10
7	−4	−6		−2	+8
8	−7	−13		−5	+3
9	−6	−19		−4	−1
10	−3	−22		−1	−2
11	−5	−27		−3	−5
12	−8	−35		−6	−11
13	−8	−43		−6	−17
14	−5	−48		−3	−20★
15	+3	−45	+5		−15
16	+1	−44	+3		−12
17	+3	−41	+5		−7
18	+5	−36	+7		0
Σ	—	—	+35	−35	0

再逐齿累积第四栏的齿距偏差，得第五栏内从零齿面起算的齿距累积总偏差 F_{pi}。由表 11-1 得

$$F_p=(F_{pi})_{max}-(F_{pi})_{min}=[+15-(-20)]\mu m=35\mu m$$

2）作图法求 F_p。如图 11-7 所示，以横坐标为齿序，纵坐标为表 11-1 中第三栏的 $\Sigma f_{pti相对}$，绘出齿距相对误差折线。连接折线首末两点的斜线作为累积误差的相对坐标轴线，然后从最高点 a 和最低点 b 分别作斜线的平行线，则两平行线之间沿纵坐标的距离代表齿距累积总偏差 F_p，$F_p=35\mu m$。

实际测量 F_p 及 f_{pt} 时，因作图法比计算法简单、直观而被广泛采用。

（2）绝对测量法 图 11-8 所示为用指示表在齿轮分度圆上进行定位，用读数显微镜及分度盘进行读数，两相邻齿面定位后读出数值之差即为齿距偏差，最大正、负偏差之差即为齿距累积误差 F_p。

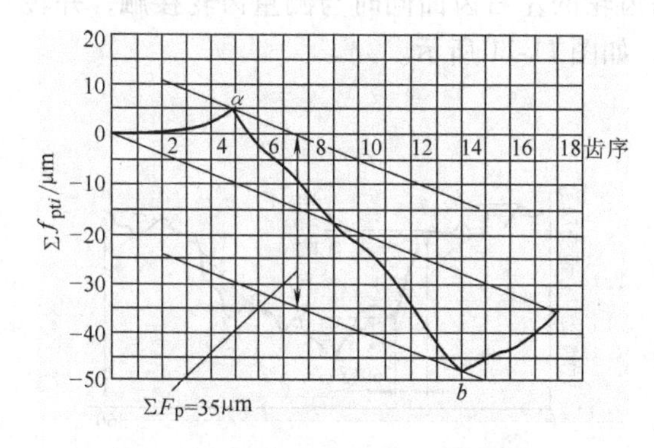

图 11-7 齿距累积总偏差作图曲线

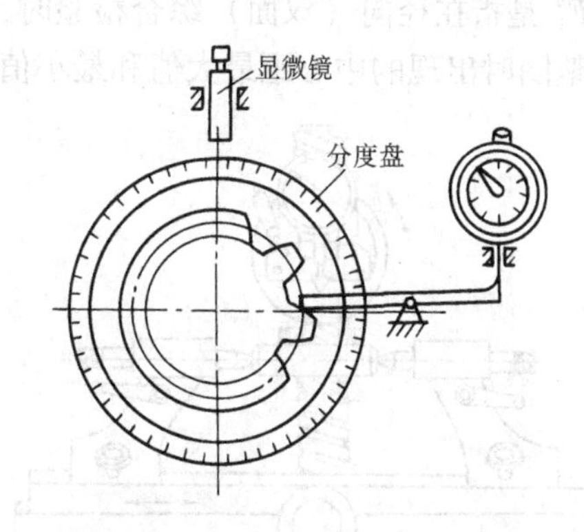

图 11-8 用绝对法测量 F_p 与 f_{pt}

绝对法测量 F_p 不受测量误差累积的影响，可达到很高精度，其测量精度主要取决于分度装置，缺点是检测麻烦费时，效率低，很少应用。

4. 径向跳动 F_r

F_r 是指测头（球形、圆柱形、砧形）相继置于齿槽内时，从它到齿轮轴线的最大和最小径向距离之差，如图 11-9 所示。图中偏心量 f_e 是径向跳动 F_r 的一部分，F_r 约为 $2f_e$。

F_r 主要是由几何偏心引起的。切齿时由于齿坯孔与心轴间有间隙 e，使两旋转轴线不重合而产生偏心。造成齿圈上各点到孔轴线距离不等、形成以齿轮一转为周期的径向长周期误差，齿距或齿厚也不均匀。当机床分度蜗轮具有运动偏心 e_k 时，该测量方法是反映不出来的（图11-1）。

此外，齿坯端面跳动也会引起附加偏心。

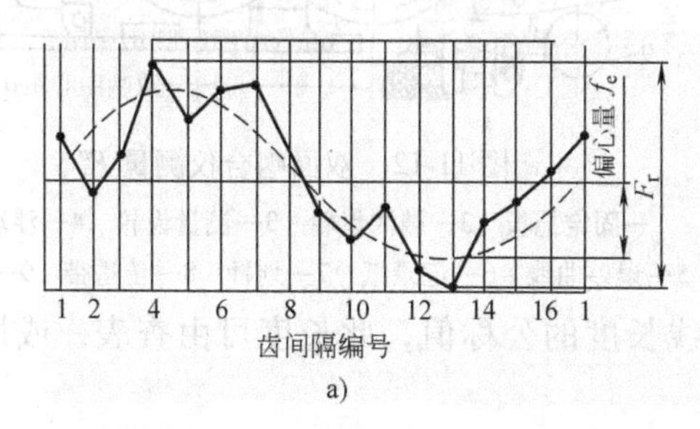

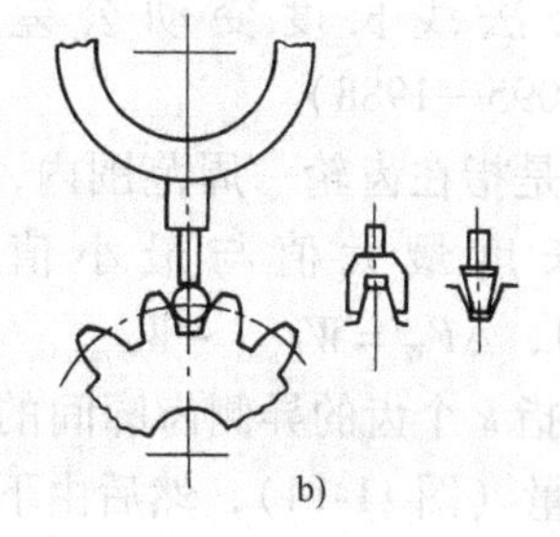

图 11-9 径向跳动 F_r

a）径向跳动示意图 b）测头

F_r 可用40°的锥形或槽形测头及球形、圆柱测头测量。测量时将测头放入齿槽，使测头与左、右齿廓在齿高中部接触，球测头直径 d 按下式求出

$$d = 1.68m$$

式中 m——模数（mm）。

可用径向跳动检查仪、偏摆检查仪测量，如图11-10所示。此法测量效率低，适于小批生产。当所有齿槽宽相等而存在齿距偏差时，用槽形测头检测 F_r，指示径向位置的变化为最佳。

5. 径向综合总偏差 F''_i

F''_i 是指在径向（双面）综合检验时，产品齿轮的左右齿面同时与测量齿轮接触，并转过一整圈时出现的中心距最大值和最小值之差，如图11-11所示。

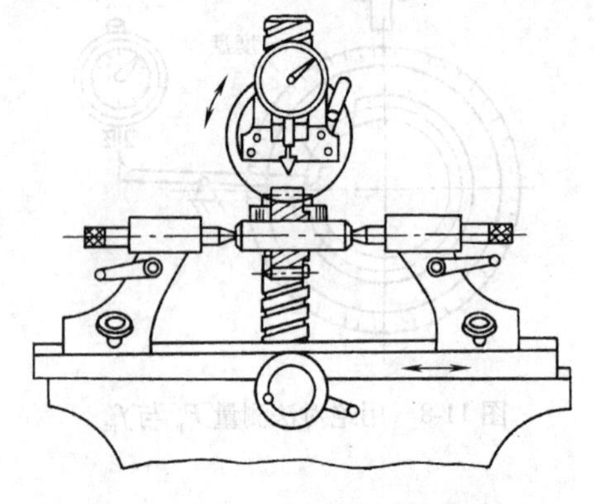

图11-10 径向跳动的测量

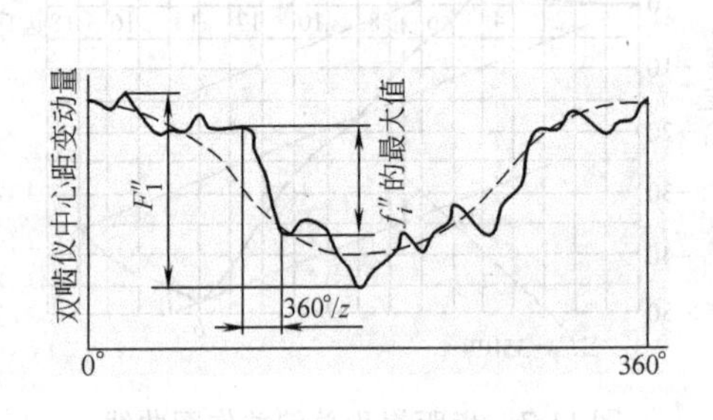

图11-11 径向综合偏差 F''_i

F''_i 主要反映了齿坯偏心和刀具安装、调整造成的齿厚、齿廓偏差、基圆齿距偏差，这些偏差使啮合中心距发生变化，属齿轮径向综合偏差的长周期误差。

F''_i 用双面啮合仪测量，如图11-12所示。被测齿轮与标准齿轮各装于固定和浮动滑板的轴上，双面啮合由误差 F''_i 产生中心距变动。该仪器简便高效，适于大批生产。但 F''_i 反映双面啮合时的径向误差，与齿轮实际工作状态不尽符合。

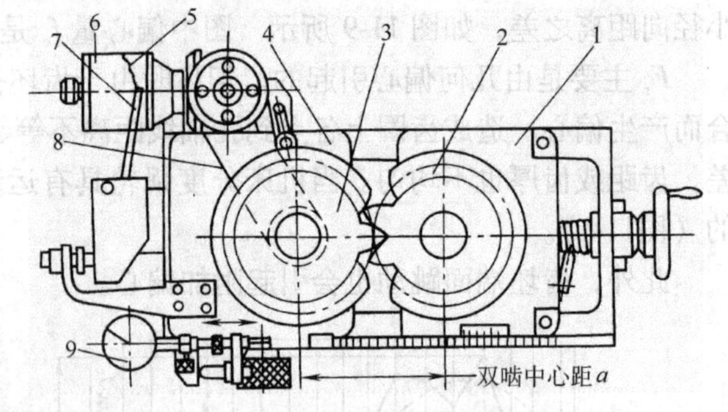

图11-12 双面啮合仪测量 F''_i

1—固定拖板 2—被测齿轮 3—测量齿轮 4—浮动滑板 5—误差曲线 6—记录纸 7—划针 8—传送带 9—指示表

6. 公法线长度变动公差 ΔF_W（GB/T 10095—1988）

ΔF_W 是指在齿轮一周范围内，实际公法线长度最大值与最小值之差（图11-13），$\Delta F_W = W_{k\max} - W_{k\min}$。

W_k是指 k 个齿的异侧齿廓间的公共法线长度的公称值，此长度可由查表，或用公法线千分尺测量（图11-14），然后由下式算出。

$$W_k = m[1.476(2k-1) + 0.014z]$$

式中 m——模数（mm）；

k——测量跨齿数，$k=\frac{z}{9}+0.5$；

z——齿轮齿数。

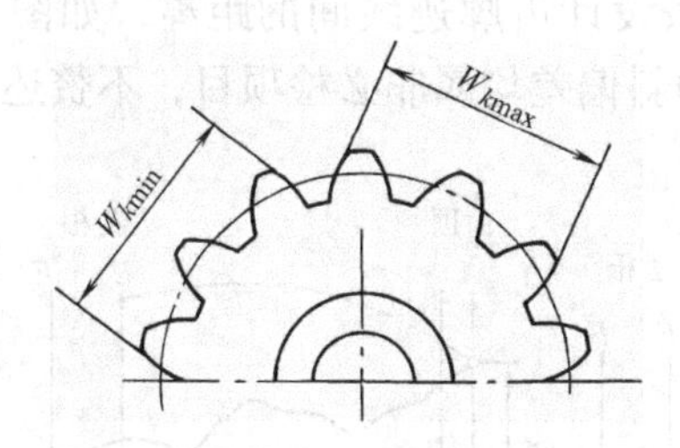

图 11-13 公法线长度变动量 ΔF_W

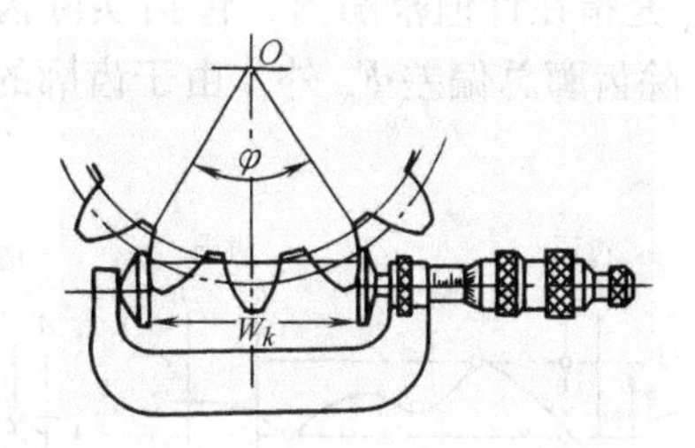

图 11-14 用公法线千分尺测量 ΔF_W

ΔF_W 是由机床分度蜗轮偏心，使齿坯转速不均匀，引起齿面左右切削不均所造成的齿轮切向长周期误差，即用 ΔF_W 来反映运动偏心 e_k。

ΔF_W 通常用公法线千分尺或公法线指示卡规测量，如图 11-14 所示。

新标准 GB/T 10095—2008 中无 ΔF_W 偏差项目，此处仍保留介绍是由于齿轮加工时，ΔF_W 用公法线千分尺可在机测量（不用卸下齿轮工件），不仅方便，且测量为直线值（与 $\Delta F'_i$、F_p 比较），精度高。由式 $W_k=(k-1)p_b+S_b$ 知，公法线长度变动包含了基圆齿距 p_b 和基圆齿厚 S_b 对 ΔF_W 的影响，所以生产中用 ΔF_W 值作为制齿工序完成的依据。

因此，在设计和工艺图样中，对 ΔF_W 给予关注。

对于 10～12 级低精度齿轮，由于齿轮机床已有足够精度，因此只检 F_r 一项，而不必检验 ΔF_W。

二、影响传动平稳性的误差及测量

此种误差会引起齿轮瞬时传动比变化，属短周期误差，共五项指标，即 f'_i、f''_i、F_α、f_{pb}、f_{pt}。

1. 一齿切向综合偏差 f'_i

f'_i 是指被测齿轮与理想精确的测量齿轮单面啮合时，在被测齿轮一个齿距内的切向综合偏差，以分度圆弧长计值，即图 11-2 所示曲线上小波纹的最大幅度值。

f'_i 主要反映由刀具制造和安装误差及机床分度蜗杆安装、制造误差所造成的齿轮短周期综合误差。f'_i 能综合反映转齿和换齿误差对传动平稳性的影响；f'_i 越大、转速越高，传动越不平稳，噪声和振动也越大。

f'_i 的测量仪器与测量 F'_i 用的仪器相同，在单啮仪上测量，如图 11-3 所示。

2. 一齿径向综合偏差 f''_i

f''_i 是指被测齿轮与理想精确的测量齿轮双面啮合时，在被测齿轮一个齿距角 360°/z 内，双啮中心距的最大变动量，如图 11-11 所示。

f''_i 主要反映由刀具制造和安装误差（如刀具的齿距，齿形误差及偏心等）所造成的齿轮径向短周期综合误差，但不能反映机床传动链的短周期误差引起的齿轮切向的短周期误差。

f''_i 的优缺点及测量仪器与 F''_i 相同，在双啮仪同时测得。其曲线中高频波纹的最大幅值即为 f''_i。

3. 齿廓总偏差 F_α

齿廓偏差是指实际齿廓偏离设计齿廓的量，该量在端面内且垂直于渐开线齿廓的方向计值。有齿廓总偏差 F_α 和齿廓形状偏差、齿廓倾斜偏差。

F_α 是指在计值范围内，包括实际齿廓迹线的两条设计齿廓迹线间的距离，如图 11-15 所示。除齿廓总偏差 F_α 外，由于齿廓的形状偏差和倾斜偏差均属非必检项目，不赘述。

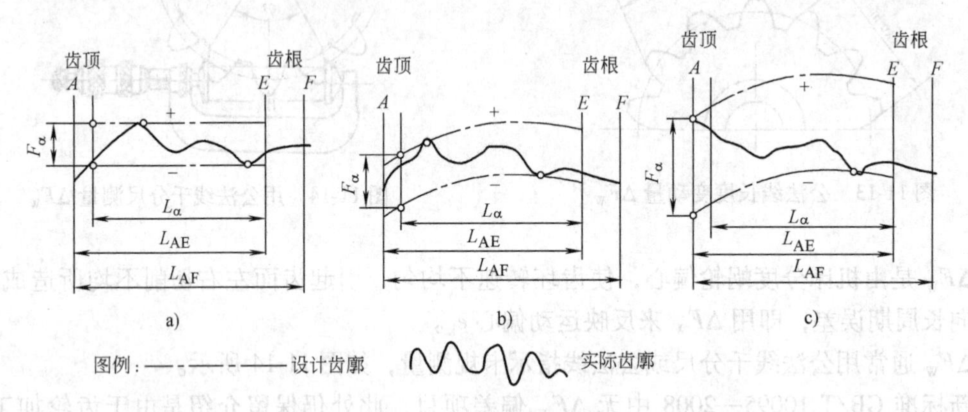

图 11-15　齿廓总偏差 F_α

a）设计齿廓：未修形的渐开线；实际齿廓：在减薄区内具有偏向体内的负偏差

b）设计齿廓：修形的渐开线（举例）；实际齿廓：在减薄区内具有偏向体内的负偏差

c）设计齿廓：修形的渐开线（举例）；实际齿廓：在减薄区内具有偏向体外的正偏差

A—轮齿齿顶或倒角的起点　E—有效齿廓起始点　F—可用齿廓被修齿根的起始点　L_{AF}—可用长度　L_{AE}—有效长度

设计齿廓是指符合设计规定的齿廓。无其他限定时，设计齿廓指端面齿廓在端面曲线图中，未经修形的渐开线齿廓迹线，一般为直线。齿廓迹线若偏离了直线，其偏离量即表示与被检齿轮的基圆所展成的渐开线的偏差。齿廓计值范围 L_α 等于从有效长度 L_{AE} 的顶端和倒棱处减去 8%。

齿廓总偏差是由于刀具设计的制造误差和安装误差及机床传动链误差等引起的。此外，长周期误差对齿形精度也有影响。

齿廓总偏差对传动平稳性的影响，如图 11-16 所示。啮合齿 A_1 与 A_2 应在啮合线上的 a 点接触，由于齿 A_2 有齿形误差，使接触点偏离了啮合线在 a' 点发生啮合，从而引起瞬时传动比的突变，破坏了传动的平稳性。

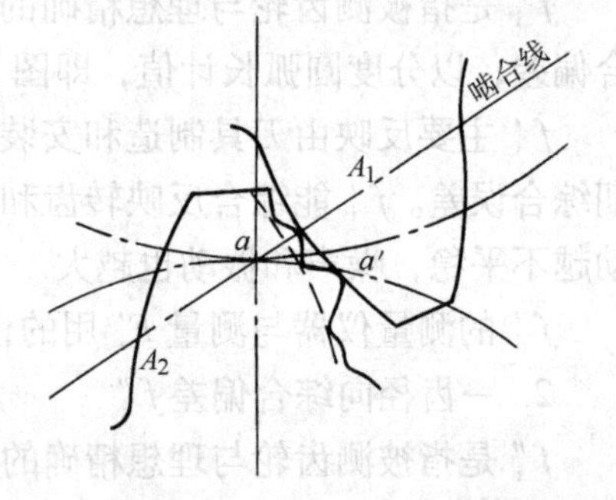

图 11-16　有齿形误差时的啮合情况

F_α 的测量通常使用单盘式或万能式渐开线检查仪及齿轮单面啮合整体误差测量仪。其原理是利用精密机构发生正确的渐开线与实际齿廓进行比较确定齿廓总偏差。图 11-17 所示为单盘渐开线检查仪原理图。被测齿轮 2 与一直径等于该齿轮基圆直径的基圆盘 1 同轴安装。转动手轮 6，丝杠 5 使纵滑板 7 移动，直尺 3 与基圆盘在一定的接触压力下作纯滚动。杠杆 4 一端为测头，与齿面接触，另一端与指示表 8 相连。直尺 3 与基圆盘 1 接触点在其切平面上。滚动时，测量头与齿廓相对运动的轨迹应是正确的渐开线。若被测齿廓不是理想渐开线，则测头摆动经杠杆 4 在指示表 8 上读出 F_{α}。

由于齿轮基圆不同，使基圆盘数量增多，故单盘式渐开线仪器只适于成批生产的齿轮检验。万能式渐开线检查仪可测不同基圆大小的齿轮而不需更换基圆盘，但其结构复杂，价格较贵，适于多品种小批量生产。

对 F_{α} 的测量，应至少在圆周三等分处，对三个齿的两侧齿面进行。

4. 基圆齿距偏差 f_{pb}（GB/T 10095—1988）

f_{pb}是指实际基圆齿距与公称基圆齿距之差，如图 11-18 所示。$f_{pb}=\pi m\cos\alpha_n$，公称值可由计算或查表求得。f_{pb}是很实用的测量指标。

f_{pb}主要是由于齿轮滚刀的齿距偏差及齿廓偏差；齿轮插刀的基圆齿距偏差及齿廓偏差造成的。

滚、插齿加工时，齿轮基圆齿距两端点是由刀具相邻齿同时切出的，故与机床传动链误差无关；而在磨齿时，则与机床分度机构误差及基圆半径调整有关。

图 11-17　用单盘渐开线检查仪测量 F_{α}

1—基圆盘　2—被测齿轮　3—直尺　4—杠杆　5—丝杠　6—手轮　7—滑板　8—指示表

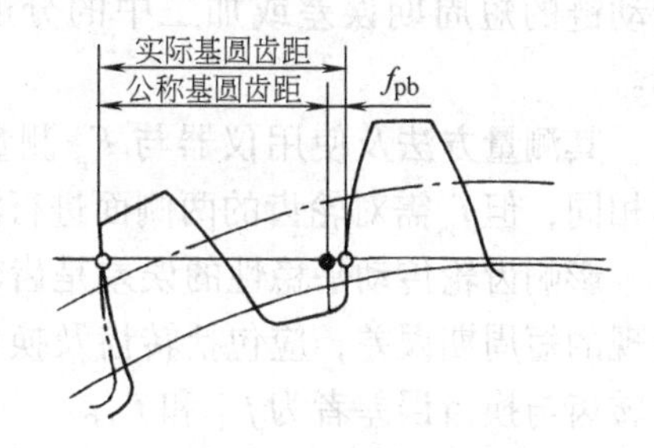

图 11-18　基圆齿距偏差 f_{pb}

f_{pb}对传动的影响是由啮合的基圆齿距不等引起的。理想的啮合过程中，啮合点应在理论啮合线上。当基圆齿距不等时，在轮齿交接过程中，啮合点将脱离啮合线。若 $P_{b2}<P_{b1}$，将出现齿顶啮合现象，如图 11-19a 所示；若 $P_{b2}>P_{b1}$，则后续齿将提前进入啮合，如图 11-19b 所示。因此，瞬时传动比将发生变化，影响齿轮传动的平稳性。

基节偏差通常用基圆齿距仪（图 11-20）或万能测齿仪测量，基圆齿距仪测量的优点是可在机测量，避免用其他同类仪器测量时因脱机后齿轮重新“对刀”、“定位”的问题。先用装在特殊量爪 2、4 间的量块组 3（尺寸等于公称基圆齿距），把测头 1 和 5 间的距离调整好（图 11-20a），旋转螺钉 6，调整到公称基圆齿距且指示表 7 调零，即可对轮齿进行比较测量，如图 11-20b 所示。

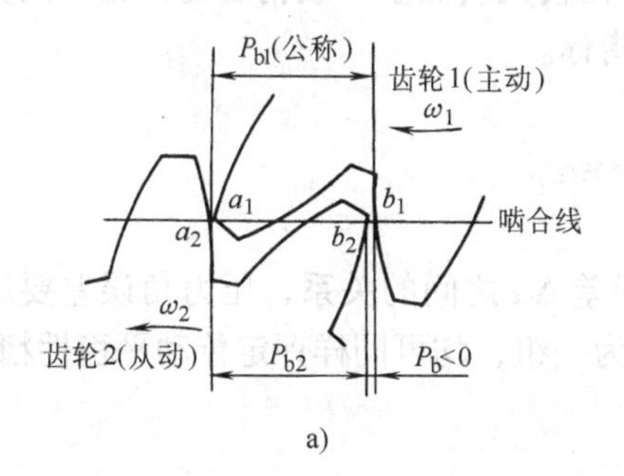

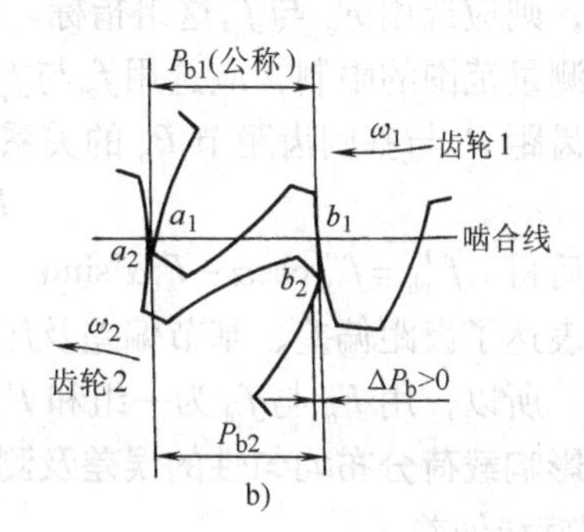

图 11-19　基圆齿距偏差对传动的影响

a）$P_{b2}<P_{b1}$　b）$P_{b2}>P_{b1}$

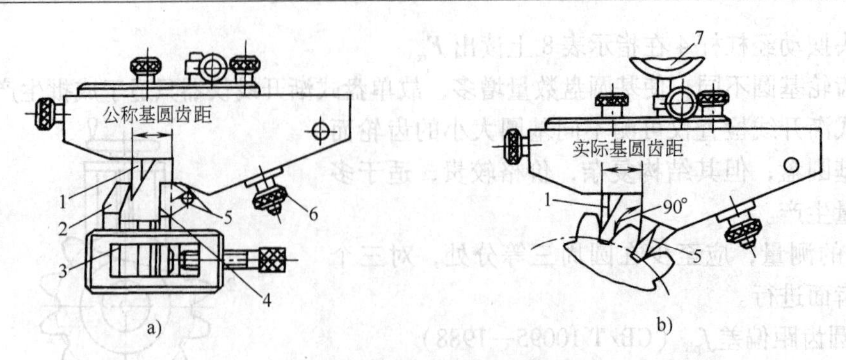

图 11-20 基圆齿距仪测量f_{pb}

1、5—测头 2、4—特殊量爪 3—量块组 6—螺钉 7—指示表

5. 单个齿距偏差f_{pt}

f_{pt}是指在端面上，在接近齿高中部的一个与齿轮轴线同心的圆上，实际齿距与理论齿距的代数差，如图 11-21 所示。

滚齿加工时，f_{pt}主要是由分度蜗杆跳动及轴向窜动，即机床传动链误差造成的。所以，f_{pt}可以用来反映传动链的短周期误差或加工中的分度误差，属单项指标。

其测量方法及使用仪器与 F_p 测量时用的方法及仪器相同，但f_{pt}需对轮齿的两侧面进行测量。

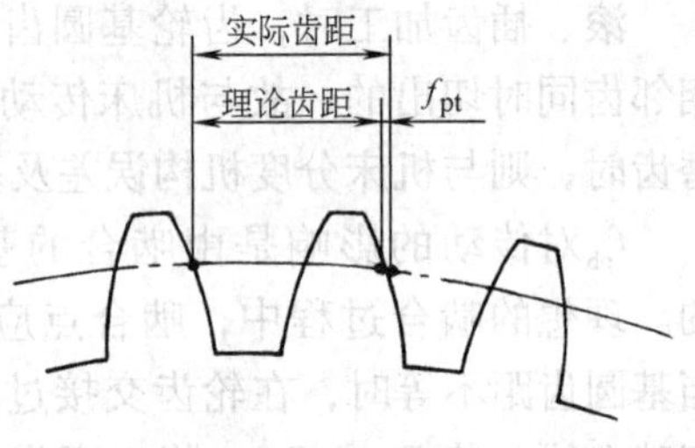

图 11-21 齿距偏差f_{pt}

影响齿轮传动平稳性的误差是齿轮一转中多次重复出现的短周期误差，应包括转齿及换齿误差，能同时反映转齿与换齿误差者为f'_i和f''_i。

单项指标需组合成为既有转齿误差又有换齿误差的综合性应用，如由转齿性指标（F_α、f_{pt}）和换齿性指标(f_{pb}、f_{pt})进行的组合。

注意的问题：

f'_i是评定齿轮传动平稳性精度的综合指标。对于直齿轮，f'_i是由基圆齿距偏差和齿廓总偏差引起的。当用单项指标评定直齿轮精度时，各种切齿方法均适于 F_α 与f_{pb}这组指标。对仿形法磨齿或展成法单齿分度磨齿，因f_{pb}直接与f_{pt}相关，同样可采用 F_α 与f_{pb}的组合。对修缘齿轮，则应选用 F_α 与f_{pt}这组指标。对于直径较大或低于 7 级精度的齿轮，因受到渐开线检查仪测量范围的限制，应选用f_{pt}与f_{pb}这组指标。

由于齿距 P_t 与基圆齿距节 P_b 的关系为

$$P_b = P_t\cos\alpha$$

微分后得 $f'_{pb} = f'_{pt}\cos\alpha - P_t\alpha'\sin\alpha$

上式表达了齿距偏差、基节偏差及压力角误差 $\Delta\alpha$ 之间的关系，压力角误差要反映在齿廓偏差中。所以，用 F_α 与f_{pb}为一组和 F_α 与f_{pt}为一组，均可同样评定传动平稳性精度。

三、影响载荷分布均匀性的误差及测量

1. 螺旋线偏差

在端面基圆切线方向上测得的实际螺旋线偏离设计螺旋线的量称为螺旋线偏差，如图 11-22 所示。设计螺旋线为符合设计规定的螺旋线。螺旋线曲线图包括实际螺旋线迹线、设

计螺旋线迹线和平均螺旋线迹线。螺旋线计值范围 $L_β$ 等于迹线长度两端各减去5%的迹线长度，但减去量不超过一个模数。

螺旋线偏差包括螺旋线总偏差、螺旋线形状偏差和螺旋线倾斜偏差，它影响齿轮啮合过程中的接触状况，影响齿面载荷分布的均匀性。螺旋线偏差用于评定轴向重合度 $\varepsilon_β>1.25$ 的宽斜齿轮及人字齿轮，它适用于大功率、高速高精度宽斜齿轮传动。

2. 螺旋线总偏差 $F_β$

螺旋线总偏差是在计值范围 $L_β$ 内，包容实际螺旋线迹线的两条设计螺旋线迹线间的距离（图11-22）。可在螺旋线检查仪上测量未修形螺旋线的斜齿轮螺旋线偏差。对于渐开线直齿圆柱齿轮，螺旋角 $\beta=0$，此时 $F_β$ 称为齿向偏差。螺旋线总公差是螺旋线总偏差的允许值。

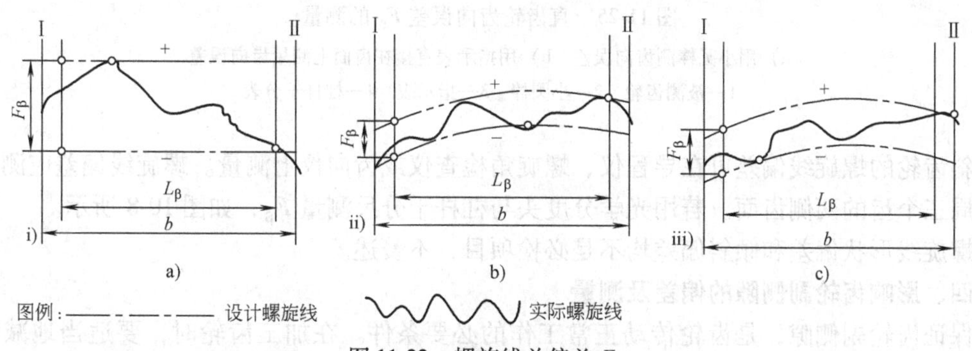

图11-22　螺旋线总偏差 $F_β$

a）设计螺旋线：未修形的螺旋线；实际螺旋线：在减薄区内具有偏向体内的负偏差。
b）设计螺旋线：修形的螺旋线（举例）；实际螺旋线：在减薄区内具有偏向体内的负偏差。
c）设计螺旋线：修形的螺旋线（举例）；实际螺旋线：在减薄区内具有偏向体外的正偏差。

螺旋线总偏差 $F_β$ 主要由机床导轨倾斜，夹具和齿坯安装误差引起，如图11-23、图11-24所示。对斜齿轮，还与附加运动链的调整误差有关。

测量低于8级的直齿圆柱齿轮齿向偏差最简单的方法如图11-25a所示。将小圆棒2（$d\approx1.68m$）放入齿间内，用指示表3在两端测量读数差，并按齿宽长度折算缩小，即为齿向误差值。也可用图11-25b所示方法测量，即调整杠杆千分表4的测头处于齿面的最高位置，在两端的齿面上接触并移进移出，两端最高点的读数差即是 $F_β$。

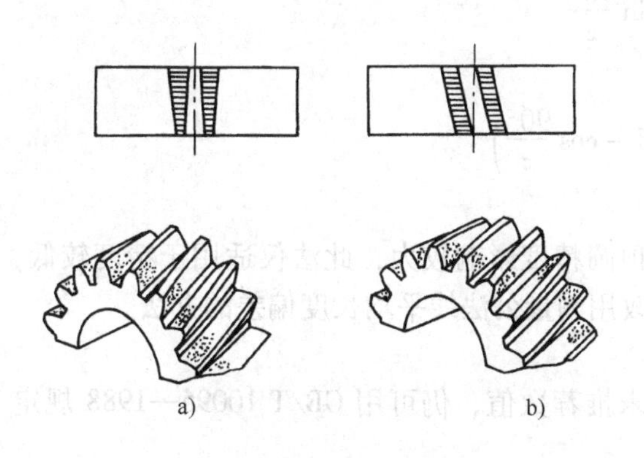

图11-23　刀架导轨倾斜产生的齿向误差

a）刀架导轨径向倾斜　b）刀架导轨切向倾斜

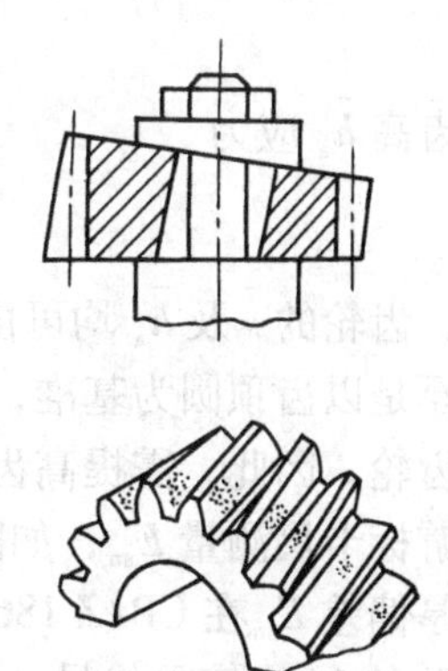

图11-24　齿坯基准端面跳动产生的齿向误差

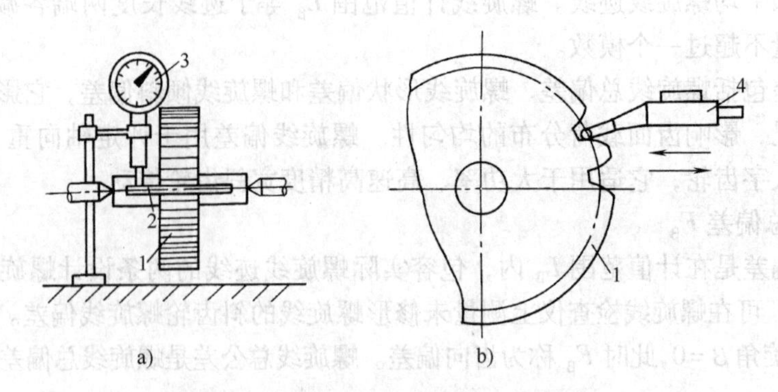

图 11-25　直齿轮齿向误差 F_β 的测量

a）用小圆棒测齿向误差　b）用指示表直接在齿面上测量齿向误差

1—被测齿轮　2—小圆棒　3—指示表　4—杠杆千分表

斜齿轮的螺旋线偏差可在导程仪、螺旋角检查仪或齿向仪上测量。螺旋线偏差应测量均分圆周三个齿的两侧齿面。若用光学分度头与杠杆千分尺测量 F_β，如图 10-8 所示。

螺旋线形状偏差和倾斜偏差均不是必检项目，不赘述。

四、影响齿轮副侧隙的偏差及测量

保证齿轮副侧隙，是齿轮传动正常工作的必要条件。在加工齿轮时，要适当地减薄齿厚。齿厚的检验项目共有两项。

1. 齿厚偏差 E_{sn}（齿厚上偏差 E_{sns}、下偏差 E_{sni}、齿厚公差 T_{sn}）

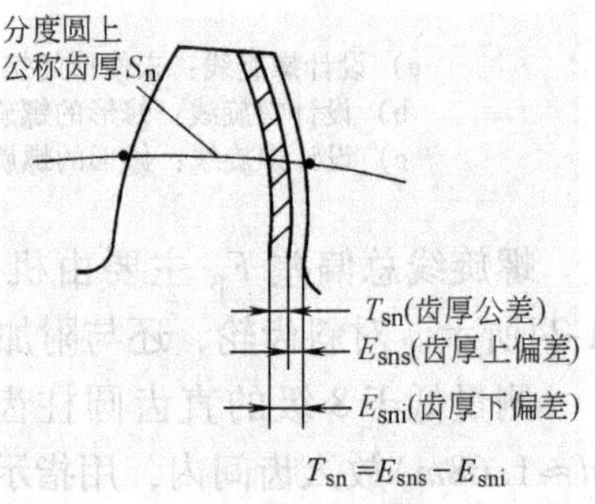

图 11-26　齿厚偏差 E_{sn}

E_{sn}是指在分度圆柱面上，齿厚的实际值与公称齿厚值之差。对于斜齿轮，指法向齿厚，如图 11-26 所示。

按定义，齿厚是以分度圆弧长（弧齿厚）计值，而测量时则以弦长（弦齿厚）计值。为此，要计算与之对应的公称弦齿厚。

对非变位的直齿轮，公称弦齿厚 $\bar{s}$ 为

$$\bar{s} = mz\sin\frac{90^\circ}{z}$$

公称弦齿高 $\bar{h}_a$ 应为

$$\bar{h}_a = m + \frac{zm}{2}\left(1 - \cos\frac{90^\circ}{z}\right)$$

为简便，齿轮的 $\bar{s}$ 及 $\bar{h}_a$ 均可由手册查取。

测量齿厚是以齿顶圆为基准，测量结果受顶圆精度影响较大，此法仅适用于精度较低，模数较大的齿轮。因此，需提高齿顶圆精度或改用测量公法线平均长度偏差的办法。

用齿厚游标卡尺测量 E_{sn}，如图11-27所示。

由于齿厚偏差 E_{sn} 在 GB/Z 18620. 2—2008 未推荐数值，仍可用 GB/T 10095—1988 规定齿厚偏差 ΔE_s 的 14 个字母代号。

2. 公法线长度偏差 E_{bn}（上偏差 E_{bns}、下偏差 E_{bni}、公差 T_{bn}）

E_{bn}是指在齿轮一周内，公法线长度的平均值与公称值之差。公法线长度平均值，应在

齿轮圆周上 6 个部位测取实际值后，取其平均值 $\overline{W}_k$，公法线长度公差值 $W_{kn}=(k-1)P_{bn}+S_{bn}$可从有关手册查取，不必计算。

注意：E_{bn}不同于公法线长度变动量 ΔF_W。E_{bn}是反映齿厚减薄量的另一种方式；而 ΔF_W 则反映齿轮的运动偏心，属传递运动准确性误差。

公法线长度偏差 E_{bn}之所以能代替齿厚偏差 E_{sn}，在于公法线长度内包含有齿厚的影响。它与 E_{sn}的关系为

$$E_{bn}\begin{pmatrix}s\\i\end{pmatrix}=E_{sn}\begin{pmatrix}s\\i\end{pmatrix}\cos\alpha_n$$

由于测量 E_{bn}使用公法线千分尺，不以齿顶圆定位，所以测量精度高，是比较理想的方法。

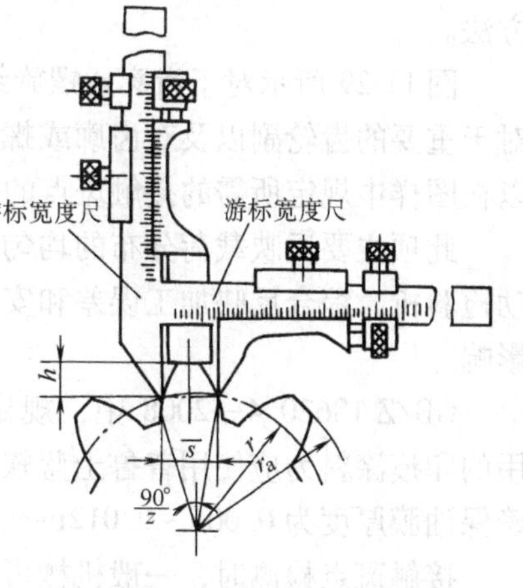

图 11-27 分度圆弦齿厚偏差 E_{sn}的测量

在图样上标注公法线长度的公称值 W_{kthe}和上偏差 E_{bns}、下偏差 E_{bni}。若其测量结果在上、下偏差范围内，即为合格。因为齿轮的运动偏心会影响公法线长度，使公法线长度不相等。为了排除运动偏心对公法线长度的影响，故应取平均值，如图 11-28 所示。

五、齿轮副的传动偏差项目及检测

为了保证传动质量，除了控制单个齿轮的制造精度外，还需对产品齿轮副可能出现的误差加以限制，由于 GB/T 10095—2008 仅适用于单个齿轮每个要素不包括齿轮副；而 GB/Z 18620—2008 中对传动总偏差 F' 仅给出符号，对一齿传动偏差（产品齿轮副）f'仅给出代号，均无数值。若对产品齿轮有该两项要求时，仍按 GB/T 10095—1988 规定的 $\Delta F'_{ic}$和$\Delta f'_{ic}$执行。

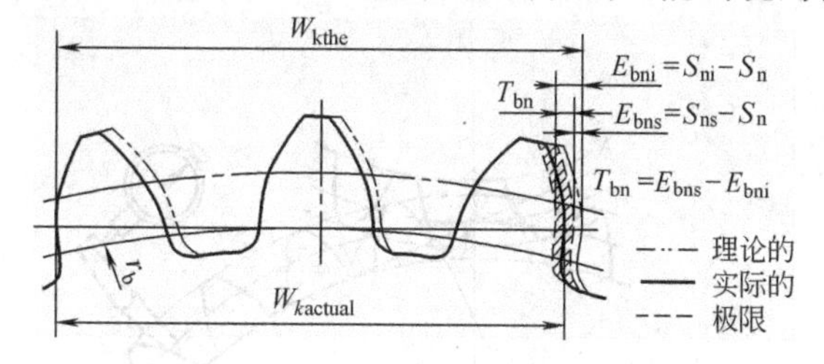

图 11-28 公法线长度偏差 E_{bn}及其上偏差 E_{bns}、下偏差 E_{bni}

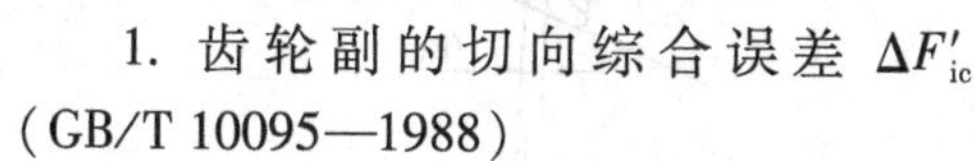

1. 齿轮副的切向综合误差 $\Delta F'_{ic}$（GB/T 10095—1988）

$\Delta F'_{ic}$是指安装好的齿轮副，在啮合转动足够多的转数内，一个齿轮相对于另一个齿轮的实际转角与公称转角之差的总幅度值，以分度圆弧长计值。$\Delta F'_{ic}$主要影响传递运动准确性。

齿轮副的切向综合公差 F'_{ic}等于两齿轮的切向综合公差 F'_i之和。当两齿轮的齿数比为不大于 3 的整数，且采用选配时，F'_{ic}应比计算值压缩 25% 或更多。

2. 齿轮副的一齿切向综合误差 $\Delta f'_{ic}$（GB/T 10095—1988）

$\Delta f'_{ic}$是指安装好的齿轮副，在啮合足够多的转数内，一个齿轮相对于另一个齿轮，一个齿距内的实际转角与公称转角之差的最大幅值，以分度圆弧长计值。$\Delta f'_{ic}$主要影响传动平稳性。

齿轮副的一齿切向综合公差f_{ic}'等于两个齿轮的一齿切向综合公差之和。

3. 齿轮副的接触斑点

齿轮副的接触斑点指装配（在箱体或实验台上）好的齿轮副，在轻微的制动下，运转后的齿面上分布的接触擦亮痕迹，如图 11-29 所示。

接触斑点可以用沿齿高方向和齿长方向的接触长度百分数表示，所以是一个特殊的非几何量的检验项目，见表 11-9。该表描述的是最好接触斑点，不能作为齿轮精度等级的替代方法。

图 11-29 所示对于齿廓或螺旋线修形的齿面不适用。对于重要的齿轮副以及对齿廓或螺旋线修形的齿轮，可以在图样中规定所需的接触斑点的位置、形状和大小。

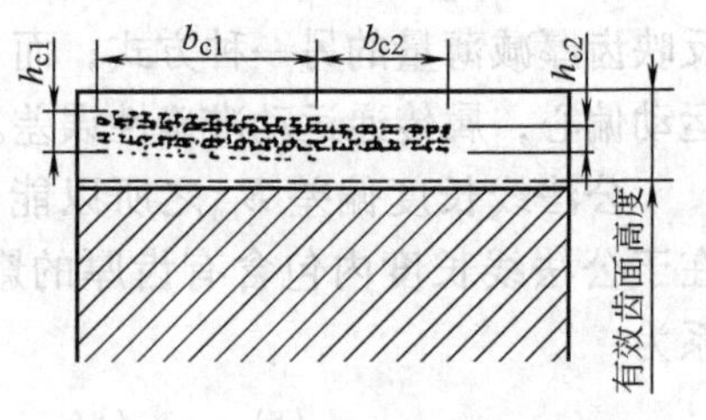

图 11-29 接触斑点分布的示意图

此项主要反映载荷分布的均匀性，检验时应使用滚动检验机，综合反映加工误差和安装误差对载荷分布的影响。

GB/Z 18620.4—2008 中，规定检验接触斑点时适用的印痕涂料为应使用普鲁士蓝软膏、蓝色印痕涂料或红丹等其他专门涂料；且应用方法能确保油膜厚度为 0.006 ~ 0.012mm。

接触斑点检测时，一般机械可用国内生产的 CT1 或 CT2 齿轮接触涂料（原机械部上海材料研究所生产），用着色法代替接触擦亮痕迹法，然后用照相、画草图或用透明胶带记录加以保存。

4. 齿轮副的侧隙

齿轮副侧隙是指两相啮合齿轮工作面接触时，在非工作齿面间形成的间隙，如图 11-30 所示。

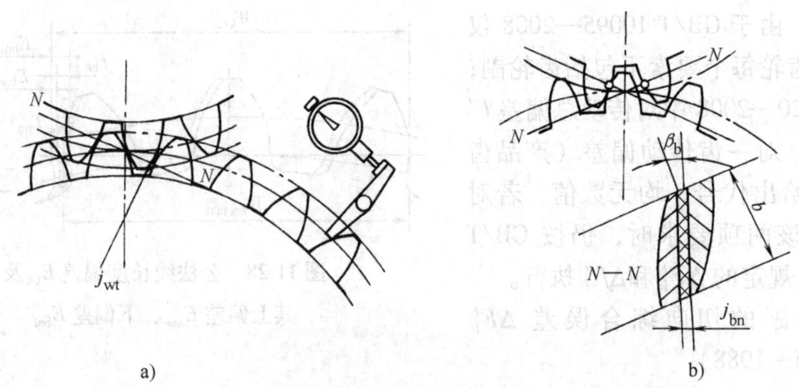

图 11-30 齿轮副圆周侧隙 j_{wt} 和法向侧隙 j_{bn}

a）圆周侧隙 j_{wt} b）法向侧隙 j_{bn}

（1）圆周侧隙 j_{wt} 是指两相啮合齿轮中的一个齿轮固定时，另一个齿轮能转过的节圆弧长的最大值，如图 11-30a 所示，可用指示表测量。

1）最小侧隙 $j_{wt\min}$：节圆上的最小圆周侧隙。即具有最大允许实效齿厚的两个配对齿轮相啮合时，在静态条件下，在最紧允许中心距时的圆周侧隙。最紧中心距对外齿轮是指最小的中心距。

2）最大侧隙 $j_{wt\max}$：节圆上的最大圆周侧隙。即具有最小允许实效齿厚的两个配对齿轮相啮合时，在静态条件下，在最大允许中心距时的圆周侧隙。

（2）法向侧隙 j_{bn} 两相啮合齿轮工作齿面接触时，在两非工作齿面间的最短距离，与圆周侧隙的关系为

$$j_{bn}=j_{wt}\cos\alpha_{wt}\cos\beta_b$$

式中　α_{wt}——端面分圆压力角；

β_b——基圆螺旋角。

测量圆周侧隙或法向侧隙是等效的，j_{bn}可用塞尺或压铅丝后测其厚值。

（3）径向侧隙j_r　将两相啮合齿轮的中心距缩小，直到其左右两齿面都相接触时，这个缩小量即为径向侧隙，与圆周侧隙的关系为

$$j_r=j_{wt}/2\tan\alpha_{wt}$$

如以上四项要求均能满足，则此齿轮副即认为合格。

5. 齿轮副的中心距偏差f_a

f_a是指在齿轮副的齿宽中间平面内，实际中心距与公称中心距之差。

公称中心距是在考虑了最小侧隙及两齿轮齿顶和其相啮合的非渐开线齿廓齿根部分的干涉后确定的。因 GB/Z 18620.3—2008 标准中未给出中心距偏差值，可仍用 GB/T 10095—1988 标准的中心距极限偏差 $\pm f_a$ 表中数值。

该中心距的变动，影响齿侧间隙及啮合角的大小，将改变齿轮传动时的受力状态。

该中心距的测量，可用卡尺，千分尺等普通量具。

6. 轴线平行度偏差

轴线平行度偏差是指一对齿轮的轴线在两轴线的“公共平面”或“垂直平面”内投影的平行度偏差。平行度偏差用轴支承跨距L（轴承中间距L）相关联地表示，如图11-31所示。

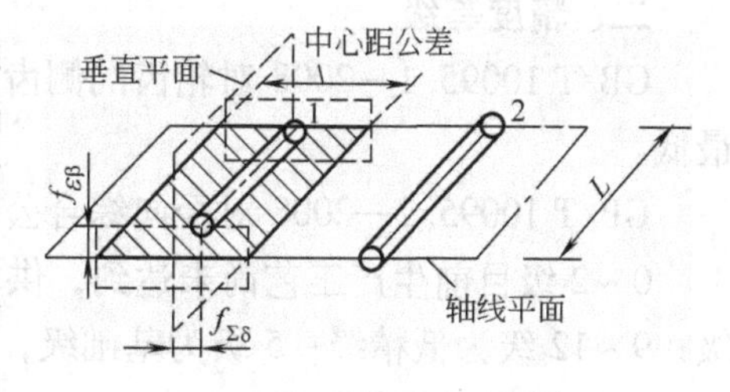

图11-31　轴线平行度偏差

（1）轴线平面内的轴线平行度偏差$f_{\Sigma\delta}$　一对齿轮的轴线在两轴线的公共平面内投影的平行度偏差。偏差的最大值推荐值为

$$f_{\Sigma\delta}=(L/b)F_\beta$$

（2）垂直平面内的轴线平行度偏差$f_{\Sigma\beta}$　该偏差是一对齿轮的轴线在两轴线公共平面的垂直平面上投影的平行度偏差的最大值推荐为

$$f_{\Sigma\beta}=0.5(L/b)F_\beta$$

轴线的公共平面是用两轴承跨距较长的一个L与另一根轴上的一个轴承来确定。若两轴承跨度相同，则用小齿轮轴与大齿轮轴的一个轴承来确定。

平行度偏差主要影响侧隙及接触精度，偏差值与轴的支承跨距L及齿宽有关。

第四节　渐开线圆柱齿轮精度标准

（GB/T 10095.1～2—2008、GB/Z 18620.1～4—2008）

渐开线圆柱齿轮的精度标准应积极推行 GB/T 10095—2008 和 GB/Z 18620—2008 两个标准，见表11-2。鉴于多年企业贯彻旧标准的经验和我国齿轮生产的现状，标准处于旧标准向新标准转化中。当供需双方协商一致时，GB/T 10095—1988 老标准的某些项目仍可使用。

表 11-2 渐开线圆柱齿轮精度标准一览表

标准名称	标准号
圆柱齿轮 精度制 第 1 部分：轮齿同侧齿面偏差的定义和允许值	GB/T 10095. 1—2008
圆柱齿轮 精度制 第 2 部分：径向综合偏差与径向跳动的定义和允许值	GB/T 10095. 2—2008
圆柱齿轮 检验实施规范 第 1 部分：轮齿同侧齿面的检验	GB/Z 18620. 1—2008
圆柱齿轮 检验实施规范 第 2 部分：径向综合偏差、径向跳动、齿厚和侧隙的检验	GB/Z 18620. 2—2008
圆柱齿轮 检验实施规范 第 3 部分：齿轮坯、轴中心距和轴线平行度的检验	GB/Z 18620. 3—2008
圆柱齿轮 检验实施规范 第 4 部分：表面结构和轮齿接触斑点的检验	GB/Z 18620. 4—2008

一、适用范围

GB/T 10095. 1—2008 只适用于单个齿轮的每一个要素，不包括齿轮副。

GB/T 10095. 2—2008 径向综合偏差的公差仅适用于产品齿轮与测量齿轮的啮合检验，而不适用于两个产品齿轮的啮合检验。

GB/Z 18620. 1 ~4—2008 是关于齿轮检验方法的描述和意见。其指导性技术文件所提供的数值不作为严格的精度判据，而作为共同协议的关于钢或铁制齿轮的指南来使用。

在适用范围上，现行标准仅适用于单个渐开线圆柱齿轮，不适用于齿轮副；对模数 $m_n \geqslant 0.5 \sim 70$mm、分度圆直径 $d \geqslant 5 \sim 1000$mm、齿宽 $b \geqslant 4 \sim 1000$mm 的齿轮规定了偏差的允许值（F''_i、f''_i 为 $m_n \geqslant 0.2 \sim 10$mm、分度圆直径 $d \geqslant 5 \sim 1000$mm 时的值）。

二、精度等级

GB/T 10095. 1—2008 对轮齿同侧齿面公差规定了 13 个精度等级，其中 0 级最高，12 级最低。

GB/T 10095. 2—2008 对径向综合公差规定了 9 个精度等级，其中 4 级最高，12 级最低。

0 ~2 级目前生产工艺尚未达到，供将来发展用；3 ~5 级为高精度级，6 ~8 级为中精度级；9 ~12 级为低精级；5 级为基础级，可推算出其他各级的公差值或极限偏差值。

三、精度等级的选择

按误差的特性及对传动性能的影响，将齿轮指标分成Ⅰ、Ⅱ、Ⅲ三个性能组，见表11-3。

表 11-3 齿轮误差特性对传动的影响

性能组别	公差与极限偏差项目	误差特性	对传动性能的主要影响
Ⅰ	F'_i，F_p，F_{pk}，F''_i，F_r	以齿轮一转为周期的误差	传递运动的准确性
Ⅱ	f'_i，f''_i，F_α，$\pm f_{pt}$，$\pm f_{pb}$	在齿轮一转内，多次周期地重复出现的误差	传动的平稳性、噪声、振动
Ⅲ	F_β	螺旋线总误差	载荷分布的均匀性

注：项目符号与 GB/T 10095—2008 中项目符号相同。

首先根据用途、使用条件、经济性确定主要性能组的精度等级。然后再确定其他两组的精度等级。精度等级的选择有计算法、表格法及类比法，一般采用类比法。

1. 计算法

比较成熟的是传动精度的设计方法。当已知传动链末端元件传动精度的要求，按传动链误差传递规律，分配各级齿轮副的传动精度要求，确定各个齿轮的第Ⅰ性能组的精度要求。再由传动装置所允许的振动、噪声要求，利用力学和振动学的理论确定齿轮第Ⅱ性能组的精度要求。齿轮强度计算中的动载系数、载荷分布系数等，也与齿轮第Ⅱ和第Ⅲ性能组精度的确定有关。

2. 表格法

为了方便设计，应不断积累总结各行业已有的实践经验，将典型的不同工况条件下齿轮装置的精度等级归纳成表格，汇编成各种手册进行推荐，以便查阅。例如本书表 11-4、表 11-5 等，均可作为推荐资料供齿轮设计人员确定所设计齿轮传动精度要求时的参考。

3. 类比法

它是按现有的并经证实设计合理、工作可靠的同类产品或机构上的齿轮精度，通过技术性、经济性、工艺可能性三方面的综合分析对比，选用相似的齿轮精度等级。当工作条件略有改变时，可对新设计的齿轮各公差组的精度作适当调整。

根据使用要求不同，GB/T 10095—2008 规定：齿轮同侧齿面各精度项目可选同一个等级；对齿轮的工作齿面和非工作齿面可规定不同的等级，也可只给出工作齿面的精度等级；而对非工作齿面不给出精度要求；对不同的偏差项目可规定不同的精度等级；径向综合公差和径向跳动公差可选用与同侧齿面的精度项目相同或不同的精度等级。

齿轮副中两个齿轮的精度等级一般取同级，也允许取成不同等级。此时按精度较低者确定齿轮副等级。

分度、读数齿轮主要的要求是传递运动准确性，即控制齿轮传动比的变化，可根据传动链要求的准确性、转角误差允许的范围首先选择第Ⅰ性能组精度等级，而第Ⅱ性能组的误差是第Ⅰ性能组误差的组成部分，相互关联，一般可取同级。分度、读数齿轮对传递功率要求不高，第Ⅲ性能组可低一级。

对高速动力齿轮，要求控制瞬时传动比的变化，可根据圆周速度或噪声强度要求首先选择第Ⅱ性能组的精度级。当速度很高时第Ⅰ性能组的精度可取同级，速度不高时可选稍低等级。为保证一定的接触精度要求，第Ⅲ组精度不宜低于第Ⅱ性能组。

对承载齿轮，要求载荷在齿宽上均匀分布，可按强度和寿命要求确定第Ⅲ性能组的精度等级，第Ⅰ、Ⅱ性能组精度可稍低，低速重载时第Ⅱ性能组可稍低于第Ⅲ性能组，中速轻载时则采用同级精度。

各性能组选不同精度时以不超过一级为宜，精度等级选择可参阅表 11-4 和表 11-5。

表 11-4　圆柱齿轮第Ⅱ性能组精度等级与圆周速度的关系

齿的形式	齿面布氏硬度（HBW）	齿轮第Ⅱ性能组精度等级					
		5	6	7	8	9	10
		齿轮圆周速度/（m/s）					
直　齿	≤350	>12	≤18	≤12	≤6	≤4	≤1
	>350	>10	≤15	≤10	≤5	≤3	≤1
斜　齿	≤350	>25	≤36	≤25	≤12	≤8	≤2
	>350	>20	≤30	≤20	≤9	≤6	≤1.5

注：本表不属国家标准，仅供参考。

表 11-5　各种机器采用的齿轮精度等级

齿轮用途	精度等级	齿轮用途	精度等级	齿轮用途	精度等级
测量齿轮	3～5	轻型汽车	5～8	拖拉机，轧钢机	6～10
汽轮机透平机	3～6	载重汽车	6～9	起重机	7～10
金属切削机床	3～8	一般用减速器	6～9	矿山绞车	8～10
航空发动机	4～7	内燃机车	6～7	农业机械	8～11

各级精度的 $\pm f_{pt}$、F_p、F_α、F_r 见表 11-6；F''_i、f''_i 见表 11-7；F_β 见表 11-8；接触斑点见表 11-9；表 11-10 为齿轮偏差的计算公式表；$f_{\Sigma\delta}$、$f_{\Sigma\beta}$ 见表 11-11；f'_i/k 比值见表11-12。

表 11-6 $\pm f_{pt}$、F_p、F_α、F_r 偏差数值（摘自 GB/T 10095.1—2008） （单位：μm）

分度圆直径 d/mm	模数 /mm	单个齿距极限偏差 $\pm f_{pt}$					齿距累计总偏差 F_p					齿廓总偏差 F_α					径向跳动偏差 F_r					
		精度等级																				
		5	6	7	8	9	5	6	7	8	9	5	6	7	8	9	法向模数 m_n/mm	5	6	7	8	9
$20<d\leqslant50$	$0.5<m\leqslant2$	5.0	7.0	10.0	14.0	20.0	14.0	20.0	29.0	41.0	57.0	5.0	7.5	10.0	15.0	21.0	$0.5<m_n\leqslant2$	11.0	16.0	23.0	32.0	45.0
	$2<m\leqslant3.5$	5.5	7.5	11.0	15.0	22.0	15.0	21.0	30.0	42.0	59.0	7.0	10.0	14.0	20.0	29.0	$2<m_n\leqslant3.5$	12.0	17.0	24.0	34.0	47.0
$50<d\leqslant125$	$0.5<m\leqslant2$	5.5	7.5	11.0	15.0	21.0	18.0	26.0	37.0	52.0	74.0	6.0	8.5	12.0	17.0	23.0	$0.5<m_n\leqslant2$	15.0	21.0	29.0	42.0	59.0
	$2<m\leqslant3.5$	6.0	8.5	12.0	17.0	23.0	19.0	27.0	38.0	53.0	76.0	8.0	11.0	16.0	22.0	31.0	$2<m_n\leqslant3.5$	15.0	21.0	30.0	43.0	61.0
	$3.5<m\leqslant6$	6.5	9.0	13.0	18.0	26.0	19.0	28.0	39.0	55.0	78.0	9.5	13.0	19.0	17.0	38.0	$3.5<m_n\leqslant6$	16.0	22.0	31.0	44.0	62.0
$125<d\leqslant280$	$2<m\leqslant3.5$	6.5	9.0	13.0	18.0	26.0	25.0	35.0	50.0	70.0	100.0	9.0	13.0	18.0	25.0	36.0	$2<m_n\leqslant3.5$	20.0	28.0	40.0	56.0	80.0
	$3.5<m\leqslant6$	7.0	10.0	14.0	20.0	28.0	25.0	36.0	51.0	72.0	102.0	11.0	15.0	21.0	30.0	42.0	$3.5<m_n\leqslant6$	20.0	29.0	41.0	58.0	82.0
	$6<m\leqslant10$	8.0	11.0	16.0	23.0	32.0	26.0	37.0	53.0	75.0	106.0	13.0	18.0	25.0	36.0	50.0	$6<m_n\leqslant10$	21.0	30.0	42.0	60.0	85.0

注：F_r 评定齿轮精度时，供需双方应协商一致。

表 11-7 径向综合总偏差 F_i''、一齿径向综合偏差 f_i'' 表（摘自 GB/T 10095.2—2008）

（单位：μm）

分度圆直径 d/mm	法向模数 m_n/mm	精度等级									
		5	6	7	8	9	5	6	7	8	9
		F_i''					f_i''				
$20<d\leqslant50$	$1.0<m_n\leqslant1.5$	16	23	32	45	64	4.5	6.5	9	13	18
	$1.5<m_n\leqslant2.5$	18	26	37	52	73	6.5	9.5	13	19	26
$50<d\leqslant125$	$1.0<m_n\leqslant1.5$	19	27	39	55	77	4.5	6.5	9	13	18
	$1.5<m_n\leqslant2.5$	22	30	43	61	86	6.5	9.5	13	19	26
	$2.5<m_n\leqslant4.0$	25	36	51	72	102	10	14	20	29	41
	$4.0<m_n\leqslant6.0$	31	44	62	88	124	15	22	31	44	62
$125<d\leqslant280$	$1.5<m_n\leqslant2.5$	26	37	53	75	106	6.5	9.5	13	19	27
	$2.5<m_n\leqslant4.0$	30	43	61	86	121	10	15	21	29	41
	$4.0<m_n\leqslant6.0$	36	51	72	102	144	15	22	31	44	62

注：采用公差表评定齿轮精度，仅用于供需双方有协议时；无协议时，用模数 m_n 和直径 d 的实际值代入公式计算公差值，评定齿轮精度。

$F_i''=2.9m_n+1.01\sqrt{d}+0.8$ $\quad f_i''=2.96m_n+0.01\sqrt{d}+0.8$

参数 m_n 和 d 应取其分段界限值的几何平均值代入。

表 11-8 螺旋线总公差 F_β（摘自 GB/T 10095.1—2008） （单位：μm）

分度圆直径 d/mm	齿宽 d/mm	精度等级				
		5	6	7	8	9
		F_β				
$20<d\leqslant50$	$10<b\leqslant20$	7.0	10.0	14.0	20.0	29.0
	$20<b\leqslant40$	8.0	11.0	16.0	23.0	32.0

（续）

分度圆直径 d/mm	齿宽 d/mm	精度等级				
		5	6	7	8	9
		F_β				
$50<d\leqslant125$	$10<b\leqslant20$	7.5	11.0	15.0	21.0	30.0
	$20<b\leqslant40$	8.5	12.0	17.0	24.0	34.0
	$40<b\leqslant80$	10.0	14.0	20.0	28.0	39.0
$125<d\leqslant280$	$10<b\leqslant20$	8.0	11.0	16.0	22.0	32.0
	$20<b\leqslant40$	9.0	13.0	18.0	25.0	36.0
	$40<b\leqslant80$	10.0	15.0	21.0	29.0	41.0
	$80<b\leqslant160$	12.0	17.0	25.0	35.0	49.0

表 11-9　圆柱齿轮装配后的接触斑点（摘自 GB/Z 18620.4—2008）

精度等级按	b_{c1}		h_{c1}		b_{c2}		h_{c2}	
	占齿宽的百分数		占有效齿面高度的百分数		占齿宽的百分数		占有效齿面高度的百分数	
	直齿轮	斜齿轮	直齿轮	斜齿轮	直齿轮	斜齿轮	直齿轮	斜齿轮
4 级及更高	50%		70%	50%	50%		50%	30%
5 和 6	45%		50%	40%	40%		30%	20%
7 和 8	35%		50%	40%	40%		30%	20%
9 至 12	25%		50%	40%	40%		30%	20%

注：1. 本表对齿廓和螺旋线修行的齿面不适应。

2. 本表试图描述那些通过直接测量，证明符合表列精度的齿轮副中获得的最好接触斑点，不能作为证明齿轮精度等级的可替代方法。

3. b_{c1}、h_{c1}、b_{c2}、h_{c2} 参见接触斑点分布的示意图。

齿轮公差表格中，各精度等级的数值是以 5 级精度为基础计算出来的。5 级精度齿轮的有关计算公式见表 11-10。

表 11-10　5 级精度齿轮的极限偏差的计算公式

项目名称及代号	极限偏差计算公式	项目名称及代号	极限偏差计算公式
单个齿距极限偏差	$\pm f_{pt}=0.3\ (m_n+0.4\sqrt{d})\ +4$	切向综合总偏差	$F_i'=F_p+f_i'$
齿距累积极限偏差	$\pm F_{pk}=f_{pt}+1.6\ \sqrt{(k-1)\ m_n}$	径向综合总偏差	$F_i''=3.2m_n+1.01\sqrt{d}+6.4$
齿距累积总偏差	$F_p=0.3m_n+1.25\sqrt{d}+7$	一齿径向综合偏差	$f_i''=2.96m_n+0.01\sqrt{d}+0.8$
齿廓总偏差	$F_\alpha=3.2\ \sqrt{m_n}+0.22\sqrt{d}+0.7$	径向跳动偏差	$F_r=0.8F_p=0.24m_n+1.0\sqrt{d}+5.6$
螺旋线总偏差	$F_\beta=0.1\sqrt{d}+0.63\sqrt{d}+4.2$		
一齿切向综合偏差	$f_i'=K(4.3+f_{pt}+F_\alpha)=K(9+0.3m_n+3.2\ \sqrt{m_n}+0.34\sqrt{d})$ 当总重合度 $\varepsilon_r<4$ 时，$K=0.2\left(\frac{\varepsilon_r+4}{\varepsilon_r}\right)$；$\varepsilon_r\geqslant4$ 时，$K=0.4$。不同精度等级的 f_i'/K 见表 11-12		ε_r 的计算：（对直齿轮 $\varepsilon_\beta=0$） $\varepsilon_r=\varepsilon_\alpha+\varepsilon_\beta=(z_1/2\pi)(\tan\alpha_{a1}-\tan\alpha')+(z_2/2\pi)(\tan\alpha_{a2}-\tan\alpha')$ 其中：$\alpha_a=\text{arc}\ (r_b/r_a)$；$r_b$、$r_a$ 为基圆、顶圆半径；α_a 为齿顶压力角，α'为啮合角

表中，m_n 表示模数，d 表示分度圆直径，b 表示齿宽。如无另行规定，在不考虑齿顶和齿端倒角情况下，m_n 与 b 可认为是名义值。当齿轮参数不在给定的范围内或供需双方同意时，可在公式中代入实际的齿轮参数。

两相邻精度等级的级间公比为$\sqrt{2}$，本级数值除以（或乘以）$\sqrt{2}$即可得到相邻较高（或较低）等级的数值。5 级精度未圆整的计算值乘以$\sqrt{2}^{(Q-5)}$，即可得任一精度等级 Q 的待求值。

标准中各级精度齿轮以及齿轮副规定的各个项目极限偏差数值（见表 11-6 ~ 表 11-11、表 11-13）均由表 11-10 中的公式计算并圆整后得到。标准中没有给出 F_{pk} 的极限偏差数值表，而是给出了 5 级精度齿轮 F_{pk} 的计算式，它可通过计算得到。

表 11-11　轴线平行度公差 $f_{\Sigma\delta}$、$f_{\Sigma\beta}$（摘自 GB/Z 18620. 3—2008）

公差	数值
轴线平面内的轴线平行度公差 $f_{\Sigma\delta}=(L/b)F_\beta$	F_β（查表 11-8）
垂直平面上的轴线平行度公差 $f_{\Sigma\beta}=0.5(L/b)F_\beta$	

表 11-12　f_i'/k 比值（摘自 GB/T 10095. 1—2008）

分度圆直径 d/mm	模数 m/mm	精度等级				
		5	6	7	8	9
		(f_i'/k) /μm				
$20<d\leqslant50$	$0.5\leqslant m\leqslant2$	14.0	20.0	29.0	41.0	58.0
	$2\leqslant m\leqslant3.5$	17.0	24.0	34.0	18.0	68.0
	$3.5<m\leqslant6$	19.0	27.0	38.0	54.0	77.0
$50<d\leqslant125$	$0.5\leqslant m\leqslant2$	16.0	22.0	31.0	44.0	62.0
	$2\leqslant m\leqslant3.5$	18.0	25.0	36.0	51.0	72.0
	$3.5<m\leqslant6$	20.0	29.0	40.0	57.0	81.0
	$6<m\leqslant10$	23.0	33.0	47.0	66.0	93.0
$125<d\leqslant280$	$0.5\leqslant m\leqslant2$	17.0	24.0	34.0	49.0	69.0
	$2<m\leqslant3.5$	20.0	28.0	39.0	56.0	79.0
	$3.5<m\leqslant6$	22.0	31.0	44.0	62.0	88.0
	$6<m\leqslant10$	25.0	35.0	50.0	740.0	100.0

注：总重合度 $\varepsilon_r<4$ 时，$k=0.2\left(\frac{\varepsilon_r+4}{\varepsilon_r}\right)$；当 $\varepsilon_r\geqslant4$ 时，$k=0.4$。

四、齿轮副的侧隙及确定

齿轮副侧隙是两个齿轮啮合后才产生的，对单个齿轮就不存在侧隙。齿轮传动对侧隙的要求，主要取决于其用途、工作条件等，而不决定于齿轮的精度等级。侧隙选择是独立于齿轮精度等级选择之外的另一类问题，现借鉴旧标准经验及新工艺、技术的发展相结合来处理，如对高速齿轮，为避免热卡死要求有较大侧隙；对需要正反转或读数机构齿轮无空程，则要求较小侧隙。

所需侧隙量的大小与齿轮的大小、精度、安装和不同专业的应用情况有关。如高速齿轮为避免热卡死要求较大侧隙；需要正反转或读数机构的齿轮无空程，则要求极小的侧隙以润滑。

1. 最小侧隙的确定

最小法向侧隙 $j_{bn\,min}$ 应能保证齿轮正常贮油润滑和补偿材料变形。

1）当采用油池润滑时或喷油润滑时，考虑润滑所需最小侧隙 $j_{bn\,min1}$ 的数值见表 11-13。

表11-13 最小侧隙 $j_{bn\,min1}$ （单位：μm）

润滑方式	齿轮圆周速度/（m/s）			
	≤10	>10~25	>25~60	>60
喷油润滑	$10m_n$	$20m_n$	$30m_n$	（30~50）m_n
油池润滑	（5~10）m_n			

2）当温度变化时，侧隙变化量 $j_{bn\,min2}$ 为补偿齿轮及箱体变形所必需的最小侧隙，计算公式为

$$j_{bn\,min2}=a\ (\alpha_1\Delta t_1-\alpha_2\Delta t_2)\ 2\sin\alpha_n\ (mm)$$

式中 a——齿轮副中心距；

α_1、α_2——分别为齿轮材料与箱体材料的线膨胀系数；

Δt_1、Δt_2——分别为齿轮、箱体的工作温度与标准温度20℃之差；

α_n——法向压力角，$\alpha_n=20°$。

故

$$j_{bn\,min}=j_{bn\,min1}+j_{bn\,min2}$$

3）一般情况下，也可根据传动的要求，参考表11-14选取最小侧隙 $j_{bn\,min}$（GB/Z 18620.2—2008适用于黑色金属制造的齿轮和箱体，节圆线速度小于15m/s的传动）。

表11-14 对于粗齿距（中、大模数）齿轮最小侧隙 $j_{bn\,min}$ 的推荐值 （单位：mm）

模数 m_n	最小中心距 a_i					
	50	100	200	400	800	1600
1.5	0.09	0.11	—	—	—	—
2	0.10	0.12	0.15	—	—	—
3	0.12	0.14	0.17	0.24	—	—
5	—	0.18	0.21	0.28	—	—
8	—	0.24	0.27	0.34	0.47	—
12	—	—	0.35	0.42	0.55	—
18	—	—	—	0.54	0.67	0.94

表11-14中的数值可用 $j_{bn\,min}=\frac{2}{3}\ (0.06+0.0005a_i+0.003m_n)$ 公式算出。

当两轮齿厚均为上偏差，可获得最小侧隙

$$j_{bmin}=|(E_{sns1}+E_{sns2})|\cos\alpha_n$$

若

$$E_{sns1}=E_{sns2}$$

则

$$j_{bnmin}=2|E_{sns}\cos\alpha_n|$$

4）另外在实际工作中，在不具备上述某一计算条件而不能确定 $j_{bn\,min}$ 时，可参考机床行业圆柱齿轮副侧隙企业标准JB/GQ 1070—1985，其中c级为常用级，见表11-15。

表11-15 机床用圆柱齿轮副 $j_{bn\,min}$（JB/GQ 1070—1985） （单位：μm）

种类	中心距 /mm						
	≤50	>50~80	>80~125	>125~180	>180~250	>250~315	>315~400
b（IT10）	100	120	140	160	185	210	230
c（IT9）	62	74	87	100	115	130	140
d（IT8）	39	46	54	63	72	81	89
e（IT7）	25	30	35	40	46	52	57

当由计算或查表选取的 $j_{bn\,min}$ 值大小确定后，再按下述有关公式计算出齿厚极限偏差值。

2. 齿厚极限偏差的确定

由于 GB/Z 18620.2—2008 未推荐齿厚偏差数值，可按齿轮副侧隙计算确定，即 $E_{sns1}+E_{sns2}=-\left(2f_a\tan\alpha_n+\dfrac{j_{bmin}+k_{in}}{\cos\alpha_n}\right)$。

（1）齿厚上偏差 E_{sns}　该偏差是为保证获得最小极限侧隙 $j_{bn\,min}$ 的齿厚最小减薄量，对两齿轮的上偏差 E_{sns1} 和 E_{sns2} 计算时考虑加工误差与安装误差。通常设两齿轮齿厚上偏差相等，$E_{sns}=E_{sns1}=E_{sns2}$，按下式计算

$$E_{sns}=-\left(f_a\tan\alpha_n+\frac{j_{bn\,min}+k_{jn}}{2\cos\alpha_n}\right)\text{或}E_{sns}=-\frac{j_{bn\,min}}{2\cos\alpha_n}$$

式中，k_{jn} 为补偿齿轮加工误差与安装误差引起的侧隙减少量，由下式确定

$$k_{jn}=\sqrt{(f_{pb1})^2+(f_{pb2})^2+2(F_\beta\cos\alpha_n)^2+(f_{\Sigma\delta}\sin\alpha_n)^2+(f_{\Sigma\beta}\cos\alpha_n)^2}$$

它表示侧隙减少量与 f_{pb}、F_β、$f_{\Sigma\delta}$ 和 $f_{\Sigma\beta}$ 等因素有关。当 $\alpha_n=20°$ 时，按 $f_{\Sigma\delta}=F_\beta$ 和 $f_{\Sigma\beta}=F_\beta/2$，上式可简化为

$$k_{jn}=\sqrt{f_{pb1}^2+f_{pb2}^2+2.104F_\beta^2}$$

f_a、f_{pb}、F_β 可分别查表 11-26，表 11-16，表 11-8。

表 11-16　基圆齿距极限偏差 $\pm f_{pb}$、公法线长度变动公差 F_w（摘自 GB/T 10095—1988）　（单位：μm）

分度圆直径/mm	法向模数 m_n/mm	$\pm f_{pb}$					F_w				
		精度等级									
		5	6	7	8	9	5	6	7	8	9
≤125	≥1~3.5	5	9	13	18	25	12	20	28	40	56
	>3.5~6.3	7	11	16	22	32					
	>6.3~10	8	13	18	25	36					
125~400	≥1~3.5	6	10	14	20	30	16	25	36	50	71
	>3.5~6.3	8	13	18	25	36					
	>6.3~10	9	14	20	30	40					

（2）齿厚公差 T_{sn}　该公差主要取决于径向跳动 F_r 和切齿加工时的径向进刀误差 b_r，按随机误差合成后，将径向误差换算成齿厚方向。故齿厚公差 T_{sn} 按下式计算，即

$$T_{sn}=2\tan\alpha_n\sqrt{b_r^2+F_r^2}$$

b_r 值按第Ⅰ公差组查表 11-17，F_r 按（齿轮）精度等级和分度圆直径查表 11-6。

表 11-17　b_r 推荐值

切齿加工方法	（齿轮）精度等级	b_r
磨	4	1.26IT7
	5	IT8
	6	1.26IT8
滚、插	7	IT9
	8	1.26IT9
铣	9	IT10

注：IT 值按分度圆直径查 GB/T 1800.1—2009，或查表 2-1。

对齿轮副最小法向极限侧隙$j_{bn\,min}$的要求，在切齿过程中是通过对公称齿厚的减薄量获得的。因此，应考虑一对齿轮各自的齿厚极限偏差（齿厚上偏差E_{sns}是负值）E_{sns1}和E_{sns2}。

在齿轮的加工与安装中，不可避免地会有基圆齿距偏差、螺旋线偏差、轴线平行度偏差及齿轮副中心距偏差，这些都影响齿轮副的侧隙，所以设计的齿厚减薄量不仅考虑$j_{bn\,min}$，而且还考虑上述诸因素要求更多的齿厚减薄量。

(3) 齿厚下偏差E_{sni}　齿厚下偏差按下式计算，即

$$E_{sni} = -(|E_{sns}| + T_{sn})$$

将E_{sns}、E_{sni}计算结果除以f_{pt}值并圆整。

3. 公法线长度偏差E_{bn}（图11-28）

若使用控制公法线长度偏差E_{bn}的办法保证侧隙，可用下列公式换算，即

对外齿轮其：上偏差　$E_{bns} = E_{sns}\cos\alpha_n - 0.72F_r\sin\alpha_n$

下偏差　$E_{bni} = E_{sni}\cos\alpha_n + 0.72F_r\sin\alpha_n$

公　差　$T_{bn} = T_{sn}\cos\alpha_n - 1.44F_r\sin\alpha_n$

一般大模数齿轮采用测量齿厚偏差，中、小模数和高精度齿轮采用测量公法线长度偏差，来控制齿轮副的侧隙。

五、齿轮的检验组项目及选择

1）现行标准没有规定检验组，根据贯彻旧标准的技术成果、目前齿轮生产的技术与质量控制水平，建议从下述检验组中选取一个检验组评定齿轮质量，见表11-18。

表11-18　推荐的齿轮检验组

组　别	检　验　项　目
1）	f_{pt}、F_p、F_α、F_β、F_r
2）	F_{pk}、f_{pt}、F_p、F_α、F_β、F_r
3）	F_i''、f_i''
4）	f_{pt}、F_r（10～12级）
5）	F_i'、f_i'（有协议要求时）

检验组的选择要综合考虑齿轮及齿轮副的功能要求，生产批量、齿轮规格、计量条件和经济效益。

2）现行标准中，齿轮的检验可以为单项检验和综合检验，综合检验又分为单面啮合检验和双面啮合综合检验，见表11-19。

表11-19　齿轮的检验项目

单项检验项目	综合检验项目	
	单面啮合综合检验	双面啮合综合检验
齿距偏差f_{pt}、F_{pk}、F_p	切向综合总偏差F_i'	径向综合总偏差F_i''
齿廓总偏差F_α	一齿切向综合偏差f_i'	一齿径向综合偏差f_i''
螺旋线总偏差F_β		
齿厚偏差		
径向跳动F_r		

3）检验项目选择应注意以下几点：

①对高精度的齿轮选用综合指标检验；低精度齿轮可选用单项性指标组合检验。

②为了反映工艺过程中工艺误差产生的原因，应有目的地选用单项性指标组合检验。成品验收则应选用供需双方共同认定的检验项目。

③ 批量生产时宜选用综合指标；单件小批时则用单项性组合的指标检验。

④ 使用的检验量仪、技术水平，供需双方协商认同后的检测结果才有法律效应。

六、齿坯精度

齿轮在加工、检验和装配时的径向基准和轴向辅助面应尽量一致，并标注在零件图上。通常采用齿坯内孔（或顶圆）和端面作基准。

1. 齿坯的尺寸偏差

齿坯的尺寸偏差对于齿轮的加工过程、齿轮传动质量、接触条件和运行状况有极大影响，国家标准规定了三个表面上的误差，如图 11-32 所示。

1）带孔齿轮的孔（或轴齿轮的轴颈）基准，其直径尺寸偏差和形状误差过大，将使齿轮径向跳动偏差 F_r 增大，进而影响传动质量。

2）齿轮轴的轴向基准面 S_i 的端面跳动误差过大，使齿轮安装歪斜。加工后的齿轮螺旋线误差增大，接触斑点减少或位置不当，造成回转摇摆，影响承载能力，甚至断齿。

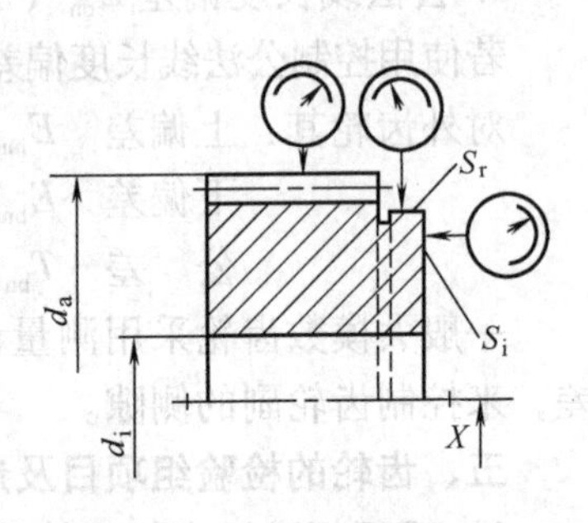

图 11-32　基准轴线和基准面

3）径向基准面 S_r 或齿顶圆柱面直径偏差和径向跳动偏差，影响齿轮加工或检验的安装基准和测量基准变化，使加工误差和测量误差（如齿厚）加大。

2. 基准轴线、基准面的确定方法

基准轴线和基准面是设计、制造、检测齿轮产品的基准。齿轮的精度参数值只有在明确其特定的旋转轴线才有意义，为满足齿轮的性能和精度要求，应尽量使基准的公差值减至最小。

（1）确定基准轴线的方法　最常用的方法是尽可能作到设计基准、加工基准、检验基准、工作基准相统一，见表 11-20。

表 11-20　确定基准轴线的方法（GB/Z 18620.3—2008）

序　号	说　明	图　示
1	用两个“短的”圆柱或圆锥形基准面上设定的两个圆的圆心来确定轴线上的两点	A　B　t_1　t_2 注：A和B是预定的轴承安装表面
2	用一个“长的”圆柱或圆锥形的面来同时确定轴线的位置和方向。孔的轴线可以用与之相匹配正确地装配的工作心轴的轴线来代表	A　t

（续）

序　号	说　明	图　示
3	轴线的位置用一个“短的”圆柱形基准面上的一个圆的圆心来确定，而其方向则用垂直于轴线的一个基准端面来确定	
4	中心孔确定基准轴线	

（2）基准面与安装面的几何公差　若工作安装面被选择为基准面，可直接选用其表11-21的基准面与安装面的几何公差。当基准轴线与工作轴线不重合时，则工作安装面相对于基准轴线的跳动公差在齿轮零件图样上予以控制，跳动公差不大于表11-22中规定的数值。

表11-21　基准面与安装面的形状公差（摘自GB/Z 18620.3—2008）

确定轴线的基准面	公　差　项　目		
	圆　度	圆　柱　度	平　面　度
两个“短的”圆柱或圆锥形基准面	0.04（L/b）F_β 或 0.1F_p 取两者中小值		
一个“长的”圆柱或圆锥形基准面		0.04（L/b）F_β 或 0.1F_p 取两者中之小值	
一个短的圆柱面和一个端面	0.06F_p		0.06（D_d/b）F_β

注：1. 齿轮坯的公差应减至能经济地制造的最小值。
2. D_d—基准面直径。
3. L—两轴承跨距的大值。
4. b—齿宽。

表11-22　安装面的跳动公差（摘自GB/Z 18620.3—2008）

确定轴线的基准面	跳动量（总的指示幅度）	
	径　向	轴　向
仅圆柱或圆锥形基准面	0.15（L/b）F_β 或0.3F_p 取两者中之大值	
一圆柱基准面和一端面基准面	0.3F_p	0.2（D_d/b）F_β

注：见表11-21注。

（3）齿顶圆直径的公差　为保证设计重合度、顶隙，把齿顶圆柱面作基准面时，表 11-22中的数值可用作尺寸公差；表 11-21 中的数值可用作其形状公差。

为适应新旧标准的过渡与转化，对齿坯的尺寸和形状公差，齿坯基准面径向和轴向跳动公差，可用 GB/T 10095—1988 中的规定值，见表 11-23 及表 11-24。

表 11-23　齿坯尺寸和形状公差（摘自 GB/T 10095—1988）

齿轮精度等级①		5	6	7	8	9	10
孔	尺寸公差 形状公差	IT5	IT6	IT7		IT8	
轴	尺寸公差 形状公差	IT5		IT6		IT7	
顶圆直径②		IT7	IT8			IT9	

① 当三个公差组的精度等级不同时，按最高的精度等级确定公差值；

② 当顶圆不作测量齿厚的基准时，尺寸公差按 IT11 给定，但不大于 $0.1m_n$。

表 11-24　齿坯基准面径向和轴向跳动公差（摘自 GB/T 10095—1988）

分度圆直径/mm		精　度　等　级		
		5 和 6	7 和 8	9 和 10
大于	到	跳动公差/μm		
—	125	11	18	28
125	400	14	22	36
400	800	20	32	50

（4）齿轮各部分粗糙度　其推荐值见表 11-25。

表 11-25　齿轮的表面粗糙度推荐值 *Ra*　（单位：μm）

齿轮精度等级	5	6	7		8	9
齿面加工方法	磨	磨或珩	剃或珩	精滚、精插	滚、插	滚、铣
轮齿齿面（$m<6$）（GB/Z 18620.4—2008）	0.5	0.8	1.25		2.0	3.2
齿轮基准孔	0.32～0.63	1.25	1.25～2.5			5
齿轮轴基准轴颈	0.32	0.63	1.25		2.5	
基准端面	1.25～2.5	2.5～5			3.2～5	
顶　圆	1.25～2.5	3.2～5				

注：1. *Ra* 按 GB/T 1031—2009；按 GB/T 131—2006，*Ra*、*Rz* 不应在同一部分使用。

2. 若齿轮三个性能组精度等级不同时，按其中最高等级。

3. 软齿面≤350HBW；硬齿面＞350HBW。

七、箱体公差

箱体公差是指箱体上的孔心距的极限偏差和两孔轴线间的平行度公差。它们分别是齿轮副的中心距偏差 f_a 和轴线平行度公差 $f_{\Sigma\delta}$ 和 $f_{\Sigma\beta}$ 的组成部分。影响齿轮副中心距的大小和齿轮副轴线的平行度误差除箱体外，还有其他零件，如各种轴、轴承等。

箱体公差在 GB/T 10095—2008 及 GB/Z 18620—2008 中均未作规定。但是齿轮传动箱体属于箱壳式机架、因此《机械设计手册》中，机架设计所规定的尺寸公差、几何公差和粗糙度要求可参考选用。通常取表 11-26 中齿轮副中心距极限偏差 $\pm f_a$ 值的 80%。为此，f'_a、f'_x 和 f'_y 可按下式计算

$$f'_a = 0.8 f_a$$

$$f'_x = 0.8 \frac{L}{b} f_{\Sigma\delta}$$

$$f'_y = 0.8 \frac{L}{b} f_{\Sigma\beta}$$

式中　L——指箱体支承间距（mm）；

b——指齿轮齿宽（mm）；

f_a——齿轮副中心距极限偏差，见表 11-26；

$f_{\Sigma\delta}$、$f_{\Sigma\beta}$——齿轮副轴线平行度公差，见表 11-11。

表 11-26　中心距极限偏差 $\pm f_a$（单位为 μm）（摘自 GB/T 10095—1988）

齿轮副中心距 a/mm		（齿轮精度）等级		
		$5\sim6\left(f_a=\frac{1}{2}\mathrm{IT7}\right)$	$7\sim8\left(f_a=\frac{1}{2}\mathrm{IT8}\right)$	$9\sim10\left(f_a=\frac{1}{2}\mathrm{IT9}\right)$
>6	到 10	7.5	11	18
>10	18	9	13.5	21.5
>18	30	10.5	16.5	26
>30	50	12.5	19.5	31
>50	80	15	23	37
>80	120	17.5	27	43.5
>120	180	20	31.5	50
>180	250	23	36	57.5
>250	315	26	40.5	65
>315	400	28.5	44.5	70

注：标准 GB/Z 18620.3—2008 中，中心距没有公差仅有说明（编者）。

八、齿轮精度的标注

在图样上应标注齿轮的精度等级和齿厚极限偏差的代号（或具体值），以及各项目所对应的级别、标准编号对齿轮副须标注齿轮副精度等级和侧隙要求。

例 11-2　齿轮的检验项目同为 7 级精度时，应注明：

7GB/T 10095.1—2008 或 7GB/T 10095.2—2008；

若齿轮的项目精度等级不同，如齿廓总偏差 F_α 为 6 级，齿距累距总偏差 F_p 和螺旋线总偏差 F_β 均为 7 级时应注明：

$$6(F_\alpha)7(F_p、F_\beta)\text{GB/T 10095.1—2008}。$$

若图样或工艺文件上仍有如下标应注意识别是 1988 标准

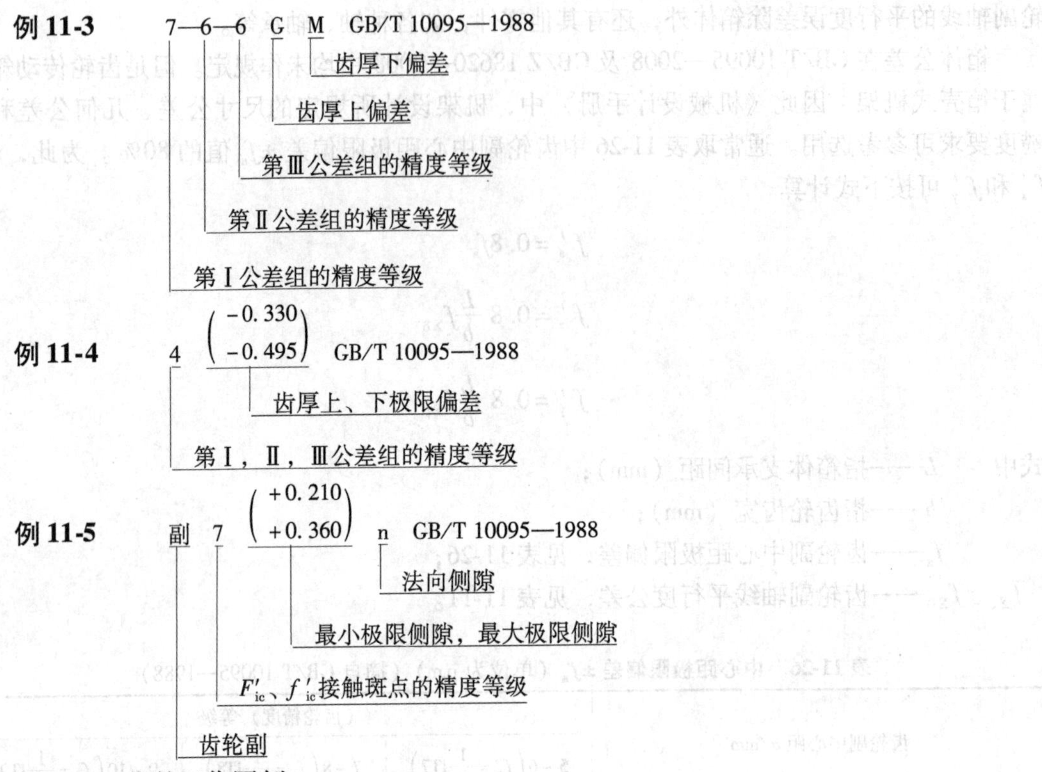

例 11-6 齿轮工作图例

图 11-33 所示为圆柱齿轮工作图之一。

图 11-34 所示为圆柱齿轮工作图之二。

例 11-7 综合例题

某铣床主轴箱内连接电动机的一对直齿圆柱齿轮，$m=3\text{mm}$，$\alpha=20°$，$z_1=26$，$z_2=54$，齿宽 $b_1=28\text{mm}$，$b_2=23\text{mm}$，小齿轮材料 20CrG58，大齿轮材料 40CrG52，箱体材料为铸铁，电动机转速 $n=1450\text{r/min}$，功率 $P=7.5\text{kW}$，齿轮工作温度为 60℃，箱体工作温度为 40℃，试确定小齿轮的精度等级、齿厚偏差（或公法线平均长度偏差）、检验项目及其公差、齿坯公差、齿轮各部分表面粗糙度并画出齿轮零件图，已知 $d_1=78\text{mm}$、$d_2=162\text{mm}$。

解 1）确定齿轮精度等级。由于是主轴箱中的第一对齿轮，其速度较高，对平稳性要求较高，故按齿轮圆周速度首先确定第Ⅱ性能组精度等级

$$v=\frac{\pi d_1 n}{60\times1000}=\frac{\pi\times3\times26\times1450}{60\times1000}\text{m/s}=5.92\text{m/s}$$

查表 11-4，因齿部 G58 硬度大于 350HBW，取第Ⅱ性能组为 7 级精度，第Ⅰ性能组因速度较高可取同级 7 级精度。而第Ⅲ性能组不低于第Ⅱ性能组也取 7 级精度。

2）选择检验项目及公差。根据齿轮用途及精度等级检验组选用原则按供需双方协意选用 GB/T 10095—2008 标准，查表 11-3、表 11-18、表 11-19 综合确定检验指标如下：

第Ⅰ性能组精度 7 级，选用 f_{pt}、F_p、F_α、F_β、F_r。

查表 11-6，$\pm f_{pt1}=12\mu\text{m}$、$F_{p1}=38\mu\text{m}$、$F_{\alpha1}=16\mu\text{m}$、$F_{r1}=30\mu\text{m}$。

查表 11-16，$f_{pb1}=\pm13\mu\text{m}$，$f_{pb2}=\pm14\mu\text{m}$。

第Ⅲ性能组精度 7 级，选用 $F_{\beta1}$ 或接触斑点。

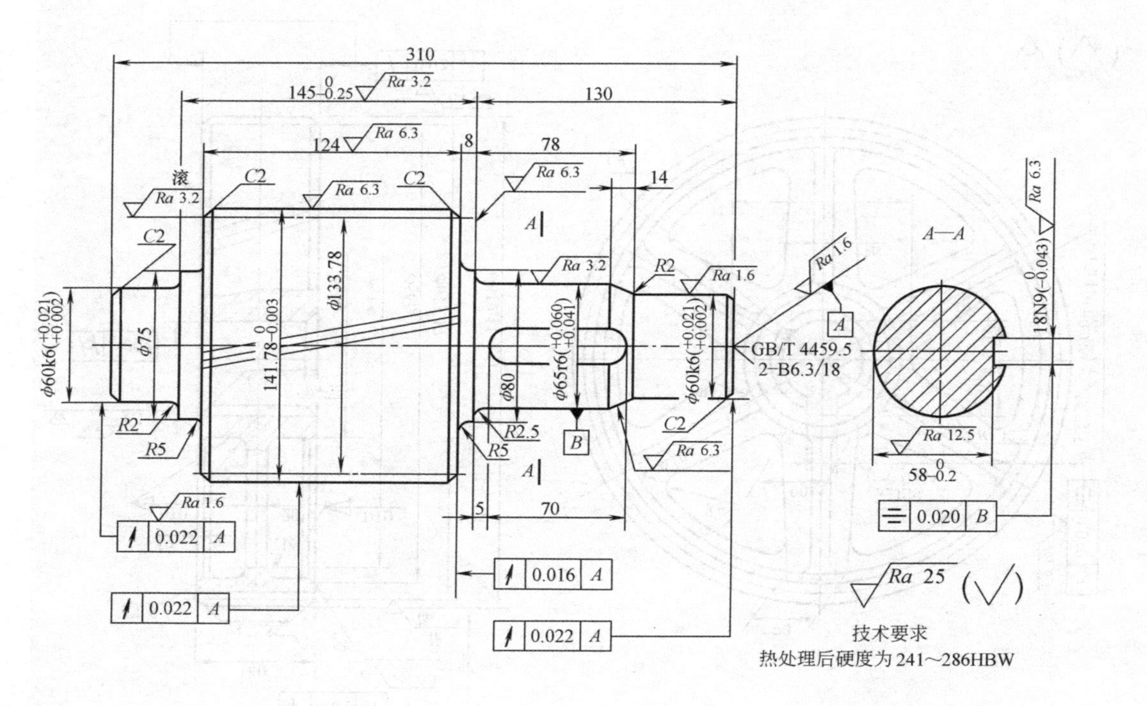

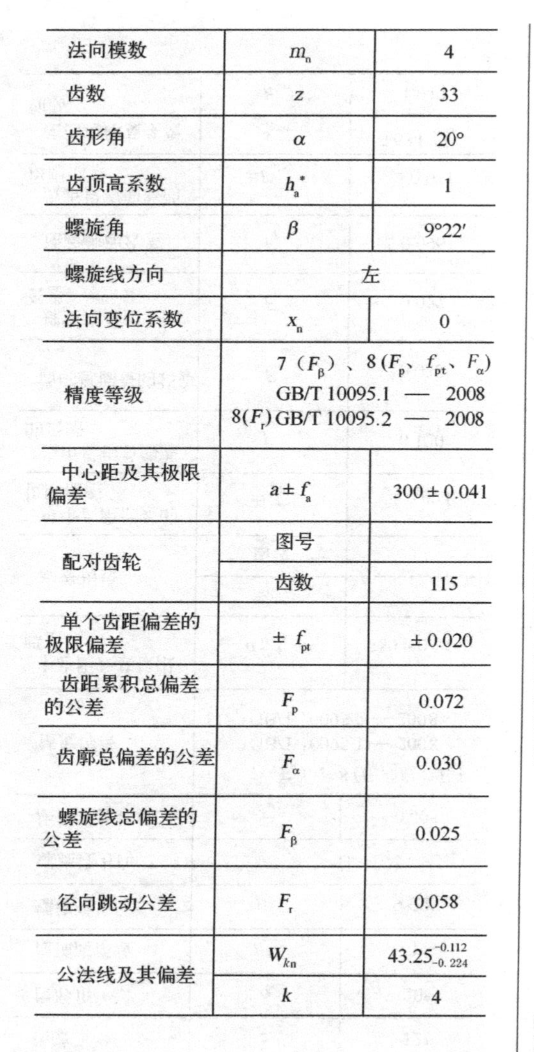

法向模数	m_n	4
齿数	z	33
齿形角	α	20°
齿顶高系数	h_a^*	1
螺旋角	β	9°22′
螺旋线方向	左	
法向变位系数	x_n	0
精度等级	7（F_β）、8(F_p、f_{pt}、F_α) GB/T 10095.1 — 2008 8(F_r) GB/T 10095.2 — 2008	
中心距及其极限偏差	$a \pm f_a$	300 ± 0.041
配对齿轮	图号	
	齿数	115
单个齿距偏差的极限偏差	$\pm f_{pt}$	± 0.020
齿距累积总偏差的公差	F_p	0.072
齿廓总偏差的公差	F_α	0.030
螺旋线总偏差的公差	F_β	0.025
径向跳动公差	F_r	0.058
公法线及其偏差	W_{kn}	$43.25_{-0.224}^{-0.112}$
	k	4

图11-33　圆柱齿轮工作图之一

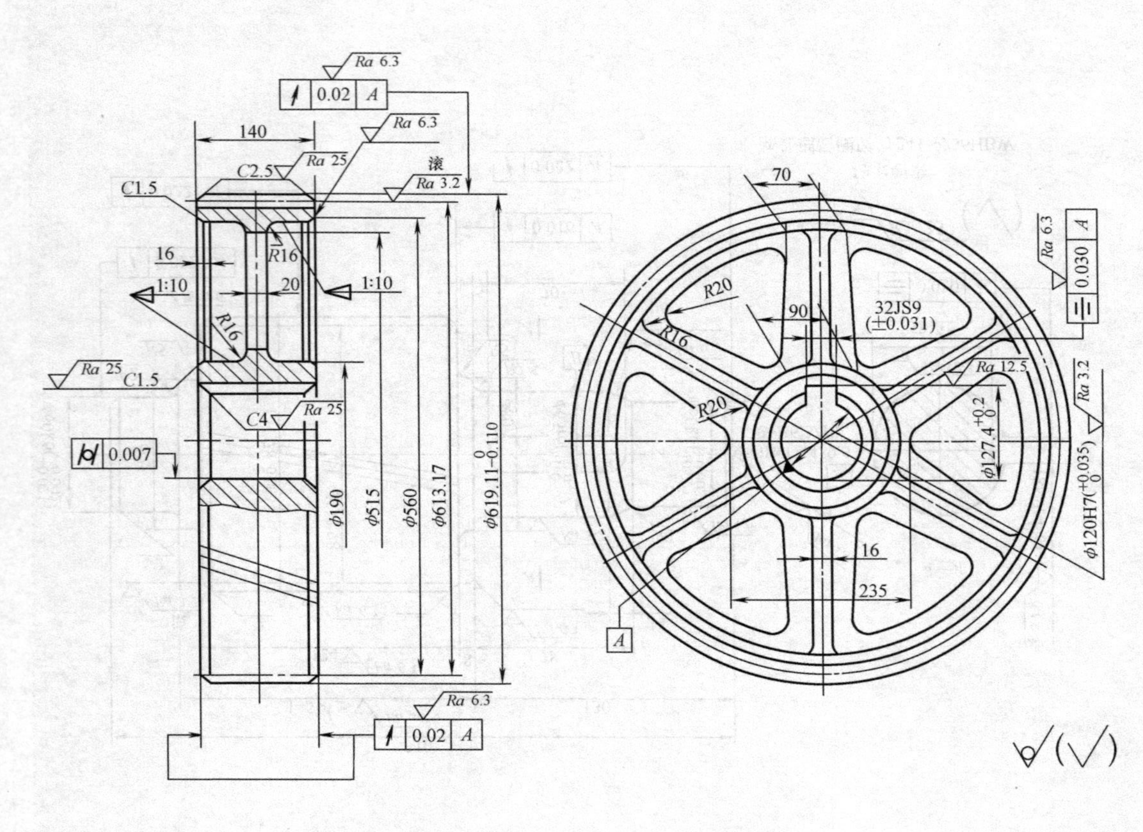

法向模数	m_n	5
齿数	z	121
齿形角	α	20°
齿顶高系数	h_a^*	1
螺旋角	β	9°22′
螺旋线方向	右	
法向变位系数	x_n	-0.405
精度等级	7（F_β）、8(F_p、f_{pt}、F_α) GB/T 10095.1—2008 8(F_r) GB/T 10095.2—2008	
中心距及其极限偏差	$a \pm f_a$	350 ± 0.045
配对齿轮	图号	
	齿数	17
单个齿距偏差的极限偏差	$\pm f_{pt}$	± 0.024
齿距累积总偏差的公差	F_p	0.120
齿廓总偏差的公差	F_α	0.038
螺旋线总偏差的公差	F_β	0.027
径向跳动公差	F_r	0.096
齿距累积偏差的极限偏差	$\pm F_{p15}$	± 0.061
法面齿厚及弦齿顶高	s_{ync}	$5.634^{-0.224}_{-0.336}$
	h_{yc}	1.949

图11-34　圆柱齿轮工作图之二

查表 11-8，$F_{\beta 1}=17\mu m$　即标出精度等级为 7（f_{pt}、F_p、F_α、F_β、F_r）GB/T 10095.1 ~ 2—2008。

查表 11-9，接触斑点长度分布不小于：$b_{c1}\geqslant 35\%$、$h_{c1}\geqslant 50\%$；$b_{c2}\geqslant 40\%$、$h_{c2}\geqslant 30\%$。

3）确定齿厚偏差（或公法线平均长度偏差）

①最小极限侧隙 j_{nmin}

中心距 $$a=\frac{m(z_1+z_2)}{2}=\frac{3\times(26+54)}{2}mm=120mm$$

因圆周速度 $v<10m/s$，查表 11-13，故取 $j_{bn\,min1}=0.01\times 3mm=0.03mm$。

由材料手册查得钢和铸铁的线膨胀系数，当温度变化

$$\alpha_1=11.5\times 10^{-6}/℃、\alpha_2=10.5\times 10^{-6}/℃$$

则 $$j_{bn\,min2}=120(11.5\times 10^{-6}\times 40-10.5\times 10^{-6}\times 20)\times 2\sin 20°=0.021mm$$

$$j_{bn\,min}=j_{bn\,min1}+j_{bn\,min2}=(0.03+0.021)mm=0.051mm$$

②齿厚上偏差 E_{sns}

$$E_{sns}=-\left(f_a\tan\alpha+\frac{j_{nmin}+k_{jn}}{2\cos\alpha}\right)$$

由齿轮精度等级和中心距 a 查表 11-27 得，$f_a=27\mu m$。

$$k_{jn}=\sqrt{f_{pb1}^2+f_{pb2}^2+2.104F_\beta^2}=\sqrt{13^2+14^2+2.104\times(17)^2}\mu m=31.19\mu m$$

设大、小齿轮上偏差相同，即 $|E_{sns1}|=|E_{sns2}|=|E_{sns}|$

则 $$E_{sns}=-\left(27\tan 20°+\frac{51+31.19}{2\cos 20°}\right)\mu m=-(9.83+43.73)\mu m=-50.2\mu m$$

③齿厚公差 $$T_{sn}=\sqrt{b_r^2+F_r^2}\times 2\tan\alpha$$

b_r 根据齿轮精度等级查表 11-17，及其 $d_1=3\times 26mm=78mm$ 得 IT9 = 74μm，则 $b_r=74\mu m$

则 $$T_{sn}=\sqrt{(74)^2+(30)^2}\times 2\tan 20°\mu m=58\mu m$$

④齿厚下偏差 E_{sni}

$$E_{sni}=E_{sns}-T_{sn}=(-72-58)\mu m=-130\mu m$$

⑤若采用公法线长度偏差保证侧隙，可计算或查表求出公法线公称长度（图11-14）。

$$W_{公称}=m[1.476(2k-1)+0.014z]$$

其测量的跨齿数 $k=\frac{z}{9}+0.5=\frac{26}{9}+0.5\approx 3$

公法线平均长度偏差与齿厚偏差有关，其值为：

上偏差 $E_{W\,ms}=(-72\times\cos 20°-0.72\times 30\sin 20°)\mu m=-60\mu m$

下偏差 $E_{W\,mi}=(-144\times\cos 20°+0.72\times 30\sin 20°)\mu m=-128\mu m$

则公法线长度为：$23.23_{-0.128}^{-0.060}mm$

4）确定齿坯精度（设齿坯精度，按供需双方协意使用 GB/Z 18620.3—2008 及 GB/T 10095—1988，因该标准使用快捷方便）。

①齿轮内孔作为加工、测量及安装基准，查表 11-23 知，孔的尺寸公差为 IT7。按基孔制取 H，则 $\phi 32H7=\phi 32_{0}^{+0.025}mm$。

②齿顶圆不作测量齿厚的基准，尺寸公差按 IT11 给定，$\phi84\mathrm{h}11=\phi84_{-0.220}^{\ 0}\mathrm{mm}$。

③齿轮 $\phi48\mathrm{mm}$ 端面为加工基准，查表 11-24，端面跳动误差为 $18\mu\mathrm{m}$。

④齿轮各部分表面粗糙度查表 11-25 选取。

齿面 Ra 为 $1.25\mu\mathrm{m}$，齿顶圆 Ra 为 $5\mu\mathrm{m}$，齿轮基准孔 Ra 为 $1.25\mu\mathrm{m}$，基准端面 Ra 为 $2.5\mu\mathrm{m}$。

5）画齿轮零件图。全部内容见图 11-35。

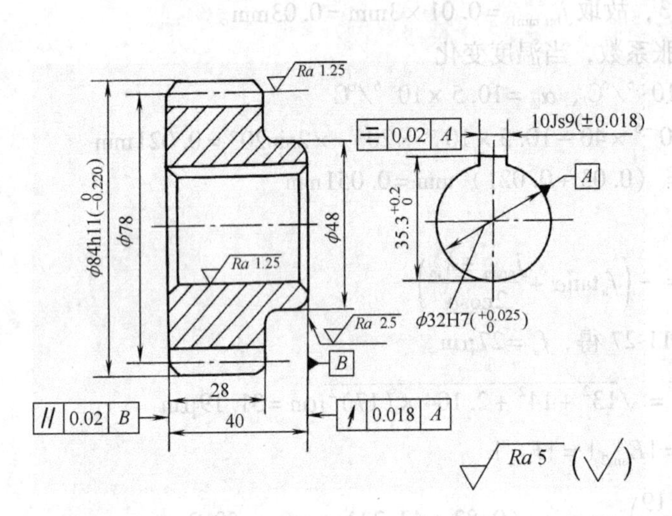

模数	m	3
齿数	z	26
压力角	α	20°
精度等级	7(f_{pt}、F_p、F_α、F_β、F_r) GB/T 10095.1～2—2008	
中心距及其极限偏差	$a\pm f_a$	120±0.027
配对齿轮	齿数	54
单个齿距极限偏差	$\pm f_{pt}$	0.012
齿距累积总公差	F_p	0.038
齿廓总偏差公差	F_α	0.016
螺旋线总偏差的公差	F_β	0.017
径向跳动公差	F_r	0.030
公法线及其偏差	$\dfrac{W_{kn}}{k=4}$	$23.23_{-0.128}^{-0.060}$

材料 20Cr，渗碳层深 0.8～1.2，齿部热处理 G58。

图 11-35　例 11-7 圆柱齿轮零件图

小　　结

1. 了解现行国标的使用条件：即 GB/T 10095.1—2008 只适用于单个齿轮要素，不包括齿轮副；GB/T 10095.2—2008 径向综合偏差的公差仅适用于产品齿轮与测量齿轮的啮合检验，而不适合两个齿轮的啮合检验。GB/Z 18620.1～4—2008 为《圆柱齿轮　检验实施规范》是指导性技术文件，提供的数据不作为严格的精度判据，而作为共同协议的指南来使用。

2. 反复阅读本章例 2～例 7 中的标注及例图，例题内容。

3. 渐开线圆柱齿轮精度现行标准中没有规定齿轮的检验组，只是推荐了检验组及其检验项目；现行标准重视以往贯彻旧标准取得的经验和成果，还重视执行现行标准中，供需“双方协议”技术文件的权威性和灵活性，这是新旧标准转换时期标准交叉使用中的现实问题。

习题与练习十一

11-1　对圆柱齿轮传动的 4 项要求是______、______、______、______。

11-2　齿轮的单项检验项目有______。

11-3　单面啮合综合检验项目有______。

11-4　双面啮合综合检验项目有______。

11-5　齿轮传动对侧隙的要求，主要取决于其______。侧隙所需量的大小与______有关。

11-6　齿轮的切向综合总偏差 F_i' 表述________精度；一齿切向综合偏差 f_i' 表述________精度；螺旋线总偏差 F_β 表述________精度；齿厚偏差 E_{sn} 表述________精度要求。

11-7　将例 11-6 中，图 11-33 所示标注栏内的各项目数值查书中表求出。

11-8　某车床主轴箱内传动轴上的一对直齿圆柱齿轮，1 为主动轮，转数 $n = 1000\text{r/min}$，齿轮 2 为从动轮；$m = 3\text{mm}$，$z_1 = 26$，$z_2 = 56$，$b_1 = 24\text{mm}$；齿轮材料为 45 钢（$\alpha = 11.5 \times 10^{-6}/℃$）；箱体材料为铸铁（$\alpha = 10.5 \times 10^{-6}/℃$）；润滑方式为压力喷油润滑。工作中齿轮温度为 60℃，箱体为 40℃。试确定齿轮 1 的精度等级，侧隙大小，检验组及其公差值，齿坯精度，并按图 11-35 所示画出零件工作图。

第十二章　尺　寸　链

本章要点

1. 掌握尺寸链的基本概念、术语、分类、尺寸链的形式。

2. 学会用完全互换法、概率互换法解算正计算和反计算尺寸链问题。

第一节　尺寸链的基本概念

一、基本术语

1. 尺寸链

在机器装配或零件加工过程中，由相互连接的尺寸形成的封闭尺寸组。

车床尾座顶尖轴线与主轴轴线的高度差 A_0 是车床的主要指标之一，如图 12-1 所示。影响这项精度的尺寸有：主轴轴线高度 A_1、尾座底板厚度 A_2 和尾座顶尖轴线高度 A_3。这 4 个相互联系的尺寸，构成一个尺寸链。

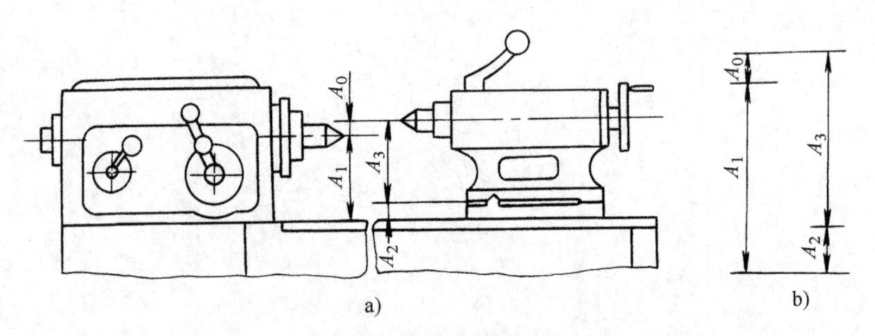

图 12-1　车床主轴与尾座中心高装配尺寸链

a）车床　b）尺寸链

阶梯轴在车光 d_1 右端面后，按 B_2 加工台阶表面，再按 B_1 将零件切断，此时 B_0 也随之确定，B_0 的大小取决于 B_1 及 B_2 这三个尺寸所形成的封闭尺寸组，即为零件尺寸链，如图 12-2 所示。

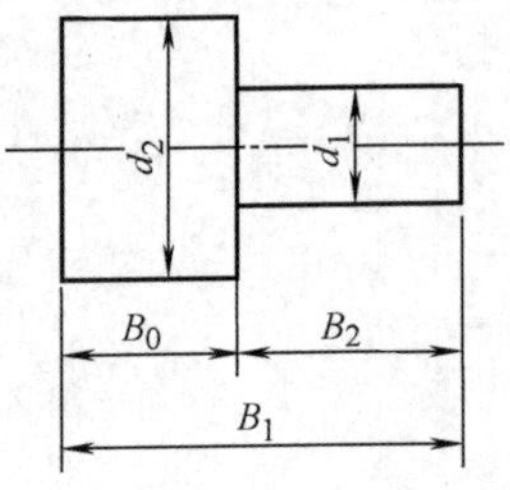

内孔需镀铬，镀铬后的直径 C_0 的大小取决于镀铬前的工序尺寸 C_1 和镀层厚度 C_2、C_3 的大小（一般均假设镀层厚度一致，即 $C_2 = C_3$），这 4 个尺寸构成一个尺寸链（图 12-3）。

图 12-2　零件尺寸链

2. 环

列入尺寸链中的每一个尺寸。

3. 封闭环

尺寸链内在装配过程或加工过程中最后形成的一环。图 12-1 所示的 A_0 是装配过程中最后形成的；图 12-3 所示的 C_0 是加工过程中最后形成而不是由任何一道工序直接保证的（镀铬工序保证镀层厚度）。至于图 12-2 所示的 B_0，是加工 B_2 和 B_1 后间接保证的。

4. 组成环

除了封闭环以外的其他环都称组成环。即加工或装配时，直接获得（或保证的）且直接影响封闭环精度的环。组成环可分为增环和减环。

5. 增环

尺寸链中的某组成环，由于该环的变动（其他环不变）引起封闭环的同向变动：它增大时封闭环也增大，它减小时封闭环也减小，如图 12-1 所示的 A_2 和 A_3，图 12-2 所示的 B_1，图 12-3 所示的 C_1。

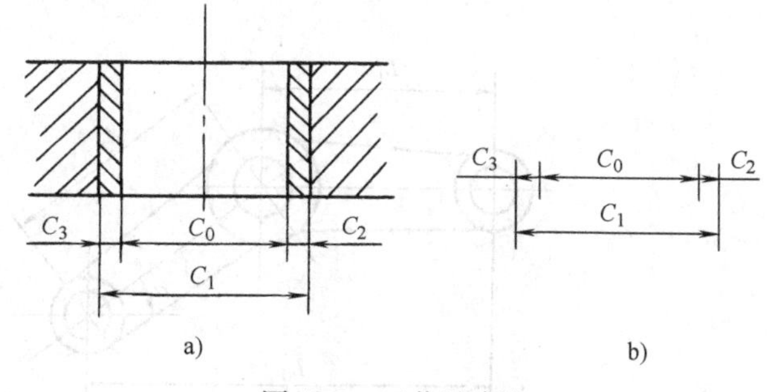

图 12-3　工艺尺寸链
a）镗孔　b）尺寸链

6. 减环

尺寸链中的某组成环，由于该环的变动（其他环不变）引起封闭环的反向变动：它增大时封闭环减小，它减小时封闭环增大，如图 12-1 所示的 A_1，图 12-2 所示的 B_2，图 12-3 所示的 C_2 和 C_3。

7. 补偿环

尺寸链中预先选定的某一组成环，可以通过改变其大小或位置，使封闭环达到规定要求，如图 12-4a 所示的 A_k，及图 12-4b 图所示的 A_3 镶条即适宜于充作补偿环。

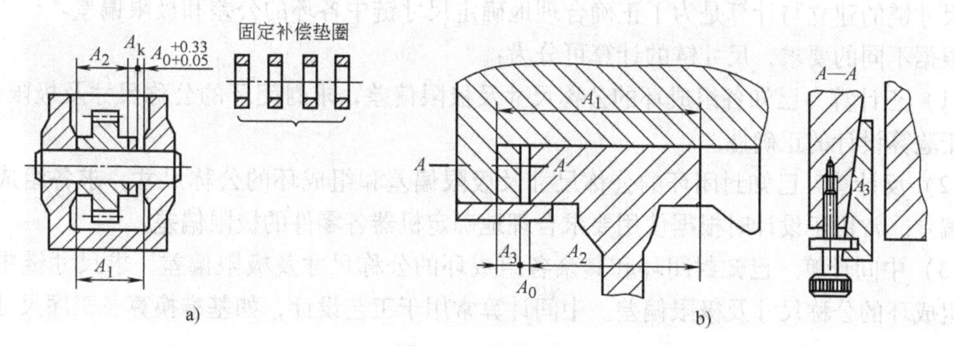

图 12-4　补偿环
a）更换固定补偿件法　b）调整可动补偿件法

8. 传递系数

表示各组成环对封闭环的方向、大小影响的系数。

对于增环，传递系数 ζ_i 为 +1；对于减环，传递系数 ζ_i 为 −1。

二、尺寸链的形式

根据尺寸链自身特征以及使用对象的不同，尺寸链有多种不同形式，简述如下：

全部组成环平行于封闭环的尺寸链称作直线尺寸链，如图 12-1 ~ 图 12-4 所示；全部组成环位于一个或几个平行平面内，但某些组成环不平行于封闭环的尺寸链称作平面尺寸链，如图 12-5 所示；组成环位于几个不平行平面内的尺寸链称作空间尺寸链。其中，直线尺寸链是最常见的形式，而且平面尺寸链和空间尺寸链通常需要采用坐标投影的方法转换为直线尺寸链，然后采用直线尺寸链的计算方法来计算，故本章只阐述直线尺寸链。

全部组成环为不同零件设计尺寸的尺寸链称作装配尺寸链，如图 12-1、图 12-4 所示；全部组成环为同一零件设计尺寸的尺寸链称作零件尺寸链，如图 12-2、图 12-5 所示；全部组成环为同一零件工艺尺寸的尺寸链称作工艺尺寸链，如图 12-3 所示。装配尺寸链与零件尺寸链，常统称为设计尺寸链。设计尺寸指零件图上标注的尺寸，工艺尺寸指工序尺寸、定位尺寸与基准尺寸。

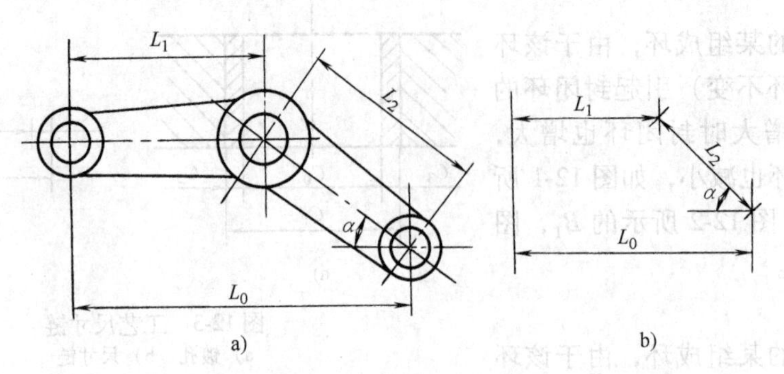

图 12-5 摇杆平面尺寸链

a) 摇杆 b) 尺寸链

三、尺寸链的建立

1. 建立尺寸链的目的

尺寸链的建立与计算是为了正确合理地确定尺寸链中各环的公差和极限偏差。

根据不同的要求，尺寸链的计算可分为：

(1) 正计算 已知各组成环的公称尺寸及极限偏差，求封闭环的公称尺寸及极限偏差。常用于验算设计的正确性。

(2) 反计算 已知封闭环的公称尺寸及极限偏差和组成环的公称尺寸，求各组成环的极限偏差。常用于设计时根据使用要求合理地确定机器各零件的极限偏差。

(3) 中间计算 已知封闭环和其余各组成环的公称尺寸及极限偏差，求尺寸链中某一未知组成环的公称尺寸及极限偏差。中间计算常用于工艺设计，如基准换算、工序尺寸的确定等。

2. 尺寸链的建立步骤

1）确定封闭环。封闭环是在装配过程中自然形成的，是机器装配精度所要求的尺寸，封闭环字母下角标为“0”。

2）查明组成环。在确定封闭环后，先从封闭环的一端开始，依次找出影响封闭环变动的、相互连接的各尺寸，直至最后一个尺寸与封闭环的另一端连接为止，与封闭环形成一个封闭的尺寸组，即为尺寸链。组成环字母下角标为 i（$i=1, 2, \cdots, n$）。

3）画尺寸链图。按确定的封闭环和查明的组成环，用符号标注在示意装配图或示意零件图上；也可单独用简图表示出来。画尺寸链图时，可用带箭头的线段来表示尺寸链的各环，线段一端的箭头仅表示各组成环的方向。与封闭环线段箭头方向一致的组成环为减环，与封闭环方向相反的组成环为增环。

建立尺寸链应遵循“最短尺寸链原则”，即对某一封闭环，若存在多个尺寸链，则应选取组成环最少的那个尺寸链。因为在封闭环精度要求一定的条件下，组成环的环数越少，对组成环的精度要求越低。

第二节　尺寸链的解算

按产品设计要求、结构特征、生产批量与生产条件，可以采用不同的达到封闭环公差要求的方法，简述如下：

完全互换法：在全部产品中，装配时各组成环不需挑选或改变其大小或位置，装入后即能达到封闭环的公差要求。此法也称极值法。

概率互换法：在绝大多数产品中，装配时各组成环不需挑选或改变其大小或位置，装入后即能达到封闭环的公差要求。概率互换法以一定置信水平为依据，将尺寸链各组成环视为独立的随机变量，多数情况下可按正态分布规律进行尺寸链计算。此法也称大数互换法。

修配法：装配时去除补偿环的部分材料以改变其实际尺寸，使封闭环达到其公差或极限偏差要求。

调整法：装配时用调整的方法改变补偿环的实际尺寸或位置，使封闭环达到其公差或极限偏差要求。一般以螺栓、斜面、挡环、垫片或孔轴联接中的间隙等作为补偿环，通常在设计结构时要有相应考虑。

分组法：将各组成环按其实际尺寸大小分为若干组，各对应组进行装配，同组零件具有互换性。

本章主要介绍完全互换法和概率互换法的尺寸链计算。

一、完全互换法

完全互换法是从尺寸链各环的最大与最小尺寸出发进行尺寸链计算，只要各组成环合格，可无需挑选，就能装配并达到封闭环的精度要求。

1. 基本公式

（1）封闭环基本尺寸

$$A_0 = \sum_{i=1}^{n-1} \zeta_i A_i = \sum_{i=1}^{m} \overrightarrow{A_i} - \sum_{m+1}^{n-1} \overleftarrow{A_i} \tag{12-1}$$

一般直线尺寸链的 ζ_i 为1，增环 ζ_i 为正，减环 ζ_i 为负，n 为尺寸链总环数。

（2）封闭环极值公差

$$T_0 = \sum_{i=1}^{n-1} |\zeta_i| T_i = \mathrm{ES}_0 - \mathrm{EI}_0 \tag{12-2}$$

（3）封闭环的中间偏差

$$\Delta_0 = \sum_{i=1}^{n-1} \zeta_i \Delta_i \tag{12-3}$$

（4）封闭环的极限偏差

$$\left.\begin{aligned} \mathrm{ES}_0 &= \Delta_0 + T_0/2 = \sum_{i=1}^{n-1} (\zeta_i \overrightarrow{\mathrm{ES}_i} + \zeta_i \overleftarrow{\mathrm{EI}_i}) \\ \mathrm{EI}_0 &= \Delta_0 - T_0/2 = \sum_{i=1}^{n-1} (\zeta_i \overrightarrow{\mathrm{EI}_i} + \zeta_i \overleftarrow{\mathrm{ES}_i}) \end{aligned}\right\} \tag{12-4}$$

（5）封闭环的极限尺寸

$$\left.\begin{aligned} A_{0\max} &= A_0 + \mathrm{ES}_0 \\ A_{0\min} &= A_0 + \mathrm{EI}_0 \end{aligned}\right\} \tag{12-5}$$

（6）组成环的平均极值公差

$$T_{av} = T_0 \Big/ \sum_{i=1}^{n-1} = T_0/(n-1) \tag{12-6}$$

（7）组成环的中间偏差

$$\Delta_i = T_i/2 \tag{12-7}$$

（8）组成环的极限偏差

$$\left.\begin{aligned} ES_i &= \Delta_i + T_i/2 \\ EI_i &= \Delta_i - T_i/2 \end{aligned}\right\} \tag{12-8}$$

（9）组成环的极限尺寸

$$A_{i\max} = A_i + ES_i \qquad A_{i\min} = A_i + EI_i \tag{12-9}$$

2. 正计算

已知各组成环公称尺寸及极限偏差，求封闭环的公称尺寸及极限偏差。

例 12-1　如图 12-6 所示，曲轴轴向尺寸链中，$A_1 = 43.5^{+0.10}_{+0.05}$ mm，$A_2 = 2.5^{\ 0}_{-0.04}$ mm，$A_3 = 38.5^{\ 0}_{-0.07}$ mm，$A_4 = 2.5^{\ 0}_{-0.04}$ mm，试验证间隙 A_0 是否在要求的 0.05 ~ 0.25mm 范围内。

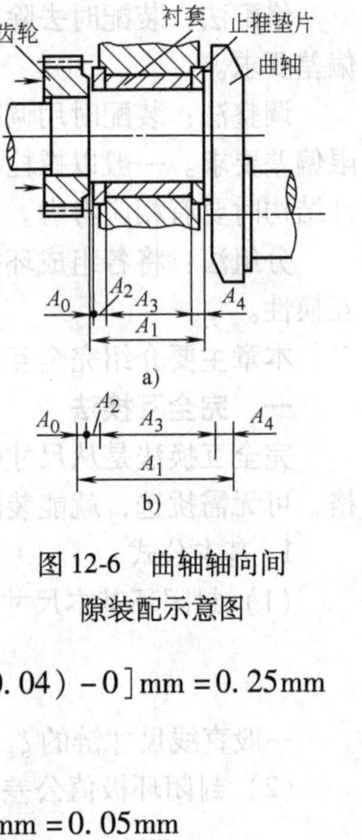

齿轮　衬套　上推垫片　曲轴

a)

b)

图 12-6　曲轴轴向间隙装配示意图

解　1）画尺寸链图。如图 12-6b 所示，其中 A_1 为增环，A_2、A_3、A_4 为减环。

2）封闭环的公称尺寸按式（12-1）

$A_0 = \overrightarrow{A_1} - \overleftarrow{A_2} - \overleftarrow{A_3} - \overleftarrow{A_4} = (43.5 - 2.5 - 38.5 - 2.5)\text{mm} = 0$

3）封闭环的上、下极限偏差按式（12-4）、（12-5）为

$$ES_0 = A_{0\max} - A_0 = \left(\sum_{i=1}^{m} \overrightarrow{A}_{i\max} - \sum_{m+1}^{n-1} \overleftarrow{A}_{i\min}\right) - A_0$$

$$= [(43.5 + 0.1) - (0.25 - 0.04) - (38.5 - 0.07) - (2.5 - 0.04) - 0]\text{mm} = 0.25\text{mm}$$

$$EI_0 = A_{0\min} - A_0 = \left(\sum_{i=1}^{m} \overrightarrow{A}_{i\min} - \sum_{m+1}^{n-1} \overleftarrow{A}_{i\max}\right) - A_0$$

$$= [(43.5 - 0.05) - (2.5 - 0) - (38.5 - 0) - (2.5 - 0) - 0]\text{mm} = 0.05\text{mm}$$

封闭环　$A_0 = 0^{+0.25}_{+0.05}$，轴向间隙为 0.05 ~ 0.25mm，间隙符合要求。

4）验算。按式（12-2）

$$T_0 = \sum_{i=1}^{n-1} T_i = (0.05 + 0.04 + 0.07 + 0.04)\text{mm} = 0.2\text{mm}$$

或　$T_0 = ES_0 - EI_0 = (0.25 - 0.05) = 0.2\text{mm}$

3. 反计算

已知封闭环的公称尺寸及偏差和组成环的公称尺寸，求各组成环的极限偏差。

反计算常用等公差法和等精度法两种解法。

（1）等公差法　先假定各组成的公差相等，求出各组成环的平均公差 T_{av}，再根据各环的尺寸大小和加工难易程度适当调整，最后决定各环的公差 T_i。

例 12-2　如图 12-7 所示，根据技术要求 A_0 在 1 ~ 1.75mm 范围内，已知各零件的公称尺寸为 $A_1 = 101$mm，$A_2 = 50$mm，$A_3 = A_5 = 5$mm，$A_4 = 140$mm，求各环的尺寸极限偏差。

解　1）画尺寸链图。如图 12-7 所示，A_1、A_2 为增环，A_3、A_4、A_5 为减环。

2）间隙 A_0 在装配形成为封闭环，按式（12-1）

$$A_0=\vec{A}_1+\vec{A}_2-(\overleftarrow{A}_3+\overleftarrow{A}_4+\overleftarrow{A}_5)=[101+50-(5+140+5)]\text{mm}=1\text{mm}$$

由题知　$T_0=(1.75-1)\text{mm}=0.75\text{mm}$，则 $A_0=1^{+0.75}_{\ 0}\text{mm}$。

$$ES_0=A_{0\max}-A_0=(1.75-1)\text{mm}=0.75\text{mm}$$

$$EI_0=A_{0\min}-A_0=(1-1)\text{mm}=0$$

3）各组成环的平均公差 $T_{av}=T_0/(n-1)=0.75/(6-1)\text{mm}=0.15\text{mm}$

若将各零件的公差都定为 0.15mm，是不合理的，因为 A_1、A_2 为大尺寸的箱体件，不易加工，可将公差放大为 $T_1=0.3\text{mm}$，$T_2=0.25\text{mm}$。A_3、A_5 为小尺寸，易加工，将公差减少为 $T_3=T_5=0.05\text{mm}$。

为验证能否满足式（12-2），T_4 应为

$$\begin{aligned}T_4&=T_0-(T_1+T_2+T_3+T_5)\\&=[0.75-(0.3+0.25+0.05+0.05)]\text{mm}\\&=0.1\text{mm}\end{aligned}$$

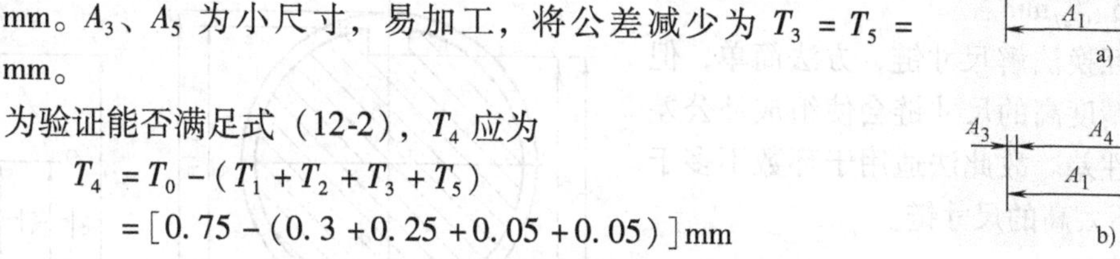

图 12-7　对开式齿轮箱

4）按"偏差入体原则"确定各组成环的极限尺寸，即对内尺寸按 H 配置，对外尺寸按 h 配置，一般长度尺寸按"偏差对称原则"即按 JS（js）配置。得　$A_1=101^{+0.30}_{\ 0}\text{mm}$，$A_2=50^{+0.25}_{\ 0}\text{mm}$，$A_3=A_5=5^{\ 0}_{-0.05}\text{mm}$，$A_4=140^{\ 0}_{-0.10}\text{mm}$。

（2）等精度法　等精度法又称等公差级法，即所有组成环采用同一公差等级，其公差等级系数 a 相同。先初步估算公差值，然后根据实际情况合理确定各环公差值。

当公称尺寸≤500mm，公差值 T 可按第二章 $T=ai=a\left(0.45\sqrt[3]{D}+0.001D\right)$ 公式计算（i—标准公差因子）。

$$T_0=\sum_{i=1}^{n-1}|\zeta_i|\,T_i=a_{av}\sum_{i=1}^{n-1}\left(0.45\sqrt[3]{A_i}+0.001A_i\right)$$

A_i 为各组成环的尺寸，a_{av}为平均公差等级系数。

例 12-3　用等精度法解算例 12-2。

解　$a_{av}=T_0/\sum_{i=1}^{m}\left(0.45\sqrt[3]{A_i}+0.001A_i\right)=750/(2.2+1.7+0.77+2.47+0.77)=94.8$

查第二章标准公差计算式表，$a_{av}=94.8$，相当于 IT11。

再根据尺寸查标准公差表可得 $T_1=0.22\text{mm}$、$T_2=0.16\text{mm}$、$T_3=T_5=0.075\text{mm}$。其中，$T_4=T_0-(T_1+T_2+T_3+T_5)=(0.75-0.53)\text{mm}=0.22\text{mm}$。查表 2-2 取 $T_4=0.16\text{mm}$（IT10）。

故得　$A_1=101^{+0.22}_{\ 0}\text{mm}$，$A_2=50^{+0.16}_{\ 0}\text{mm}$，$A_3=A_5=5^{\ 0}_{-0.075}\text{mm}$，$A_4=140^{\ 0}_{-0.16}\text{mm}$。

验算 $ES_0=0.69\text{mm}$、$EI_0=0$，满足 $A_0=1^{+0.75}_{\ 0}\text{mm}$ 的要求。

4. 中间计算

求尺寸链中某一组成环的公称尺寸及极限偏差。

例 12-4　轴上铣一键槽如图 12-8 所示，加工顺序为车外圆 $A_1=\phi70.5^{\ 0}_{-0.10}\text{mm}$，铣键深

A_2，磨外圆 $A_3=\phi70_{-0.06}^{\ 0}$mm，要求磨外圆后保证键深 $A_0=62_{-0.30}^{\ 0}$mm，求铣槽深度 A_2。

解　画尺寸链图，如图 12-8b 所示，A_2、$A_3/2$ 为增环，$A_1/2$ 为减环，A_0 为封闭环。

$$A_0=\overrightarrow{A}_2+\overrightarrow{A}_3/2-\overleftarrow{A}_1/2$$

$$A_2=A_0-A_3/2+A_1/2=(62-70/2+70.5/2)\text{mm}=62.25\text{mm}$$

$$\text{ES}_0=\overrightarrow{\text{ES}}_2+\overrightarrow{\text{ES}}_3/2-\overleftarrow{\text{EI}}_1/2;\ \text{EI}_0=\overrightarrow{\text{EI}}_2+\overrightarrow{\text{EI}}_3/2-\overleftarrow{\text{ES}}_1/2$$

$$\overrightarrow{\text{ES}}_2=(0-0/2+(-0.10)/2)\text{mm}=-0.05\text{mm}$$

$$\overrightarrow{\text{EI}}_2=(-0.30+0.06/2+0/2)\text{mm}=-0.27\text{mm}$$

$$T_2=\text{ES}_2-\text{EI}_2=-0.05\text{mm}-(-0.27)\text{mm}=0.22\text{mm}$$

则 $A_2=62.25_{-0.27}^{-0.05}$mm。

用完全互换法解尺寸链，方法简单，但对环数多和精度高的尺寸链会使组成环公差过小，经济性差。故此法适用于环数不多于 4 环、精度不太高的尺寸链。

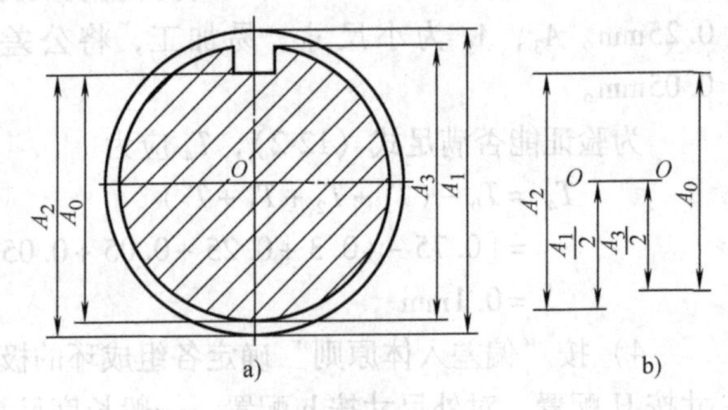

图 12-8　轴上铣键槽工艺尺寸链

二、概率法

概率法是根据概率论的原理，将尺寸链各组成环视为独立的随机变量，且都按正态分布，则其封闭环也将按正态规律分布。

1. 基本公式

设各环均无系统误差，且各环尺寸分布中心与公差中心重合，则

$$T_0=\sqrt{\sum_{i=1}^{n-1}\zeta_i^2T_i^2}$$

2. 正计算

例 12-5　用概率法解例 12-1。

解　封闭环公差 $T_0=\sqrt{\sum_{i=1}^{n-1}\zeta_i^2T_i^2}=\sqrt{T_1^2+T_2^2+T_3^2+T_4^2}=\sqrt{(0.05)^2+(0.04)^2+}$

$$\sqrt{(0.07)^2+(0.04)^2}\text{mm}=0.1\text{mm}$$

中间偏差 $\Delta_0=\sum_{i=1}^{n-1}\zeta_i\Delta_i=\overrightarrow{\Delta}_1-(\overleftarrow{\Delta}_2+\overleftarrow{\Delta}_3+\overleftarrow{\Delta}_4)=[0.025-(-0.02-0.035-0.02)]\text{mm}$

$=0.1\text{mm}$

$$\text{ES}_0=\Delta_0+T_0/2=(0.1+0.1/2)\text{ mm}=0.15\text{mm}$$

$$\text{EI}_0=\Delta_0-T_0/2=0.1-0.1/2\text{mm}=0.05\text{mm}$$

则　$A_0=0_{+0.05}^{+0.15}$mm，

由此可知，同样的组成环，用概率法解出的封闭环精度，高于完全互换法（例 12-1 中 $A_0=0_{+0.05}^{+0.25}$mm）。

3. 反计算

例 12-6　用概率法解例 12-2（等精度法）。

解
$$T_0 = a_{av}\sqrt{\sum_{i=1}^{n-1} i_i^2} = a_{av}\sqrt{\sum_{i=1}^{n-1}(0.45\sqrt[3]{A_i}+0.001A_i)^2}$$

则　$a_{av}=750\Big/\sqrt{2.2^2+1.7^2+0.77^2+2.47^2+0.77^2}=750\Big/\sqrt{15.06}=193.3$

查表 2-2 标准公差计算式知，$a_{av}=193.3$ 相当于 IT12 ~ IT13。

根据基本尺寸及公差 IT13，查表 2-1 可得 $T_1=0.54\text{mm}$、$T_2=0.39\text{mm}$、$T_3=T_5=0.12\text{mm}$。

则　$T_4=\sqrt{0.75^2-0.54^2-0.39^2-0.12^2-0.12^2}\text{mm}=0.30\text{mm}$

查表 2-1，调整 T_4 为符合标准的公差等级和数值，取 $T_4=0.25\text{mm}$（IT11）。

根据“偏差入体原则”，确定各组成环极限偏差为

$$A_1=101^{+0.54}_{0}\text{mm},\ A_2=50^{+0.39}_{0}\text{mm},\ A_3=A_5=5^{0}_{-0.12}\text{mm}$$
$$\Delta_4=[0.27+0.195-(-0.06)-(-0.06)-0.375]\text{mm}=0.21\text{mm}$$
$$ES_4=(0.21+0.25/2)\text{mm}=0.335\text{mm}$$
$$EI_4=(0.21-0.25/2)\text{mm}=0.085\text{mm}$$

得　$A_4=140^{+0.335}_{+0.085}\text{mm}$。

由此可知同样的封闭环精度要求，用概率法计算的各组成环可获得较大的公差值，比用完全互换法解尺寸链（例 12-2、例 12-3）更好，使加工更经济。

第三节　解尺寸链的其他方法

极值法和概率法是解算尺寸链的基本方法。但若封闭环的公差要求很小，用上述两种方法解出的组成环公差会更小，使加工很困难。为此可选择下列工艺手段和方法。

一、分组装配法

分组装配法是先将组成环按极值法或概率法求出的公差值扩大若干倍，使组成环的加工更加容易和经济，然后将全部零件通过精密测量，按实际尺寸的大小分成若干组，分组数与公差扩大的倍数相等。装配时根据大配大、小配小的原则，按组装配以达到封闭环的技术要求。

例 12-7　汽车发动机的活塞销孔 D 与活塞销 d 装配时，要求应有 0.0025 ~ 0.0075mm 的过盈量。若按完全互换法活塞销尺寸为 $d=28^{0}_{-0.0025}\text{mm}$，销孔尺寸为 $D=28^{-0.0050}_{-0.0075}\text{mm}$，配合公差仅为 0.0025mm，加工相当困难，很不经济。

现采用分组互换法，将销及销孔公差值均按同向放大 4 倍后，其 $d'=28^{0}_{-0.010}\text{mm}$、$D'=28^{-0.005}_{-0.015}\text{mm}$，并按尺寸大小分成 4 组，分别放置进行装配。

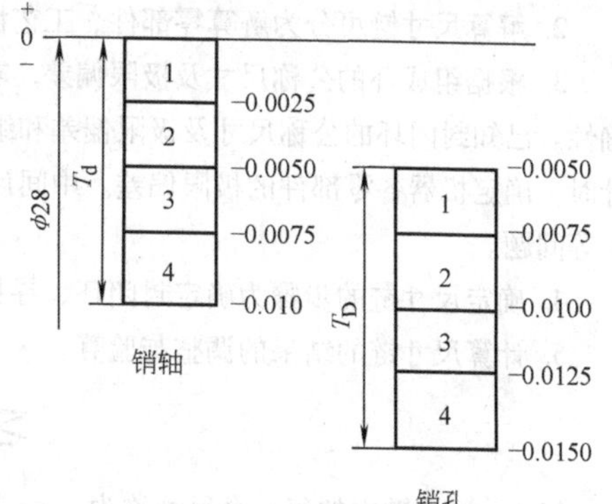

图 12-9　分组互换法

配合公差带图解如图 12-9 所示，组界尺寸与校

验结果见表 12-1。

表 12-1　活塞销和活塞孔的分组尺寸　（单位：mm）

组　别	活塞销直径 $d=\phi28^{\ 0}_{-0.010}$	活塞孔直径 $D=\phi28^{-0.005}_{-0.015}$	配合情况	
			最小过盈	最大过盈
1	28.0000 ~ 27.9975	27.9950 ~ 27.9925	0.0025	0.0075
2	27.9975 ~ 27.9950	27.9925 ~ 27.9900		
3	27.9950 ~ 27.9925	27.9900 ~ 27.9875		
4	27.9925 ~ 27.9900	27.9875 ~ 27.9850		

分组装配法一般适用于大批量生产中的精度要求高、零件形状简单易测，且组成环数少的情况。

二、调整法

调整法是在组成环中选择一个环作为调整环，通过调整的方法改变其尺寸、大小或位置，使封闭环的公差和极限偏差达到要求。

采用调整法装配时，可使用一组具有不同尺寸大小的调整环、常用垫片、垫圈或轴套等固定补偿件，如图 12-4a 所示；能调整位置的调整环常用镶条、锥套或调节螺旋副等可调补偿件，如图 12-4b 所示。

调整法装配一般适用于精度较高或使用过程中某些零件的尺寸会发生变化的情况。

三、修配法

修配法是各组成环按经济加工精度制造，在组成环中，选择一个作为修配环，并预留修配量。装配时，修配环加工后改变其尺寸，使封闭环达到公差和极限偏差的技术要求。

修配装配法，应选易加工，且对其他装配尺寸链没有影响的组成环作为修配环。其补偿量值不易过大，以免增加修配量。

修配法一般适于单件小批量生产，组成环数目较多，且装配精度要求较高的情况。

小　结

1. 解尺寸链是对零部件或机器进行精度设计、工艺规程设计的重要技术环节，是合理确定和验证尺寸、公差或极限偏差的重要技术手段。

2. 解算尺寸链可分为解算零部件、工艺性、装配调整等尺寸链类型。

3. 根据组成环的公称尺寸及极限偏差，求封闭环的公称尺寸及极限偏差称正计算。用于验证设计的正确性。已知封闭环的公称尺寸及极限偏差和组成的公称尺寸，求各组成环的极限偏差称反计算，常用于设计时，确定机器各零部件的极限偏差。中间计算属于反计算，常用于工艺设计、基准换算、工序尺寸的确定等问题。

4. 确定尺寸链的步骤为确定封闭环、寻找组成环、画出尺寸链图以判别增减环。

5. 计算尺寸链的结果的调整与验算。

习题与练习十二

12-1　尺寸链中的每一个尺寸称为________，在加工或装配过程中最后形成的一环称为________，除封闭环以外的其他环，均称为________。

12-2　当该环增大时，封闭环________，当该环减小时，封闭环________，该环称增环。

12-3　一个尺寸链的环数至少有________个环，链中必须有一个，且只能有一个________环。

12-4　图 12-10 所示齿轮的端面与档圈之间的间隙应保持在 0.04 ~ 0.15mm 范围内，试用完全互换法确定有关零件尺寸的极限偏差。

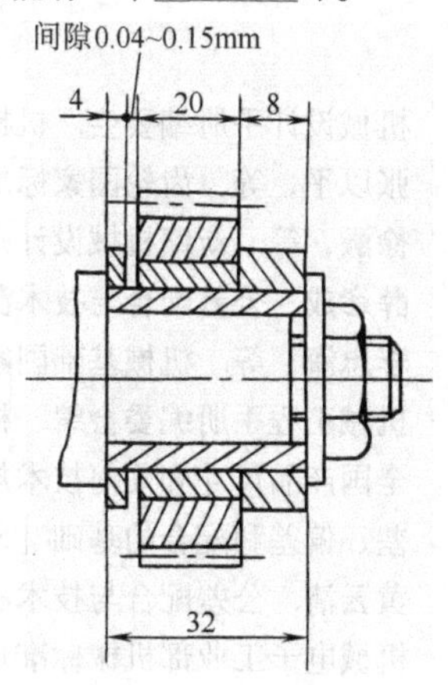

图 12-10　习题 12-4

12-5　结构和轴向间隙要求如图 12-10 所示。假设各组成环的尺寸分布服从正态分布，并且分布中心与公差带中心重合，试用概率互换法确定这些组成环的极限偏差。

12-6　为什么在分组装配条件下，配合要素的尺寸与几何公差之间要求遵守独立原则?

12-7　某厂加工一批曲轴、连杆和衬套零件，总装后（图 12-11）试运转发现有的曲轴肩与衬套端面有划伤现象。要求的轴向间隙 A_0 = 0.1 ~ 0.2mm，而零件图上 $A_1 = 150^{+0.08}_{0}$ mm，$A_2 = A_3 = 75^{-0.02}_{-0.06}$ mm。试校核图样所定零件要求是否合理，如不合理加以改进。

12-8　如图 12-12 所示。若加工顺序为：镗孔至 $\phi39.4^{+0.1}_{0}$ mm，拉轮毂槽保证尺寸 u；热处理；磨孔至尺寸 $\phi40^{+0.06}_{0}$ mm。为了保证得到轮毂槽深度 $43.3^{+0.2}_{0}$ mm，求工序尺寸 u。

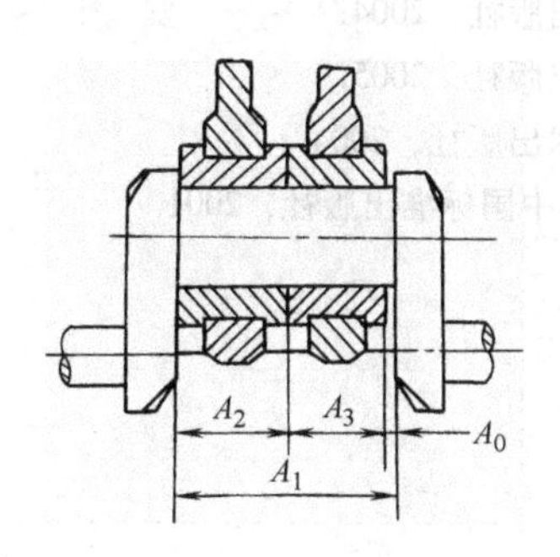

图 12-11　习题 12-7

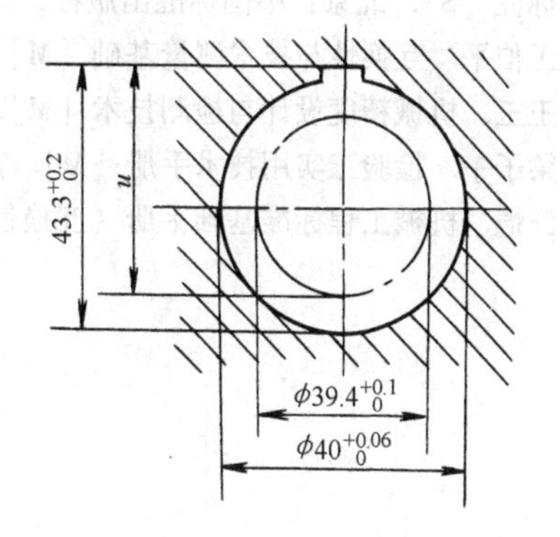

图 12-12　习题 12-8

参 考 文 献

[1] 机械设计手册编委会. 机械设计手册 [M]. 北京：机械工业出版社，2005.

[2] 张以平，等. 齿轮国家标准汇编 [M]. 北京：中国计量出版社，1992.

[3] 徐灏，等. 新编机械设计师手册 [M]. 北京：机械工业出版社，1995.

[4] 薛彦成. 公差配合与技术测量 [M]. 北京：机械工业出版社，1993.

[5] 李忠海，等. 机械基础国家标准宣贯教材 [M]. 北京：中国计量出版社，1997.

[6] 机械工程手册编委会编. 机械工程手册 [M]. 北京：机械工业出版社，1997.

[7] 全国产品尺寸和几何技术规范标准化技术委员会. GB/T 1800. 1—2009 极限与配合　第 1 部分：公差、偏差和配合的基础 [S]. 北京：中国标准出版社，2009.

[8] 黄云清. 公差配合与技术测量 [M]. 北京：机械工业出版社，1997.

[9] 机械电子工业部机械标准化研究所. GB/T 12360—2005 产品几何量技术规范（GPS）圆锥配合 [S]. 北京：中国标准出版社，2005.

[10] 全国产品尺寸和几何技术规范标准化技术委员会. GB/T 15754—1995 技术制图　圆锥的尺寸和公差标注 [S]. 北京：中国标准出版社，1996.

[11] 王伯平. 互换性与技术测量基础 [M]. 北京：机械工业出版社，2004.

[12] 王玉. 机械精度设计与检测技术 [M]. 北京：国防工业出版社，2005.

[13] 梁子午. 检验工实用技术手册 [M]. 南京：江苏科学技术出版社，2004.

[14] 汪恺. 机械工程标准基础手册（互换性卷）[M]. 北京：中国标准出版社，2001.